AEROENGINE CONDITION MONITORING AND FAULT DIAGNOSIS TECHNOLOGY

航空发动机状态监测与故障诊断技术

AEROENGINE CONDITION MONITORING AND FAULT DIAGNOSIS TECHNOLOGY

艾延廷　王克明　沙云东　等编著

北京理工大学出版社
BEIJING INSTITUTE OF TECHNOLOGY PRESS

内 容 简 介

全书共分9章，构建了比较完善的航空发动机状态监测与故障诊断技术方法与知识体系，系统地介绍了机械故障诊断的基本理论与方法，包括：信号分析与处理基本理论，轴承、齿轮及转子的故障诊断理论，典型的故障诊断方法和智能故障诊断理论。本书以状态监控与故障诊断的理论和方法为主线，即从性能、振动、滑油状态、寿命损耗、无损检测等方面分别论述这些理论及其在航空发动机上的应用。本书对于重点内容力求理论联系实际，并尽量引进新技术、新方法，做到图文并茂。

本书适用于飞行器动力工程专业本科教学和航空宇航推进理论与工程学科研究生教学，同时兼顾相关领域工程技术人员的工作需要。

图书在版编目（CIP）数据

航空发动机状态监测与故障诊断技术/艾延廷等编著. —北京：北京理工大学出版社，2017.7（2022.8重印）

ISBN 978-7-5682-4262-2

Ⅰ.①航…　Ⅱ.①艾…　Ⅲ.①航空发动机-设备状态监测②航空发动机-故障诊断　Ⅳ.①V263

中国版本图书馆CIP数据核字（2017）第155643号

出版发行／北京理工大学出版社有限责任公司
社　　址／北京市海淀区中关村南大街5号
邮　　编／100081
电　　话／（010）68914775（总编室）
　　　　　（010）82562903（教材售后服务热线）
　　　　　（010）68944723（其他图书服务热线）
网　　址／http：//www.bitpress.com.cn
经　　销／全国各地新华书店
印　　刷／北京虎彩文化传播有限公司
开　　本／787毫米×1092毫米　1/16
印　　张／18.5
字　　数／438千字
版　　次／2017年7月第1版　2022年8月第3次印刷
定　　价／58.00元

责任编辑／陈莉华
文案编辑／陈莉华
责任校对／周瑞红
责任印制／王美丽

前言

PREFACE

航空发动机作为一种复杂的热动力机械，包括多个机电系统，由一万多个零部件组成，其常见工作状态包括启动、慢车、巡航、加力、停车等多种状态，最高转速高达一万多转/分，甚至数万转/分。随着航空发动机技术的发展及需求的提高，涡轮前温度已经达到1 800 ℃，发动机流道内气体压力高达100 Pa。高温、高压、高转速的工作状态和条件，导致航空发动机易出现各种故障，而作为飞行器的动力源要求其具有极高的安全性与可靠性。航空发动机状态监测与故障诊断技术的发展，对航空发动机设计、使用与维护具有重要的意义。

国内有关机械状态监测与故障诊断的教材较多，但针对航空发动机状态监测与故障诊断技术的教材较少。本书适用于飞行器动力工程（航空发动机维修方向）本科教学和航空宇航推进理论与工程研究生教学，同时兼顾相关领域工程技术人员的工作需要。

本书构建了比较完善的航空发动机状态监测与故障诊断技术方法与知识体系，系统地介绍了机械故障诊断的基本理论与方法，包括：信号分析与处理基本理论，轴承、齿轮及转子的故障诊断理论，典型的故障诊断方法和智能故障诊断理论。本书以状态监测与故障诊断的理论和方法为主线，即从性能、振动、滑油状态、寿命损耗、无损检测等方面分别论述这些理论在航空发动机上的应用。本书突出理论的实际应用，做到图文并茂。信号分析理论、航空发动机振动监测与故障诊断、航空发动机滑油监测与故障诊断、航空发动机气路性能监测与故障诊断以及无损检测技术是课程的重点，其中气路性能监测与故障诊断是课程的难点。对于重点内容力求理论联系实际，并尽量引进新技术、新方法。

全书共分9章。第1章介绍航空发动机故障诊断的基本概念，第2章介绍有关信号分析与处理的基本知识，第3章介绍故障诊断的常用方法，第4章介绍智能故障诊断方法，第5章介绍轴承、齿轮及转子故障诊断的相关技术与方法，第6章介绍发动机性能状态监测与故障诊断技术，第7章介绍基于发动机机械状态的故障诊断技术与方法，第8章介绍航空发动机故障无损检测技术，第9章介绍航空发动机使用寿命监控与健康管理。本书第1章、第2章、第9章由艾延廷编著，第3章由沙云东编著，第4章由张凤玲编著，第5章由王克明编著，第6章、第7章由王志、田晶编著，第8章由项松编著。

限于作者的水平和能力，本书难免存在不足和不妥之处，衷心希望广大读者批评与指正。

作　者

2017年4月

目录
CONTENTS

第1章
发动机状态监测与故障诊断概述

1.1 发动机状态监测与故障诊断的目的与任务

状态监测与故障诊断（Condition Monitoring and Fault Diagnosis，CM & FD）是20世纪60年代初发展起来的一门学科，它是多学科相互渗透、相互交叉、相互促进的产物。航空发动机状态监测与故障诊断技术在状态监测与诊断领域中是发展最早、应用最广、最具有代表性的一个重要分支。

1.1.1 基本概念

1. 状态与状态参数

状态即发动机的技术状况。发动机的基本技术状况分为正常状态、异常状态和故障状态。当发动机、发动机附件或子系统的功能指标均处在规定的范围之内时称为正常状态，这时发动机能够正常地完成规定的任务；异常状态通常是一个相对状态，这时发动机、发动机附件或子系统的功能指标或物理指标相对其原始数值发生了较大的偏差，但仍处于规定的范围之内，如发动机的推力下降、振动增加等，发动机尚可完成规定的任务。异常状态的出现一般是由于发动机的某种缺陷已有一定的扩展或出现了某种缺陷。当发动机、发动机附件或子系统的功能指标或物理指标低于（或高于）规定的最低（或最高）指标限制值时称为故障状态，这时发动机无法完成规定的任务，故障往往是由于某种缺陷不断扩大经由异常状态进一步发展而形成的，但故障并不意味失效。

能够表征并区分发动机技术状况的各种连续的或离散的可测量参数均可称为状态参数或状态量。这些状态参数通常既包括了发动机的各种工作参数，也包括了专门的监测参数，如发动机的转速、排气温度、振动、裂纹尺寸等。在发动机状态监测与故障诊断中，所使用的状态量的集合称为状态向量。

在发动机状态监测与故障诊断中使用的状态参数包括两大类：一类是发动机的各种工作参数，即与发动机设计功能相联系的机械、气动及热力参数，如转子转速、涡轮前（或后）燃气温度、燃油消耗率等，工作参数还可以根据其特点分为基本参数、辅助参数和故障参数等，这类参数通常都需要在换算后才能使用，其中携带的故障信息往往是隐含的；另一类是专门的监测参数，这类参数的针对性很强，通常可以直接使用，其中携带的故障信息是直接的、具体的。也有的参数兼有这两类参数的特点，如喘振参数，这些参数一般属于工作中的故障参数。因此，根据参数的特点，选择监测的手段与方法。

2. 故障及故障分类

故障的范畴一般包括以下内容。

（1）引起装备立即丧失其功能的破坏性事故。

（2）与降低装备性能相关联的性能上的事件。

（3）即使装备当时处于正常工作状态，而操纵者误操作或蓄意破坏，环境条件恶化使装备偏离正常状态的事件。

根据故障特点，发动机故障可按以下几种方式分类。按故障的持续时间可以分为暂时性的与持久性的；按故障发生、发展的进程可分为突发性的（不能靠早期试验或测试来预测的故障）与渐发性的（能通过早期试验或测试来预测的故障）；按故障的严重程度可分为破坏性的和非破坏性的；按故障发生的原因可分为先天性的、劣化性的和滥用性的；按故障的形式可分为结构型故障（如裂纹、磨损、腐蚀、不平衡、不对中等）与参数型故障（如失速喘振、共振和超温等）；按故障发生的时期可分为早期故障、使用期故障和后期故障；按故障的影响程度可分为局部性的（导致某些功能的丧失，但不会引起所需功能的全部丧失）和全局性的（完全丧失所需功能）。

3. 发动机状态参数及其获取

发动机状态参数中的工作参数和部分监测参数的测量必须在发动机工作时进行，即在发动机地面试车或在飞机飞行中完成。由于飞行中发动机的许多工作条件在地面试验中无法模拟，如高空小速度飞行的大换算转速和小进气压力、低空大速度飞行的进气高压和高温、大涵道比涡轮风扇发动机低压涡轮的高空工作状态以及飞机机动飞行时的进气流场等。另外，飞行参数的测量不需要额外消耗时间、燃料和浪费发动机使用寿命。因此，飞行中发动机状态参数的测量是获取发动机状态参数的主要手段。另外，还有部分发动机监测参数需要在发动机不工作情况下完成，因此，地面模拟试验也是一种不可或缺的参数获取方法。

发动机主要部件可采用的参数测量手段如图 1.1 所示。

发动机生产试车和外场使用实践证明，测量和分析 20~100 个参数的方法就能够客观地评定批生产的发动机状态。但在调试发动机的条件下，以及在必须评定其诊断深度达到单个零部件的发动机技术状态时，需要测量和分析 200~1 000 个参数。

1.1.2 状态监测与故障诊断的目的与任务

状态监测与故障诊断包括监测与诊断两个层次的内容，如图 1.2 所示。

状态监测的任务是采用各种测量、分析和判别方法，结合发动机的历史状况和运行条件，弄清发动机所处的客观状态，以便科学、合理地确定发动机的使用与修理，包括确定和预测可能的故障。这项工作一般由地勤和空勤人员完成。发动机故障诊断的任务则是需要进一步确定故障的性质、程度、类别、部位、原因，乃至说明故障发展的趋势及影响等，为预报、控制、调整、维修与改进提供依据。这项工作一般由专门的技术人员完成。

总之，状态监测与故障诊断的任务就是通过掌握发动机过去和现在运行中或（基本上）不分解情况下的状态，判断其质量优劣、利用程度、是否安全、有关异常或故障的原因及预测对将来的影响，从而确定使用、维修和控制策略。

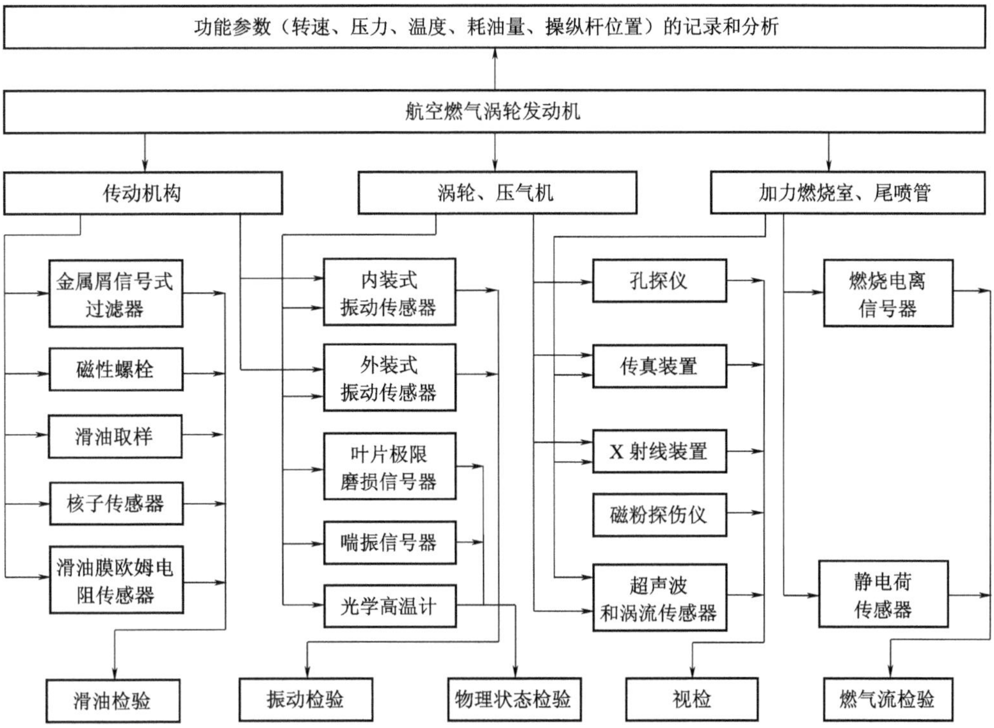

图 1.1　燃气涡轮发动机主要部件可采用的状态参数测量手段

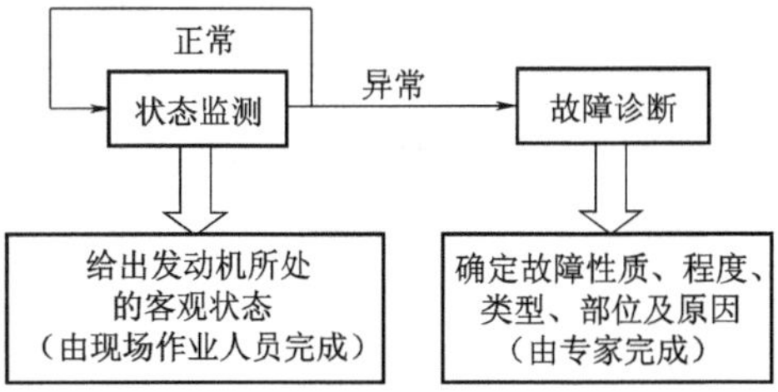

图 1.2　状态监控与故障诊断的任务

1.2　发动机状态监测与故障诊断方法

由于发生故障的部位不同、征兆不同、故障的性质和原因也不同，因此需要用不同的方法进行监测和诊断。根据对监测功能的要求和发动机型号的差异，可以选择一种使用，也可以同时选择几种方法综合使用。发动机状态监测和故障诊断的方法可概括为以下 3 类。

1.2.1　性能状态监测和故障诊断

1. 性能状态监测和部件故障诊断

气流流经发动机时，发动机故障能通过气路的气动热力参数和性能参数变化反映出来。气路性能状态监测和部件故障诊断是利用传感器测量发动机的气动热力参数、性能参数、几何可调部件的位置参数来监视发动机以及其气路部件的健康状况，当发现部件工作异常或发生故障时，及时向机组人员报警并分析故障原因。气路性能状态监测又称为气路分析方法GPA（Gas Path Analysis）。

2. 性能趋势预测分析

随着发动机的使用，发动机性能必然下降，这需要对发动机性能的衰退程度进行预测评估。精确的发动机性能趋势预测是判断发动机是否发生故障的基础，因为这种预测不但可以及时更新机载故障诊断算法中的发动机基准性能，还可以提高诊断的准确率，减少虚警的发生。

3. 气路碎屑监测

气路碎屑监测是对发动机气路碎屑携带的静电进行监测的一种新技术。发动机在正常状态下工作时，尾气中的总体静电荷会保持在一个正常水平，因此可以将这个正常水平作为发动机性能衰退的一个阈值。当气路部件发生表面故障时，就会在尾气中产生多余的碎屑，导致总体静电荷水平超过阈值，可根据该变化表现出的不同特征判断出故障类型，并作出预警。气路碎屑监测不但能保证早期预警和故障跟踪，还能跟踪后期的故障发展情况，为维修计划安排提供依据。

1.2.2 机械状态监测与故障诊断

1. 振动监测

振动监测关注所有工作速度下的危险振动状态，避免由发动机组件退化所造成的二次损坏。通过振动监测可实现发动机损伤的早期监测，分析振动参数的变化率和变化趋势并以此发现潜在的故障，从而保证发动机的结构完整性，提高飞行安全性。振动监测由机载和地面两部分构成。机载部分将发动机特定部位测量的振动幅值与预先设定的阈值作比较，超过界限时将会发送警告到驾驶舱、监测系统或维修系统。地面部分用算法和模型对机载数据做进一步处理，监测振动趋势，提前发出异常报警，以便维修人员及时采取措施。

2. 滑油监测

滑油监测的目的是利用滑油系统工作参数来监测滑油本身的理化性能和发动机所有接触滑油的零部件的健康情况，从而提供有关发动机的健康状态信息。滑油监测是发动机状态监测与故障诊断的重要手段，主要涉及以下 3 个方面。

1）滑油系统工作状态监测

滑油系统工作状态监测是对滑油的压力、温度、总量和消耗量及油滤堵塞参数的指示，其方法有超限警告和趋势分析。例如，滑油喷嘴、油滤堵塞或调压工作异常可能造成的滑油压力增高；而泄漏、油管破裂、调压阀门工作异常等则会引起滑油压力下降。过高滑油温度同其他滑油系统监测参数一起可反映发动机子系统的故障。监测滑油量和添加量可得到有关滑油消耗量过高及滑油泄漏的信息。

2）滑油碎屑监测

滑油不但有润滑和冷却的作用，还有运输碎屑的作用。滑油碎屑监测任务是监测接触滑油的发动机零部件的健康状况，及时发现这些零部件由于表面故障产生的碎屑，避免造成发动机二次损伤。

3）滑油理化性监测

对滑油进行理化性能监测，可提供滑油的状态及某些发动机工作异常的信息。通风、温度及滑油的消耗量、系统容量和成分等均可能影响滑油理化性能降低速率和程度。可对滑油的氧化性、附加损耗、胶体杂质含量和总酸度等理化性能进行监测，以确定滑油的可用性。

1.2.3　无损检测

利用专用设备检查发动机零部件的机械损伤，一般只做地面检测用。最广泛使用的是孔探检查。其他还有涡流检测、同位素照相检查、超声检查、磁力探伤、液体渗透检查以及声学检查等。随着科学技术的进步，还有一些新的检测方法和设备正在不断地研制和应用。

1.3　发动机状态监测与故障诊断实施过程

状态监测与故障诊断的实施过程包括故障库建立和监测与诊断实施两大部分，如图 1.3 所示。

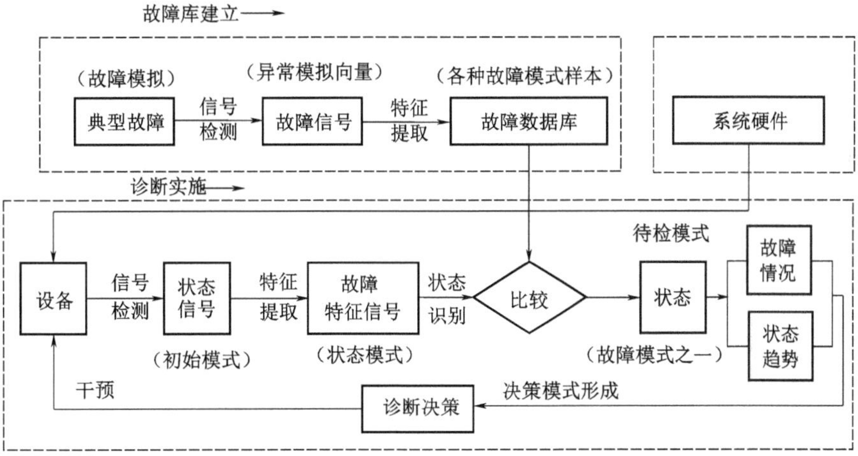

图 1.3　状态监测与故障诊断实施过程

1.3.1　故障库建立

故障库是一种编制好的有关各种发动机的不同性质、不同部位、不同程度的故障样本数据档案。故障数据库的建立是根据现场在线监测数据的长期积累、试验室研究和分析、计算机数值仿真模拟试验等实现的。现场监测数据需要长期积累；在试验室中通过人为设计故障进行测试、分析需要大量的人力和物力成本。例如，在 JSF-35 发动机状态监控与故障诊断系统设计中，进行了数万小时的故障模拟试验；近年来发展起来的发动机数值仿真技术 NPSS（Numerical Propulsion Simulation System），在一定程度上能模拟出发动机正常状态和故障状态的数据，为发动机故障数据库的建立提供了一个有效方法，具有很好的发展前景。然而，无论是采用哪种方法，都离不开事先对发动机正常和故障状态进行大量的试验、观察、分析、统计和归纳。

1.3.2 监测与诊断实施

状态监测与故障诊断的实施过程包括以下几个重要环节。

1. 信号检测

按照不同的诊断目的选用一定的检测方法和检测系统，及时而正确地测量足够量的发动机工作状态参数和环境参数，进而构成初始模式向量。

2. 特征提取

故障特征提取的过程就是利用信号处理方法将初始模式向量进行维数压缩、形式变换、排除或削弱噪声干扰、去掉冗余信息、保留或增强有用信息、精化故障特征信息的过程。信号处理可以从统计的观点出发，也可以从系统分析的观点出发，在时域、频域、幅值域、时差域、倒频域中弄清信号的波形、强度、波动度、概率分布、相似性、相位变化、频率结构以及传递特性等，进而获取表征发动机故障特征的标准模式向量。

3. 状态识别

状态识别是指将待检模式与标准模式进行比较，并将其归属到某一已知的标准模式中的过程。状态识别需要建立判别函数，规定判别准则，并力争使误判率最低。状态识别的方法包括主成分分析法、聚类分析法、统计模式识别法、模糊模式识别法和系统表示法等。

4. 诊断决策

当判别结果为异常或故障时，必须对异常或故障的原因、部位、危险程度等进行评估，并采取相应的对策对发动机及其工作进行预测和干预。预测就是对故障产生的结果以及还能运行的时间进行估计；干预包括临时处置方案、加强监控方案以及更换大修方案和措施。

1.4 发动机状态监测与故障诊断系统

在军用发动机方面，包括战斗机、运输机、直升机都无一例外地采用发动机状态监测与故障诊断系统。例如1969年开始研制的涡轴发动机T700-GE-700和T700-GB-701的状态监测系统CMS（Condition Monitoring System）；1970年开始研制的TF41-A-2发动机的飞行中状态监测系统IECMS（In-flight Engine Condition Monitoring System），在批生产时改称为发动机监测系统EMS；1979年开始为F404-GE-400发动机设计的IECMS是一个实时发动机监测和寿命跟踪系统，已安装在所有批生产和试验飞机上。英国于1975年开始发展了发动机使用监测系统EUMS（Engine Usage and Monitoring System）和低疲劳循环计数器LCFC（Low Cyclic Fatigue Counter），20世纪80年代又综合两者的经验，发展了机群通用的单元体诊断系统。1982年开始发展F100-PW-220的EMS（Engine Monitoring System）系统；1985年首套生产型交付使用；1987年飞机综合和后勤数据库兼容，系统继续扩大和改进；美国空军的EMS被设计成可管理所有类型的军用发动机，其扩展型CEMS（Comprehensive Engine Management System）IV和RD&T增加了发动机参数趋势分析，向世界各地100个空军基地提供发动机诊断和趋势分析功能。美空军反对各公司发展不同的系统，导致监测设备增加、成本增加，而是统一发展了基地用的空军发动机诊断和趋势分析网。早期曾对EPMS（Engine Performance Monitoring System）系统进行了大量的研究和试验，以证实系统的可行性和必要性。例如，对安装在F15战斗机上的F100加力涡扇发动机，用5架F15、12台

F100 发动机，进行了 2 700 h 的飞行试验，统计得出的诊断效果如表 1.1 所示。

表 1.1 EPMS 诊断准确率统计

发动机状态	诊断结论	次数	备注
无故障	无故障	1 006	正确
无故障	有故障	6	误诊
有故障	有故障	63	正确
有故障	无故障	3	漏诊

由表 1.1 可知，诊断错误次数和诊断正确次数之比为 9 次/1 069 次 = 0.84%。可见，EPMS 系统的诊断成功率是很高的。

为了帮助查找故障，近年来发展了诊断发动机故障的专家系统，如 XMAN 和 JET-X。俄国的苏-27 飞机上也有类似的状态监测系统。对于欧洲战斗机所用的新一代发动机 EJ200 也发展了一个综合的监测和记录系统。

在民用发动机方面，世界各航空公司使用发动机制造公司提供的系统，如 P&W 公司的发动机状态监测系统 ECM Ⅱ、发动机状态监测和故障诊断系统 TEAM Ⅲ、试车台使用的发动机单元体性能分析系统 MAP Ⅲ；GE 公司的 ADEPT 系统和 GEM 系统；RR 公司的 COMPASS 等。以上系统都是在 DOS 操作系统的基础上开发的，用户界面都比较简单。随着 PC 机和 Windows 操作系统的升级换代，各公司在此基础上发展了新的 EPMS 软件，如 RR 公司向中国用户提供了 Navigator 系统，用以替代 COMPASS 系统。我国 1988 年由北京飞机维修公司、北京航空航天大学、中国民航学院和东方航空公司 4 个单位联合研制 EMD（Engine Monitoring and Diagnosis）系统。

我国军用发动机的状态监测和故障诊断系统刚起步，在现役战斗机上，主要靠座舱仪表指示被监测的参数，由驾驶员直接进行目视监视。在新研制的发动机上正逐步发展更好的装置或系统，如 WP-14 上装有使用寿命监视的历程记录器。现在不论从用户的需求或从机载航空电子的进步，还是从发动机数控系统的采用等方面，都具备了发展更高水平的监测和故障诊断系统的条件，现已开展设计工作，尚缺乏设计和实践经验。

发动机监测系统的开发应作为发动机的一个组成部分并列入飞机的技术要求，其发展计划应和新发动机和飞机发展计划平行进行。过迟的发展或在已服役的飞机或发动机上增加监测系统，则费用高而且功能上会受到限制。

发动机监测和诊断系统的功能依据复杂程度不同可以分成不同水平，一个系统可以完成下面部分或全部功能。

（1）提供飞行中或地面上出现的事件数据。

（2）利用测量参数确定飞行剖面和发动机油门动作以评定发动机使用的苛刻程度。

（3）利用系统所提供的累计信息，如发动机工作小时、启动次数、循环次数、蠕变和磨损等可确定发动机寿命消耗，并据此安排零部件剩余寿命的使用计划。

（4）提供发动机可调整部位的调整状态，指出发动机偏离规定的调整位置和进行修正所需的数据，以改进发动机的调整和修正过程。

（5）利用气动热力参数监测、振动和滑油等监测提供的信息对发动机进行监测和诊断，定位故障，并证实调整和修复的必要性。

（6）提供可支持发动机管理和后勤决策的数据。

发动机监测可分为短期、中期和长期 3 种类型。短期监测是对每次飞行或地面试车数据进行监测，发动机参数超限时应及时向飞行员警告，并记录事件历程中的有关参数，通过维修面板提示给地勤人员。中期监测是对一段时间内发动机参数状态的变化进行监测，包括事件分析、调整状态、气路性能分析、趋势分析、附件监视、无损检验和试验等。长期监测能给出发动机性能衰退和寿命损耗情况、对监测系统的软件和硬件进行自标定和自检，并将数据反馈给制造和试验部门等。

1.5 发动机故障诊断技术发展趋势

故障诊断技术发展到今天，已经成为一门独立的跨学科的综合信息处理技术。发动机故障诊断技术与当今前沿科学的融合是发动机故障诊断的发展方向。当今故障诊断技术的发展趋势是传感器的精密化、多维化，诊断理论、诊断模型的多元化，诊断技术的智能化。具体表现在以下几个方面。

（1）与最新传感技术尤其是激光测试技术相融合，如用激光技术进行发动机燃烧诊断、用激光测振和转子机械对中。

（2）与最新的信号处理方法相融合，如小波分析、支持向量机理论等现代信号处理技术在发动机故障诊断中得到应用。

（3）与非线性原理和方法相融合。发动机发生故障时，其行为往往表现为非线性的，如转子在不平衡力作用下表现出非线性特征。随着混沌与分形几何方法的日趋完善，很多难以分析的问题将会得到解决。

（4）与多元传感器信息的融合。发动机是一个非常复杂的机械电子系统，需要多角度的监测与维护，以便对其运行状态有整体的、全面的了解。因此，在进行发动机故障诊断时，可采用多传感器同时对各个位置进行监测，然后按照一定的方法将这些信息融合起来。

（5）与现代智能方法的融合。现代智能方法包括专家系统、模糊逻辑、神经网络、进化计算等。随着智能技术的不断发展，发动机状态智能监测与故障的智能诊断是终极目标。

（6）由故障诊断向功能诊断方向发展。信息诊断和智能诊断相互融合、相互渗透，并趋于集成；多种推理方法的集成，基于混合推理策略的诊断；多信息量融合，多层次诊断集成；诊断与控制相结合的集成等。

习　　题

1-1　说明“状态”与“状态参数”的含义。

1-2　如何理解故障及故障诊断的概念？根据已有的知识列举航空发动机故障，并指出所属故障类型。

1-3　航空发动机监测系统是如何组成的？

1-4　简述状态监测与故障诊断的实施过程和基本方法。

1-5　简述航空发动机状态监测与故障诊断技术的发展趋势。

第 2 章

信号分析与处理

信号分析与处理是状态监测与故障诊断的基础。本章首先介绍工程信号分类与基本描述方法、周期信号及其离散谱和非周期信号及其连续谱的表达；然后介绍数据采集原理、能量泄漏与加窗处理、离散傅里叶变换和快速傅里叶变换方法等；最后介绍信号的幅域分析、时域分析、频域分析等常用信号分析方法。

2.1　信号分类及其描述

2.1.1　信号分类与基本描述

信号按其随时间变化的规律或性质，可分成确定性信号和随机信号，如图 2.1 所示；按变量取值又可分为连续信号和离散信号。连续信号包括幅值和时间均连续的模拟信号和幅值连续、时间离散的采样信号。离散信号分为幅值离散、时间连续的量化信号及幅值和时间均离散的数字信号。本节只介绍确定性信号和随机信号。

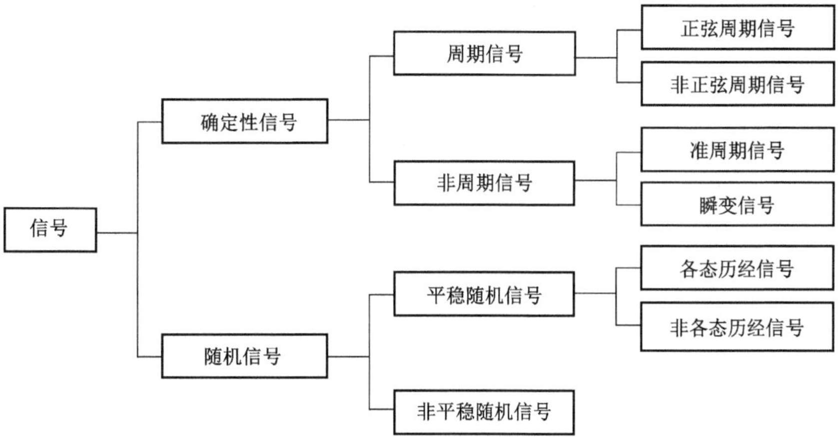

图 2.1　信号分类

1. 确定性信号

确定性信号是指能用确定性时间函数描述的信号，可分为周期信号和非周期信号。

1）周期信号

（1）正弦周期信号。正弦周期信号是最简单的周期信号，表示为

$$x(t)=A\sin(2\pi ft+\theta) \tag{2.1}$$

式中　A，f，θ——分别为信号的幅值、频率和初相。

正弦信号的频率 f 与周期 T 的关系为

$$f=\frac{1}{T} \tag{2.2}$$

（2）复杂周期信号。复杂周期信号用时间函数表示为

$$x(t)=x(t+nT)\quad n=1,2,\cdots \tag{2.3}$$

式中　T——周期，基频 $f=1/T$。

例 2.1　如图 2.2（a）上部所示信号为 $x(t)=\sin 2t+0.7\sin 3t+0.8\sin 5t$，它的基频为 $f_0=1/2\pi$。图2.2（a）下部为对应的频谱，有 3 条谱线，频率分别为 $f_1=2f_0$、$f_2=3f_0$、$f_3=5f_0$；幅值分别为 1、0.7 和 0.8。式中无基频，信号 $x(t)$ 的周期为 2π，为各阶谐波周期的最小公倍数。

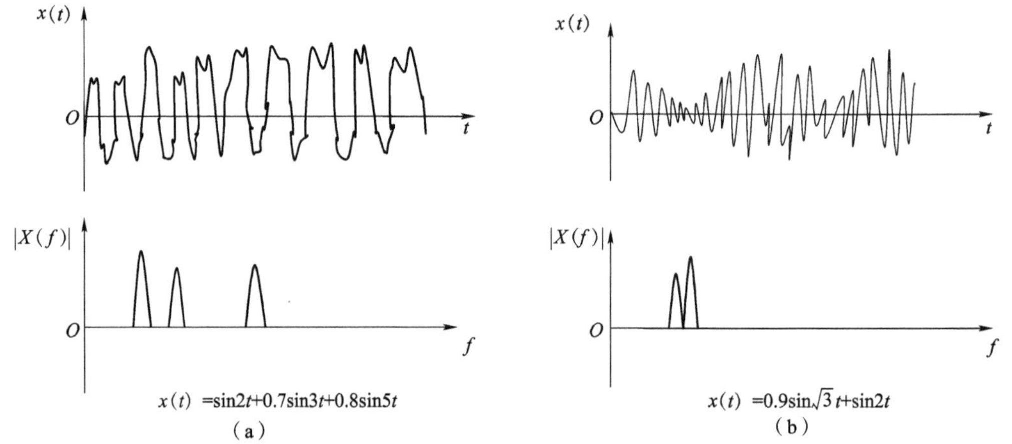

图 2.2　周期信号与准周期信号的时间波形及频谱

（a）周期信号；（b）准周期信号

2）非周期信号

（1）准周期信号。当两个或两个以上正弦波叠加时，只有当各频率之比为有理数时才构成一个周期信号；否则构成的信号没有周期，或者说周期为无穷大，这种信号即为准周期信号。图 2.2（b）上部所示信号为 $x(t)=0.9\sin\sqrt{3}t+\sin 2t$，它由两个谐波构成，图 2.2（b）下部是它的频谱，有两条谱线。两谐波的周期分别为 $T_1=2\pi/\sqrt{3}$ 和 $T_2=\pi$，两者最小公倍数趋于无穷大，因此它们组成的信号是准周期的。当$\sqrt{3}$近似取 1.7 时，$T_1=2\pi/1.7$、$T_2=\pi$，信号周期 T_0 为 20π，$T_0=17T_1=20T_2$。当$\sqrt{3}$近似取 1.73 时，$T_0=173T_1=200T_2=200\pi$。因此，随着$\sqrt{3}$的精确取值，$T_0\to\infty$。

工程中，两个或两个以上无关联的周期信号混在一起则常产生准周期信号。例如，多机组螺旋桨推进飞机，在发动机不同步时的振动信号即为准周期信号。

（2）瞬变信号。除了准周期信号以外的所有非周期信号都属于瞬变信号。一般来说，瞬变信号具有持续时间短、开端和结束明显的特点。例如，碰撞、爆炸等形成的激振力信号，系统有阻尼自由振动位移信号，锅炉熄火后炉内水温（相对于室温）的变化情况等。

瞬变信号是能量有限信号，它不能用离散谱来表示，但在一般情况下，可用傅里叶积分表示成连续谱。

2. 随机信号

与确定性信号相对应，随机信号是指无法用确定性时间函数精确描述的信号。在自然界中有很多物理现象，当对其变化过程独立地重复进行多次观测时，所得信号是不同的。例如，在进行航空发动机整机噪声测量时，$x_1(t)$，$x_2(t)$，…，$x_k(t)$，…，$x_n(t)$ 表示相继测得的声压信号，如图 2.3 所示。由图可见，每次测量的波形不同，而且在每次测量的同一时刻 t_1，它们的幅度各不相同。因此，无法用函数确定 t_1 时刻发动机噪声的大小。表示随机观测的单个时间样本，如发动机整机噪声的第 k 次观测记录 $x_k(t)$，称为样本函数。随机信号可能产生的全部样本函数的集合，称为随机过程。

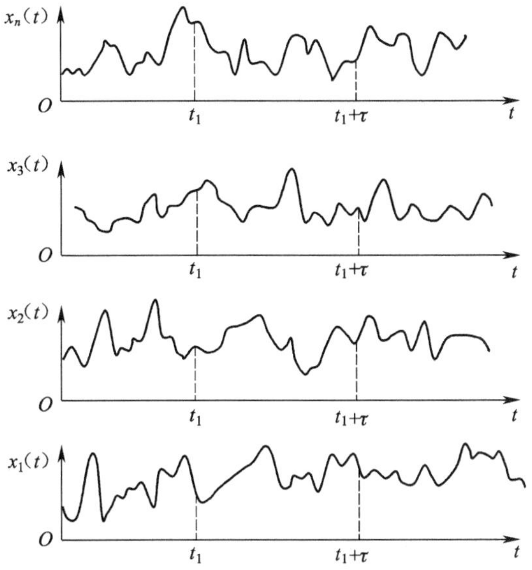

图 2.3　发动机整机噪声信号

1）平稳随机过程

在同一时刻 t_1，不同样本曲线上的值 $x_k(t_1)$ 是不同的且带有随机性。因此，无法在试验前得到 t_1 时刻的确定值。这样，随机过程在 t_1 时刻的值只能用随机过程样本函数集合的平均值来描述，即把 t_1 时刻所有样本函数的瞬时值相加，再除以样本函数的个数，用 $\mu_x(t_1)$ 表示为

$$\mu_x(t_1) = \lim_{N\to\infty} \frac{1}{N}\sum_{n=1}^{\mathrm{N}} x_n(t_1) \tag{2.4}$$

式中　$\mu_x(t_1)$ ——总体平均值。

同样地，随机过程的两个不同时刻 t_1 和 $t_1+\tau$ 的瞬时值乘积的总体平均用 $R_x(t_1,\ t_1+\tau)$ 表示为

$$R_x(t_1, t_1 + \tau) = \lim_{N\to\infty} \frac{1}{N}\sum_{n=1}^{N} x_n(t_1)x_n(t_1 + \tau) \tag{2.5}$$

式中　$R_x(t_1,\ t_1+\tau)$ ——随机过程 $\{x(t)\}$ 的自相关函数。

当 $\tau=0$ 时，$R_x(t_1, t_1)$ 即为 t_1 时刻的总体均方值。

一般来说，$\mu_x(t_1)$ 和 $R_x(t_1, t_1+\tau)$ 常随 t_1 的改变而改变，此时称随机过程 $\{x(t)\}$ 为非平稳的。若 $\mu_x(t_1)$ 和 $R_x(t_1, t_1+\tau)$ 不随 t_1 的改变而改变，此时称随机过程 $\{x(t)\}$ 为弱平稳的，或广义平稳的。对于弱平稳随机过程，均值为常数，自相关函数仅与时间位移 τ 有关，即 $\mu_x(t_1)=\mu(t)$，$R_x(t_1, t_1+\tau)=R_x(\tau)$。

对于随机过程的描述，不但要用到均值（一阶矩）和自相关函数，而且还要用到高阶矩。如果所有的矩和联合矩不随 t_1 的改变而改变，则称随机过程为强平稳的或严格平稳的。对于工程信号，只要证明随机过程具有弱平稳性，则往往可以假设它是强平稳的。

考虑随机过程总体中第 k 个样本，其均值和自相关函数的计算公式为

$$\mu_x(k) = \lim_{N\to\infty} \frac{1}{T}\int_0^T x_k(t)\,\mathrm{d}t \tag{2.6}$$

$$R_x(\tau,k) = \lim_{N\to\infty} \frac{1}{T}\int_0^T x_k(t)x_k(t+\tau)\,\mathrm{d}t \tag{2.7}$$

式中　T——样本长度。

如果随机过程 $\{x(t)\}$ 是平稳的，而且对于不同的样本函数，用式（2.6）和式（2.7）计算的 $\mu_x(k)$ 和 $R_x(\tau, k)$ 结果都相同，则此平稳随机过程是各态历经的。对于各态历经随机过程，单个样本按时间平均的均值和自相关函数（以及所有其他按时间平均的量）等于相应的随机过程平均值和自相关函数，即 $\mu_x(k)=\mu_x$、$R_x(\tau, k)=R_x(\tau)$。可见，各态历经过程的所有特性可用单个样本的特性描述。

各态历经过程是平稳随机过程中重要的一类。一般来说，工程中的平稳物理现象可以看成是各态历经的。

2）非平稳随机过程

一般来说，非平稳过程的特性是随时间变化的，因此，只能用随机过程样本总体瞬时平均来确定。但是，由于在实际中很难得到足够的样本数，这就限制了非平稳随机过程的测量和分析。

2.1.2　周期信号与离散谱

周期信号 $x(t)=x(t+nT)\,(n=1,2,\cdots)$ 的基频为 $\omega_0=2\pi f_0=2\pi/T$，可以展成傅里叶级数的形式，即

$$x(t) = \frac{a_0}{2} + \sum_{n=1}^{\infty}(a_n\cos 2\pi n f_0 t + b_n \sin 2\pi n f_0 t) \quad n=1,2,3,\cdots \tag{2.8}$$

其中，

$$\begin{aligned} a_0 &= \frac{2}{T}\int_{-\frac{T}{2}}^{\frac{T}{2}} x(t)\,\mathrm{d}t \\ a_n &= \frac{2}{T}\int_{-\frac{T}{2}}^{\frac{T}{2}} x(t)\cos 2\pi n f_0 t\,\mathrm{d}t \\ b_n &= \frac{2}{T}\int_{-\frac{T}{2}}^{\frac{T}{2}} x(t)\sin 2\pi n f_0 t\,\mathrm{d}t \end{aligned} \tag{2.9}$$

式（2.8）还可以写成

$$x(t)=A_0+\sum_{n=1}^{\infty}A_n\cos(2\pi nf_0t-\varphi_n)\quad n=1,2,3,\cdots \tag{2.10}$$

式中，$A_0=a_0/2$，$A_n=\sqrt{a_n^2+b_n^2}$ ，$\varphi_n=\arctan\dfrac{b_n}{a_n}$，它们分别为信号的平均值、$n$ 次谐波幅值和相位。

即周期信号可以表示成直流分量 A_0 及一个或多个谐波分量之和的形式，其幅值谱和相位谱如图 2.4 所示。

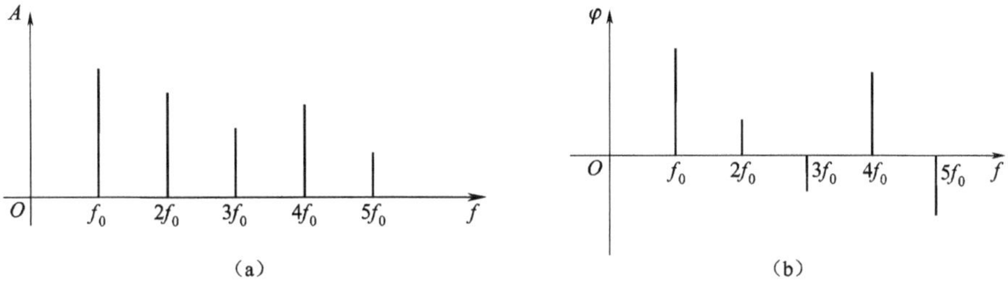

图 2.4　周期信号的频谱（线谱）

（a）幅值谱；（b）相位谱

周期信号的各频率成分都是其基频 f_0 的整数倍，信号的成分表现为离散的线，称为线谱。通常称 nf_0 为基频 f_0 的 n 次谐波。

将欧拉公式 $\cos2\pi nf_0t=\dfrac{1}{2}\left(e^{j2\pi nf_0t}+\dfrac{1}{2}e^{-j2\pi nf_0t}\right)$、$\sin2\pi nf_0t=\dfrac{1}{2j}\left(e^{j2\pi nf_0t}-\dfrac{1}{2}e^{-j2\pi nf_0t}\right)$代入式（2.8），得

$$\begin{aligned}x(t)&=\frac{a_0}{2}+\sum_{n-1}^{\infty}\left[\frac{1}{2}(a_n+jb_n)e^{-jn\omega t}+\frac{1}{2}(a_n-jb_n)e^{jn\omega t}\right]\\&=C_0+\sum_{n-1}^{\infty}C_{-n}e^{-jn\omega t}+\sum_{n-1}^{\infty}C_ne^{jn\omega t}\end{aligned} \tag{2.11}$$

设 $C_n=\dfrac{a_n-jb_n}{2}$（$n=1$，2，…）。因为 a_n 是 n 的偶函数，即 $a_n=a_{-n}$，b_n 是 n 的奇函数，即 $b_n=-b_{-n}$，所以 $C_{-n}=\dfrac{a_{-n}-jb_{-n}}{2}=\dfrac{a_n+jb_n}{2}$，代入式（2.11）得

$$x(t)=\frac{a_0}{2}+\sum_{n=1}^{\infty}\left[C_ne^{-j2\pi nf_0t}+C_{-n}e^{-j2\pi nf_0t}\right] \tag{2.12}$$

设 $C_0=\dfrac{1}{2}a_0$，考虑到 $\sum\limits_{n=1}^{\infty}C_{-n}e^{-j2\pi nf_0t}=\sum\limits_{n=-\infty}^{-1}C_ne^{j2\pi nf_0t}$，有

$$x(t)=\sum_{n=-\infty}^{\infty}C_ne^{j2\pi nf_0t} \tag{2.13}$$

$$C_n=\frac{1}{2}(a_n-jb_n)=\frac{1}{2}\cdot\frac{2}{T}\int_{-T/2}^{T/2}x(t)[\cos2\pi nf_0t-j\sin2\pi nf_0t]dt=\frac{1}{T}\int_{-T/2}^{T/2}x(t)e^{j2\pi nf_0t}dt \tag{2.14}$$

C_n 称为傅里叶系数。其中，$-\infty\leqslant n\leqslant+\infty$，式（2.13）为傅里叶级数的指数形式。

C_n 一般情况下为复数，可以表示为幅值和相位的形式，即

$$|C_n| = \frac{1}{2}\sqrt{a_n^2+b_n^2}$$

$$\varphi_n = \arctan\frac{\mathrm{Im}[C_n]}{\mathrm{Re}[C_n]} = -\varphi_n \tag{2.15}$$

2.1.3 非周期信号与傅里叶变换

当周期信号 $x(t)$ 的周期 T 趋于无穷大时，该信号可以看成非周期信号。此时，信号频谱的谱线间隔 $\Delta f=f_0=1/T$ 趋于无穷小，表现为连续性。

由式（2.13）和式（2.14）可知，周期信号 $x(t)$ 在 $[-T/2,\ T/2]$ 区间用傅里叶级数表示为

$$x(t) = \sum_{n=-\infty}^{+\infty}\left[\frac{1}{T}\int_{-T/2}^{T/2} x(t)\mathrm{e}^{-\mathrm{j}2\pi nf_0t}\mathrm{d}t\right]\mathrm{e}^{\mathrm{j}2\pi nf_0t}$$

当 T 趋于 ∞ 时，频率间隔 Δf 成为 $\mathrm{d}f$，离散谱中相邻的谱线紧靠在一起，nf_0 就变成连续变量 f，符号 Σ 就变成 $\int$ 了，于是得到傅里叶积分，即

$$x(t) = \int_{-\infty}^{\infty}\left[\int_{-\infty}^{\infty} x(t)\mathrm{e}^{-\mathrm{j}2\pi ft}\mathrm{d}t\right]\mathrm{e}^{\mathrm{j}2\pi ft}\mathrm{d}f \tag{2.16}$$

由于时间 t 是积分变量，故式（2.16）括号内积分之后仅是 f 的函数，记为 $X(f)$。

$$X(f) = \int_{-\infty}^{\infty} x(t)\mathrm{e}^{-\mathrm{j}2\pi ft}\mathrm{d}t \tag{2.17}$$

$$x(t) = \int_{-\infty}^{\infty} X(f)\mathrm{e}^{\mathrm{j}2\pi ft}\mathrm{d}f \tag{2.18}$$

式（2.17）为 $x(t)$ 的傅里叶变换，式（2.18）为其逆变换，两者互称为傅里叶变换对。

把 $f=\omega/(2\pi)$ 代入式（2.16），则式（2.17）、式（2.18）变为

$$X(\omega) = \frac{1}{2\pi}\int_{-\infty}^{\infty} x(t)\mathrm{e}^{-\mathrm{j}\omega t}\mathrm{d}t \tag{2.19}$$

$$x(t) = \int_{-\infty}^{\infty} X(\omega)\mathrm{e}^{\mathrm{j}\omega t}\mathrm{d}\omega \tag{2.20}$$

式（2.17）和式（2.19）的关系为

$$X(f) = 2\pi X(\omega) \tag{2.21}$$

由式（2.18）可见，在整个时间轴上的非周期信号 $x(t)$，是由频率为 f 的谐波 $X(f)\mathrm{e}^{\mathrm{j}2\pi ft}\mathrm{d}f$ 频率从 $-\infty$ 连续到 $+\infty$，通过积分叠加得到的。对于不同的频率 f，$\mathrm{d}f$ 是一样的，所以只需要 $X(f)$ 就能真实地反映不同频率谐波的幅值和初相位的变化。

可见，非周期信号可以分解为多个不同频率的谐波分量之和，其基频无限小，谐波频率一般覆盖从零到无限高的频率范围，表现为连续谱。

2.2 数据采集

2.2.1 数据采集系统

1. 数据采集系统的组成

图 2.5 所示为一典型的数据采集与处理系统，由传感器、信号调理放大器、A/D 转换器、数字信号处理器、D/A 转换器和模拟滤波器等组成。

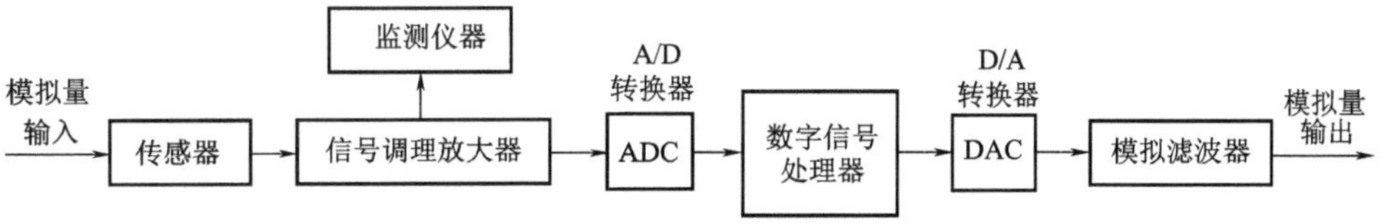

图 2.5　数据采集与处理系统组成

（1）传感器：用于将状态监测参数转换为电信号。航空发动机常用的传感器种类很多，有温度传感器、压电式加速度计、磁电式速度传感器和电涡流式位移传感器等，还有测量气体静压和总压的气体压力传感器等。

（2）信号调理放大器：其作用是对传感器输出的幅度信号加以变换、调整和改善，以便提高信号的准确度和灵敏度。模拟低通滤波器作为采样中的抗混滤波器在信号采样前是必备的。

（3）A/D 转换器：是数据采集与处理系统进行采样的核心部件，它将模拟输入量转换为相对应的数字输出量。A/D 转换器的主要技术指标包括：A/D 转换器的位数，即用于量化一个模拟量的二进制位数，决定了 A/D 转换器的转换精度；A/D 转换器转换速度，即每秒钟完成由模拟量到数字量转换的点数。

（4）数字信号处理器：进行数字信号处理算法的实现，如频谱分析等。该部分可以是传统的数字信号处理器，目前一般为计算机。

（5）D/A 转换器：用于将数字量转变为模拟量。数据采集与处理系统在实现控制功能时，需要使用 D/A 转换器将用于控制的数字输入量转换成模拟量输出。

（6）模拟滤波器：用于将 D/A 转换器输出的台阶形模拟信号进行平滑处理，以便为执行机构提供连续的模拟控制信号。

2. 数据采集系统的主要技术指标

（1）系统分辨力。即系统可以分辨的输入信号最小变化量。通常用最低有效位数占系统满度信号的百分比来表示，或用系统可分辨的实际电压数值来表示。

（2）系统精度。即系统工作在额定采集速度下每个采样点的精度。系统的精度是由传感器、信号调理放大器、A/D 转换器等环节决定的，其中 A/D 转换器的精度起主要作用。

（3）采集速率。即在满足系统精度指标的前提下，系统对输入的模拟信号在单位时间内所完成的采样次数。采样速率对应采样周期，是采样周期的倒数，表征系统每采样一个有效数据所需要的时间。

（4）动态范围。信号的动态范围是指信号的变化范围，用最大幅值和最小幅值之比的分贝数表示。

（5）非线性失真。系统输入一个频率的正弦波时，系统输出中出现很多新的频率分量现象，也称为谐波失真。

2.2.2　滤波与滤波器

滤波是抑制干扰、增强有用信号，即提高信噪比的有效手段。信噪比定义为信号中有用信号功率与噪声功率之比，一般用分贝表示，即

$$\mathrm{SNR}=10\lg\left(\frac{P_{\mathrm{s}}}{P_{\mathrm{n}}}\right) \tag{2.22}$$

式中　SNR——信噪比（Signal Noise Ratio）；

$\dfrac{P_s}{P_n}$——有用信号功率与噪声功率之比。

滤波器分为模拟滤波器和数字滤波器两类，前者用模拟器件实现滤波，后者用数字运算实现滤波。数字滤波实质是对采集到的离散数据进行的一种运算过程，从而在原始信号中增强或提升所需的信号，压低或滤掉不需要的成分或干扰。

根据滤波器的选频方式，一般可分为低通、高通、带通和带阻 4 种基本类型，其传递特性如图 2.6 所示。图中左边为理想滤波器特性，右边为实际滤波器特性。

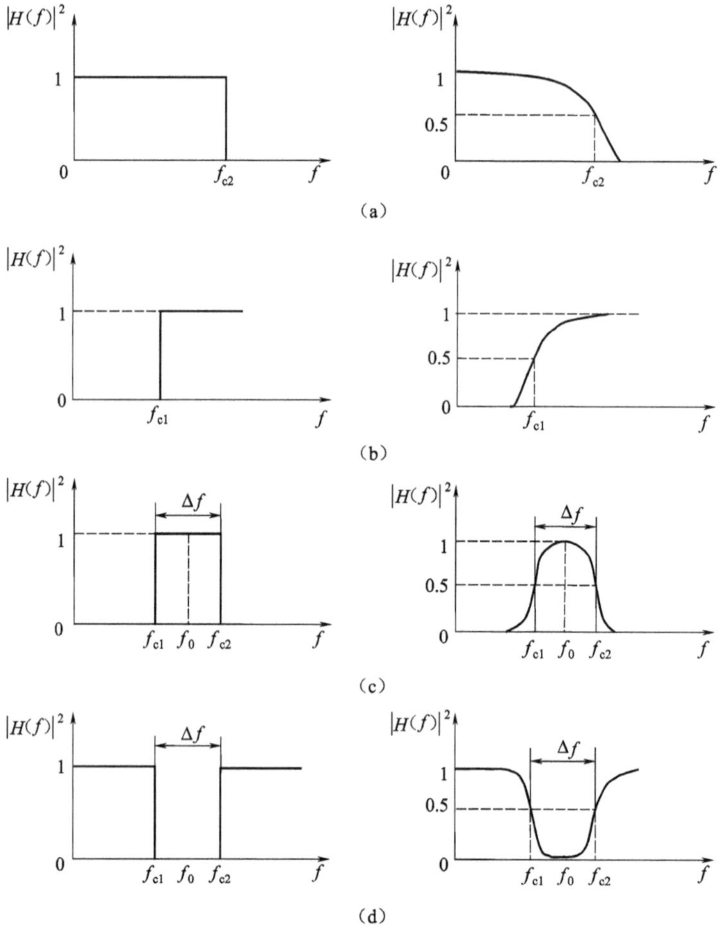

图 2.6　滤波器的传递特性

(a) 低通滤波器；(b) 高通滤波器；(c) 带通滤波器；(d) 带阻滤波器

(1) 低通滤波器。从 0 到截止频率 f_{c2}，幅频特性平直，该段称为通频带，信号中低于 f_{c2} 的频率成分通过，高于 f_{c2} 的频率成分则被截止。

(2) 高通滤波器。滤波器通带为从截止频率 f_{c1} 到 ∞，信号中高于 f_{c1} 的频率成分通过，而低于 f_{c1} 的频率成分被截止。

(3) 带通滤波器。通频带在 f_{c1} ~ f_{c2} 之间，高于 f_{c1} 低于 f_{c2} 的频率成分通过，通频带之外的频率成分被截止。

（4）带阻滤波器。与带通滤波器相反，其阻带在f_{c1}~f_{c2}之间，高于截止频率f_{c1}而低于f_{c2}的阻带区间的频率成分被衰减，而其他频率成分可以通过。

下面以图 2.7 所示带通滤波器传递特性为例，介绍滤波器的基本特性参数。

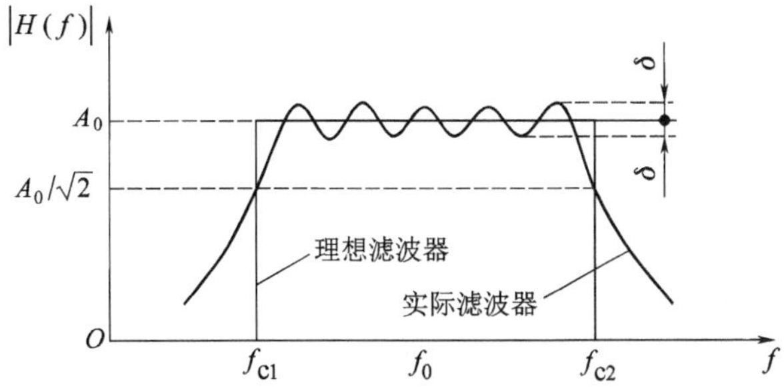

图 2.7　滤波器基本参数示意图

（1）截止频率f_c。幅频特性值等于$A_0/\sqrt{2}$时所对应的频率为滤波器截止频率，如图 2.7 中的f_{c1}与f_{c2}。$A_0/\sqrt{2}$对应参考值A_0下降 3 dB（70.7%）时的值。若以滤波器幅频特性的平方（对应信号的功率）表示，则截止频率对应的点正好是半功率点。

（2）带宽 B。上、下截止频率之间的频率范围称为滤波器带宽，表示为$B=f_{c2}-f_{c1}$，又称为 3 dB 带宽，单位为 Hz。

（3）波纹幅度δ。表征实际滤波器幅频特性波纹度的指标。δ与幅频特性的平均值A_0相比越小越好，一般应小于−3 dB。

（4）品质因子 Q。带通滤波器的品质因子定义为中心频率f_0与带宽 B 之比，即$Q=f_0/B$，Q 越大，滤波器幅频特性越尖，表明滤波器频率分辨力越高。

（5）倍频程选择性 W。从阻带到通带或从通带到阻带，实际滤波器还有一个过渡带，过渡带的曲线倾斜度代表着幅频特性衰减的快慢程度，通常用 W 来表征。倍频程选择性是指上限截止频率f_{c2}与$2f_{c2}$或下限频率f_{c1}与$f_{c1}/2$之间幅频特性的衰减值，即频率变化一个倍频程的衰减量，以 dB 表示，即

$$W=-20\lg\left\{\frac{|H(2f_{c2})|}{|H(f_{c2})|}\right\} \tag{2.23}$$

或

$$W=-20\lg\left\{\frac{|H(f_{c1}/2)|}{|H(f_{c1})|}\right\} \tag{2.24}$$

显然，W 越大，滤波器的衰减越快，滤波器的选择性越好。

（6）滤波器因子（矩形系数）λ。滤波器选择性的另一种表示方法是滤波因子（矩形系数）λ。定义为滤波器幅频特性的−60 dB 带宽与−3 dB 带宽之比，即

$$\lambda=\frac{B_{-60\ \mathrm{dB}}}{B_{-3\ \mathrm{dB}}} \tag{2.25}$$

对于理想滤波器，$\lambda=1$；对于实际滤波器，$\lambda=1\sim5$。

2.2.3　数据采集原理

1. A/D 转换过程

A/D 转换过程主要包括采样、量化和编码 3 个部分，如图 2.8 所示。

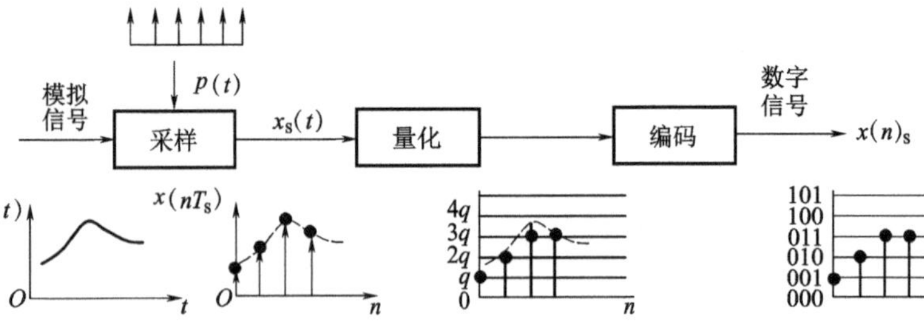

图 2.8　A/D 转换过程

1）采样

采样是将模拟信号变成幅值连续、时间离散的抽样信号的过程，即对连续时间信号 $x(t)$ 按时间位置抽取一系列模拟值 $x(nT_s)(n=0, 1, 2, \cdots)$ 的过程。T_s 称为采样间隔；$f_s=1/T_s$，称为采样频率。

采样过程可以描述为采样脉冲序列 $p(t)$ 与模拟信号 $x(t)$ 相乘的结果。理想脉冲序列如图 2.9 所示。

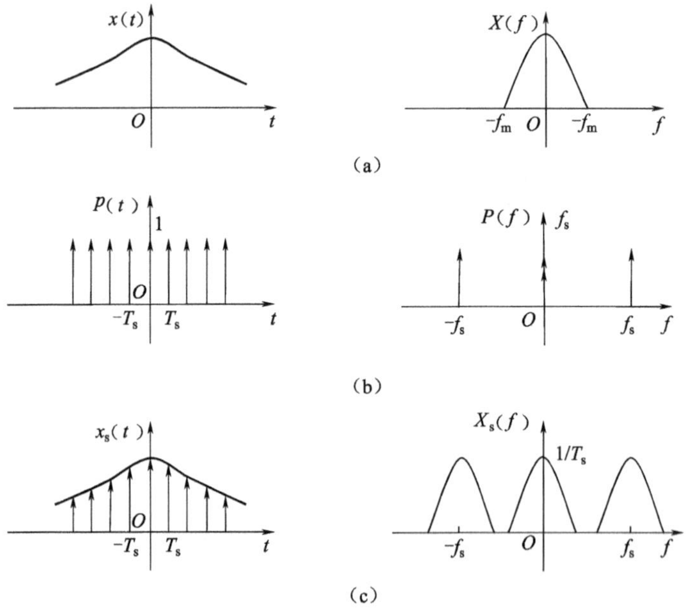

图 2.9　理想脉冲序列

（a）模拟信号；（b）采样脉冲序列；（c）采用后的信号

表示为

$$p(t)=\delta_{T_s}(t)=\sum_{n=-\infty}^{\infty}\delta(t-nT_s) \tag{2.26}$$

采样后的信号为

$$x_s(t)=x(t)p(t)=x(t)\sum_{n=-\infty}^{\infty}\delta(t-nT_s)=\sum_{n=-\infty}^{\infty}x(nT_s)\delta(t-nT_s) \tag{2.27}$$

2）量化

量化又称为幅值量化，是采用有限长的一组数码（如二进制码）去逼近离散的模拟信号的幅值。这样，经量化后的信号就变成了由有限字长的数组成的长度有限的数列，而字长位数的多少决定了数字量偏离连续量误差的大小，数字量最低位所代表的数值称为量化单位 q。为了对采样后的信号幅值进行量化，将幅值轴分成若干层（在二进制中，层数为 $M=2^n$，n 为位数），各层之间的间隔相等，即等于量化单位 q。所以，要确定信号的幅值，只要明确信号所处的层次数。对处于 $[nq,\ (n+1)q]$ 间隔内的任何信号，都可用 nq 或 $(n+1)q$ 来描述。

设 A/D 转换器的输入满量程电压为 U_{ref}，A/D 转换器的位数为 n，即用 n 位二进制数来量化输入的模拟电压，则

$$q=\frac{U_{\mathrm{ref}}}{2^n} \tag{2.28}$$

A/D 转换器有两种量化方法，一种是“只舍不入”量化，一种是“有舍有入”量化，其量化误差如图 2.10 所示。

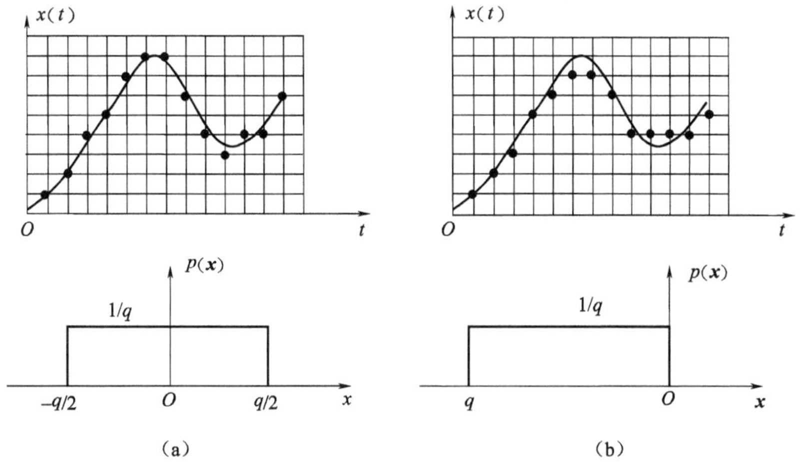

图 2.10　“有舍有入”量化与“只舍不入”量化

(a)“有舍有入”量化及其误差概率密度；(b)“只舍不入”量化及其误差概率密度

量化误差呈等概率分布，其概率密度函数 $p(x)=1/q$，对于有舍有入量化，最大量化误差为±0.5q；对于只舍不入量化，最大量化误差为$-q$。有舍有入量化时的均方误差为

$$\begin{aligned}\sigma_x^2&=\int_{-\infty}^{+\infty}(x-\mu_x)^2p(x)\,\mathrm{d}x\\&=\int_{-0.5q}^{0.5q}(x-\mu_x)^2p(x)\,\mathrm{d}x\end{aligned} \tag{2.29}$$

将 $p(x)=1/q$ 和 $\mu_x=0$ 代入，得

$$\sigma_x^2=\frac{q^2}{12} \tag{2.30}$$

同理，可以求出只舍不入量化时的均方误差也为 $\sigma_x^2=q^2/12$。

3）编码

将离散幅值经过量化以后变为二进制数字，称为编码。编码是通过硬件编码电路实现的。编码后得到的二进制数字量表示为

$$D = qM = q\sum_{i=1}^{n} a_i 2^i \tag{2.31}$$

式中，a_i 取“0”或“1”。

2. 采样定理

采样频率 f_s（$1/T_s$）越高，所获得的信号越逼近原信号。当采样长度 T 一定时，采样频率越高，数据量 $N=T/T_s$ 就越大，所需的计算机存储量和计算量也越大；反之，当采样频率低到一定程度，就会丢失或歪曲原信号的信息。

图 2.11 所示为对正弦信号的采样情况，图中实线为原信号 $x(t)$，虚线为由采样点恢复的信号。

图 2.11（a）中每一个信号周期采 4 个点，可由采样点无信息损失地恢复原信号；图 2.11（b）中每一个信号周期采两个点，也可由采样点无信息损失地恢复原信号；图 2.11（c）中 3 个信号周期采 4 个点，由采样点恢复的信号也是周期信号，但其频率是原信号频率的 1/3；图 2.11（d）中每一个信号周期采 1 个点，由采样点恢复的信号是一条直线，显然信息损失严重；图 2.11（e）中每 7 个信号周期采 4 个点，由采样点恢复的信号也是周期信号，但是原信号频率的 1/7，信息损失更为严重。后面 3 种情况即是频率混淆，其实质是由于采样频率不够高，造成实际的高频信号被误认为是低频信号。可见，采样频率至少为带限信号最高频率的 2 倍以上才不至于产生频率混淆现象，即 $f_s \geqslant 2f_{max}$，这就是采样定理，也称 Shannon 定理。

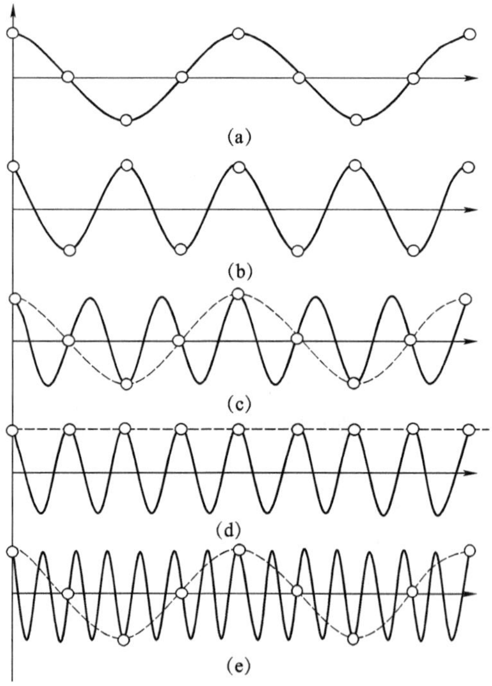

图 2.11　频率混淆和采样频率的关系

（a）1/4；（b）2/4；（c）3/4；（d）4/4；（e）7/4

3. 频率混淆机理

式（2.26）中的脉冲序列可以展成指数形式的傅里叶级数，即

$$p(t)=\sum_{n=-\infty}^{\infty}C_n e^{jn\frac{2\pi}{T_s}t}=\sum_{n=-\infty}^{\infty}C_n e^{jn\omega_s t} \tag{2.32}$$

式中，傅里叶级数的系数 C_n 为

$$\begin{aligned}C_n&=\frac{1}{T_s}\int_{-T_s/2}^{T_s/2}\delta(t)e^{-jn\omega_s t}dt=\frac{1}{T_s}\int_{0-\varepsilon}^{0+\varepsilon}\delta(t)\left[e^{-jn\omega_s t}\right]_{t=0}dt\\&=\frac{1}{T_s}\end{aligned} \tag{2.33}$$

将上两式代入采样后的信号中，得

$$x_s(t)=\frac{1}{T_s}\sum_{n=-\infty}^{\infty}x(t)e^{jn\omega_s t} \tag{2.34}$$

对式（2.34）作傅里叶变换，并应用傅里叶变换的复位移定理：若 $x(t)$ 的傅里叶变换为 $F[x(t)]=F(j\omega)$，则

$$F[x(t)e^{\mp at}]=X(j\omega\pm a) \tag{2.35}$$

所以采样信号的傅里叶变换为

$$X_s(j\omega)=F[x_s(t)]=\frac{1}{T_s}\sum_{n=-\infty}^{\infty}X(j\omega-jn\omega_s) \tag{2.36}$$

式中　$X(j\omega)$ ——连续信号 $x(t)$ 的频谱。

式（2.36）说明，采样信号 $x_s(t)$ 的频谱 $X_s(f)$ 是由无限项组成的，如图 2.12 所示。其中：

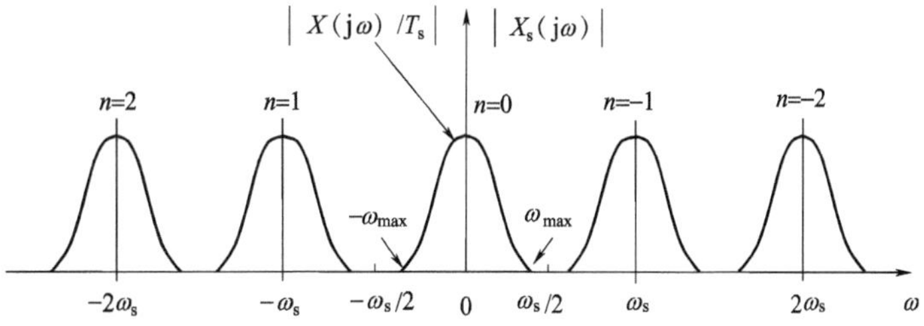

图 2.12　采样信号的幅频谱（$\omega_s>2\omega_{max}$）

（1）图中 $n=0$ 的项 $X(j\omega)/T_s$，正比于原连续信号 $x(t)$ 的频谱，称为基本频谱。

（2）派生出以 ω_s 为基本周期的、无限个高频频谱分量 $X(j\omega-jn\omega_s)/T_s$（$n=0$，±1，±2，…）。

采样过程在时间域内产生信息损失，在频域内表现为：把以 ω_s 为基本周期的、无限个高频频谱分量引入到连续信号的频谱中去。

如果采样频率 ω_s 足够大，满足 $\omega_s\geqslant 2\omega_{max}$，如图 2.12 所示，则 $X_s(j\omega)$ 在 $-\omega_s/2\leqslant\omega\leqslant\omega_s/2$ 范围内与基本频谱 $X(j\omega)/T_s$ 完全相同。这样，如果 $X_s(j\omega)$ 在上述范围外的所有频率成分都被滤掉，就能恢复出 $X(j\omega)$。可以用一个理想滤波器 $G_I(j\omega)$（见图 2.13）来完成滤波任务。

如果采样频率 ω_s 不够大，不满足 $\omega_s>2\omega_{max}$，如图 2.14 所示，那么 $X_s(j\omega)$ 在 $\omega_s-\omega_{max}<\omega<\omega_{max}$ 或 $-\omega_{max}<\omega<-(\omega_s-\omega_{max})$ 的范围内，就会出现频率混叠现象，也就是说，采样信号 $x_s(t)$ 的频谱 $X_s(j\omega)$ 与原信号 $x(t)$ 的频谱 $X(j\omega)$ 在 $[-\omega_s/2,\ \omega_s/2]$ 不一样了，

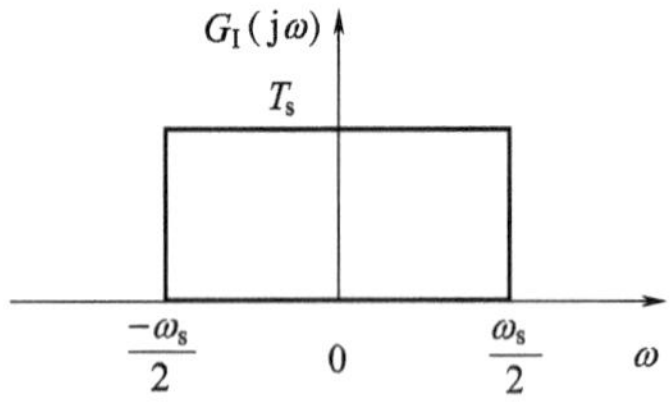

图 2.13 理想滤波器

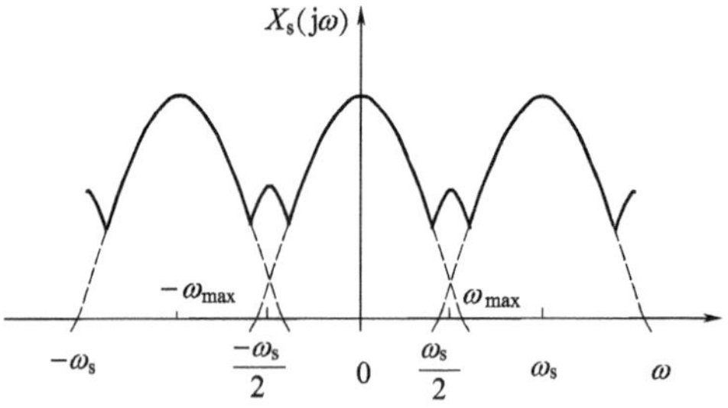

图 2.14 采样信号频谱的混叠现象（$\omega_s<2\omega_{max}$）

即产生了频率混叠。在频谱 $X(j\omega)$ 中，大于 $\omega_s/2$ 的高频部分称为假频，混叠现象正是由假频引起的。在这种情况下，无法从 $X_s(j\omega)$ 中滤除它的基本频谱 $X(j\omega)/T_s$，原来的连续信号就无法恢复。

一般将采样频率的一半称为奈奎斯特频率 f_N（Nyquist Frequency），又称为折叠频率（Folding Frequency）。其意义很明了，即当奈奎斯特频率小于信号的最高频率时则产生频率混叠现象。

4. 采样频率的选取与频率分辨率

为了避免频率混叠，对于带宽有限信号（上限频率 ω_{max}），一般取采样频率 $\omega_s=(2.56\sim4)\omega_{max}$，如果信号的带宽无限，或感兴趣的频率在低频段，可以用低通滤波器（抗混滤波器）滤除高频成分。设滤波器的截止频率为 f_c，则取 $f_c=f_s/$（2.56~4）。

采样频率最低取滤波器截止频率的 2.56 倍，是考虑到实际滤波器的过渡带影响（通常 $f_{max}\leqslant1.28f_c$），如图 2.15 所示。在进行傅里叶变换时，如采样点数为 2 048，则在频率范围 $0\sim f_s/2$ 内得到 1 024 条谱线，为了去除被污染的频率成分，通常保留前 800 条谱线，正好对应 1/1.28。

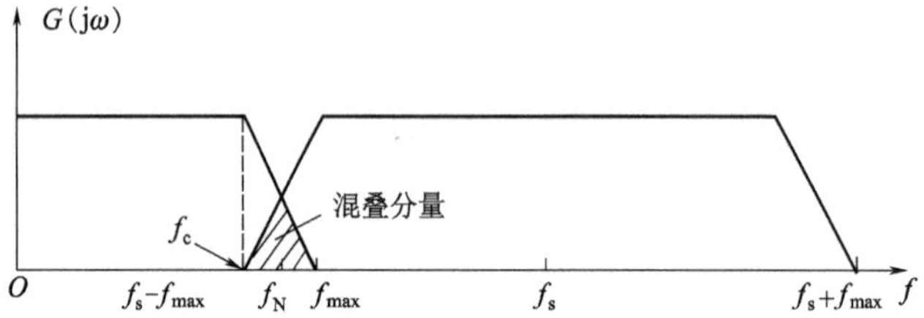

图 2.15 采样频率设置

当采样周期 T_s 一定时，采样长度 T 越长，数据点数 N 就越大。为了减少计算量，T 不宜过长。但是 T 若过短，则不能反映信号的全貌，因为做傅里叶分析时，频率分辨率 Δf 与采样长度 T 成反比，即

$$\Delta f=\frac{1}{T}=\frac{1}{NT_s} \tag{2.37}$$

显然，需要综合考虑采样频率与采样长度之间的矛盾。

在信号分析中，采样点数一般取 2^n，如 512、1 024、2 048，4 096 等。若采样频率为 f_s，则分析频率范围为

$$f_b = \frac{f_s}{2.56} = \frac{1}{2.56T_s} \tag{2.38}$$

频率分辨率 Δf 为

$$\Delta f = \frac{1}{T_s N} = 2.56 f_c / N = \left(\frac{1}{200}, \frac{1}{400}, \frac{1}{800}\right) f_c \tag{2.39}$$

2.2.4　时间窗函数及其选择

1. 信号的截断与泄漏

由于信号的时间历程是无限的，无法对无限长的信号进行分析，而是取其有限的时间长度进行运算，这就需要对信号进行截断。截断相当于对无限长的信号加一个权函数，这个权函数在信号分析中称为谱窗或窗函数。透过窗口能观察整个全景的一部分，而其余则被遮蔽(视为零)。

如图 2.16 所示，余弦信号 $x(t)$ 在时域分布为无限长（$-\infty \sim +\infty$），当用矩形窗函数 $w(t)$ 与其相乘时，得到截断信号 $x_T(t) = x(t)\ w(t)$。

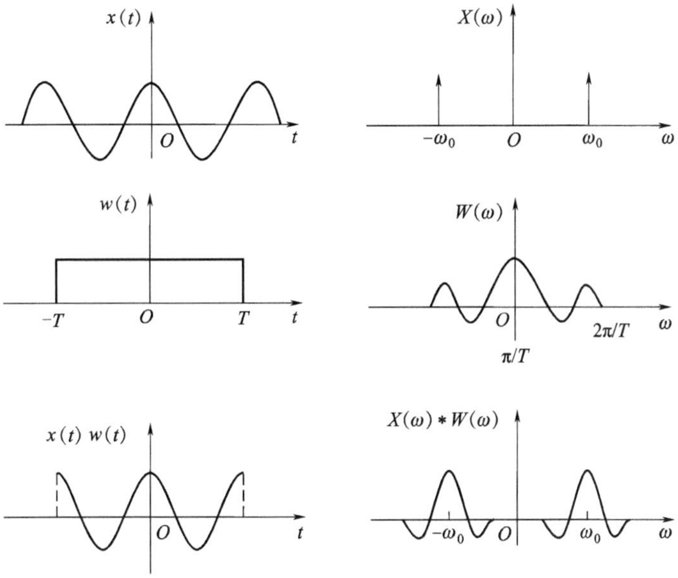

图 2.16　采样频率设置

由图 2.16 可见，原信号的两条离散谱线变为两条振荡的连续谱。这表明，原信号被截断后，其频谱发生了畸变，原来集中在单个频率 ω_0 处的能量被分散到两个较宽的频带中去了，这种现象称为泄漏。

能量泄漏是信号截断的必然产物，因为窗函数 $w(t)$ 是一个频带无限的信号，即使原信号 $x(t)$ 是带宽有限信号，而截断后必然成为带宽无限信号，无论采样频率多高，只要信号一经截断，就不可避免地引起混叠。

如果增大截断长度 T，即矩形窗口加宽，则谱窗 $W(\omega)$ 将被压缩变窄（π/T 减小），泄漏误差将减小。当窗口宽度 T 趋于无穷大时（即不截断），就不存在泄漏误差。

泄漏与窗函数频谱两侧旁瓣有关，如果使旁瓣的高度趋于零，而使能量相对集中于主瓣，就基本能够得到真实的频谱。不同的窗函数具有不同的特点，包括主瓣高度、主瓣宽度和旁瓣高度、旁瓣宽度等。因此，根据不同的要求，可选用不同的窗函数。

2. 常用窗函数

为平滑矩形窗两端的剧烈变化，通常采用对窗口函数进行加权，加权函数不同，窗口形状不同。工程上常用的窗函数有矩形窗、汉宁窗、海明窗、高斯窗等。设连续函数定义区间为（$-T/2$，$T/2$），对应的离散函数定义于区间（$0\leqslant k\leqslant N-1$）（$N$ 为 T 区间上的采样点数）。

1）矩形窗（Rectangular Window）

$$w_{\mathrm{R}}(t)=\begin{cases}1, & |t|\leqslant\dfrac{T}{2}\\[2mm] 0, & |t|\geqslant\dfrac{T}{2}\end{cases} \tag{2.40a}$$

$$W_{\mathrm{R}}(\omega)=\frac{\sin\dfrac{\omega T}{2}}{\dfrac{\omega}{2}} \tag{2.40b}$$

$$w(k)=\begin{cases}1, & 0\leqslant k\leqslant N-1\\ 0, & \text{其他}\end{cases} \tag{2.40c}$$

实际上，不加窗就是使信号通过了矩形窗。这种窗的优点是主瓣比较集中，缺点是旁瓣较高，并有负旁瓣，导致加窗后带进了高频干扰和泄漏，甚至出现负谱现象。

2）汉宁窗（Hanning Window）

$$w_{\mathrm{N}}(t)=w_{\mathrm{R}}(t)\left(0.5+0.5\cos\frac{2\pi t}{T}\right) \tag{2.41a}$$

$$W_{\mathrm{N}}(\omega)=0.5\frac{\sin\omega T}{\omega/2}+0.25\left(\frac{\sin(\omega T/2-\pi)}{\dfrac{\omega}{2}-\dfrac{\pi}{T}}+\frac{\sin\left(\dfrac{\omega T}{2}+\pi\right)}{\dfrac{\omega}{2}+\dfrac{\pi}{T}}\right) \tag{2.41b}$$

$$w_{\mathrm{N}}(k)=0.5+0.5\cos\left(\frac{2\pi k}{N-1}\right),0\leqslant k\leqslant N-1 \tag{2.41c}$$

汉宁窗又称为余弦窗，可以看出是由 3 个矩形时间窗的频谱组成的，或者说是 3 个 $\sin t$ 组成，它可以使旁瓣互相抵消，消去高频干扰和能量泄漏。图 2.17 所示为汉宁窗与矩形窗的频

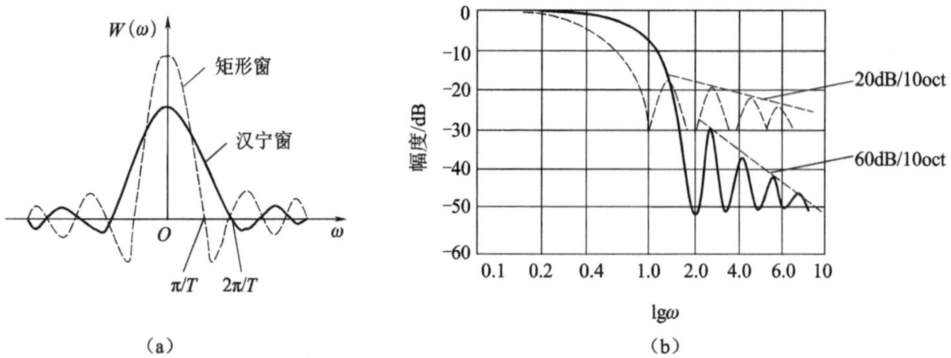

图 2.17　汉宁窗与矩形窗的频谱对比

谱对比。图 2.17（a）所示为 $W(\omega)$ $-\omega$ 关系，图 2.17（b）所示为相对幅度（相对于主瓣衰减）$-\lg\omega$ 关系。可以看出，汉宁窗主瓣加宽（第一个零点在 $2\pi/T$ 处），且旁瓣明显降低。第一个旁瓣衰减-32 dB，而矩形窗第一旁瓣衰减-13 dB。此外，汉宁窗的旁瓣衰减速度也较快，约 60 dB/10 oct，而矩形窗为 20 dB/10 oct。由以上比较可知，从减小泄漏的角度出发，汉宁窗优于矩形窗，但汉宁窗主瓣加宽，相当于分析带宽加宽，频率分辨率下降。

3）海明窗（Hamming Window）

$$w_M(t)=w_R(t)\left(0.54+0.46\cos\frac{2\pi t}{T}\right) \tag{2.42a}$$

$$W_M(\omega)=0.54\frac{\sin\frac{\omega T}{2}}{\omega/2}+0.23\left(\frac{\left(\sin\frac{\omega T}{2}-\pi\right)}{\frac{\omega}{2}-\frac{\pi}{T}}+\frac{\sin\left(\frac{\omega T}{2}+\pi\right)}{\frac{\omega}{2}+\frac{\pi}{T}}\right) \tag{2.42b}$$

$$w_M(k)=0.54-0.46\cos\left(\frac{2\pi k}{N-1}\right),0\leqslant k\leqslant N-1 \tag{2.42c}$$

海明窗与汉宁窗相似，只是加权系数不同，使旁瓣达到更小。分析表明，海明窗的第一旁瓣衰减为-42 dB，比汉宁窗衰减大；旁瓣衰减速度为 20 dB/10 oct，这比汉宁窗旁瓣衰减慢。

4）高斯窗（Gaussian Window）

$$w_G(t)=w_R(t)\exp\left(\frac{2n^2}{T^2}t^2\right) \tag{2.43a}$$

$$W_G(\omega)=\frac{t}{2n\sqrt{2\pi}}\exp\left(\frac{\pi T^2}{2n^2}\omega^2\right) \tag{2.43b}$$

$$w_G(k)=\exp\left(\frac{2n^2}{(N-1)^2}k^2\right),0\leqslant k\leqslant N-1 \tag{2.43c}$$

高斯窗是一种指数窗（采用指数时间函数，如 e^{-at}形式），其指数 a 为常数，决定了函数曲线衰减的快慢。如果 a 值选取适当，可以使截断点（T 为有限值）处的函数值比较小，从而使截断造成的影响比较小。高斯窗谱无负的旁瓣，第一旁瓣衰减达到-55 dB。高斯窗谱的主瓣较宽，因而频率分辨率低。高斯窗函数被用来截断一些非周期信号，如指数衰减信号等。

除了以上几种常用窗函数以外，还有多种窗函数，如帕仁（Parzen）窗、布莱克曼（Blackman）窗、凯塞尔（Kaiser）窗等。

窗函数的主要指标如下：

（1）最大旁瓣值与主瓣峰值之比。用对数表示，即 $20\lg(A_{旁}/A_{主})$，以 dB 为单位。该值越小越好，为负值。

（2）旁瓣衰减率。用 10 个相邻旁瓣峰值的衰减比的对数表示，记为 dB/10 oct。该值大，则旁瓣误差小，即泄漏少。

（3）主瓣宽。以下降 3 dB 时的带宽表示，通常用“3 dB×带宽 Δf”给出。主瓣窄，则可精确定出其峰值频率。

（4）最大定点误差。以 dB 或% 给出。

表 2.1 给出了几种窗函数的指标，可供参考。

表 2.1 几种窗函数的特性

窗的类型	最高旁瓣/dB	旁瓣衰减/($dB\cdot dec^{-1}$)	最大幅值误差/dB
矩形窗	-13	-20	3.9
汉宁窗	-32	-60	1.4
海明窗	-43	-20	1.8
高斯窗	-69	-20	0.9

2.3 离散信号频域分析

2.3.1 离散傅里叶变换

傅里叶变换是沟通时域和频域的桥梁，它为信号分析及处理开辟了一个新领域，即频率域。对于模拟信号的分析与处理，傅里叶变换起到了十分重要的作用。现在的问题是如何把傅里叶变换引入到数字信号处理中，即用离散点作傅里叶变换，而且得到的傅里叶变换也是离散点，这就是离散傅里叶变换（Discrete Fourier Transform，DFT）。

求离散傅里叶变换的过程分 3 步，即采样、截断和延拓，如图 2.18 所示。

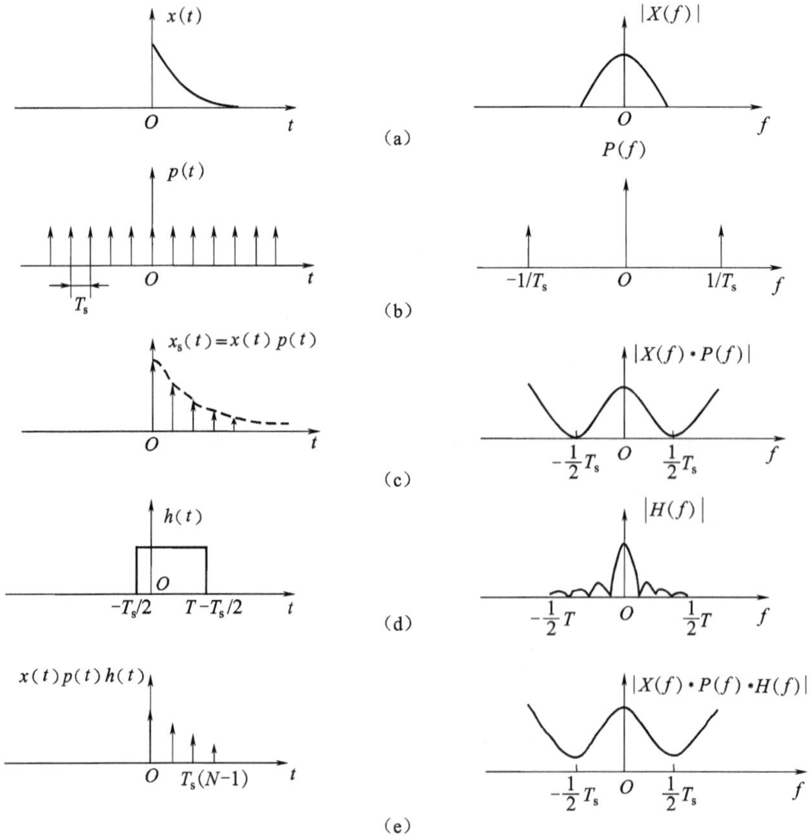

图 2.18 离散傅里叶变换过程图解

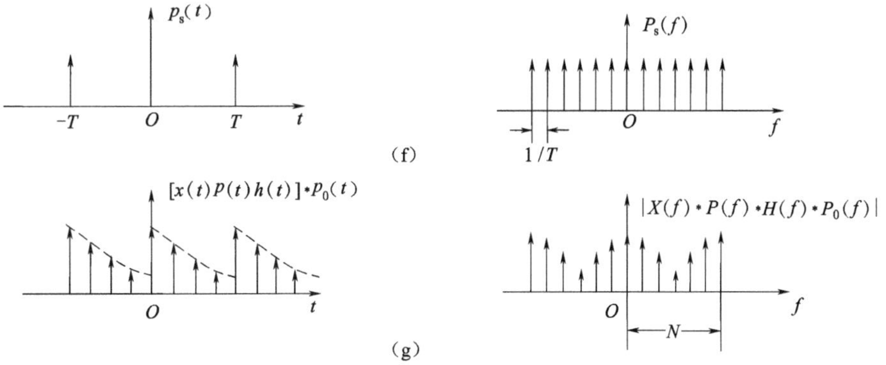

图 2.18　离散傅里叶变换过程图解（续）

1. 采样

根据式（2.36），采样后信号为 $x_s(t)=x(t)\cdot p(t)$ 的傅里叶变换为

$$X_s(j\omega)=F[x_s(t)]=\frac{1}{T_s}\sum_{n=-\infty}^{\infty}X(j\omega-jn\omega_s)$$

或写成

$$X_s(f)=\frac{1}{T_s}\sum_{n=-\infty}^{\infty}X(f-nf_s)=f_s\sum_{n=-\infty}^{\infty}X(f-nf_s) \tag{2.44}$$

采样后信号 $x_s(t)$ 的频谱 $X_s(f)$ 的幅值是原信号的频谱 $X(f)$ 的 f_s 倍，如图 2.18（c）所示。谱中有混叠现象，若减小 T_s，即增大 f_s，该混叠将会减小。

2. 截断

采样后信号 $x_s(t)$ 虽然离散化了，但定义区间为（$-\infty$，$+\infty$），它不适于计算机处理，故需要时域截断。

截断的方法是将 $x_s(t)$ 乘以图 2.18（d）中的矩形窗函数 $h(t)$。$h(t)$ 从 $-T_s/2$ 开始存在，是为了推导方便。截断后的时域信号为

$$\begin{aligned} x(t)p(t)h(t) &= \sum_{n=-\infty}^{\infty}x(nT_s)\delta(t-nT_s)h(t) \\ &= \sum_{n=0}^{N-1}x(nT_s)\delta(t-nT_s) \end{aligned} \tag{2.45}$$

上述推导中，假定 T 区间内有 N 个采样点，即 T/T_s。

由图 2.18（e）可见，时域截断在频域引起“皱波”效果，这是截断造成能量泄漏的结果。

经截断处理后，时域信号 $x(t)$ 由原来无限长的连续信号，变为有限长的离散信号，但其频域仍然是一连续函数，还无法进行数字计算，因此还需进一步处理。

3. 延拓

1）延拓信号 $\tilde{x}(t)$

截断后的采样信号定义区间为 $[-T_s/2,\ T-T_s/2]$，是有限的连续信号，因而其傅里叶变换是离散的，故欲使图 2.18（e）中的频谱变为离散的，需对截断后的时间信号加以延

拓，使之成为以 T 为周期的离散周期信号。

设以 T 为周期的脉冲序列 $p_0(t)$ 为

$$p_0(t)=T\sum_{r=-\infty}^{\infty}\delta(t-rT)\quad(r=0,\ \pm1,\ \pm2,\cdots)\tag{2.46}$$

延拓后的信号为

$$\begin{aligned}\tilde{x}(t)&=[x(t)p(t)h(t)]p_0(t)\\&=\left[\sum_{n=0}^{N-1}x(nT_s)\delta(t-nT_s)\right]\left[T\sum_{r=-\infty}^{\infty}\delta(t-rT)\right]\\&=T\sum_{r=-\infty}^{\infty}\left[\sum_{n=0}^{N-1}x(nT_s)\delta(t-nT_s-rT)\right]\end{aligned}\tag{2.47}$$

2）延拓后信号 $\tilde{x}(t)$ 的傅里叶变换 $\tilde{X}(kf)$

延拓后的信号是周期的离散信号，故可表示为

$$\tilde{X}(kf_0)=\sum_{k=-\infty}^{\infty}C_k\delta(f-kf_0)\tag{2.48}$$

式中，$f_0=1/T=1/(NT_s)$。

$$C_k=\frac{1}{T}\int_{-\frac{T_s}{2}}^{T-\frac{T_s}{2}}\tilde{x}(t)\mathrm{e}^{-\mathrm{j}2\pi kf_0t}\mathrm{d}t\quad(k=0,\ \pm1,\ \pm2,\cdots)\tag{2.49}$$

把式（2.47）代入式（2.49）中，则

$$C_k=\frac{1}{T}\int_{-\frac{T_s}{2}}^{T-\frac{T_s}{2}}T\sum_{r=-\infty}^{\infty}\left[\sum_{n=0}^{N-1}x(nT_s)\delta(t-nT_s-rT)\right]\mathrm{e}^{-\mathrm{j}2\pi kf_0t}\mathrm{d}t$$

考虑到在一个周期内积分，取 $r=0$，因此

$$\begin{aligned}C_k&=\int_{-\frac{T_s}{2}}^{T-\frac{T_s}{2}}\left[\sum_{n=0}^{N-1}x(nT_s)\delta(t-nT_s)\right]\mathrm{e}^{-\mathrm{j}2\pi kf_0t}\mathrm{d}t\\&=\sum_{n=0}^{N-1}x(nT_s)\int_{-\frac{T_s}{2}}^{T-\frac{T_s}{2}}\mathrm{e}^{-\mathrm{j}2\pi kf_0t}\delta(t-nT_s)\mathrm{d}t\\&=\sum_{n=0}^{N-1}x(nT_s)\mathrm{e}^{-\mathrm{j}2\pi kf_0nT_s}\end{aligned}\tag{2.50}$$

由 $f_0=1/(NT_s)$ 得 $f_0T_s=1/N$，代入式（2.50）中，则

$$C_k=\sum_{n=0}^{N-1}x(nT_s)\mathrm{e}^{-\mathrm{j}\frac{2\pi}{N}kn}\quad(k=0,\ \pm1,\ \pm2,\cdots)\tag{2.51}$$

将式（2.51）代入式（2.48）中，有

$$\tilde{X}(kf_0)=\sum_{k=-\infty}^{\infty}\sum_{n=0}^{N-1}x(nT_s)\mathrm{e}^{-\mathrm{j}\frac{2\pi}{N}kn}\delta(f-kf_0)\tag{2.52}$$

3）证明 $\tilde{X}(kf)$ 的周期性

当 $k=r$ 时，式（2.51）写成

$$C_r = \sum_{n=0}^{N-1} x(nT_s) e^{-j\frac{2\pi}{N}rn}$$

再令 $k=r+N$，因 $e^{-j2\pi n}=\cos 2\pi n-j\sin 2\pi n=1$，故

$$e^{-j\frac{2\pi}{N}n(r+N)} = e^{-j\frac{2\pi}{N}nr} \cdot e^{-j2\pi n} = e^{-j\frac{2\pi}{N}nr}$$

$$C_{r+N} = \sum_{n=0}^{N-1} x(nT_s) e^{-j\frac{2\pi}{N}n(r+N)}$$

$$= \sum_{n=0}^{N-1} x(nT_s) e^{-j\frac{2\pi}{N}nr} = C_r \tag{2.53}$$

可见，C_k 是周期性重复的，且由式（2.51）只能算出 N 个独立值。这样，根据式（2.52），$\tilde{X}(kf)$ 是周期为 N 的复变函数，于是式（2.52）写成

$$\tilde{X}(kf_0) = \sum_{n=0}^{N-1} x(nT_s) e^{-j\frac{2\pi}{N}kn} \quad (k=0,\ \pm 1,\ \pm 2,\cdots) \tag{2.54}$$

为方便起见，将 $\tilde{X}(kf_0)$ 记为 $X(kf_0)$。$X(kf_0)$ 即为离散傅里叶变换结果。

4）离散傅里叶变换对

设 $x(nT_s)$（$n=0,\ 1,\ 2,\ \cdots,\ N-1$）为连续函数 $x(t)$ 截断后的 N 个采样值，则离散傅里叶变换对为

$$X(kf_0) = \sum_{n=0}^{N-1} x(nT_s) e^{-j\frac{2\pi}{N}kn} \quad (k=0,1,2,\cdots,N-1) \tag{2.55}$$

$$x(nT_s) = \frac{1}{N}\sum_{n=0}^{N-1} X(kf_0) e^{j\frac{2\pi}{N}kn} \quad (n=0,1,2,\cdots,N-1) \tag{2.56}$$

式中，$f_0=1/(NT_s)$ 称为基频。截断周期 T 内有 N 个采样点，即 $T=NT_s$。

式（2.56）为傅里叶反变换，这可通过把式（2.56）代入式（2.55）中，然后利用复数的正交性证明。

为了记忆方便，可将 $x(nT_s)$ 用 $x(n)$ 表示，且定义 $W_N=e^{-j\frac{2\pi}{N}}$，称之为旋转因子，并简记为 $W=e^{-j\frac{2\pi}{N}}$，于是 $W_N^{-1}=e^{j\frac{2\pi}{N}}$，简记为 W^{-1}。

最后，离散傅里叶变换可以简化写成

$$X(k) = \sum_{n=0}^{N-1} x(n) W^{kn} \quad (k=0,1,2,\cdots,N-1) \tag{2.57}$$

$$x(n) = \frac{1}{N}\sum_{k=0}^{N-1} X(k) W^{-kn} \quad (n=0,1,2,\cdots,N-1) \tag{2.58}$$

2.3.2 快速傅里叶变换

快速傅里叶变换（Fast Fourier Transform，FFT）方法是一种减少 DFT 计算时间的算法，由美国的库利-图基于 1965 年首先提出。利用该算法，使 DFT 的运算量大为降低。快速傅里叶变换把离散傅里叶变换推向了广泛的实际应用。

1. DFT 的计算方法

1）DFT 的计算量

为了说明 FFT 算法的原理，首先需要分析与研究 DFT 变换的方法及所需的计算工作量。对离散傅里叶变换 DFT，其计算公式见式（2.57）和式（2.58）。

将式（2.57）、式（2.58）写成矩阵形式为

$$\begin{bmatrix} \boldsymbol{X}(0) \\ \boldsymbol{X}(1) \\ \vdots \\ \boldsymbol{X}(N-1) \end{bmatrix} = \begin{bmatrix} \boldsymbol{W}^0 & \boldsymbol{W}^0 & \boldsymbol{W}^0 & \cdots & \boldsymbol{W}^0 \\ \boldsymbol{W}^0 & \boldsymbol{W}^{1\times1} & \boldsymbol{W}^{2\times1} & \cdots & \boldsymbol{W}^{(N-1)\times1} \\ \vdots & \vdots & \vdots & & \vdots \\ \boldsymbol{W}^0 & \boldsymbol{W}^{1\times(N-1)} & \boldsymbol{W}^{2\times(N-1)} & \cdots & \boldsymbol{W}^{(N-1)\times(N-1)} \end{bmatrix} \begin{bmatrix} \boldsymbol{x}(0) \\ \boldsymbol{x}(1) \\ \vdots \\ \boldsymbol{x}(N-1) \end{bmatrix} \tag{2.59}$$

$$\begin{bmatrix} \boldsymbol{x}(0) \\ \boldsymbol{x}(1) \\ \vdots \\ \boldsymbol{x}(N-1) \end{bmatrix} = \frac{1}{N} \begin{bmatrix} \boldsymbol{W}^0 & \boldsymbol{W}^0 & \boldsymbol{W}^0 & \cdots & \boldsymbol{W}^0 \\ \boldsymbol{W}^0 & \boldsymbol{W}^{-1\times1} & \boldsymbol{W}^{-1\times2} & \cdots & \boldsymbol{W}^{-1\times(N-1)} \\ \vdots & \vdots & \vdots & & \vdots \\ \boldsymbol{W}^0 & \boldsymbol{W}^{-(N-1)\times1} & \boldsymbol{W}^{-(N-1)\times2} & \cdots & \boldsymbol{W}^{-(N-1)\times(N-1)} \end{bmatrix} \begin{bmatrix} \boldsymbol{X}(0) \\ \boldsymbol{X}(1) \\ \vdots \\ \boldsymbol{X}(N-1) \end{bmatrix} \tag{2.60}$$

$\boldsymbol{X}(k)$ 与 $\boldsymbol{x}(n)$ 分别为 N 列的列矩阵，$\boldsymbol{W}^{nk}$和 $\boldsymbol{W}^{-nk}$为 $N\times N$ 阶方阵，且满足

$$\begin{aligned} \boldsymbol{W}^{nk} &= \boldsymbol{W}^{nkT} \\ \boldsymbol{W}^{-nk} &= \boldsymbol{W}^{-nkT} \end{aligned} \tag{2.61}$$

对于正变换，需将 $\boldsymbol{x}(n)$ 与 $\boldsymbol{W}^{nk}$中元素两两相乘可得到 $\boldsymbol{X}(k)$。可见，每得到一个 $\boldsymbol{X}(k)$ 值，必须做 N 次复数相乘和 $N-1$ 次复数相加。计算 N 个 $\boldsymbol{X}(k)$ 值时，共需 N^2 次复数相乘、$N(N-1)$ 次复数相加。

DFT 运算工作量巨大，尤其是当 N 比较大时。例如，$N=10$ 时，需要 100 次复数相乘，而当 $N=1\ 024$ 时，就需要 1 048 576 次复数乘法运算。

2）减小运算量的途径

由以上分析可知，在［$\boldsymbol{W}$］与［$\boldsymbol{x}$(n)］相乘过程中存在着不必要的重复运算。简化运算，可以有效地减少运算量。

为了便于讨论，设 $N=4$，则矩阵表达式为

$$\begin{bmatrix} \boldsymbol{X}(0) \\ \boldsymbol{X}(1) \\ \boldsymbol{X}(2) \\ \boldsymbol{X}(3) \end{bmatrix} = \begin{bmatrix} \boldsymbol{W}^0 & \boldsymbol{W}^0 & \boldsymbol{W}^0 & \boldsymbol{W}^0 \\ \boldsymbol{W}^0 & \boldsymbol{W}^1 & \boldsymbol{W}^2 & \boldsymbol{W}^3 \\ \boldsymbol{W}^0 & \boldsymbol{W}^2 & \boldsymbol{W}^4 & \boldsymbol{W}^6 \\ \boldsymbol{W}^0 & \boldsymbol{W}^3 & \boldsymbol{W}^6 & \boldsymbol{W}^9 \end{bmatrix} \begin{bmatrix} \boldsymbol{x}(0) \\ \boldsymbol{x}(1) \\ \boldsymbol{x}(2) \\ \boldsymbol{x}(3) \end{bmatrix} \tag{2.62}$$

此时，复数乘法次数 $N^2=16$；复数加法次数为 $N(N-1)\ =12$。进一步分析矩阵形式，发现一些不必要的运算，例如：

（1）$\boldsymbol{W}^0=1$；

（2）$\boldsymbol{W}^{N/2}=(\mathrm{e}^{-\mathrm{j}2\pi/N})^{N/2}=-1$。

也有一些可利用的特性，例如：

（1）$\boldsymbol{W}^{nk}$的周期性，即

$$\boldsymbol{W}^{nk}=\boldsymbol{W}^{n(k+N)}=\boldsymbol{W}^{k(n+N)} \tag{2.63}$$

运用此式，当 $N=4$ 时，可有 $\boldsymbol{W}^2=\boldsymbol{W}^6$，$\boldsymbol{W}^1=\boldsymbol{W}^9$ 等。

（2）$\boldsymbol{W}^{nk}$的对称性，即

$$\boldsymbol{W}^{\left(nk+\frac{N}{2}\right)}=-\boldsymbol{W}^{nk} \tag{2.64}$$

运用此式，当 $N=4$ 时，可有 $W^3=-W^1$，$W^2=-W^0$ 等。

将以上特性用于 $N=4$ 的［W］矩阵，则可简化该矩阵为

$$\begin{bmatrix} W^0 & W^0 & W^0 & W^0 \\ W^0 & W^1 & W^2 & W^3 \\ W^0 & W^2 & W^4 & W^6 \\ W^0 & W^3 & W^6 & W^9 \end{bmatrix} = \begin{bmatrix} W^0 & W^0 & W^0 & W^0 \\ W^0 & W^1 & W^2 & W^3 \\ W^0 & W^2 & W^0 & W^2 \\ W^0 & W^3 & W^2 & W^1 \end{bmatrix} = \begin{bmatrix} W^0 & W^0 & W^0 & W^0 \\ W^0 & W^1 & -W^0 & -W^1 \\ W^0 & -W^0 & W^0 & -W^0 \\ W^0 & -W^1 & -W^0 & W^1 \end{bmatrix}$$

可见，经过周期性与对称性简化后，矩阵［W］中若干数量的元素相同，这样就使 DFT 运算过程大为简化。这就是库利-图基 FFT 算法的基本思路。

2. FFT 的计算方法

考虑到被分析数据的特性以及计算机特性，FFT 算法有多种变形。基 2 FFT 算法包含了 FFT 算法的基本要素，较为常用。

基 2 算法要求 N 为 2 的幂。设有一采样序列 $x(n)$，点数 $N=2^m$，m 为正整数。采样点数 N 一般取为 128（2^7）、256（2^8）、512（2^9）、1 024（2^{10}）、2 048（2^{11}）等。

基 2 算法的出发点是把 N 点 DFT 运算分解为奇数下标的 $h(n)$ 和偶数下标的 $g(n)$，然后利用旋转因子 W 的周期性消去多余操作。

令 $h(n)=x(2n)$，$g(n)=x(2n+1)$，对于 $n=0,1,2,\cdots,N/2-1$，式（2.57）可以写成

$$X(k)=\sum_{n=0}^{N/2-1}\left[g(n)\mathrm{e}^{-\mathrm{j}\frac{4\pi}{N}kn}+h(n)\mathrm{e}^{-\mathrm{j}\frac{2\pi}{N}k(n+1)}\right] \tag{2.65}$$

从第二项中提取出 $W^{nk}=W^{-\mathrm{j}2\pi\frac{k}{N}n}$，则得到

$$X(k)=G(k)+W_N^kH(k)\quad(k=0,1,2,\cdots,N/2-1) \tag{2.66}$$

式中，

$$G(k)=\sum_{n=0}^{N/2-1}g(n)\mathrm{e}^{-\mathrm{j}\frac{4\pi}{N}kn}$$

$$H(k)=\sum_{n=0}^{N/2-1}h(n)\mathrm{e}^{-\mathrm{j}\frac{4\pi}{N}kn}$$

$$W_N^k=\mathrm{e}^{-\mathrm{j}2\pi\frac{k}{N}}$$

因为 $G(k)$ 和 $H(k)$ 只有 $\frac{N}{2}$ 个值，故 k 在 $\left[0,\frac{N}{2}\right]$ 内只能给出 $\frac{N}{2}$ 个 $X(k)$ 值。对 $k>\frac{N}{2}$ 部分的 $X(k)$，仍可以由 $G(k)$ 及 $H(k)$ 得到。令 $k=k'+\frac{N}{2}$，则

$$\begin{aligned}X(k)&=X(k'+\frac{N}{2})\\&=G\left(k'+\frac{N}{2}\right)+W_N^{\left(k'+\frac{N}{2}\right)}H\left(k'+\frac{N}{2}\right)\end{aligned} \tag{2.67}$$

由于

$$W^{(k'+\frac{N}{2})}=\mathrm{e}^{-\mathrm{j}2\pi(k'+\frac{N}{2})/N}=\mathrm{e}^{-\mathrm{j}2\pi k'/N}\cdot\mathrm{e}^{-\mathrm{j}2\pi N/2N}$$
$$=\mathrm{e}^{-\mathrm{j}\pi}\cdot\mathrm{e}^{-\mathrm{j}2\pi k'/N}=-\mathrm{e}^{-\mathrm{j}2\pi k'/N}=-W_N^{k'} \tag{2.68}$$

$$G(k)=G\left(k'+\frac{N}{2}\right)=G(k')$$
$$H(k)=H\left(k'+\frac{N}{2}\right)=H(k') \tag{2.69}$$

故

$$X\left(k'+\frac{N}{2}\right)=G(k')-W_N^{k'}H(k')$$

或写成

$$X\left(k+\frac{N}{2}\right)=G(k)-W_N^kH(k) \tag{2.70}$$

可见，用式（2.57）作 FFT 需要对 N 个点进行计算，作 N^2 次乘法；而用式（2.66）和式（2.70）作 FFT，由于 $G(k)$ 和 $W_N^kH(k)$ 是两个$\frac{N}{2}$的计算，故总共需要 $2\left(\frac{N}{2}\right)^2=\frac{N^2}{2}$次乘法。按同样原理逐步分解，$N$ 个点的计算最后经过 $\lg 2^N$ 步分解之后，就分解为$\frac{N}{2}$个两点的计算。

2.4 信号的幅域分析

对数据进行统计分析称为信号的幅域分析。常用的信号幅域参数包括概率密度函数、概率分布函数、均值、均方根值、方差、偏态指标和偏度指标等。

2.4.1 概率密度函数及概率分布函数

随机信号的概率密度函数表示幅值 $x(t)$ 落在某一指定范围内的概率大小，如图 2.19 所示。

其概率密度函数定义为

$$p(x)=\lim_{\Delta X\to 0}\frac{P_{\mathrm{rob}}(X<x(t)\leqslant X+\Delta X)}{\Delta X} \tag{2.71}$$

对于各态历经的随机过程，有

$$p(x)=\lim_{\Delta X\to 0}\frac{1}{\Delta X}\left[\lim\frac{T_x}{T}\right] \tag{2.72}$$

式中，$T_x=\Delta t_1+\Delta t_2+\Delta t_3+\cdots$。

$p(x)$ 表示幅值落在区间（X，$X+\Delta X$）的概率与小区间长度之比，故称为幅值概率密度函数。

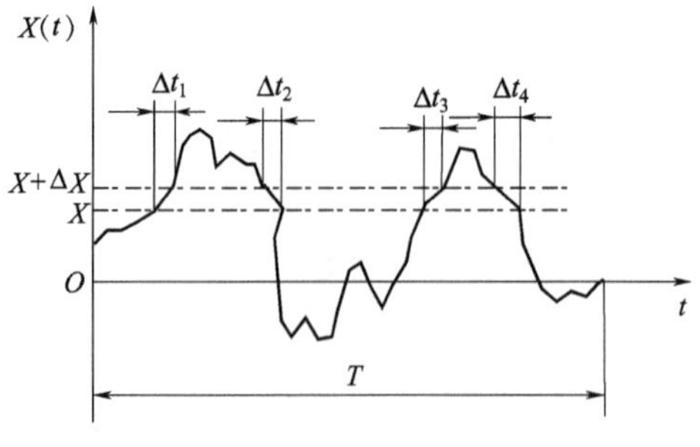

图 2.19　概率密度函数 $p(x)$ 的计算

幅值概率分布函数定义为

$$P(x)=P_{\mathrm{rob}}(x(t)\leqslant X) \tag{2.73}$$

它表示 $x(t)$ 的幅值小于等于 X 的概率，又称为累计概率分布函数。概率分布函数与概率密度函数的关系为

$$P(x)=\int_{-\infty}^{X} p(x)\,\mathrm{d}x \tag{2.74}$$

如图 2.20 所示，概率分布函数与概率密度函数有下面的关系，即

$$\int_{x_1}^{x_2} p(x)\,\mathrm{d}x = P(x_2) - P(x_1) \tag{2.75}$$

$$\int_{-\infty}^{+\infty} p(x)\,\mathrm{d}x = P(\infty) = 1 \tag{2.76}$$

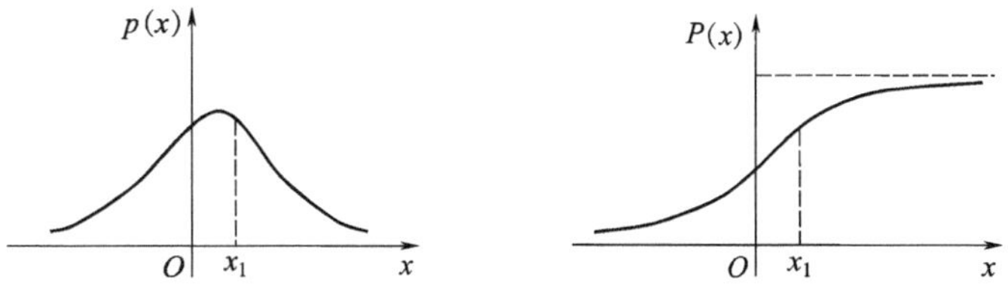

图 2.20 概率密度函数和概率分布函数

表 2.2 给出了 4 种典型信号的概率密度函数。

表 2.2 4 种典型信号的时域波形和概率密度函数

信号类型	时域波形	概率密度函数
正弦波	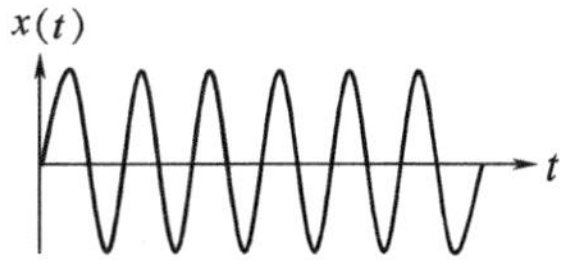	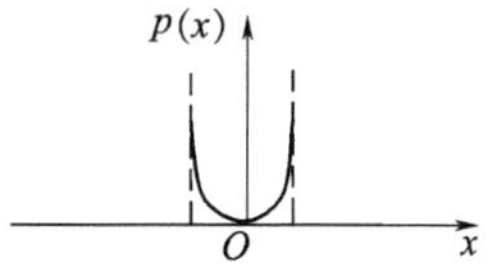
正弦波+随机噪声	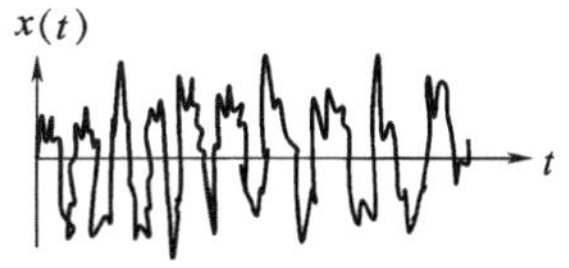	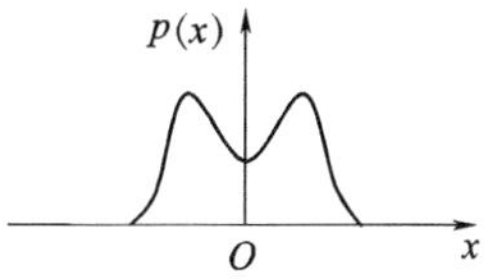
窄带随机信号		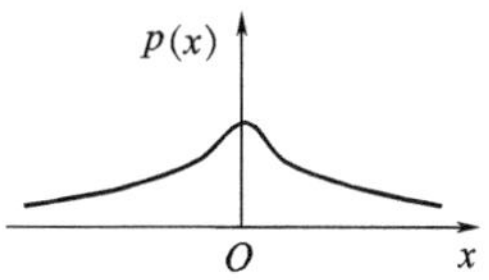
宽带随机信号		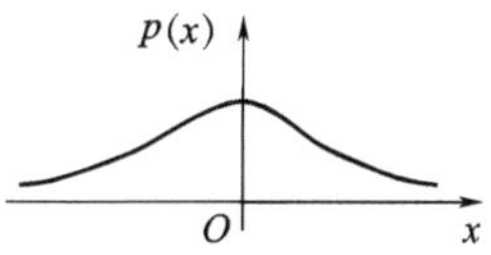

2.4.2 常用幅域参数的定义与计算公式

对模拟信号而言，若 $x(t)$ 是长度为 T 的模拟信号，则幅域参数的定义为

峰值，即

$$x_p = \max |x(t)| \tag{2.77}$$

均值，即

$$\overline{X} = \frac{1}{T}\int_0^T x(t)\,\mathrm{d}t \tag{2.78}$$

均方根值，即

$$X_{\mathrm{rms}} = \sqrt{\frac{1}{T}\int_0^T x^2(t)\,\mathrm{d}t} \tag{2.79}$$

方差，即

$$\sigma_x^2 = \frac{1}{T}\int_0^T [x(t) - \overline{X}]^2\mathrm{d}t \tag{2.80}$$

歪度，即

$$\alpha = \int_{-\infty}^{+\infty} x^3 p(x)\,\mathrm{d}x \tag{2.81}$$

峭度，即

$$\beta = \int_{-\infty}^{+\infty} x^4 p(x)\,\mathrm{d}x \tag{2.82}$$

对采样后的数字信号 $\{x_n(t)\} = \{x_1, x_2, \cdots, x_N\}$ 而言，幅域参数的计算式为

最大值，即

$$X_{\max} = \max\{|x_n|\} \quad (n=1,2,\cdots,N) \tag{2.83}$$

最小值，即

$$X_{\min} = \min\{|x_n|\} \quad (n=1,2,\cdots,N) \tag{2.84}$$

均值，即

$$\overline{X} = \frac{1}{N}\sum_{n=1}^{N} x_n \tag{2.85}$$

均方根值，即

$$X_{\mathrm{rms}} = \sqrt{\frac{1}{N}\sum_{n=1}^{N} x_n^2} \tag{2.86}$$

方差，即

$$\sigma_x^2 = \frac{1}{N-1}\sum_{n=1}^{N} (x_n - \overline{X})^2 \tag{2.87}$$

歪度，即

$$\alpha = \frac{1}{N}\sum_{n=1}^{N} x_n^3 \tag{2.88}$$

峭度，即

$$\beta = \frac{1}{N}\sum_{n=1}^{N} x_n^4 \tag{2.89}$$

均方根值反映信号的能量大小，方差表示数据的分散度，两者的关系为

$$X_{\mathrm{rms}}^2=\overline{X}^2+\sigma_x^2 \tag{2.90}$$

歪度 α 反映 $x(t)$ 对纵坐标的不对称性，不对称越严重，α 越大。峭度 β 对大幅值非常敏感，这对检测信号中含有脉冲性的故障比较有效。随着故障的产生和发展，均方根值 X_{rms}、绝对平均幅值 $|\overline{X}|$ 以及峭度 β 均会逐渐增大。

上述有量纲幅域诊断参数虽然会随着故障的发展而上升，但也会因工作条件（如负载、转速、仪器灵敏度）的改变而改变，因此引入无量纲幅域参数，它们只取决于概率密度函数 $p(x)$ 的形状。常用的无量纲幅域诊断参数有：

波形指标，即

$$S_{\mathrm{f}}=\frac{X_{\mathrm{rms}}}{|\overline{X}|} \tag{2.91}$$

峰值指标，即

$$C_{\mathrm{f}}=\frac{X_{\max}}{X_{\mathrm{rms}}} \tag{2.92}$$

脉冲指标，即

$$I_{\mathrm{f}}=\frac{X_{\max}}{|\overline{X}|} \tag{2.93}$$

裕度指标，即

$$CL_{\mathrm{f}}=\frac{X_{\max}}{X_{\mathrm{rms}}} \tag{2.94}$$

峭度指标，即

$$K_{\mathrm{v}}=\frac{\beta}{X_{\mathrm{rms}}^4} \tag{2.95}$$

脉冲指标、裕度指标和峭度指标对于冲击类故障比较敏感，特别是在故障早期时，它们有明显增加；但上升到一定程度后，随着故障的逐渐发展，反而会下降，说明它们对早期故障敏感性较高，但稳定性较差。一般情况下，均方根值的稳定性较好，但对早期故障信号不敏感。因此，为了取得较好的诊断效果，需要将多个参数综合使用。

2.5　信号的时域分析

信号的时域分析是基于信号时间顺序的分析方法。在时域分析中，提取信号特征的主要方法有相关分析和时间序列分析。下面主要介绍相关分析方面的内容。

1. 相关系数

两个随机变量 x 和 y 之间的相关系数定义为

$$\rho_{xy}=\frac{C_{xy}}{\sigma_x\sigma_y}=\frac{E[x-\overline{X}][y-\overline{Y}]}{\sqrt{E[(x-\overline{X})^2]E[(y-\overline{Y})^2]}} \tag{2.96}$$

式中　C_{xy}——两个随机变量 x 和 y 的协方差或相关矩，表征了 x、y 之间的相关程度；

σ_x，σ_y——分别为随机变量 x 和 y 的方差。

相关系数 ρ_{xy} 是一个无量纲的系数。

可以证明

$$-1 \leqslant \rho_{xy} \leqslant 1 \tag{2.97}$$

当 $\rho_{xy}=\pm1$ 时，说明两变量是理想的线性相关；$\rho_{xy}=0$，表示 x 和 y 两个变量完全无关；若 $0\leqslant|\rho_{xy}|\leqslant1$ 时，表示两变量之间部分相关。图 2.21 表示变量 x 和 y 相关程度的不同情况。

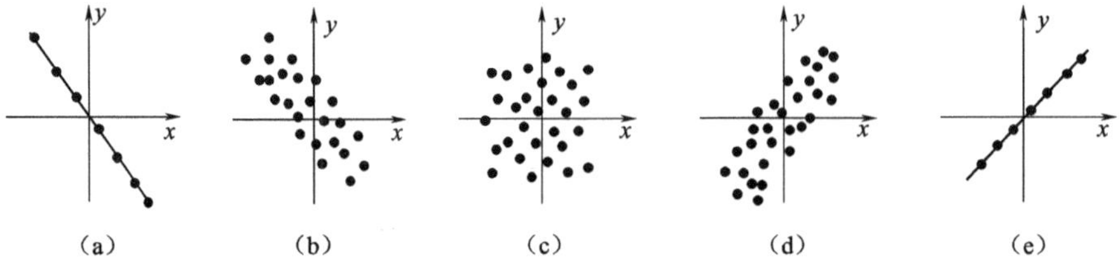

图 2.21　相关系数和数据点分布的关系

(a) $\rho_{xy}=-1$；(b) $-1<\rho_{xy}<0$；(c) $\rho_{xy}=0$；(d) $0<\rho_{xy}<1$；(e) $\rho_{xy}=1$

2. 自相关分析

1) 自相关函数的定义与性质

随机过程 $x(t)$ 在 t 与 $t+\tau$ 时刻取得数据的依赖关系可以用自相关函数描述，定义为

$$R_x(\tau)=E[x(t)x(t+\tau)] \tag{2.98}$$

式中　E——数学期望。

某一样本曲线 $x(t)$ 的自相关函数（见图 2.22）定义为

$$R_x(\tau)=\lim_{T\to\infty}\int_0^T x(t)x(t+\tau)\mathrm{d}t \tag{2.99}$$

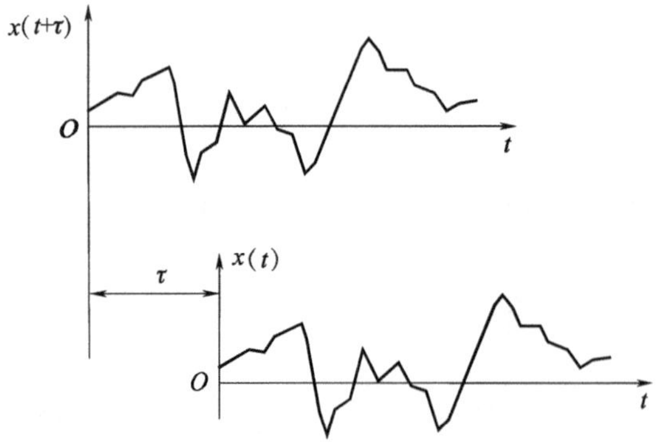

图 2.22　自相关函数计算

自相关函数的性质如下。

(1) 自相关函数是 τ 的偶函数，即

$$R_x(\tau)=R_x(-\tau)$$

(2) 当 $\tau=0$ 时，自相关函数具有最大值，即

$$R_x(\tau) \leqslant R_x(0) = E[x^2(t)]$$

上式表明，当 $\tau=0$ 时，$x(t)$ 与 $x(t+\tau)$ 完全相同，因此相关性最强。

（3）若定义自相关系数 $\rho_x(\tau) = R_x(\tau)/R_x(0)$，则 $|\rho_x(\tau)| \leqslant 1$。

因为 $R_x(\tau)$ 是有量纲的，不同波形的自相关程度很难相互比较；而 $\rho_x(\tau)$ 是无量纲参数，可用相关系数度量。

例 2.2　某一波形（如正弦波）移动一段时延 τ（如周期 T）后的波形和原来完全重合，则 $\rho_x(\tau) = 1$；如果移动一段时延 τ 后（如 $T/2$），则 $\rho_x(\tau) = -1$。这两种情况都是完全相关。一般情况下，由于数据的随机性，波形不可能完全重合或相反，因此 $|\rho_x(\tau)| \leqslant 1$。

（4）若 $\lim\limits_{x\to\infty} R_x(\tau)$ 存在，则

$$R_x(\infty) = \mu_x^2 \tag{2.100}$$

式中　μ_x——信号 $x(t)$ 的均值。

若 $x(t)$ 中有一周期分量，则 $R_x(\tau)$ 中有同样周期的周期分量。

设 $x(t) = \sum\limits_{i=1}^{n} A_i\cos(\omega_i t + \theta_i)$，则有

$$R_x(\tau) = \sum_{i=1}^{n} \frac{A_i^2}{2}\cos\omega_i\tau$$

上式表明，$R_x(\tau)$ 和 $x(t)$ 具有相同的频率成分，只是振幅由 A_i 变为 $A_i^2/2$，但相位信息丢失。

2）自相关函数的数值计算

（1）标准方法（或称直接法）。

设均值为零的平稳随机过程样本记录有 N 个数据 $\{x_n\}$（$n=0, 1, 2, \cdots, N-1$），时间位移 $\tau=r\Delta t$ 时的自相关函数的估计值为

$$\hat{R}_r = R_x(r\Delta t) = \frac{1}{N-r}\sum_{n=1}^{N-r} x_n x_{n+r} \quad r = 0,1,2,\cdots,M(M < N) \tag{2.101}$$

式中　r——时间位移数；

Δt——采样间隔；

M——最大时间位移数。

最大的时间位移数 M 与估计的最大时间位移有以下关系，即

$$\tau_{\max} = \tau_{\mathrm{m}} = M\Delta t \tag{2.102}$$

若用自相关估计的傅里叶变换计算功率谱估计，则功率谱估计结果的分辨率 Δf 为

$$\Delta f = \frac{1}{\tau_{\mathrm{m}}} = \frac{1}{M\Delta t} \tag{2.103}$$

时间滞后为 r 时的自相关函数可以定义为

$$\hat{R}_r = R_x(r\Delta t) = \frac{1}{N}\sum_{n=1}^{N-r} x_n x_{n+r} \quad (r = 0,1,2,\cdots,M) \tag{2.104}$$

式（2.104）为自相关函数的有偏估计，一般当 $M=(0.1\sim0.2)N$ 时，有偏估计的误差很小，可以忽略不计。

（2）间接方法。

由间接法计算得到的自相关函数不是通常的自相关函数，而是由式（2.105）定义的“循环”自相关函数，即

$$\hat{R}(r\Delta t)=\frac{N-r}{N}[\hat{R}_x(r)+\hat{R}_x(N-r)]\quad(r=0,1,2,\cdots,M)\qquad(2.105)$$

它由两部分组成，如图 2.23 所示，即出现叠加现象。为了避免出现这样的问题，可以在原始数据上添加一些零点，其作用是把循环自相关函数的两部分分开。图 2.24 是在原始的 N 个数中添加 N 个零后的自相关函数图。

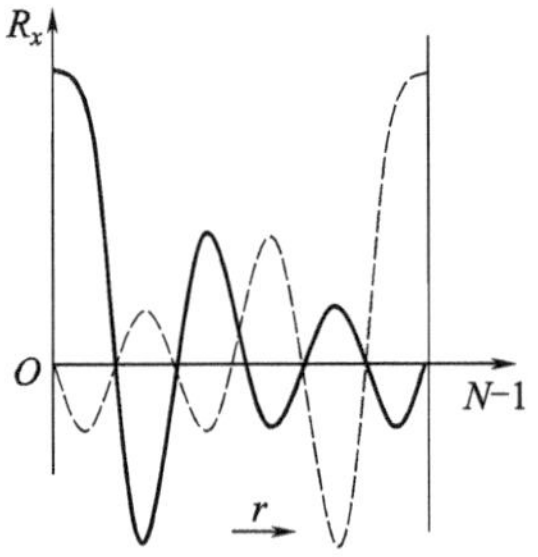

图 2.23　循环自相关函数

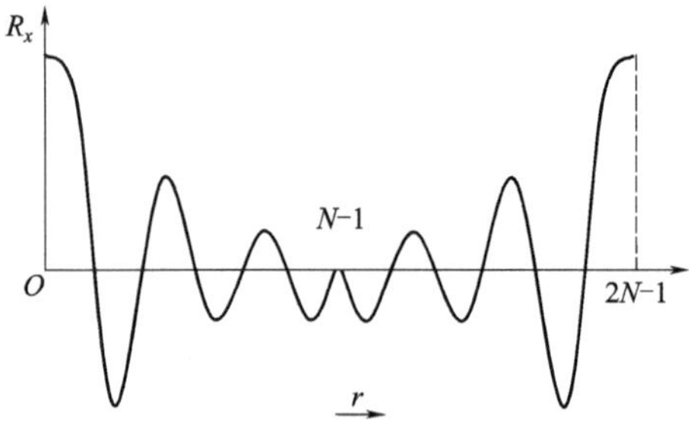

图 2.24　添加零点对循环自相关函数的影响

假定原来数据的长度为 $N=2^M$，用间接方法计算自相关函数的步骤如下。

① 在原始数据序列 $\{x_n\}$ （$n=0,\ 1,\ 2,\ \cdots,\ N-1$）后添加 N 个零点，则新的序列具有 $2N$ 项，其中后 N 项全部为零。

② 用 FFT 方法求出 $\{x_n\}$ （$n=0,\ 1,\ 2,\ \cdots,\ 2N-1$）的傅里叶变换 $\{X_k\}$ （$k=0,\ 1,\ 2,\ \cdots,\ 2N-1$）。

③ 根据功率谱计算式计算 $\{G_k\}$（$k=0,\ 1,\ 2,\ \cdots,\ 2N-1$），若需对 $\{G_k\}$ 作平滑处理得到 $\{\hat{G}_k\}$，则应保证 $\{\hat{G}_k\}$ 有 $2N$ 项。

④ 对 $\{\hat{G}_k\}$ 作 IFFT，然后乘以 $N/(N-r)$ 得到 $\{\hat{R}_{xr}\}$ （$r=0,\ 1,\ 2,\ \cdots,\ 2N-1$）。

⑤ 去掉 $\{\hat{R}_{xr}\}$ 的后半段，则得到 N 个自相关函数点。

（3）自相关函数的工程应用。

在工程实际中，自相关函数和自相关系数具有广泛的应用。例如，利用周期信号的自相关函数为同周期的周期函数的性质，可以检测原始信号中的周期成分；由于周期信号或任何确定性数据在所有时刻都有其自相关函数，而随机信号则不然，因此可以用自相关函数检测随机信号中的确定性信号。

3. 互相关分析

1）互相关函数的定义与性质

如图 2.25 所示，两个随机过程 $x(t)$ 和 $y(t)$ 的互相关函数 $R_{xy}(\tau)$ 定义为

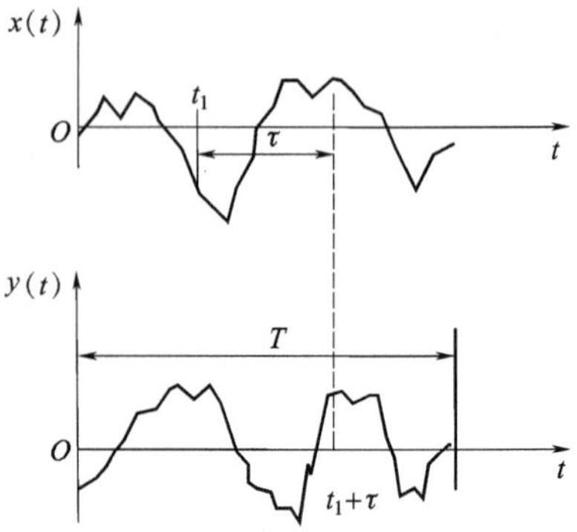

图 2.25　互相关函数的计算

$$R_{xy}(\tau)=\lim_{T\to\infty}\frac{1}{T}\int_{0}^{T}x(t)y(t+\tau)\mathrm{d}t \tag{2.106}$$

互相关函数性质如下：

（1）$R_{xy}(\tau)$ 为非奇非偶函数，满足

$$R_{xy}(\tau)=R_{yx}(-\tau)$$

（2）若 $x(t)$ 和 $y(t)$ 为零均值的平稳随机过程，且相互独立，则 $R_{xy}(\tau)=0$。

（3）若两个随机信号中含有同频率的周期成分，那么两个信号的互相关函数中含有该频率的周期成分，利用该性质可以检测隐藏在噪声中的有规律的周期信号。

（4）若定义互相关系数 $\rho_{xy}(\tau)=\dfrac{R_{xy}(\tau)}{\sqrt{R_x(0)\ R_y(0)}}$，则 $\rho_{xy}(\tau)\leqslant 1$。

2）互相关函数的数值计算

（1）标准方法。

设两个测量数据样本记录的采样序列为 x_k 和 y_k，在延迟为 r（$r=0,1,2,\cdots,M$）时的互相关估计为

$$\hat{R}_{xy}(r\Delta t)=\frac{1}{N-r}\sum_{n=1}^{N-r}x_n y_{n+r} \tag{2.107}$$

如果 $N\leqslant M$，则式（2.107）化为

$$\hat{R}_{xy}(r\Delta t)\approx\frac{1}{N}\sum_{n=0}^{N-r}x_n y_{n+r}\quad(r=0,1,2,\cdots,M) \tag{2.108}$$

将 x_k 和 y_k 互换一下，则式（2.108）变为

$$\hat{R}_{yx}(r\Delta t)=\frac{1}{N-r}\sum_{n=1}^{N-r}y_n x_{n+r}\quad(r=0,1,2,\cdots,M) \tag{2.109}$$

（2）间接方法。

设两个测量信号记录样本的采样序列为 $\{x_n\}$ 和 $\{y_n\}$（$n=0,1,2,\cdots,N-1$），则其互相关函数估计的间接法是先用 FFT 方法计算互功率谱密度，然后用互功率谱作傅里叶反变换（IFFT），最后就可以得到互相关函数估计。

与用间接法求自相关函数类似，互功率谱作 IFFT 后，得到的是循环互相关估计。因此，为了得到通常的互相关函数估计，仍需要采用序列后补 N 个零的方法解决。

3）互相关函数的工程应用

利用互相关函数同样可以从噪声背景下提取有用的特征信号。周期信号在任何给定的输入信噪比样本长度下，互相关函数提供的信噪比要比自相关函数提供的输出信噪比高。

2.6　信号的频域分析

2.6.1　信号的幅值谱与相位谱

根据欧拉公式，有

$$\mathrm{e}^{\pm \mathrm{j}\omega t}=\cos\omega t\pm \mathrm{j}\sin\omega t$$

式（2.19）可变为

$$
\begin{cases}
X(\omega)=R(\omega)-\mathrm{j}I(\omega)\\
R(\omega)=\mathrm{Re}[X(\omega)]=\int_{-\infty}^{+\infty}x(t)\cos\omega t\mathrm{d}t\\
I(\omega)=\mathrm{Im}[X(\omega)]=\int_{-\infty}^{+\infty}x(t)\sin\omega t\mathrm{d}t
\end{cases}
\tag{2.110}
$$

式中　$R(\omega)$ ——$X(\omega)$ 的实部；

$I(\omega)$ ——$X(\omega)$ 的虚部。

式（2.110）中的 $X(\omega)$ 的量纲为单位频率的幅值，且为复数，即

$$X(\omega)=|X(\omega)|\mathrm{e}^{\mathrm{j}\varphi(\omega)} \tag{2.111}$$

$$|X(\omega)|=\sqrt{\mathrm{Re}^2[X(\omega)]+\mathrm{Im}^2[X(\omega)]} \tag{2.112}$$

$$\varphi(\omega)=\arctan\frac{\mathrm{Im}[X(\omega)]}{\mathrm{Re}[X(\omega)]} \tag{2.113}$$

$X(\omega)-\omega$ 为 $x(t)$ 的幅值谱密度，$\varphi(\omega)-\omega$ 为 $x(t)$ 的相位谱密度。

2.6.2　阶比谱

如果将频谱图的横坐标的每一个频率值 f_i 除以某一个参考频率值 f_r，则横坐标的单位为无量纲的，称为阶比谱。频率与阶比的关系为

$$\mathrm{ORDER}=f_i/f_r \tag{2.114}$$

阶比的分辨率 $\Delta R=\Delta f/f_r$，其中 Δf 为傅里叶变换频率分辨率。当 $f_i=nf_r$（$n=1, 2, 3, \cdots$）时，阶比为 n，它们是 f_r 的高次谐波分量。

阶比谱对于旋转机械的振动分析与故障诊断有特殊的意义。因为旋转机械的特征频率都与转速成比例关系，如不平衡故障的振动信号基频即为转频，轴承与齿轮的振动特征频率是转频的整数倍等。图 2.26 所示为某旋转机械在转速为 3 600 r/min 和 2 600 r/min 时的阶比谱，二者基本相同。

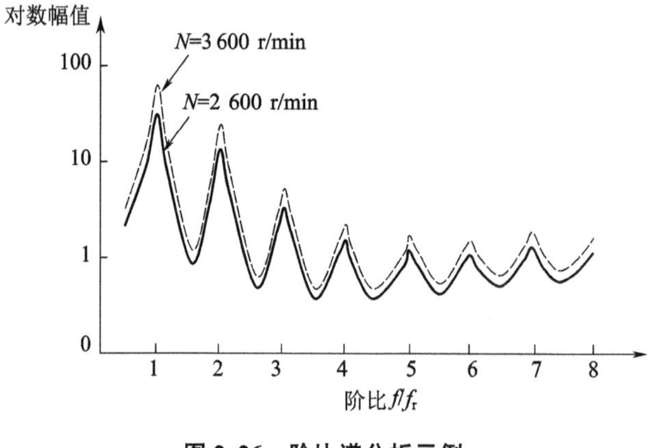

图 2.26　阶比谱分析示例

采用阶比分析时选择参考频率为转频，当转速变化时进行阶比分析，不能按照等时间间隔采样，而是需要进行等转角间隔采样。

2.6.3　功率谱

功率谱分析是目前故障诊断中使用最多的分析方法之一。功率谱是功率谱密度谱的简称，包括自功率谱密度和互功率谱密度。

1. 自功率谱密度

1）自功率谱密度函数定义

设零均值的随机信号 $x(t)$ 的自相关函数为 $R_x(\tau)$，当 $|\tau|\to\infty$ 时，自相关函数 $R_x(\tau)\to 0$。故自相关函数 $R_x(\tau)$ 满足傅里叶变换的条件，$x(t)$ 的自功率谱密度函数定义为

$$S_x(f)=\int_{-\infty}^{\infty}R_x(\tau)\mathrm{e}^{-\mathrm{j}2\pi f\tau}\mathrm{d}\tau \tag{2.115}$$

由式（2.115）得

$$R_x(\tau)=\int_{-\infty}^{+\infty}S_x(f)\mathrm{e}^{\mathrm{j}2\pi f\tau}\mathrm{d}f \tag{2.116}$$

由于 $f=\omega/(2\pi)$，故自功率谱密度函数为

$$S_x(\omega)=\frac{1}{2\pi}\int_{-\infty}^{\infty}R_x(\tau)\mathrm{e}^{-\mathrm{j}\omega\tau}\mathrm{d}\tau \tag{2.117}$$

利用欧拉方程，可以推导出

$$S_x(f)=\int_{-\infty}^{\infty}R_x(\tau)\cos 2\pi f\tau\mathrm{d}\tau \tag{2.118}$$

式（2.118）表明，自功率谱密度函数为实偶函数，即

$$S_x(-f)=S_x(f) \tag{2.119}$$

2）自功率谱密度函数的物理意义

在式（2.116）中，令 $\tau=0$，则

$$R_x(0)=\int_{-\infty}^{+\infty}S_x(f)\mathrm{e}^{0}\mathrm{d}f=\int_{-\infty}^{+\infty}S_x(f)\mathrm{d}f \tag{2.120}$$

再根据自相关函数的定义，把 $\tau=0$ 代入，有

$$\begin{aligned}R_x(0)&=\lim_{T\to\infty}\frac{1}{T}\int_0^T x(t)x(t+0)\mathrm{d}t\\&=\lim_{T\to\infty}\frac{1}{T}\int_0^T x^2(t)\mathrm{d}t\\&=\lim_{T\to\infty}\int_0^T\frac{x^2(t)}{T}\mathrm{d}t\end{aligned} \tag{2.121}$$

比较式（2.120）与式（2.121）得

$$\int_{-\infty}^{\infty}S_x(f)\mathrm{d}f=\lim_{T\to\infty}\int_0^T\frac{x^2(t)}{T}\mathrm{d}t$$

由于 $x^2(t)$ 是信号 $x(t)$ 的能量，$\lim\limits_{T\to\infty}\int_0^T x^2(t)\mathrm{d}t$ 是信号 $x(t)$ 的总能量，$\lim\limits_{T\to\infty}\int_0^T\frac{x^2(t)}{T}\mathrm{d}t$ 是信号 $x(t)$ 的总功率，可见它与总功率曲线 $S_x(f)$ 下面的总面积相等；而 $S_x(f)$ 下的总面积是由无数个功率元 $S_x(f)\mathrm{d}f$ 总和而成，这样 $S_x(f)$ 成为自功率谱密度函数就不难理解了。

3）自功率谱密度函数模拟计算

设随机信号 $x(t)$ 在有限的区间内截得一样本，即

$$x_T(t)=\begin{cases}x(t), & 0<t<T\\ 0, & \text{其他}\end{cases} \tag{2.122}$$

由于 $\int_{-\infty}^{+\infty}|x(t)|x_T(t)\mathrm{e}^{-\mathrm{j}2\pi ft}\mathrm{d}t$ 存在，故其傅里叶变换存在，记为

$$\begin{aligned}X_T(f)=F[x_T(t)]&=\int_{-\infty}^{+\infty}x_T(t)\mathrm{e}^{-\mathrm{j}2\pi ft}\mathrm{d}t\\&=\int_0^T x_T(t)\mathrm{e}^{-\mathrm{j}2\pi ft}\mathrm{d}t\end{aligned} \tag{2.123}$$

$X_T(f)$ 称为有效长度的傅里叶变换。

根据傅里叶变换的巴什瓦尔定理，即时域中计算的信号总能量等于在频域中计算的总能量，则

$$\int_{-\infty}^{+\infty}x_T^2(t)\mathrm{d}t=\int_{-\infty}^{+\infty}|X_T(f)|^2\mathrm{d}f \tag{2.124}$$

式（2.124）两边同除以 T，且取 $T\to\infty$，则有

$$\lim_{T\to\infty}\frac{1}{T}\int_{-\infty}^{+\infty}x_T^2(t)\mathrm{d}t=\lim_{T\to\infty}\frac{1}{T}\int_{-\infty}^{+\infty}|X_T(f)|^2\mathrm{d}f$$

又因为

$$R_x(0)=\lim_{T\to\infty}\frac{1}{T}\int_{-\infty}^{+\infty}x_T^2(t)\mathrm{d}t=\int_{-\infty}^{+\infty}S_x(f)\mathrm{d}f$$

所以

$$S_x(f)=\lim_{T\to\infty}\frac{|X_T(f)|^2}{T}=\lim_{T\to\infty}\frac{X_T^*(f)X_T(f)}{T}=\lim_{T\to\infty}\frac{1}{T}|X_T(f)|^2 \tag{2.125}$$

式中，$X_T^*(f)$ 与 $X_T(f)$ 是共轭复数。式（2.125）是自功率谱密度函数数值计算的依据。

另外，还可以用自相关函数的傅里叶变换求自功率谱密度函数。由于自功率谱丢掉了信号的相位信息，要获得相位信息，可以用下面介绍的互功率谱密度函数计算。

4）自功率谱密度函数的数值计算

自功率谱密度的计算有两种方法：一是通过对自相关函数作傅里叶变换得到，这是标准方法，或称布莱克曼-图基（Blackman-Tukey）方法；二是通过对原始数据作快速傅里叶变换得到，这是直接方法，或称库利-图基方法。由于后一种方法计算效率高，而且数据容量越大，其计算效率越高，故比较常用。下面介绍后一种方法。

设随机信号单个样本 $x(t)$ 的长度为 T，当考虑 T 较长时，式（2.125）写成

$$S_x(f)=\frac{1}{T}|X_T(f)|^2 \tag{2.126}$$

若采样周期为 T_s，采样总点数为 N，则 $T=NT_\mathrm{s}$。由连续傅里叶变换和离散傅里叶变换的关系得

$$X(f)=T_\mathrm{s}X(n) \tag{2.127}$$

数据的离散功率谱估计为

$$S_x(n)=\frac{1}{NT_\mathrm{s}}T_\mathrm{s}^2\ |X(n)|^2=\frac{T_\mathrm{s}}{N}X^*(n)X(n) \tag{2.128}$$

或写为单边自功率谱为

$$G_x(n)=\frac{2T_s}{N}X^*(n)X(n) \tag{2.129}$$

上面就是用直接傅里叶法进行自功率谱密度的计算，也可通过自相关函数进行傅里叶变换得到。

2. 互功率谱密度

1）互功率谱密度函数的定义

如果互相关函数 $R_x(\tau)$ 满足傅里叶变换条件，即

$$\int_{-\infty}^{+\infty}|R_{xy}(\tau)|\mathrm{d}\tau<0$$

则定义双边互功率谱密度函数 $S_{xy}(f)$ 为

$$S_{xy}(f)=\int_{-\infty}^{+\infty}R_{xy}(\tau)\mathrm{e}^{-\mathrm{j}2\pi f\tau}\mathrm{d}\tau \tag{2.130}$$

用 $\omega/(2\pi)$ 代替 f，得到互功率谱函数的另一种形式，即

$$S_{xy}(\omega)=\frac{1}{2\pi}\int_{-\infty}^{+\infty}R_{xy}(\tau)\mathrm{e}^{-\mathrm{j}\omega\tau}\mathrm{d}\tau \tag{2.131}$$

仅考虑 ω 或 f 在（0，+∞）范围内变化，可得到单边互功率谱密度函数 $G_{xy}(f)$，它与双边互功率谱密度的关系为

$$G_{xy}(f)=2S_{xy}(f)\quad(f\geqslant 0) \tag{2.132}$$

由于互相关函数不是偶函数，故互功率谱密度函数一般是复数形式，即

$$G_{xy}(f)=C_{xy}(f)-\mathrm{j}Q_{xy}(f) \tag{2.133}$$

式中　$C_{xy}(f)$ ——共谱密度函数；

　　　$Q_{xy}(f)$ ——重谱密度函数。

互功率谱密度函数也可以写成极坐标的形式，即

$$G_{xy}(f)=|G_{xy}(f)|\mathrm{e}^{-\mathrm{j}\theta_{xy}(f)} \tag{2.134}$$

$$G_{xy}(f)=\sqrt{C_{xy}(f)^2+Q_{xy}(f)^2} \tag{2.135}$$

$$\theta_{xy}(f)=\arctan\left[\frac{Q_{xy}(f)}{C_{xy}(f)}\right] \tag{2.136}$$

$R_{xy}(\tau)$ 和 $R_{yx}(\tau)$ 并非偶函数，因此，相应的互功率谱密度函数通常不是 f 的实函数。由于

$$R_{xy}(\tau)=R_{yx}(-\tau) \tag{2.137}$$

所以 $S_{xy}(f)$ 与 $S_{yx}(f)$ 互为共轭，即

$$S_{xy}(f)=S_{yx}^*(f) \tag{2.138}$$

$S_{xy}(f)$ 与 $S_{yx}(f)$ 之和为实函数。

另外，还可以证明有下面的关系存在，即

$$|G_{xy}(f)|^2\leqslant G_x(f)G_y(f) \tag{2.139}$$

2）互功率谱密度的有限傅里叶变换

与自功率谱密度分析类似，互功率谱密度的数字处理基础公式为

$$S_{xy}(f)=\lim_{T\to\infty}\frac{X_T^*(f)Y_T(f)}{T} \tag{2.140}$$

式中 $X_T(f)$ ——$x(t)$ 在 T 区间上定义的傅里叶变换；

$Y_T(f)$ ——$y(t)$ 在 T 区间上定义的傅里叶变换；

$X_T^*(f)$ ——$X_T(f)$ 的共轭复数。

互功率谱密度函数常用于频率响应函数的测量。设一个系统的频率响应函数为 $H(f)$，输入信号的频谱为 $X(f)$、输出信号的频谱为 $Y(f)$，则三者存在下面关系，即

$$H(f)=\frac{Y(f)}{X(f)} \tag{2.141}$$

又根据式（2.126）和式（2.140），得

$$S_x(f)=\frac{X^*(f)X(f)}{T} \tag{2.142}$$

$$S_y(f)=\frac{Y^*(f)Y(f)}{T} \tag{2.143}$$

$$S_{xy}(f)=\frac{X^*(f)Y(f)}{T} \tag{2.144}$$

$$\frac{S_y(f)}{S_x(f)}=|H(f)|^2 \tag{2.145}$$

$$\frac{S_{xy}(f)}{S_x(f)}=\frac{X^*(f)Y(f)}{X^*(f)X(f)}=H(f) \tag{2.146}$$

可见，由输出与输入自谱之比，只能得到 $H(f)$ 的幅频特性，不能得到相位特性；而由输入与输出的互谱与输入的自谱之比，可以同时得到 $H(f)$ 的幅频特性和相位特性。

3）互功率谱密度函数的数值计算

设 $x(t)$ 和 $y(t)$ 分别为两个随机变量，其采样数据的两个样本序列分别为 $\{x_k\}$ 和 $\{y_k\}$（$k=0$，1，2，…，$N-1$），类似于自功率谱密度函数的估计，有

$$\hat{G}_{xy}=\frac{2T_s}{N}X^*(n)Y(n) \tag{2.147}$$

式中 $\hat{G}_{xy}$——互功率谱密度函数的估计值；

$X^*(n)$ —— $\{x_k\}$ 的 N 点离散傅里叶变换 $X(n)$ 的共轭函数；

$Y(n)$ —— $\{y_k\}$ 的 N 点离散傅里叶变换。

$X(n)$ 与 $Y(n)$ 的计算有两条途径：一是对序列 $\{x_k\}$ 和 $\{y_k\}$ 分别作傅里叶变换；二是把 x_k 和 y_k 看成是一个复数 z_k 的实部和虚部，即 $z_k=x_k+\mathrm{j}y_k$，然后利用复数输入的快速傅里叶变换计算出 $Z(n)$，最后利用离散傅里叶变换的性质求出 $X(n)$ 和 $Y(n)$。

$X(n)$ 与 $Y(n)$ 分别由式（2.148）计算，即

$$\begin{cases} X(n)=\dfrac{Z(n)+Z^*(N-n)}{2} \\ Y(n)=\dfrac{Z(n)-Z^*(N-n)}{2\mathrm{j}} \end{cases} \tag{2.148}$$

$X(n)$ 和 $Y(n)$ 确定后，即可按式（2.147）求互功率谱密度估计。为了提高计算精度，可以计算若干段互功率谱密度函数，然后求其平均。

3. 相干分析

设两个信号 $x(t)$ 和 $y(t)$ 的自谱和互谱分别为 $S_x(f)$、$S_y(f)$ 和 $S_{xy}(f)$，则此两信号之间的相干函数为

$$\gamma_{xy}{}^2(f)=\frac{|S_{xy}(f)|^2}{S_x(f)S_y(f)} \tag{2.149}$$

相干函数是在频域内表示两信号相关程度的指标。其变化范围为 $0\leqslant\gamma_{xy}(f)\leqslant 1$。设 $x(t)$ 和 $y(t)$ 分别为某一系统的输入和输出，当 $x(t)$ 和 $y(t)$ 完全不相关时，$R_{xy}(\tau)=0$，则 $S_{xy}(f)=0$，从而使 $\gamma_{xy}(f)=0$；当一个系统为线性系统，其输出与输入均无噪声混入时，$\gamma_{xy}(f)=1$，现证明如下。

把式（2.145）、式（2.146）代入式（2.149）中，则有

$$\gamma_{xy}^2(f)=\frac{|H(f)S_x(f)|^2}{S_x(f)S_y(f)}=\frac{|H(f)|^2S_x(f)}{S_y(f)}=\frac{(S_y(f)/S_x(f))S_x(f)}{S_y(f)}=1 \tag{2.150}$$

这说明，输出完全是由输入引起的线性响应。

当 $\gamma_{xy}{}^2(f)$ 在 0~1 之间时，有以下 3 种可能。

（1）测量中有外界噪声输入。

（2）系统输出 $y(t)$ 是输入 $x(t)$ 和其他输入共同作用的结果。

（3）联系 $x(t)$ 与 $y(t)$ 的系统不是线性的。因此，$\gamma_{xy}{}^2(f)$ 的数值就表示了 $y(t)$ 由 $x(t)$ 线性引起的程度。例如，对于一个线性系统，$\gamma_{xy}{}^2(f)=0.8$ 就理解为在频率 f 处输出功率谱 $S_y(f)$ 有 80% 来自于输入功率谱 $S_x(f)$，而其他来自于别的输入或噪声。当 $\gamma_{xy}{}^2(f)=0$ 时，$x(t)$ 与 $y(t)$ 完全不相干，这时计算互谱的频响就没有任何实际意义了。

2.6.4 倒频谱

倒频谱（Cepstrum）分析可以处理复杂频谱图上的周期结构。倒频谱分析又称为二次频谱分析，它包括两种主要形式，一是功率倒频谱（Power Cepstrum），二是复倒频谱（Coplex Cepstrum）。

（1）功率倒频谱 $C_{\mathrm{p}}(\tau)$ 定义为

$$C_{\mathrm{p}}(\tau)=F^{-1}[\lg G_x(f)] \tag{2.151}$$

这种形式的倒频谱与自相关函数类似，区别在于功率倒频谱是对功率谱作对数转换，转换为分贝后再进行傅里叶逆变换；而自相关函数是由功率谱在线性坐标上进行傅里叶逆变换得到的。

按此定义，功率倒频谱的值是用 dB 表示的。其独立变量 τ 称为倒频率（Quefranay），与自相关函数 $R_x(\tau)$ 中的自变量 τ 具有一样的量纲，一般以 ms 计。

通过对信号的功率谱作倒频谱分析，使得对较低的幅值分量有较高的加权，可以清楚地识别信号的组成。使用倒频谱分析不仅能清楚地分离功率谱中含有的周期成分，而且能够清楚地分离出边带信号的谐波，这对齿轮和滚动轴承故障诊断非常有效。

（2）复倒频谱 $C_{\mathrm{c}}(\tau)$ 定义为

$$C_c(\tau)=F^{-1}[\ln X(f)] \tag{2.152}$$

功率倒频谱的定义丢失了相位信息，然而在实际工程中往往要保留相位信息，因此又提出了复倒频谱的定义。复倒频谱是从信号的复谱得来的，它不损失相位信息。求取复倒频谱的过程是可逆的，在对信号作滤波处理后还能恢复原来的信号。因此，可以用复倒频谱来消除动态信号传递过程中的卷积和多重效应。

习　　题

2-1　解释平稳随机过程的定义。

2-2　解释量化和量化误差的概念。

2-3　解释采样过程与采样定理。

2-4　数据采集系统在采样前为什么要通过低通模拟滤波（抗混滤波）？工程使用中如何选取采样频率？频率分辨率如何确定？

2-5　说明信号分析时为什么要加窗？如何选择窗函数？

2-6　已知一周期信号 $A\sin\omega_0 t$，求：

（1）信号的均值、均方值、均方根值。

（2）信号的幅值谱。

（3）画出信号的概率密度示意图。

（4）信号的自相关函数。

2-7　求图 2.27 所示正弦波和方波的互相关函数。

2-8　设有随机过程 $X(t)=X\cos\omega t$，其中 ω 为常量，X 为在区间（0，1）上均匀分布的随机变量。试求时刻 $t=0$、$\pi/(4\omega)$、$\pi/(2\omega)$ 时 $X(t)$ 的一维概率密度。

2-9　设 $s(t)$ 是周期为 T 的函数，θ 是在 $(0,T)$ 上均匀分布的随机变量，试证明周期性随机初相过程 $X(t)=s(t+\theta)$ 为各态历经随机过程。

2-10　已知平稳随机过程 $X(t)$ 的时间相关函数为 $R_x(\tau)=\sigma^2 e^{-\alpha|\tau|}\cos\beta\tau$。求功率谱密度函数 $G_x(\omega)$。

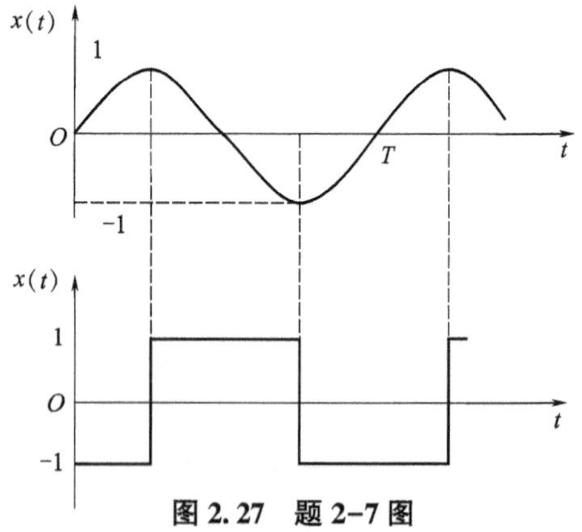

图 2.27　题 2-7 图

2-11　求图 2.28 所示锯齿波的傅里叶级数三角形式和指数形式表达式，并画出频谱图。

2-12　图 2.29 所示三角波的表达式为

$$\begin{cases} A+\dfrac{4A}{T}t, & -\dfrac{T}{2}<t\leqslant 0 \\ A-\dfrac{4A}{T}t, & 0<t<\dfrac{T}{2} \end{cases}$$

求其傅里叶级数的三角函数展开式，并画出单边频谱图。

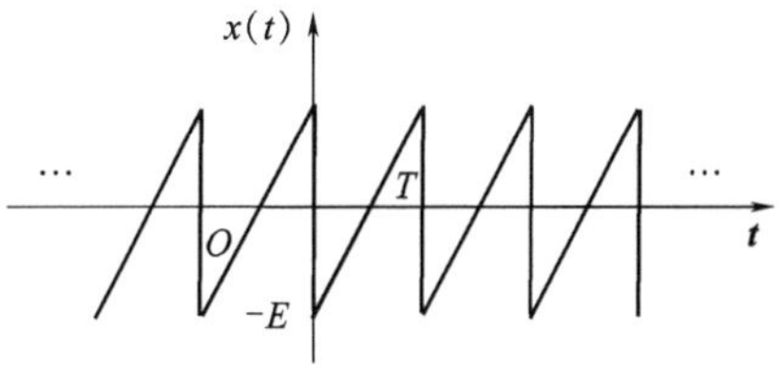

图 2.28　题 2-11 图

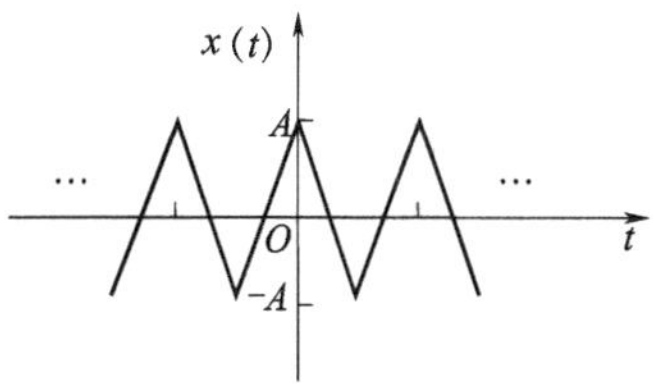

图 2.29　题 2-12 图

2-13　求正弦信号 $A\sin\omega_0 t$ 的绝对值 $|\mu_x|$ 和均方根值。

2-14　已知信号 $x(t)$ 的频谱为 $X(f)$，利用傅里叶变换的性质，求下列信号的傅里叶变换。

(1) $2x(3t-1)$　　(2) $x(t)\cos t$

(3) $x(t)\sum\limits_{n=-\infty}^{n=\infty}\delta(t-nT)$　　(4) $\mathrm{e}^{-2t}u(t)+\mathrm{e}^{3t}u(-t)$

2-15　已知信号 $x(t)=1+\sin 2\pi f_0 t+2\cos 6\pi f_0 t$，试求其复指数级数形式的幅值谱与傅里叶变换的幅值谱，并绘图比较。

2-16　求正弦信号 $x(t)=A\mathrm{e}^{-\alpha t}$（$\alpha>0$，$t\geqslant 0$）的频谱。

2-17　求图 2.30 所示被截断的正弦信号 $\sin\omega_0 t$ 的傅里叶变换。

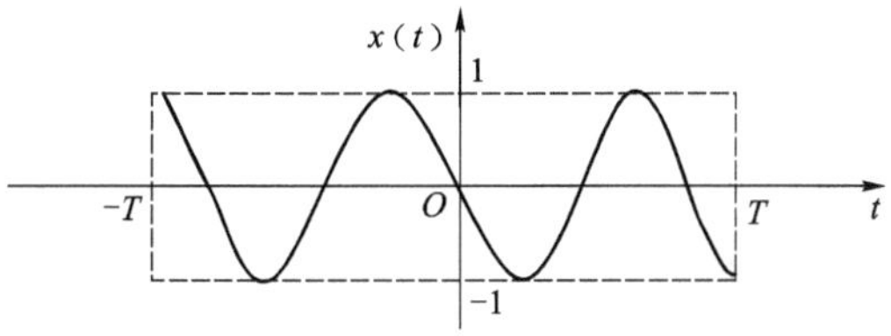

图 2.30　题 2-17 图

2-18　根据自相关函数和自功率谱密度函数关系，依据公式（2.126），说明自功率谱密度函数的物理意义和单位。

2-19　求周期余弦信号 $A\cos\omega_0 t$ 自相关函数和自功率谱，并绘出图形。

2-20　已知矩形脉冲函数 $x(t)$ 的脉冲宽度为 τ、脉冲幅度为 E、周期为 T_0，如图 2.31 所示，求其傅里叶级数及其频谱。

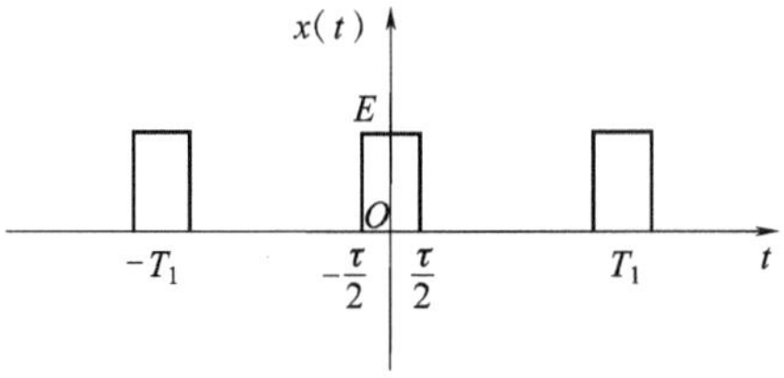

图 2.31　题 2-20 图

2-21　已知窄带噪声调幅振荡信号 $X(t)=n(t)\cos\omega_0 t$，其中常量 ω_0 为载波的角频率，$n(t)$ 为零均值平稳随机噪声。其自相关函数为 $R_n(\tau)$。求非平稳随机过程 $X(t)$ 的功率谱密度$G_X(n)$。

2-22 求图 2.32 所示信号的傅里叶变换，并绘出频谱图。

（1）半余弦脉冲信号（见图 2.32（a））。

（2）升余弦脉冲信号（见图 2.32（b））。

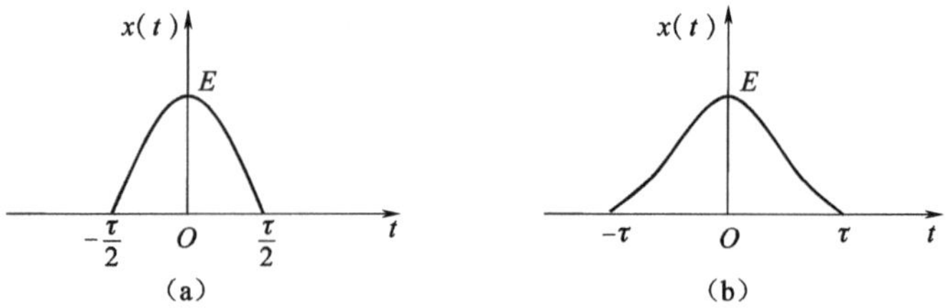

图 2.32 题 2-22 图

2-23 试分析模拟信号、量化信号、抽样信号和数字信号之间的联系与区别。

2-24 信号经微分后，频谱图中高频分量的比例是增加还是减少？如何解释？

2-25 周期信号的频谱与从该周期信号截取一个周期所得的非周期信号频谱之间存在什么关系？

2-26 画出 $N=16$ 的 FFT 蝶形运算图。

2-27 说明通过离散傅里叶变换（DFT）得到的频谱具有哪两个主要缺点，并分析其原因。

2-28 若要对一实际信号进行数字谱分析，要求指标为：

（1）频率分辨率为 5 Hz。

（2）信号的最高频率为 $f_m=1.25$ kHz。

（3）点数 N 是 2 的整数次幂。

试求：

（1）数据长度 T。

（2）采样周期或间隔 T_s。

（3）点数 N。

第 3 章
故障诊断的常用方法

作为航空发动机故障诊断的数学基础，本章主要讲授故障诊断的传统方法，包括 Bayes 分类法、线性判别函数法、距离判别函数法、最小二乘估计法、时序模型分析法、极大似然估计法、最小方差估计法和 Kalman 滤波法。

3.1 Bayes 分类法

Bayes 分类法是在已知类条件概率密度 $p(x \mid \omega_i)$ 的参数表达式和先验概率 $P(\omega_i)$ 的前提下，利用样本估计 $p(x \mid \omega_i)$ 的未知参数，再用 Bayes 定理将其转换成后验概率 $p(\omega_i \mid x)$，并根据后验概率的大小进行分类决策的方法。

3.1.1 条件概率

设试验 E 的样本空间为 S，A、B 为 E 的事件，设在 n 次试验中，事件 A、AB 各出现 n_A、n_{AB}次，这时，在 A 发生的条件下 B 发生的次数即为 n_{AB}次。因此，在 A 发生的条件下 B 发生的频率，记为$f_n(B \mid A)$，有

$$f_n(B \mid A)=\frac{n_{AB}}{n_A}=\frac{\dfrac{n_{AB}}{n}}{\dfrac{n_A}{n}}=\frac{f_n(AB)}{f_n(A)}$$

由此可以定义条件概率为

$$P(B \mid A)=\frac{P(AB)}{P(A)} \tag{3.1}$$

3.1.2 全概率公式

设试验 E 的样本空间为 S，A 为 E 的事件，B_1，B_2，…，B_n 为 S 的一个划分，且 $P(B_i)>0(i=1，2，…，n)$，则 $P(A)=P(A \mid B_1)P(B_1)+P(A \mid B_2)\ P(B_2)+\cdots+P(A \mid B_n)\ P(B_n)$。由概率的有限可加性得

$$\begin{aligned} P(A) &= P(AB_1)+P(AB_2)+\cdots+P(AB_n) \\ &= P(A \mid B_1)P(B_1)+P(A \mid B_2)P(B_2)+\cdots+P(A \mid B_n)P(B_n) \end{aligned} \tag{3.2}$$

3.1.3 最小错误率的 Bayes 决策规则

根据先验知识对工况状态出现的概率做出估计，称为先验概率。因为状态是随机变量，故状态空间可写为 $\Omega=(\omega_1, \omega_2, \cdots, \omega_m)$，其中 $\omega_i(i=1, 2, \cdots, m)$ 是状态空间中的一个模式点，在状态监测中，主要是判别工况正常与异常两种状态，它们的先验概率用 $P(\omega_1)$、$P(\omega_2)$表示，并有 $P(\omega_1)+P(\omega_2)=1$。但仅有先验概率还不够，需要从观测数据中得到各类的条件概率密度函数，即

$p(x|\omega_1)$ 为正常状态的条件概率密度函数；

$p(x|\omega_2)$ 为异常状态的条件概率密度函数。

由全概率公式有

$$P(x)=\sum_{j=1}^{2}p(x|\omega_j)P(\omega_j)$$

由条件概率公式有 $P(\omega_i|x)P(x)=P(\omega_i, x)=p(x|\omega_i)P(\omega_i)$，故可得 Bayes 公式为

$$P(\omega_i|x)=\frac{p(x|\omega_i)P(\omega_i)}{P(x)}=\frac{p(x|\omega_i)P(\omega_i)}{\sum_{j=1}^{2}p(x|\omega_j)P(\omega_j)} \tag{3.3}$$

式中，$P(\omega_i|x)$ 表示已知样本条件下 ω_i 出现的概率，称为后验概率。Bayes 公式是通过观测值 x 把状态的先验概率转换为后验概率，对两类状态有

$$\begin{cases} P(\omega_1|x)=\dfrac{p(x|\omega_1)P(\omega_1)}{\sum_{j=1}^{2}p(x|\omega_j)P(\omega_j)} \\ P(\omega_2|x)=\dfrac{p(x|\omega_2)P(\omega_2)}{\sum_{j=1}^{2}p(x|\omega_j)P(\omega_j)} \end{cases} \tag{3.4}$$

1. 决策规则

$$\begin{cases} P(\omega_1|x)>P(\omega_2|x), x\in\omega_1 \\ P(\omega_1|x)<P(\omega_2|x), x\in\omega_2 \end{cases} \tag{3.5}$$

由式（3.4）消去共同分母，得式（3.5）的等价形式为

$$\begin{cases} p(x|\omega_1)P(\omega_1)>p(x|\omega_2)P(\omega_2), x\in\omega_1 \\ p(x|\omega_1)P(\omega_1)<p(x|\omega_2)P(\omega_2), x\in\omega_2 \end{cases} \tag{3.6}$$

2. 分类错误率计算

错误率是分类性能好坏的一种度量，其定义为

$$P(e)=\int_{-\infty}^{+\infty}P(e|x)p(x)\mathrm{d}x$$

对于两类问题，由式（3.5）做出的决策可知，当 $P(\omega_1|x)<P(\omega_2|x)$ 时，应决策 ω_2。在做出此决策时，x 的条件错误概率为 $P(\omega_1|x)$；反之，则应为 $P(\omega_2|x)$，即

$$P(e|x)=\begin{cases} P(\omega_1|x), P(\omega_1|x)<P(\omega_2|x) \\ P(\omega_2|x), P(\omega_1|x)>P(\omega_2|x) \end{cases} \tag{3.7}$$

如图 3.1 所示，令 M 为 Ω_1 和 Ω_2 两类的分界面，特征向量是一维时，M 将 x 轴分为两个决策域，Ω_1 为（$-\infty$，M），Ω_2 为（M，$+\infty$），则有

$$\varepsilon = P(e) = \int_{-\infty}^{M} P(\omega_2 \mid x)p(x)\,\mathrm{d}x + \int_{M}^{+\infty} P(\omega_1 \mid x)p(x)\,\mathrm{d}x$$
$$= \int_{-\infty}^{M} p(x \mid \omega_2)P(\omega_2)\,\mathrm{d}x + \int_{M}^{+\infty} p(x \mid \omega_1)P(\omega_1)\,\mathrm{d}x \tag{3.8}$$

式（3.8）也可以写成

$$\begin{aligned} P(e) &= P(x \in \Omega_1 \mid \omega_2) + P(x \in \Omega_2 \mid \omega_1) \\ &= p(x \in \Omega_1 \mid \omega_2)P(\omega_2) + p(x \in \Omega_2 \mid \omega_1)P(\omega_1) \\ &= P(\omega_2)\int_{\Omega_1} p(x \mid \omega_2)\,\mathrm{d}x + P(\omega_1)\int_{\Omega_2} p(x \mid \omega_1)\,\mathrm{d}x \\ &= P(\omega_2)P_2(e) + P(\omega_1)P_1(e) \end{aligned} \tag{3.9}$$

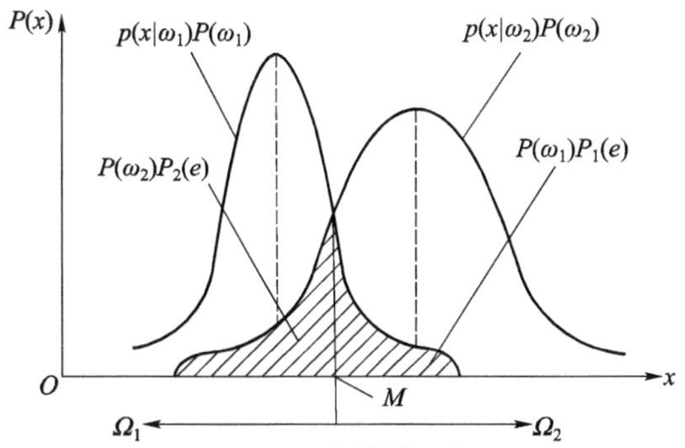

图 3.1　决策错误率

式（3.9）的几何意义见图 3.1 中的斜线部分。Bayes 决策规则的含义是对每个 x 都使得 $P(e)$ 取最小值，则式（3.7）也就是最小，即错误率 $P(e)$ 最小。

3.1.4　最小平均损失

在故障诊断中，误判的概率是客观存在的，性质不同的误判将带来严重性不同的后果。保证最小平均损失的 Bayes 决策，就是从这一点出发建立的。

1. 决策方法与最小平均损失的关系

设 $\boldsymbol{X}$ 是 n 维随机矢量，$\boldsymbol{X}=(x_1, x_2, \cdots, x_n)^{\mathrm{T}}$；$\Omega$ 是 M 维状态空间，$\Omega=(\omega_1, \omega_2, \cdots, \omega_M)$；$\alpha$ 是 p 维决策空间，$\alpha=(\alpha_1, \alpha_2, \cdots, \alpha_p)$；$L(\omega_i, \alpha_j)$ 是损失函数，表示实际工况状态为 ω_i，而采用的决策 α_j 所带来的损失，它与工况状态有关，其关系可写为

$$L_{ij} = (\omega_i, \alpha_j) \tag{3.10}$$

如表 3.1 所示，每个决策方法 α_j 对应有 M 个状态，故有 M 个 L_{ij}。

表 3.1　决策表

α	工况状态					
	ω_1	ω_2	$\cdots$	ω_i	$\cdots$	ω_M
α_1	$L(\omega_1, \alpha_1)$	$L(\omega_2, \alpha_1)$	$\cdots$	$L(\omega_i, \alpha_1)$	$\cdots$	$L(\omega_M, \alpha_1)$
α_2	$L(\omega_1, \alpha_2)$	$L(\omega_2, \alpha_2)$	$\cdots$	$L(\omega_i, \alpha_2)$	$\cdots$	$L(\omega_M, \alpha_2)$
$\vdots$	$\vdots$	$\vdots$	$\vdots$	$\vdots$	$\vdots$	$\vdots$
α_j	$L(\omega_1, \alpha_j)$	$L(\omega_2, \alpha_j)$	$\cdots$	$L(\omega_i, \alpha_j)$	$\cdots$	$L(\omega_M, \alpha_j)$
$\vdots$	$\vdots$	$\vdots$	$\vdots$	$\vdots$	$\vdots$	$\vdots$
α_p	$L(\omega_1, \alpha_p)$	$L(\omega_2, \alpha_p)$	$\cdots$	$L(\omega_i, \alpha_p)$	$\cdots$	$L(\omega_M, \alpha_p)$

2. 损失函数

设决策方法为 α，任一个损失函数 L_{ij}对给定的 x 相应的概率为 $P(\omega_i \mid x)$，则采用决策 α_j 时的条件期望损失为

$$\gamma_j = \gamma(\alpha_j \mid x) = E[L(\omega_i,\alpha_j)] = \sum_{i=1}^{M} L_{ij}P(\omega_i \mid x) \quad j = 1,2,\cdots,p;i = 1,2,\cdots,M \tag{3.11}$$

对于不同的观测值 x，采用 α_j 时，其条件风险不同，故决策 α 是随机变量 x 的函数，记为 $\alpha(x)$，它也是一个随机变量，故期望风险定义为

$$\Gamma = \int \gamma[\alpha(x) \mid x]p(x)\mathrm{d}x \tag{3.12}$$

期望风险 Γ 表示对整个特征空间上所有的 x 采用相应的决策 $\alpha(x)$ 所带来的平均风险，而条件期望风险 γ 仅表示一个 x 取值所采用的决策 α_j 所带来的风险，要求所有的 $\alpha(x)$ 都使 Γ 最小。

3. 决策步骤

设某一决策 α_k 能使

$$\gamma(\alpha_k \mid x)= \min\gamma(\alpha_j \mid x) \quad j=1,2,\cdots,p;\alpha=\alpha_k \tag{3.13}$$

则具体步骤如下。

已知 $P(\omega_i)$，$p(x \mid \omega_i)$ 及待识别样本 x，按式（3.3）计算后验概率为

$$P(\omega_i \mid x) = \frac{p(x \mid \omega_i)P(\omega_i)}{\sum_{j=1}^{2} p(x \mid \omega_j)P(\omega_j)} \tag{3.14}$$

（1）利用后验概率及表 3.1，按式（3.11）计算，即

$$\gamma_j = \sum_{i=1}^{M} L_{ij}P(\omega_i \mid x) \quad j = 1,2,\cdots,p \tag{3.15}$$

（2）从 γ_1，γ_2，…，γ_p 中选择其最小者即是条件风险最小的 α_k。

3.2 线性判别函数法

在工程实际问题中，由于样本特征空间的类条件概率密度很难确定，利用非参数方法估计分布又往往需要大量的样本，而且随着特征空间维数的增加所需样本数急剧增加。因此，在实际问题中，往往不去恢复类条件概率密度，而是利用样本集直接设计分类器。具体就是，首先给定某个判别函数类，然后利用样本集确定出判别函数中的未知参数。

线性判别函数是一类较简单的判别函数，而且需要的计算量和存储量小。它首先假定判别函数 $f(\boldsymbol{x})$ 是 $\boldsymbol{x}$ 的线性函数，即 $f(\boldsymbol{x})=\boldsymbol{w}^{\mathrm{T}}\boldsymbol{x}+\omega_0$。对于包含 k 个类的问题，可以定义 k 个判别函数，即 $f_i(\boldsymbol{x})=\boldsymbol{w}_i^{\mathrm{T}}\boldsymbol{x}+\omega_{i0}$（$i=1$，2，…，$k$）。需要利用样本集估计各 $\boldsymbol{w}_i$ 和 ω_{i0}，并把未知样本 $\boldsymbol{x}$ 归到具有最大判别函数值的类别中去。关键问题是如何利用样本集求得 $\boldsymbol{w}_i$ 和 ω_{i0}。基本思路是针对实际情况提出设计要求，并使所设计的分类器尽可能好地满足这些要求。

3.2.1 线性判别函数的基本概念

线性判别函数的一般表达式为

$$f(\boldsymbol{x})=\boldsymbol{w}^{\mathrm{T}}\boldsymbol{x}+\omega_0 \tag{3.16}$$

式中　$\boldsymbol{x}$——d 维特征向量，$\boldsymbol{x}=[x_1, x_2, \cdots, x_d]^{\mathrm{T}}$，又称样本向量；

$\boldsymbol{w}$——权向量，$\boldsymbol{w}=[w_1, w_2, \cdots, w_d]^{\mathrm{T}}$；

ω_0——常数，称为阈值。

对于两类分类问题的线性分类器，可以采用下面的决策规则：令

$$f(\boldsymbol{x})=f_1(\boldsymbol{x})-f_2(\boldsymbol{x})$$

如

$$\begin{cases} f(\boldsymbol{x})>0, & \text{则决策 } \boldsymbol{x}\in \boldsymbol{w}_1 \\ f(\boldsymbol{x})<0, & \text{则决策 } \boldsymbol{x}\in \boldsymbol{w}_2 \\ f(\boldsymbol{x})=0, & \text{则可将 } \boldsymbol{x} \text{ 任意分到某一类或拒绝} \end{cases}$$

方程 $f(\boldsymbol{x})=0$ 定义了一个决策面，它把归类于 $\boldsymbol{w}_1$ 类的点和归类于 $\boldsymbol{w}_2$ 类的点分割开来。当 $f(\boldsymbol{x})$ 为线性函数时，这个决策面就是一个超平面。

假设 x_1 和 x_2 都在决策面 H 上，则有

$$\boldsymbol{w}^{\mathrm{T}}x_1+\omega_0=\boldsymbol{w}^{\mathrm{T}}x_2+\omega_0 \tag{3.17}$$

或

$$\boldsymbol{w}^{\mathrm{T}}(x_1-x_2)=0 \tag{3.18}$$

这表明，$\boldsymbol{w}$ 和超平面 H 任一向量正交，即 $\boldsymbol{w}$ 是 H 的法向量。超平面 H 把特征空间分成两个半空间，即对于 $\boldsymbol{w}_1$ 类的决策域 R_1 和对于 $\boldsymbol{w}_2$ 类的决策域 R_2，当 $f(\boldsymbol{x})>0$ 时，决策面的法向量指向 $\boldsymbol{w}_1$ 类的决策域 R_1，当 $f(\boldsymbol{x})<0$ 时，决策面的法向量指向 $\boldsymbol{w}_2$ 类的决策域 R_2。

判别函数 $f(\boldsymbol{x})$ 可以看作是特征空间中某点 $\boldsymbol{x}$ 到超平面距离的一种代数度量，如图 3.2 所示。

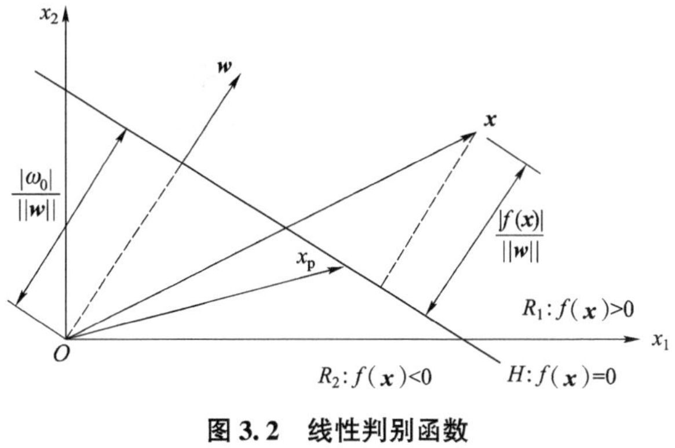

图 3.2　线性判别函数

若把 $\boldsymbol{x}$ 表示成

$$\boldsymbol{x}=\boldsymbol{x}_{\mathrm{p}}+r\frac{\boldsymbol{w}}{\|\boldsymbol{w}\|} \tag{3.19}$$

式中　$\boldsymbol{x}_{\mathrm{p}}$——$\boldsymbol{x}$ 在 H 上的投影向量；

r——到超平面 H 的垂直距离；

$\dfrac{\boldsymbol{w}}{\|\boldsymbol{w}\|}$——$\boldsymbol{w}$ 方向上的单位向量。

将式（3.19）代入线性判别函数的一般表达式（3.16）中，可得

$$f(\boldsymbol{x})=\boldsymbol{w}^{\mathrm{T}}\left(\boldsymbol{x}_{\mathrm{p}}+r\frac{\boldsymbol{w}}{\|\boldsymbol{w}\|}\right)+\omega_0=\boldsymbol{w}^{\mathrm{T}}\boldsymbol{x}_{\mathrm{p}}+\omega_0+r\frac{\boldsymbol{w}^{\mathrm{T}}\boldsymbol{w}}{\|\boldsymbol{w}\|}=r\|\boldsymbol{w}\| \tag{3.20}$$

或写成

$$r=\frac{f(\boldsymbol{x})}{\|\boldsymbol{w}\|} \tag{3.21}$$

若 x 为原点，则

$$f(\boldsymbol{x})=\omega_0 \tag{3.22}$$

将式（3.22）代入式（3.21）中，就可得到从原点到超平面 H 的距离，即

$$r_0=\frac{\omega_0}{\|\boldsymbol{w}\|} \tag{3.23}$$

如果 $\omega_0>0$，则原点在 H 的正侧；若 $\omega_0<0$，则原点在 H 的负侧；若 $\omega_0=0$，则 $f(\boldsymbol{x})$ 具有齐次形式 $\boldsymbol{w}^{\mathrm{T}}\boldsymbol{x}$，说明超平面 H 通过原点。图 3.2 对这些结果作了几何解释。

综上所述，利用线性判别函数进行决策，就是用一个超平面把特征空间分割成两个决策区域。超平面的方向由权向量 $\boldsymbol{w}$ 确定，它的位置由阈值 ω_0 确定。判别函数 $f(\boldsymbol{x})$ 正比于 $\boldsymbol{x}$ 点到超平面的代数距离（带正负号）。当 $\boldsymbol{x}$ 在正侧时，$f(\boldsymbol{x})>0$；当 $\boldsymbol{x}$ 在负侧时，$f(\boldsymbol{x})<0$。

3.2.2 设计线性分类器的主要步骤

设计线性分类器的过程，实际上是寻找最好的未知权向量 $\boldsymbol{w}$ 和阈值 ω_0 的过程。由于符合要求的 $\boldsymbol{w}$ 和 ω_0 往往出现在准则函数的极值点上，因此，设计线性分类器的问题就转化为利用训练样本集寻找准则函数的极值点 $\boldsymbol{w}^*$ 和 ω_0^* 的问题。

设计线性分类器的主要步骤如下：

（1）建立一组具有类别标志的样本集 $X=\{x_1, x_2, \cdots, x_n\}$。若把抽取的样本 $x_i(i=1, 2, \cdots, n)$看作一组确定的观察值，则这组样本集称为确定性样本集；若把抽取的 $x_i(i=1, 2, \cdots, n)$看作一组随机变量，则这组样本集称为随机样本集。此外，有时也将样本集 X 转换成增广样本集来处理。

（2）根据实际情况确定一个准则函数 J，它必须满足：① J 是样本集 X 和 $\boldsymbol{w}$、ω_0 的函数；② J 的值反映分类器的性能，它的极值解则对应于“最好”的决策。

（3）应用最优化技术求出准则函数的极值解 $\boldsymbol{w}^*$ 和 ω_0^*，这样就可以得到线性判别函数 $f(\boldsymbol{x})=(\boldsymbol{w}^*)^{\mathrm{T}}\boldsymbol{x}+\omega_0^*$。

对于未知类别的样本 x_k，只要计算 $f(x_k)$，然后根据决策规则式，判断 x_k 的所属类别。

3.2.3 Fisher 线性判别函数法

在统计模式识别问题中，维数压缩是处理实际问题的关键，Fisher 线性判别函数法是解决这个问题，并在压缩空间中进行分类决策的方法之一。该方法的基本思路是把 d 维空间的样本投影到一条直线上，即把维数压缩到一维；并把 d 维空间的分类决策问题简化到一维空间中去进行。显然，希望找到这样的一个方向，在该方向的直线上样本的投影尽可能满足：同一类样本的投影紧致密集，不同类样本的投影尽量分开。Fisher 准则函数为满足这个要求提供了一种手段。

1. 从 d 维空间到一维空间的一般变化方法

假设有 N 个 d 维样本 x_1，x_2，…，x_N，其中 N_1 个属于 $\boldsymbol{w}_1$ 类的样本，记为 X_1；N_2 个属于 $\boldsymbol{w}_2$ 类的样本，记为 X_2。若对 x_n 的分量作非线性组合，可得标量

$$y_n = \boldsymbol{w}^{\mathrm{T}}\boldsymbol{x}_n \quad n=1,2,\cdots,N$$

这样便可得到 N 个一维样本 y_n 组成的集合，并可分为两个子集 y_1 和 y_2。从几何上看，如果 $\|\boldsymbol{w}\|=1$，则每个 y_n 就是相应的 $\boldsymbol{x}_n$ 到方向为 $\boldsymbol{w}$ 的直线上的投影。实际上，$\boldsymbol{w}$ 的绝对值是无关紧要的，它仅使 y_n 乘上一比例因子，重要的是选择 $\boldsymbol{w}$ 的方向。$\boldsymbol{w}$ 的方向不同，将使样本投影后的可分离程度不同，从而直接影响识别效果。因此，寻求最好投影方向的问题，就是寻求最好的变换向量 $\boldsymbol{w}^*$ 的问题。

2. Fisher 准则函数

先定义几个必要的基本参量。

1）在 d 维 N 空间中

（1）各类样本均值向量 $\boldsymbol{m}_i$ 为

$$\boldsymbol{m}_i = \frac{1}{N_i}\sum^{x\in X_i}\boldsymbol{x} \quad i=1,2 \tag{3.24}$$

（2）样本类内离散度矩阵 $\boldsymbol{S}_i$ 和总类内离散度矩阵 $\boldsymbol{S}_{\mathrm{w}}$ 分别为

$$\boldsymbol{S}_i^2 = \sum^{x\in X_i}(x-\boldsymbol{m}_i)(x-\boldsymbol{m}_i)^{\mathrm{T}} \tag{3.25}$$

$$\boldsymbol{S}_{\mathrm{w}} = \boldsymbol{S}_1 + \boldsymbol{S}_2 \tag{3.26}$$

（3）样本类间离散度矩阵 $\boldsymbol{S}_{\mathrm{b}}$

$$\boldsymbol{S}_{\mathrm{b}} = (\boldsymbol{m}_1-\boldsymbol{m}_2)(\boldsymbol{m}_1-\boldsymbol{m}_2)^{\mathrm{T}} \tag{3.27}$$

2）在一维 Y 空间中

（1）各类样本均值向量 $\tilde{\boldsymbol{m}}_i$ 为

$$\tilde{\boldsymbol{m}}_i = \frac{1}{N_i}\sum^{y\in Y_i}\boldsymbol{y} \quad i=1,2 \tag{3.28}$$

（2）样本类内离散度 $\tilde{\boldsymbol{S}}_i^2$ 和总类内离散度 $\tilde{\boldsymbol{S}}_{\mathrm{w}}^2$ 分别为

$$\tilde{\boldsymbol{S}}_i^2 = \sum^{y\in Y_I}(y-\tilde{\boldsymbol{m}}_i)^2 \quad i=1,2 \tag{3.29}$$

$$\tilde{\boldsymbol{S}}_{\mathrm{w}}^2 = \tilde{\boldsymbol{S}}_1^2 + \tilde{\boldsymbol{S}}_2^2 \tag{3.30}$$

为了达到正确分类的目的，希望投影后在一维 Y 空间中各类样本尽可能分得开些，即希望两类均值之差越大越好，同时希望各类样本内部尽量密集。因此，可以定义 Fisher 准则函数为

$$J_{\mathrm{F}}(\boldsymbol{w}) = \frac{(\tilde{\boldsymbol{m}}_1-\tilde{\boldsymbol{m}}_2)}{\tilde{\boldsymbol{S}}_1^2+\tilde{\boldsymbol{S}}_2^2} \tag{3.31}$$

为此，寻找使 $J_{\mathrm{F}}(\boldsymbol{w})$ 的分子尽可能大，而分母尽可能小，也就是使 $J_{\mathrm{F}}(\boldsymbol{w})$ 尽可能大的 $\boldsymbol{w}$ 作为投影方向。为此，在求解前应设法将 $J_{\mathrm{F}}(\boldsymbol{w})$ 表示成 $\boldsymbol{w}$ 的显函数，这可由前述定义的基本参量表达式实现，然后应用求解极值的方法求得使 $J_{\mathrm{F}}(\boldsymbol{w})$ 最大时的 $\boldsymbol{w}^*$。给出 d 维 X

空间到一维 Y 空间的最后投影方向的变换向量 $\boldsymbol{w}^*$ 的计算公式，即

$$\boldsymbol{w}^* = \boldsymbol{S}_{\mathrm{w}}^{-1}(\boldsymbol{m}_1 - \boldsymbol{m}_2) \tag{3.32}$$

计算获得了 $\boldsymbol{w}^*$，就可以把 d 维样本投影到一维，成为一维分类问题。当维数 d 和样本 N 都很大时，可采用 Bayes 决策规则，从而获得一种“最优”分类器。可以证明，当 d 和 N 都很大时，Fisher 线性判别决策等价于 Bayes 决策。如果上述条件不满足，也可利用先验知识选定分界阈值点 y_0，对于任一给定的未知样本 $\boldsymbol{x}$，只要计算它的投影点 y

$$y = \boldsymbol{w}^* \boldsymbol{x} \tag{3.33}$$

再根据决策规则，得

$$\boldsymbol{x} \in \begin{cases} \boldsymbol{w}_1, 若\ y > y_0 \\ \boldsymbol{w}_2, 若\ y < y_0 \end{cases}$$

就可以判断 $\boldsymbol{x}$ 属于什么类别。

根据不同的准则函数，可以得到不同判别函数，这些准则包括感知准则、最小错分样本数准则、最小平方误差（MSE）准则和最小错误率线性判别函数准则等。

虽然线性判别函数要求所研究的问题是线性可分的，但是，由于它的计算简单，且在一定条件下能够实现最优分类的性质，即使实际情况中所研究的问题维数很高、样本数量有限，却仍可采用线性分类器。

3.3 距离判别函数法

n 维特征空间上的一个点代表由 n 个特征参数组成的某一特征矢量。同类模式点具有聚类性，不同类状态的模式点有各自的聚类域和聚类中心。如果能事先知道各类状态的模式点的聚类域作为参考模式，则可将待检模式与参考模式间的距离作为判别函数，进而判别待检状态的属性。

3.3.1 空间距离（几何距离）函数

1. 欧氏距离

在欧氏空间中，设矢量 $\boldsymbol{X} = (x_1, x_2, \cdots, x_n)^{\mathrm{T}}$、$\boldsymbol{Z} = (z_1, z_2, \cdots, z_n)^{\mathrm{T}}$，两点距离越近，表明相似性越大，则可认为属于同一群聚域，或属于同一类别，这种距离称为欧氏距离，由式（3.34）表示，即

$$D_{\mathrm{E}}^2 = \sum_{i=1}^{n} (x_i - z_i)^2 = (\boldsymbol{X} - \boldsymbol{Z})^{\mathrm{T}}(\boldsymbol{X} - \boldsymbol{Z}) \tag{3.34}$$

式中 $\boldsymbol{Z}$——标准模式矢量；

$\boldsymbol{X}$——待检矢量；

T——矩阵转置。

欧氏距离简单明了，且不受坐标旋转、平移的影响，为避免坐标尺度对分类结果的影响，可在计算欧氏距离之前先对特征参数进行归一化处理，如

$$x_i = \frac{x_i - x_{\min}}{x_{\max} - x_{\min}} \tag{3.35}$$

式中　x_{min}，x_{max}——分别为特征参数的最大值和最小值。

考虑到特征矢量中的诸分量对分类所起作用不同，可采用加权方法构造加权欧氏距离。

$$D_E^2=(\boldsymbol{X}-\boldsymbol{Z})^T\boldsymbol{W}(\boldsymbol{X}-\boldsymbol{Z}) \tag{3.36}$$

式中　$\boldsymbol{W}$——权系数矩阵。

2. 马氏距离

这是加权欧氏距离中用得较多的一种，其形式为

$$D_m^2=(\boldsymbol{X}-\boldsymbol{Z})^T\boldsymbol{R}^{-1}(\boldsymbol{X}-\boldsymbol{Z}) \tag{3.37}$$

式中　$\boldsymbol{R}$——$\boldsymbol{X}$ 与 $\boldsymbol{Z}$ 的协方差矩阵，即 $\boldsymbol{R}=\boldsymbol{X}\boldsymbol{Z}^T$。

马氏距离的优点是排除了特征参数间的相互影响。

3. 相似度指标

相似度指标是在作聚类分析时衡量两个特征矢量是否属于同一类的统计量。待检状态应归入相似性指标最大（相似距离最小）的状态类别。

1）角度相似性指标（余弦度量）

$$S_c=\frac{\sum_{i=1}^{n}X_iZ_i}{\sqrt{\sum_{i=1}^{n}X_i^2\sum_{i=1}^{n}Z_i^2}} \quad 或 \quad S_c=\frac{\boldsymbol{X}^TZ}{\|\boldsymbol{X}\|-\|\boldsymbol{Z}\|} \tag{3.38}$$

式中　$\|\boldsymbol{X}\|$,$\|\boldsymbol{Z}\|$——分别为特征向量 $\boldsymbol{X}$ 和 $\boldsymbol{Z}$ 的模；

S_c——特征矢量 $\boldsymbol{X}$ 和 $\boldsymbol{Z}$ 之间夹角的余弦，夹角为 0 则取值为 1，即角度相似达到最大。

2）相关系数

$$S_{\boldsymbol{XZ}}=\frac{\sum_{i=1}^{n}(X_i-\overline{\boldsymbol{X}})(Z_i-\overline{\boldsymbol{Z}})}{\sqrt{\sum_{i=1}^{n}(X_i-\overline{\boldsymbol{X}})^2\sum_{i=1}^{n}(Z_i-\overline{\boldsymbol{Z}})^2}} \tag{3.39}$$

式中　$\overline{\boldsymbol{X}}$，$\overline{\boldsymbol{Z}}$——分别为 $\boldsymbol{X}$ 和 $\boldsymbol{Z}$ 的均值。

相关系数越大，表明相似性越强。

3.3.2　信息距离判别法

1. 库尔伯克-莱贝尔（Kullback-Leiber）信息数

设 $\boldsymbol{X}=(x_1, x_2, \cdots, x_n)$ 为随机矢量，其概率密度函数为 $p(x)$，它属于概率密度族函数 $g(\boldsymbol{x}|\boldsymbol{\varphi})$ 中的一个，此处 $\boldsymbol{\varphi}=(\varphi_1, \varphi_2, \cdots, \varphi_n)^T$ 是参数矢量，且

$$p(\boldsymbol{x})=g(\boldsymbol{x}|\varphi_0) \tag{3.40}$$

库尔伯克-莱贝尔（Kullback-Leiber）信息数（简称 K-L 信息数）是描述 $p(\boldsymbol{x})$ 与 $g(\boldsymbol{x}|\varphi_0)$ 的接近程度，这种接近程度是 $p(\boldsymbol{x})$ 与 $g(\boldsymbol{x}|\varphi_0)$ 的函数，用式（3.41）表示，即

$$\begin{aligned}I(p(\boldsymbol{x}),g(\boldsymbol{x}|\boldsymbol{\varphi}))&=E[\lg(p(\boldsymbol{x}))]-E[\lg(g(\boldsymbol{x}|\boldsymbol{\varphi}))]\\&=\int p(\boldsymbol{x})\lg(p(\boldsymbol{x}))\mathrm{d}\boldsymbol{x}-\int p(\boldsymbol{x})\lg(g(\boldsymbol{x}|\boldsymbol{\varphi}))\mathrm{d}\boldsymbol{x}\end{aligned}$$

$$=\int p(\boldsymbol{x})\lg\frac{p(\boldsymbol{x})}{g(\boldsymbol{x}\mid\boldsymbol{\varphi})}\mathrm{d}\boldsymbol{x} \tag{3.41}$$

因为

$$-E\left[\lg\frac{g(\boldsymbol{x}\mid\boldsymbol{\varphi})}{p(\boldsymbol{x})}\right]\geqslant-\lg E\left[\frac{g(\boldsymbol{x}\mid\boldsymbol{\varphi})}{p(\boldsymbol{x})}\right]=-\lg\int\frac{g(\boldsymbol{x}\mid\boldsymbol{\varphi})}{p(\boldsymbol{x})}p(\boldsymbol{x})\mathrm{d}\boldsymbol{x}$$

由此可见，当 $\boldsymbol{\varphi}=\varphi_0$ 时，$p(\boldsymbol{x})=g(\boldsymbol{x}\mid\varphi_0)$，K–L 信息量达到最小值，即

$$I\left(p(\boldsymbol{x}),g(\boldsymbol{x}\mid\boldsymbol{\varphi})\right)_{\varphi=\varphi_0}=0 \tag{3.42}$$

因此，K–L 信息量实质是寻求接近 $p(\boldsymbol{x})$ 的参数概率密度函数，使得 $I(p(\boldsymbol{x}),\ g(\boldsymbol{x}\mid\boldsymbol{\varphi}))$ 达到最小。

若 $p(\boldsymbol{x})$ 是参考模式的概率密度函数，$g(\boldsymbol{x})$ 是待检模式的概率密度函数，按照 K–L 信息数可以比较两类状态的相似程度。由式（3.41）可得互熵为

$$\begin{cases}I(g(\boldsymbol{x}),p(\boldsymbol{x}))=\int g(\boldsymbol{x})\lg\dfrac{g(\boldsymbol{x})}{p(\boldsymbol{x})}\mathrm{d}\boldsymbol{x}\\ I(p(\boldsymbol{x}),g(\boldsymbol{x}))=\int p(\boldsymbol{x})\lg\dfrac{p(\boldsymbol{x})}{g(\boldsymbol{x})}\mathrm{d}\boldsymbol{x}\end{cases} \tag{3.43}$$

将参考序列与待检序列的概率密度函数代入式（3.43）中，如两序列都是多维正态分布，则得

$$\begin{cases}I(p(\boldsymbol{x}),g(\boldsymbol{x}))=\lg\dfrac{\sigma_{\mathrm{T}}}{\sigma_{\mathrm{R}}}+\dfrac{1}{2\sigma_{\mathrm{T}}^2}[\sigma_{\mathrm{R}}^2+(\varphi_{\mathrm{R}}-\varphi_{\mathrm{T}})^{\mathrm{T}}R_{\mathrm{T}}(\varphi_{\mathrm{R}}-\varphi_{\mathrm{T}})]-\dfrac{1}{2}\\ I(g(\boldsymbol{x}),p(\boldsymbol{x}))=\lg\dfrac{\sigma_{\mathrm{R}}}{\sigma_{\mathrm{T}}}+\dfrac{1}{2\sigma_{\mathrm{R}}^2}[\sigma_{\mathrm{T}}^2+(\varphi_{\mathrm{R}}-\varphi_{\mathrm{T}})^{\mathrm{T}}R_{\mathrm{R}}(\varphi_{\mathrm{R}}-\varphi_{\mathrm{T}})]-\dfrac{1}{2}\end{cases} \tag{3.44}$$

显然，当待检状态与参考状态相同，即 $\varphi_{\mathrm{R}}=\varphi_{\mathrm{T}}$，$\sigma_{\mathrm{R}}=\sigma_{\mathrm{T}}$ 时，则

$$I(p(\boldsymbol{x}),g(\boldsymbol{x}))=I(g(\boldsymbol{x}),p(\boldsymbol{x}))=0 \tag{3.45}$$

2. *J* 散度

由式（3.44）可知，$I(p(\boldsymbol{x}),\ g(\boldsymbol{x}))$ 与 $I(g(\boldsymbol{x}),\ p(\boldsymbol{x}))$ 并无对称性，在同一情况下，取值各不相同，定义 J 散度为

$$\begin{aligned}J&=I(p(\boldsymbol{x}),g(\boldsymbol{x}))+I(g(\boldsymbol{x}),p(\boldsymbol{x}))\\&=\frac{1}{2\sigma_{\mathrm{T}}^2}[\sigma_{\mathrm{R}}^2+(\varphi_{\mathrm{R}}-\varphi_{\mathrm{T}})^{\mathrm{T}}R_{\mathrm{T}}(\varphi_{\mathrm{R}}-\varphi_{\mathrm{T}})]+\frac{1}{2\sigma_{\mathrm{R}}^2}[\sigma_{\mathrm{T}}^2+(\varphi_{\mathrm{R}}-\varphi_{\mathrm{T}})^{\mathrm{T}}R_{\mathrm{R}}(\varphi_{\mathrm{R}}-\varphi_{\mathrm{T}})]-1\end{aligned} \tag{3.46}$$

当设备工况相同时，$\varphi_{\mathrm{R}}=\varphi_{\mathrm{T}}$，$\sigma_{\mathrm{R}}=\sigma_{\mathrm{T}}$，有 $J=0$。J 越小，两类模式的状态就越接近。

3.4 最小二乘估计法

最小二乘法是线性模型未知参数的统计估计方法，与其他统计方法（如极大似然估计和 Bayes 估计）相比，最小二乘估计的优点在于它不要求知道有关随机变量的概率分布形式或具备其他验前知识，且在理论上最为成熟。因此，最小二乘估计在一切线性无偏估计中是最优的。

1. 被估计系统

考虑被估计系统的线性统计模型（量测方程），即

$$\boldsymbol{y}=\boldsymbol{A}\boldsymbol{x}+\boldsymbol{e} \tag{3.47}$$

式中　$\boldsymbol{y}$——m 维随机向量（观测向量）；

$\boldsymbol{x}$——p 维被估计向量（确定性向量）；

$\boldsymbol{A}=(\boldsymbol{a}_{ij})$——$m\times p$ 阶已知常数矩阵；

$\boldsymbol{e}$——m 维随机误差向量。

对于式（3.47），规定测量误差向量 $\boldsymbol{e}$ 满足无偏性（误差向量的各分量是零均值的），但是不一定满足 GM 假定，这样的系统一般称为异方差系统。

一般情况下，对随机测量向量和它的取值在书写上将不加以区分，即随机测量向量和它的取值都用 $\boldsymbol{y}$ 表示。在必要时，将用 $\boldsymbol{Y}$ 和 $\boldsymbol{y}$ 分别表示随机测量向量和它的取值。

2. 基本概念

（1）残差。残差的定义为

$$\hat{\boldsymbol{e}}=\boldsymbol{y}-\boldsymbol{A}\hat{\boldsymbol{x}} \tag{3.48}$$

式中　$\hat{\boldsymbol{x}}$——式（3.47）中 $\boldsymbol{x}$ 的任意估计量。

（2）向量范数（模）。定义

$$\|\boldsymbol{a}\|_p=\left(\sum_{i=1}^{m}|a_i|^p\right)^{1/p} \tag{3.49}$$

为 m 维向量 $\boldsymbol{a}$ 的 p-范数，式中 p 为任意正数。

有 3 种常用的范数：

① 绝对和范数（1-范数）。当 $p=1$ 时得到的绝对和范数（1-范数），即

$$\|\boldsymbol{a}\|_1=\sum_{i=1}^{m}|a_i|$$

② Euclid 范数（2-范数）。当 $p=2$ 时，得到 Euclid 范数（2-范数），即

$$\|\boldsymbol{a}\|_2=\left[\sum_{i=1}^{m}(a_i)^2\right]^{1/2}$$

Euclid 范数是最常用的一种范数。它是向量长度的直接推广，因此又称为向量长度。

③ 最大范数（∞-范数，Chebyshev 范数）。当 $p\to\infty$ 时得到最大范数或称为∞-范数，或者 Chebyshev 范数，即

$$\|\boldsymbol{a}\|_\infty=\max_{1\leqslant i\leqslant m}|a_i|$$

（3）残差平方和（残差模）。残差 $\hat{\boldsymbol{e}}$ 的 Euclid 范数的平方称为残差平方和，记为 RSS，即

$$\mathrm{RSS}=\|\hat{\boldsymbol{e}}\|_2^2=(\hat{\boldsymbol{e}},\ \hat{\boldsymbol{e}})=\hat{\boldsymbol{e}}^{\mathrm{T}}\hat{\boldsymbol{e}}=\sum_{i=1}^{m}(\hat{e}_i)^2 \tag{3.50}$$

3. 最小二乘估计

取目标函数 J 为残差平方和 RSS

$$J=\mathrm{RSS}=\|\hat{\boldsymbol{e}}\|_2^2=(\hat{\boldsymbol{e}},\hat{\boldsymbol{e}})=\hat{\boldsymbol{e}}^{\mathrm{T}}\hat{\boldsymbol{e}}$$

使目标函数 J 为最小的统计量 $\hat{\boldsymbol{x}}_{\mathrm{LS}}$ 称为 $\boldsymbol{x}$ 的最小二乘估计量。

可以证明，最小二乘估计 $\hat{\boldsymbol{x}}_{\mathrm{LS}}$就是方程

$$\boldsymbol{A}^{\mathrm{T}}\boldsymbol{A}\boldsymbol{\alpha}=\boldsymbol{A}^{\mathrm{T}}\boldsymbol{y} \tag{3.51}$$

的解 $\boldsymbol{\alpha}$，式中 $\boldsymbol{\alpha}$ 为一向量。式（3.51）称为线性模型式（3.47）的正规方程，即有

$$\boldsymbol{y}^{\mathrm{T}}\boldsymbol{y}=(\hat{\boldsymbol{y}}_{\mathrm{LS}}+\hat{\boldsymbol{e}}_{\mathrm{LS}})^{\mathrm{T}}(\hat{\boldsymbol{y}}_{\mathrm{LS}}+\hat{\boldsymbol{e}}_{\mathrm{LS}})=\hat{\boldsymbol{y}}_{\mathrm{LS}}^{\mathrm{T}}\hat{\boldsymbol{y}}_{\mathrm{LS}}+\hat{\boldsymbol{e}}_{\mathrm{LS}}^{\mathrm{T}}\hat{\boldsymbol{e}}_{\mathrm{LS}} \tag{3.52}$$

如果 $|\boldsymbol{A}^{\mathrm{T}}\boldsymbol{A}|\neq 0$，即 rank（$\boldsymbol{A}^{\mathrm{T}}\boldsymbol{A}$）$=\boldsymbol{p}$，则

$$\hat{\boldsymbol{x}}_{\mathrm{LS}}=(\boldsymbol{A}^{\mathrm{T}}\boldsymbol{A})^{-1}\boldsymbol{A}^{\mathrm{T}}\boldsymbol{y} \tag{3.53}$$

是正规方程的唯一解，从而它是参数向量 $\boldsymbol{x}$ 的唯一最小二乘估计。

4. 一维系统的最小二乘估计

当被估计量 $\boldsymbol{x}$ 为一变量（$p=1$）时，矩阵 $\boldsymbol{A}$ 为一向量 $\boldsymbol{a}$，此时式（3.53）可写为

$$\hat{\boldsymbol{x}}_{\mathrm{LS}}=\frac{\boldsymbol{a}^{\mathrm{T}}\boldsymbol{y}}{\boldsymbol{a}^{\mathrm{T}}\boldsymbol{a}}=\frac{(\boldsymbol{a},\boldsymbol{y})}{(\boldsymbol{a},\boldsymbol{a})} \tag{3.54}$$

当 $\boldsymbol{a}=(1,\ \cdots,\ 1)^{\mathrm{T}}$ 时，有

$$\hat{\boldsymbol{x}}_{\mathrm{LS}}=\frac{1}{m}\sum_{i=1}^{m}y_i \tag{3.55}$$

即 m 次测量值的最小二乘估计就是它的算术平均值，算术平均值是最小二乘估计的一个特例。

5. 异方差系统转化为等方差系统

对于不满足等方差条件的线性模型，即异方差系统，只要知道随机误差的方差阵 $\boldsymbol{R}$，并且 $\boldsymbol{R}$ 为一正定矩阵，那么总可以把它转化为等方差系统。设异方差系统为

$$\boldsymbol{y}=\boldsymbol{A}\boldsymbol{x}+\boldsymbol{e},E(\boldsymbol{e})=0,\boldsymbol{R}=E(\boldsymbol{e}\boldsymbol{e}^{\mathrm{T}})(\text{为一正定方阵}) \tag{3.56}$$

取 $\boldsymbol{z}=(\boldsymbol{R}^*)^{-\frac{1}{2}}\boldsymbol{y}$，$\boldsymbol{B}=(\boldsymbol{R}^*)^{-\frac{1}{2}}\boldsymbol{A}$，$\boldsymbol{\varepsilon}=(\boldsymbol{R}^*)^{-\frac{1}{2}}\boldsymbol{e}$，其中 $\boldsymbol{R}^*=\lambda^{-2}\boldsymbol{R}$，则可将式（3.56）改写为

$$\boldsymbol{z}=\boldsymbol{B}\boldsymbol{x}+\boldsymbol{\varepsilon} \tag{3.57}$$

式（3.57）就成为满足 GM 假定的等方差系统，并且有 var（$\boldsymbol{\varepsilon}$）$=\lambda^2\boldsymbol{I}$。

如果原方程式（3.47）本来就满足 var（$\boldsymbol{e}$）$=\sigma^2\boldsymbol{I}$，并且不再进行等方差化（即取 $\boldsymbol{R}^*=\boldsymbol{I}$），则有 $\boldsymbol{\lambda}^2=\sigma^2$。此时 $\boldsymbol{\lambda}$ 将是与 $\boldsymbol{\sigma}$ 同量纲的量。

如果用任意一个正定矩阵 $\boldsymbol{W}$ 代替$(\boldsymbol{R}^*)^{-1}$，则由式（3.57）得到的估计称为式（3.56）的加权最小二乘估计，这种算法称为加权最小二乘法。这时的估计准则为

$$\boldsymbol{J}_{\mathrm{WLS}}=\hat{\boldsymbol{\varepsilon}}^{\mathrm{T}}\hat{\boldsymbol{\varepsilon}}=\hat{\boldsymbol{e}}^{\mathrm{T}}\boldsymbol{W}\hat{\boldsymbol{e}}$$

故障方程的等方差化也就是取 $\boldsymbol{W}=(\boldsymbol{R}^*)^{-1}$对故障方程进行加权。$\boldsymbol{W}=(\boldsymbol{R}^*)^{-1}$称为最优加权矩阵。

当 $\boldsymbol{W}=(\boldsymbol{R}^*)^{-1}$为一对角矩阵时，即

$$\boldsymbol{W}=(\boldsymbol{R}^*)^{-1}=\mathrm{diag}[(\sigma_1^*)^{-2},(\sigma_2^*)^{-2},\cdots,(\sigma_m^*)^{-2}] \tag{3.58}$$

等方差化就是用各个测量误差向量分量的标准差 σ_i 同除以方程式（3.56）的两边，得

$$z_i=\frac{y_i}{\sigma_i^*},b_{ij}=\frac{a_{ij}}{\sigma_i^*},\varepsilon_i=\frac{e_i}{\sigma_i^*}\quad i=1,2,\cdots,m$$

这时等方差模型式（3.57）的最小二乘准则为

$$J=\hat{\boldsymbol{\varepsilon}}^{\mathrm{T}}\hat{\boldsymbol{\varepsilon}}=\hat{\boldsymbol{e}}^{\mathrm{T}}\boldsymbol{W}\hat{\boldsymbol{e}}=\sum_{i=1}^{m}W_ie_i^2=\sum_{i=1}^{m}\frac{e_i^2}{(\sigma_i^*)^2} \tag{3.59}$$

由式（3.57）可以看到“加权最小二乘估计”名称的意义。

6. 最小二乘估计的偏量、方差阵和均方误差阵

（1）偏量。由

$$\tilde{\boldsymbol{x}}=\tilde{\boldsymbol{x}}_{\mathrm{LS}}-\boldsymbol{x}=(\boldsymbol{A}^{\mathrm{T}}\boldsymbol{A})^{-1}\boldsymbol{A}^{\mathrm{T}}\boldsymbol{y}-\boldsymbol{x}=(\boldsymbol{A}^{\mathrm{T}}\boldsymbol{A})^{-1}\boldsymbol{A}^{\mathrm{T}}(\boldsymbol{A}\boldsymbol{x}-\boldsymbol{e})-\boldsymbol{x}=(\boldsymbol{A}^{\mathrm{T}}\boldsymbol{A})^{-1}\boldsymbol{A}^{\mathrm{T}}\boldsymbol{e} \tag{3.60}$$

可知 $E(\tilde{\boldsymbol{x}})=\boldsymbol{0}$，即最小二乘估计为无偏估计。

（2）方差阵与均方误差阵。

因为 $\hat{\boldsymbol{x}}_{\mathrm{LS}}$ 为一无偏估计，因此它的方差阵也就是它的均方误差阵：$\mathrm{var}(\hat{\boldsymbol{x}}_{\mathrm{LS}})=\boldsymbol{P}=E(\tilde{\boldsymbol{x}}\tilde{\boldsymbol{x}}^{\mathrm{T}})$。将式（3.60）代入这一关系，可得

$$\mathrm{var}(\hat{\boldsymbol{x}}_{\mathrm{LS}})=\boldsymbol{P}=E(\tilde{\boldsymbol{x}}\tilde{\boldsymbol{x}}^{\mathrm{T}})=E[(\boldsymbol{A}^{\mathrm{T}}\boldsymbol{A})^{-1}\boldsymbol{A}^{\mathrm{T}}\boldsymbol{e}\boldsymbol{e}^{\mathrm{T}}\boldsymbol{A}(\boldsymbol{A}^{\mathrm{T}}\boldsymbol{A})^{-1}]=(\boldsymbol{A}^{\mathrm{T}}\boldsymbol{A})^{-1}\boldsymbol{A}^{\mathrm{T}}\boldsymbol{R}\boldsymbol{A}(\boldsymbol{A}^{\mathrm{T}}\boldsymbol{A})^{-1} \tag{3.61}$$

式中　$\boldsymbol{R}=E(\boldsymbol{e}\boldsymbol{e}^{\mathrm{T}})$——测量误差向量的均方误差阵。

对于等方差化的系统式（3.57），式（3.61）中的 $\boldsymbol{A}$ 与 $\boldsymbol{R}$ 应当分别代之以 $\boldsymbol{B}$ 和 $\lambda^2\boldsymbol{I}$，因此有

$$\mathrm{var}(\hat{\boldsymbol{x}}_{\mathrm{LS}})=\boldsymbol{P}=\lambda^2(\boldsymbol{B}^{\mathrm{T}}\boldsymbol{B})^{-1} \tag{3.62a}$$

对于本来就是等方差模型（$\boldsymbol{R}=\sigma^2\boldsymbol{I}$）而未再进行等方差化的式（3.57），则有

$$\mathrm{var}(\hat{\boldsymbol{x}}_{\mathrm{LS}})=\boldsymbol{P}=\sigma^2(\boldsymbol{B}^{\mathrm{T}}\boldsymbol{B})^{-1} \tag{3.62b}$$

对于对单个变量进行 m 次测量的情况，有 $\boldsymbol{B}=\boldsymbol{b}=(1,1,\cdots,1)^{\mathrm{T}}$，$\hat{\boldsymbol{x}}_{\mathrm{LS}}$就是 m 次测量值 $\boldsymbol{z}$ 的算术平均值，而 $\mathrm{var}(\hat{\boldsymbol{x}}_{\mathrm{LS}})$ 就是对应于 m 次测量值的算术平均值的测量误差的方差 $(\sigma_m)^2$。此时有

$$(\sigma_m)^2=\mathrm{var}(\hat{\boldsymbol{x}}_{\mathrm{LS}})=(\boldsymbol{b}^{\mathrm{T}}\boldsymbol{b})^{-1}\sigma^2=\frac{\sigma^2}{m} \tag{3.63}$$

即方差为 σ^2 的随机变量的 m 次测量值的平均值的方差$(\sigma_m)^2$ 等于原始方差的 $1/m$。这一结论可以由直接对测量数据平均值的计算式进行方差运算而得到。

3.5　时序模型分析法

时间序列分析作为统计数学的重要分支，分为时域分析和频域分析。时域分析是通过时间序列的相关分析建立和获得序列的统计特性规律，频域分析是通过时间序列的离散傅里叶变换进行谱分析。时间序列分析的特点是根据观测数据，基于某种建模方法建立动态参数模型，实现动态系统及过程的模拟、分析、预报和控制。

3.5.1　ARMA、AR 和 MA 模型

ARMA 模型是动态系统借助时序分析导出的具有物理意义的随机差分方程模型。设 x_i 和 y_i 分别表示线性平稳系统的输入和输出在采样时刻 t 的数值，联系 x_i 和 y_i 的向前差分方程可写为以下的对称形式，即

$$y_t-\varphi_1 y_{t-1}-\varphi_2 y_{t-2}-\cdots-\varphi_p y_{t-p}=x_t-\theta_1 x_{t-1}-\theta_2 x_{t-2}-\cdots-\theta_q x_{t-q} \tag{3.64a}$$

或简写为

$$y_t - \sum_{i=1}^{p} \varphi_i y_{t-i} = x_t - \sum_{j=1}^{q} \theta_j x_{t-j} \tag{3.64b}$$

或

$$y_t = \sum_{i=1}^{p} \varphi_i y_{t-i} + x_t - \sum_{j=1}^{q} \theta_j x_{t-j} \tag{3.64c}$$

式中，φ_i 和 θ_j 都是待识别的模型参数，分别称为自回归参数和滑动平均参数，其个数取决于差分方程的阶次 p 和 q，一般情况下 q 应小于 p。用式（3.64a）所表达的模型称为自回归滑动平均模型，p 为自回归阶数，q 为滑动平均阶数，简记为 ARMA(p, q) 模型。

对于随机 ARMA(p, q) 模型，其基本假设是：假设系统的输入 $X(t)$ 是均值为0、方差为 σ_x^2 的白噪声序列，即 $X(t) \sim \text{NID}(0, \sigma_x^2)$。

在 t 时刻，y_{t-1}，y_{t-2}，…，y_{t-p}都是已确定的观测值，尽管 $\{x_t\}$ 是白噪声序列，是不可观测的，但在 t 时刻以前的所有 x_{t-1}，x_{t-2}，…，x_{t-q}都是已经发生了的，因而也就成为确定性的了，所以式（3.64a）可以分成两部分，y_t 的确定性部分由 y_t 在 t 时刻的条件数学期望 $E[y_i]$ 确定，$E[y_i] = \sum_{i=1}^{p} \varphi_i y_{t-i} - \sum_{j=1}^{q} \theta_j x_{t-j}$ 中计入了观测数据 y_{t-i}（i=1，2，…，p）的影响和已经发生了的激励 x_{t-j}（j=1，2，…，q）的影响两部分；y_t 的随机部分完全由 x_t 的随机性导致。

作为 ARMA(p, q) 模型的特例，可引出以下两个简单的模型。

1. AR(p) 模型

在式（3.64a）中，当 $\theta_j=0$（j=1，2，…，q）时，模型中没有滑动平均部分，则有

$$y_t = \sum_{i=1}^{p} \varphi_i y_{t-i} + x_t, \quad X(t) \sim \text{NID}(0, \sigma_x^2) \tag{3.65}$$

式（3.65）所表达的模型称为 p 阶自回归模型，简记为 AR(p) 模型。

2. MA(q) 模型

在式（3.64a）中，当 $\varphi_i=0$（i=1，2，…，p）时，模型中没有自回归部分，则有

$$y_t = x_t - \sum_{j=1}^{q} \theta_j x_{t-j}, \quad X(t) \sim \text{NID}(0, \sigma_x^2) \tag{3.66}$$

式（3.66）所表达的模型称为 q 阶滑动平均模型，简记为 MA(q) 模型。

将式（3.64a）进行 z 变换，并设初始值为零，即 $t<0$ 时，$y_t=0$，$x_t=0$，则变换后有

$$Y(z) - \sum_{i=1}^{p} \varphi_i z^{-i} Y(z) = X(z) - \sum_{j=1}^{q} \theta_j z^{-j} X(z) \tag{3.67}$$

或

$$\left(1 - \sum_{i=1}^{p} \varphi_i z^{-i}\right) Y(z) = \left(1 - \sum_{j=1}^{q} \theta_j z^{-j}\right) X(z) \tag{3.68}$$

根据单输出系统传递函数 $H(z)$ 的定义，有

$$H(z) = \frac{Y(z)}{X(z)} = \frac{1 - \sum_{j=1}^{q} \theta_j z^{-j}}{1 - \sum_{i=1}^{p} \varphi_i z^{-i}} = \frac{\theta(z^{-1})}{\varphi(z^{-1})} \tag{3.69}$$

显见，ARMA(p，q) 模型的传递函数是零点和极点混合模型。

对于 AR(p) 模型，由式 (3.69) 得

$$H(z)=\frac{1}{1-\sum_{i=1}^{p}\varphi_i z^{-i}} \tag{3.70}$$

显见，AR(p) 模型的传递函数是全极点模型。

对于 MA(q) 模型，由式 (3.69) 得

$$H(z)=1-\sum_{j=1}^{q}\theta_j z^{-j} \tag{3.71}$$

当过程为平稳过程且可逆时，各种模型的转换关系可总结为

AR(有限阶) ⇒MA(无限阶)

MA(有限阶) ⇒AR(无限阶)

ARMA(有限阶) ⇒AR(无限阶)

⇒MA(无限阶)

由此可见，由于时序分析是建立在输入 $\{x_t\}$ 为白噪声，而输出 $\{y_t\}$ 等价的原则上的，故描述系统的模型并不一定是唯一的，可以分别采用 ARMA 或 AR 或 MA 模型来描述。ARMA 模型的参数较少，符合“参数节约原则”，而拟合 AR 模型快速简单，在工程中应用较普遍。

3.5.2　ARMA 模型的建模

ARMA 模型的建模是通过对观测得到的时间序列 y_t ($t=1, 2, \cdots, N$) 拟合出适用的 ARMA(p，q) 模型的过程。建模的内容包括数据采集、数据检测与预处理、模型形式的选取、模型参数 φ_i 和 θ_j 的估计、模型的适用性检验（实质上是确定模型的阶次 p 和 q）和建模策略等，其中最关键的步骤是建模参数的估计和模型的适用性检验。

1. 数据的采集和检验

按照采样定理，确定采样间隔 T_s、样本长度 L 以及采样点数 N。由于 ARMA 是动态模型，它所代表的数据长度理论上是无限长。因此，ARMA 模型不存在加窗的概念，没有泄漏的问题，但实际进行数据采集时，截断是不可避免的，截断必然引起能量泄漏，只是通过 ARMA 动态模型对有限长度时间序列进行了延拓。为保证信号中感兴趣的相邻两谐波分量能被分辨出来，样本长度 $L=NT_s$ 的选取应满足

$$N>\frac{1}{T_s(f_2-f_1)} \tag{3.72}$$

式中　f_1，f_2——信号中相邻两频率分量的频率。

综上所述，ARMA 建模所用的样本长度可比按式 (3.72) 所确定的 N 小，甚至可小至 $(1/4\sim3/4)N$，这是 ARMA 模型的一个突出优点。此外，样本长度的选择还同模型本身有关。

ARMA 模型要求 $\{y_t\}$ 是平稳、正态、零均值的时间序列，因此，由观测直接得到的时间序列 $\{y_t\}$，一般还需进行平稳性检验、正态检验和零均值性检验以及数据的预处理。

2. 确定线性模型的类别、阶数—模型识别

各类线性模型的自相关函数与偏相关函数具有以下性质。

（1）自回归模型 AR(p) 的自相关函数 ρ_k 拖尾，偏相关函数 ϕ_{kk} 截尾。

ρ_k 拖尾是指它随着 k 无限增大以负指数的速度趋向于零，即当 k 相当大时有 $|\rho_k|<ce^{-\delta k}$（其中 $c>0$，$\delta>0$），此时 $\lim\limits_{k\to\infty}\rho_k=0$，它的图像像一条尾巴。

ϕ_{kk}截尾，是指

$$\phi_{kk}\begin{cases}\neq 0, & k=p\\ =0, & k>p\end{cases}$$

即 ϕ_{kk}在 k 等于 p 时不为零，在 p 以后都等于零，它的图像像截断了的尾巴一样，而且尾巴截断在 $k=p$ 的地方。

（2）滑动平均模型 MA(q) 的自相关函数 ρ_k 截尾，尾巴截断在 $k=p$ 的地方；偏相关函数 ϕ_{kk}拖尾。

（3）混合模型 ARMA(p，q)($p>0$，$q>0$) 的自相关函数 ρ_k 与偏相关函数 ϕ_{kk}都是拖尾的。

各类线性模型的性质可列成表 3.2。

表 3.2 线性模型性质

函数	模型		
	AR(p)	MA(q)	ARMA（p，q）（$p>0$，$q>0$）
自相关函数 ρ_k	拖尾	截尾 $k=p$ 处	拖尾
偏相关函数 ϕ_{kk}	截尾 $k=p$ 处	拖尾	拖尾

因此，可以根据自相关函数和偏相关函数的情况，依据表 3.2 来判断线性模型属于 3 类中的哪一类。

一般来说，确定模型类型与阶数的方法带有一定的主观随意性，但是一个模型最好识别为阶数较低的自回归模型或阶数较低的滑动平均模型，或取为阶数较低的混合模型。这对于估计模型的参数和作预报会带来很大的方便。当然，对于 p、q 应取多大，现已提出一系列的定阶准则，可在实际应用中参考有关专著。

3. 基于自相关系数的最小二乘法的参数估计

对于 AR(p) 模型，若从数理统计的角度看，可将输入信号 x_t 看作模型的残差，并改记为 a_t，于是 AR(p) 模型可写为

$$y_t=\varphi_1 y_{t-1}+\varphi_2 y_{t-2}+\cdots+\varphi_p y_{t-p}+a_t \quad a_t=\mathrm{NID}(0,\sigma_a^2) \tag{3.73}$$

于是，一旦估计出 φ_i，即可按式（3.74）估计出方差 σ_a^2，即

$$\sigma_a^2=\frac{1}{N-p}\sum_{t=p+1}^{N}\left(y_t-\sum_{i=1}^{p}\varphi_i y_{t-i}\right) \tag{3.74}$$

因此，在 AR(p) 模型中所指的参数估计是指估计 φ_i($i=1$，2，…，p) 参数。

在式（3.73）的两边同乘以 y_{t-k}，再取数学期望并除以 r_0，有

$$r_k=\varphi_1 r_{k-1}+\varphi_2 r_{k-2}+\cdots+\varphi_p r_{k-p} \tag{3.75}$$

令 $k=1, 2, \cdots, n$，并注意到自协方差函数是偶函数的性质，可得线性方程组

$$\begin{cases} r_1=\varphi_1 r_0+\varphi_2 r_1+\cdots+\varphi_p r_{p-1} \\ r_2=\varphi_1 r_1+\varphi_2 r_0+\cdots+\varphi_p r_{p-2} \\ \vdots \\ r_n=\varphi_1 r_{n-1}+\varphi_2 r_{n-2}+\cdots+\varphi_p r_{n-p} \end{cases} \tag{3.76a}$$

写成矩阵形式为

$$\boldsymbol{r}=\boldsymbol{T}_r\boldsymbol{\varphi} \tag{3.76b}$$

一般取 $n>p$，$N/4>n>N/10$，因而，矩阵 $\boldsymbol{T}_r$ 不是方阵。根据多元回归理论，参数列阵 $\boldsymbol{\varphi}$ 的最小二乘估计为

$$\boldsymbol{\varphi}=(\boldsymbol{T}_r^{\mathrm{T}}\boldsymbol{T}_r)^{-1}\boldsymbol{T}_r^{\mathrm{T}}\boldsymbol{r} \tag{3.77}$$

显然，上述各式对互协方差函数 R_k 也适用，只需将各式中的矩阵 $\boldsymbol{T}_r$ 和 $\boldsymbol{r}$ 中各符号 r 换成 R 即可。$\boldsymbol{r}$ 和 $\boldsymbol{R}_k$ 的计算按公式进行估算，其求和限从 $k+1$ 到 N，与 k 有关，所以，矩阵 $\boldsymbol{T}_r^{\mathrm{T}}\boldsymbol{T}_r$ 不易出现病态，而且采用时间序列的自相关系数 $\boldsymbol{r}$ 构成矩阵，需多次使用观测数据计算，这样也就多次提取了数据中所蕴含的信息，提高了数据的利用率，进而就提高了参数的估计精度。

在该方法中，如果取 $k=1, 2, \cdots, p$，则式（3.76a）所示方程的个数等于未知数 φ_1，φ_2，…，φ_p 的个数，则式（3.76b）变为

$$\boldsymbol{r}=\boldsymbol{T}\boldsymbol{\varphi} \tag{3.78}$$

此方程称为 Yule-Walker 方程，其中

$$\boldsymbol{r}=\begin{bmatrix} r_1 \\ r_2 \\ \vdots \\ r_p \end{bmatrix}_{p\times 1}$$

$$\boldsymbol{T}=\begin{bmatrix} r_0 & r_1 & r_2 & \cdots & r_{p-1} \\ r_1 & r_0 & r_1 & \cdots & r_{p-2} \\ \vdots & \vdots & \vdots & & \vdots \\ r_{p-1} & r_{p-2} & r_{p-3} & \cdots & r_0 \end{bmatrix}_{p\times p}$$

$$\boldsymbol{\varphi}=\begin{bmatrix} \varphi_1 \\ \varphi_2 \\ \vdots \\ \varphi_p \end{bmatrix}_{p\times 1} \tag{3.79}$$

此时，由于自相关系数矩阵 $\boldsymbol{T}$ 中主对角线元素为 1，$\boldsymbol{T}$ 不仅是对称方阵，而且还是反对称方阵，从而 $\boldsymbol{T}$ 是中心对称方阵。由于 $0\leqslant r_k\leqslant 1$，所以矩阵 $\boldsymbol{T}$ 是满秩正定方阵，称为 Toeplitz 矩阵。利用矩阵 $\boldsymbol{T}$ 的特点，可容易地求出模型参数

$$\boldsymbol{\varphi}=\boldsymbol{T}^{-1}\boldsymbol{r} \tag{3.80}$$

在实际求解方程式（3.80）时，常采用各种递推估计算法，将计算机的计算过程加以简化，如比较经典的 Levinson 法、Burg 法和 Marple 法等，这些方法已有现成的计算机程序可供引用。

3.5.3 ARMA 模型的预测

ARMA 模型可以用来对机械设备运行状态进行预测。机械设备状态预测，是指已知设备过去和现在的状态，对设备将来的状态进行估计。机械设备状态可以表示为

$$\cdots, y_{-2}, y_{-1}, y_0, y_1, y_2, \cdots, y_k, \cdots, y_{k+l}, \cdots$$

其中，$k \geqslant 1$，$l \geqslant 1$。若已经观测到 y_1，y_2，…，y_k 的数值，要估计 y_{k+l}的数值，称为在 k 时刻 l 步预测。y_{k+l}的估计值记为 $\hat{y}_{k+l}$或 $\hat{y}_k(l)$，称为 l 步预测值。在记号 $\hat{y}_k(l)$ 中，k 表示现在时刻，l 表示从现在起算将来的第 l 个时刻。如利用某设备过去 3 年的运行状况，预测现在、将来的工作状态等。

基于 ARMA 模型的机械设备状态预测分为递推预测法和直接预测法两种。

1. 自回归模型的预测

对自回归模型 $y_t = \sum_{i=1}^{p} \varphi_i y_{t-i} + x_t$，$X(t) \sim \mathrm{NID}(0, \sigma_x^2)$，已经观测到 y_1，y_2，…，$y_k(k \geqslant p)$的数值，则 $\hat{y}_k(l)$ 的估计方程为

$$\hat{y}_k(l) = \hat{y}_{k+l} = \sum_{i=1}^{p} \varphi_i y_{k+l-i} + x_t \tag{3.81}$$

在此式中分别取 $l=1$，2，…，可分别计算第一步、第二步、……的预测值，即

$$\begin{cases} l = 1 \text{ 时}, & \hat{y}_k(1) = \hat{y}_{k+1} = \sum_{i=1}^{p} \varphi_i y_{k+1-i} + x_t \\ l = 2 \text{ 时}, & \hat{y}_k(2) = \hat{y}_{k+2} = \sum_{i=1}^{p} \varphi_i y_{k+2-i} + x_t \\ l = 3 \text{ 时}, & \hat{y}_k(3) = \hat{y}_{k+3} = \sum_{i=1}^{p} \varphi_i y_{k+3-i} + x_t \\ & \cdots\cdots \end{cases} \tag{3.82}$$

需要指出的是，在计算第二步值时要用到第一步预测值，在计算第三步预测值时要用到第一步、第二步预测值，以此类推。式（3.81）和式（3.82）统称为 AR 模型的预测公式。

2. 滑动平均模型的预测

对滑动平均模型 $y_t = x_t - \sum_{j=1}^{q} \theta_j x_{t-j}$，$X(t) \sim \mathrm{NID}(0, \sigma_x^2)$，已经观测到 y_1，y_2，…，y_k（$k \geqslant q$）的数值，则 $\hat{y}_k(l)$ 的估计方程为

$$\hat{y}_k(l) = \hat{y}_{k+l} = x_t - \sum_{j=1}^{q} \theta_j x_{k+l-j} \tag{3.83}$$

其估计模型与自回归模型相似。

3. 混合模型的预测

ARMA(p, q) 混合模型的预测方法是自回归模型与滑动平均模型两种预测方法的结合。

混合模型方程是 $y_t = \sum_{i=1}^{p} \varphi_i y_{t-i} + x_t - \sum_{j=1}^{q} \theta_j x_{t-j}$，已经观测到 y_1，y_2，…，y_k（$k \geqslant p$；$k \geqslant q$）

的数值，则 $\hat{y}_k(l)$ 的估计方程为

$$\hat{y}_k(l)=\hat{y}_{k+l}=\sum_{i=1}^{p}\varphi_i y_{k+l-i}+x_t-\sum_{j=1}^{q}\theta_j x_{k+l-j} \tag{3.84}$$

在式（3.84）中分别取 $l=1$，2，…，可分别计算第一步、第二步、……的预测值，即

$$\begin{cases} l=1\text{ 时}, & \hat{y}_k(1)=\hat{y}_{k+1}=\sum_{i=1}^{p}\varphi_i y_{k+1-i}+x_t-\sum_{j=1}^{q}\theta_j x_{k+1-j} \\ l=2\text{ 时}, & \hat{y}_k(2)=\hat{y}_{k+2}=\sum_{i=1}^{p}\varphi_i y_{k+2-i}+x_t-\sum_{j=1}^{q}\theta_j x_{k+2-j} \\ l=3\text{ 时}, & \hat{y}_k(3)=\hat{y}_{k+3}=\sum_{i=1}^{p}\varphi_i y_{k+3-i}+x_t-\sum_{j=1}^{q}\theta_j x_{k+3-j} \\ \cdots\cdots \end{cases} \tag{3.85}$$

在计算第二步值时要用到第一步预测值，在计算第三步预测值时要用到第一步、第二步预测值，以此类推。

3.5.4　ARMA 模型的频域故障诊断

ARMA 频域特性主要是指系统的频率响应函数 $H(\omega)$ 及振动模态特性，特别是指动态响应数据的自功率谱函数 $S_{yy}(\omega)$，其中，$H(\omega)$ 表征了 ARMA 模型所对应的系统在频域中的示性函数，振动模态是系统动态特性的参数描述，$S_{yy}(\omega)$ 表征了由一系列所产生的动态响应数据在频域中的统计特性。通过对 ARMA 模型频域特性的分析，可以在频域内对系统的动态特性以及由该系统所产生的动态响应数据的统计特性进行分析和研究，在时序方法中通称为“谱分析”，它们在故障诊断中有着重要的应用。

ARMA$(p,\ q)$ 模型频响函数可以通过式（3.69）得到

$$H(\omega)=\frac{1-\sum_{i=1}^{q}\theta_i e^{-j\omega_i\Delta t}}{1-\sum_{i=1}^{p}\varphi_i e^{-j\omega_i\Delta t}}\qquad -\frac{\pi}{T_s}\leqslant\omega\leqslant\frac{\pi}{T_s} \tag{3.86}$$

式（3.86）即为频响函数的算式。它表明，频响函数 $H(\omega)$ 可由 ARMA 模型参数 θ_i、φ_i 计算出来。利用频响函数可以方便地识别系统的振动模态参数和求得自功率谱密度函数。ARMA 模型的正功率谱密度函数是谱分析技术中应用最广泛的一种功率谱密度函数。和传统的周期谱不同，ARMA 模型的自功率谱函数 $S_{yy}(\omega)$ 不是由观测数据直接得到的，而是对观测数据序列建立 ARMA 模型，再由 ARMA 模型参数计算得到的，因此，又称为 ARMA 模型谱。同样，由 AR 模型与 MA 模型参数算得的自功率谱函数称为 AR 模型谱和 MA 模型谱，分别简称为 ARMA 谱、AR 谱与 MA 谱。由于模型参数是由观测数据序列估计所得，相应地，由模型参数计算得到的谱值也称为 ARMA 谱估计。ARMA 谱估计不必对数据加窗，这和传统的谱估计法对数据直接加窗相比具有明显的优点，而且其功率谱 $S_{yy}(\omega)$ 是 ω 的连续函数，而不像周期图谱那样是离散的。正因为如此，ARMA 模型具有一系列突出的特点。

由随机振动理论可知，系统的响应（输出）与激励（输入）之间有下列关系式，即

$$S_{yy}(\omega)=\sigma_a^2 H(\omega)H^*(\omega)=\sigma_a^2\ |H(\omega)|^2 \tag{3.87}$$

将式（3.86）代入式（3.87）可得 $S_{yy}(\omega)$ 的计算公式为

$$S_{yy}(\omega)=\sigma_{\mathrm{a}}^{2}\frac{\left|1-\sum_{i=1}^{q}\theta_{i}\mathrm{e}^{-\mathrm{j}\omega_{i}T_{\mathrm{s}}}\right|^{2}}{\left|1-\sum_{i=1}^{p}\varphi_{i}\mathrm{e}^{-\mathrm{j}\omega_{i}T_{\mathrm{s}}}\right|^{2}}\quad -\frac{\pi}{T_{\mathrm{s}}}\leqslant\omega\leqslant\frac{\pi}{T_{\mathrm{s}}}\tag{3.88}$$

对于 AR(p) 模型的 AR 谱为

$$S_{yy}(\omega)=\frac{\sigma_{\mathrm{a}}^{2}}{\left|1-\sum_{i=1}^{p}\varphi_{i}\mathrm{e}^{-\mathrm{j}\omega_{i}T_{\mathrm{s}}}\right|^{2}}\quad -\frac{\pi}{T_{\mathrm{s}}}\leqslant\omega\leqslant\frac{\pi}{T_{\mathrm{s}}}\tag{3.89}$$

对于 MA(q) 模型的 MA 谱为

$$S_{yy}(\omega)=\sigma_{\mathrm{a}}^{2}\left|1-\sum_{i=1}^{q}\theta_{i}\mathrm{e}^{-\mathrm{j}\omega_{i}T_{\mathrm{s}}}\right|^{2}\quad -\frac{\pi}{T_{\mathrm{s}}}\leqslant\omega\leqslant\frac{\pi}{T_{\mathrm{s}}}\tag{3.90}$$

ARMA 谱估计（包括 AR 谱估计等）主要分为两个步骤：首先由观测时间序列 $\{y_t\}$ 根据一定的建模算法拟合 ARMA 模型，估计出模型参数；然后根据式（3.88）计算 ARMA 谱值。计算谱值的方法很多，并有现成的计算程序可供选用。

3.6 极大似然估计法

3.6.1 极大似然估计

极大似然估计方法是 Fisher 于 1912 年提出的，它从概率密度出发来考虑估计问题。极大似然估计方法需要知道观测向量的概率分布知识。在变量估计问题中，已知条件是来自总体的随机样本，而被估计变量是与总体有某种函数关系的另一个向量，该向量可以是随机向量，也可以是确定性向量，不过在极大似然估计中是把它当作确定性向量来看待的。

极大似然法的主要思想：如果在一次观察中某一个事件出现了，那么可以认为此事件出现的可能性很大。例如，有一事件，其发生的概率只可能是 0.01 或 0.09，该事件在一次观察中发生了，试问此事件发生的概率是多少？当然人们会认为它发生的概率是 0.09 而不是 0.01。根据极大似然估计原理，未知向量的估计值应取为使随机样本的概率密度为最大时的数值。应当指出，对于变量估计问题，总体的随机样本（即观测值）是在被估计向量取为某一组数值的条件下取得的（当然被估计量的具体数值是不知道的）。

假设 $\boldsymbol{Y}$ 为 m 维随机向量，$\boldsymbol{x}$ 为 p 维未知向量（限定为确定性向量）。现在得到了 K 组观测值 $\boldsymbol{y}^{(1)}$，$\boldsymbol{y}^{(2)}$，…，$\boldsymbol{y}^{(K)}$。小写的 $\boldsymbol{y}$ 表示 $\boldsymbol{Y}$ 的取值，上标（1），…，（K）表示测量次数，$\boldsymbol{y}^{(1)}$，…，$\boldsymbol{y}^{(K)}$ 各为 m 维向量。观测值互相独立。假设已知 $\boldsymbol{Y}$ 的条件概率密度 $p_{\boldsymbol{Y}\mid\boldsymbol{X}}(\boldsymbol{y}\mid\boldsymbol{x})$，则总体 $\boldsymbol{Y}$ 的样本 $\boldsymbol{Y}^{(1)}$，…，$\boldsymbol{Y}^{(K)}$ 的联合条件概率密度为

$$p_{\boldsymbol{Y}\mid\boldsymbol{X}}(\boldsymbol{y}\mid\boldsymbol{x})=\prod_{i=1}^{K}p(\boldsymbol{y}^{(i)}\mid\boldsymbol{x})\tag{3.91}$$

一般地说，$p_{\boldsymbol{Y}\mid\boldsymbol{X}}(\boldsymbol{y}\mid\boldsymbol{x})$ 是 $\boldsymbol{y}$ 和 $\boldsymbol{x}$ 的函数。但对具体观测值 $\boldsymbol{y}$ 来说，就可以认为 $p_{\boldsymbol{Y}\mid\boldsymbol{X}}(\boldsymbol{y}\mid\boldsymbol{x})$ 只是 $\boldsymbol{x}$ 的函数，称为似然函数 $L(\boldsymbol{y}\mid\boldsymbol{x})$。

$$L(\boldsymbol{y}\mid\boldsymbol{x})=p_{\boldsymbol{Y}\mid\boldsymbol{X}}(\boldsymbol{y}\mid\boldsymbol{x})=p_{\boldsymbol{Y}\mid\boldsymbol{X}}(\boldsymbol{y}^{(1)}\mid\boldsymbol{x})p_{\boldsymbol{Y}\mid\boldsymbol{X}}(\boldsymbol{y}^{(2)}\mid\boldsymbol{x})\cdots p_{\boldsymbol{Y}\mid\boldsymbol{X}}(\boldsymbol{y}^{(K)}\mid\boldsymbol{x})\tag{3.92}$$

极大似然估计 $\hat{\boldsymbol{x}}$ 是指在 $L(\boldsymbol{y}\mid\boldsymbol{x})$ 达到极大时的 $\boldsymbol{x}$ 值，即有

$$\left.\frac{\partial L(\boldsymbol{y}\mid\boldsymbol{x})}{\partial\boldsymbol{x}}\right|_{\boldsymbol{x}=\hat{\boldsymbol{x}}}=\boldsymbol{0} \tag{3.93}$$

或

$$\left.\frac{\partial \ln L(\boldsymbol{y}\mid\boldsymbol{x})}{\partial\boldsymbol{x}}\right|_{\boldsymbol{x}=\hat{\boldsymbol{x}}}=\boldsymbol{0} \tag{3.94}$$

式（3.93）和式（3.94）称为似然方程。

3.6.2　正态线性模型的极大似然估计

设有线性模型

$$\boldsymbol{y}=\boldsymbol{A}\boldsymbol{x}+\boldsymbol{e} \tag{3.95}$$

式中　$\boldsymbol{y}$——m 维随机观测向量；

$\boldsymbol{x}$——p 维未知的确定性向量；

$\boldsymbol{A}$——$m\times p$ 阶已知的系数矩阵；

$\boldsymbol{e}$——m 维随机误差向量。

假设随机误差向量 $\boldsymbol{e}$ 服从正态分布，其均值为零，即 $E(\boldsymbol{e})=\boldsymbol{0}$，方差阵为 $\boldsymbol{R}$，$\boldsymbol{R}=E(\boldsymbol{e}\boldsymbol{e}^{\mathrm{T}})$。求未知向量 $\boldsymbol{x}$ 的极大似然估计。

由于 $\boldsymbol{A}$ 和 $\boldsymbol{x}$ 都是确定性变量，$\boldsymbol{e}$ 服从正态分布，因此 $\boldsymbol{Y}$ 也服从正态分布。其条件数学期望和条件方差为

$$E(\boldsymbol{Y}\mid\boldsymbol{x})=\boldsymbol{A}\boldsymbol{x},\mathrm{var}(\boldsymbol{Y}\mid\boldsymbol{x})=\mathrm{var}(\boldsymbol{e})=\boldsymbol{R}$$

注意，如果 $\boldsymbol{x}$ 为随机向量，则 $\boldsymbol{Y}$ 的数学期望和方差分别为 $E(\boldsymbol{Y})=\boldsymbol{A}E(\boldsymbol{x})$ 和 $\mathrm{var}(\boldsymbol{Y})=\boldsymbol{A}\boldsymbol{P}\boldsymbol{A}^{\mathrm{T}}+\boldsymbol{R}$，其中 $\boldsymbol{P}=\mathrm{var}(\boldsymbol{X})$。

于是随机样本 $\boldsymbol{y}$ 的条件概率密度，即似然函数为

$$L(\boldsymbol{x})=g(\boldsymbol{y}\mid\boldsymbol{x})=(2\pi)^{-\frac{m}{2}}\mid\boldsymbol{R}\mid^{-\frac{1}{2}}\exp\left[-\frac{1}{2}(\boldsymbol{y}-\boldsymbol{A}\boldsymbol{x})^{\mathrm{T}}\boldsymbol{R}^{-1}(\boldsymbol{y}-\boldsymbol{A}\boldsymbol{x})\right] \tag{3.96}$$

为使 $L(\boldsymbol{x})$ 为最大，只需使

$$(\boldsymbol{y}-\boldsymbol{A}\boldsymbol{x})^{\mathrm{T}}\boldsymbol{R}^{-1}(\boldsymbol{y}-\boldsymbol{A}\boldsymbol{x})=\min$$

求上式对 $\boldsymbol{x}$ 的偏导数，令其为零，可得

$$\hat{\boldsymbol{x}}=(\boldsymbol{A}^{\mathrm{T}}\boldsymbol{R}^{-1}\boldsymbol{A})^{-1}\boldsymbol{A}^{\mathrm{T}}\boldsymbol{R}^{-1}\boldsymbol{y} \tag{3.97}$$

这就是未知向量 $\boldsymbol{x}$ 的极大似然估计。

可见，正态线性模型的极大似然估计就是最优加权最小二乘估计或 Markov 估计。

当误差向量 $\boldsymbol{e}$ 的各分量方差相等且互相独立时，式（3.96）可以写为

$$L(\boldsymbol{x},\sigma^2)=(2\pi\sigma^2)^{-\frac{m}{2}}\exp\left[\frac{-(\boldsymbol{z}-\boldsymbol{B}\boldsymbol{x})^{\mathrm{T}}(\boldsymbol{z}-\boldsymbol{B}\boldsymbol{x})}{2\sigma^2}\right] \tag{3.98}$$

求式（3.98）分别对 $\boldsymbol{x}$ 和 σ^2 的偏导数，令其为零，可得

$$\hat{\boldsymbol{x}}=(\boldsymbol{B}^{\mathrm{T}}\boldsymbol{B})^{-1}\boldsymbol{B}^{\mathrm{T}}\boldsymbol{z} \tag{3.99}$$

和

$$\hat{\sigma}^2=\frac{\hat{\boldsymbol{\varepsilon}}^{\mathrm{T}}\hat{\boldsymbol{\varepsilon}}}{m}=\frac{\mathrm{RSS}}{m} \tag{3.100}$$

式（3.99）就是式（3.100），也就是最优加权最小二乘估计。但是式（3.100）的误差向量的方差估计与最小二乘估计不同。后者为 $\hat{\sigma}^2=\frac{\mathrm{RSS}}{m-p}$，是 σ^2 的无偏估计，而前者是 σ^2 渐近无偏估计。

3.7 最小方差估计法

3.7.1 最小方差估计的概念和性质

1. 最小方差估计的概念

当损失函数取为误差平方损失函数时所得到的估计称为最小方差估计。最小方差估计问题就是求一个适当的函数 $\tilde{\boldsymbol{X}}(\boldsymbol{Y})$ 使 $J(\tilde{\boldsymbol{x}})=E(\tilde{\boldsymbol{X}}^{\mathrm{T}}\tilde{\boldsymbol{X}})$ 达到最小，这个函数 $\hat{\boldsymbol{X}}(\boldsymbol{Y})$ 叫作 $\boldsymbol{X}$ 基于量测 $\boldsymbol{Y}$ 的最小方差估计。

由 Bayes 公式有

$$p_{X,Y}(\boldsymbol{x},\boldsymbol{y})=p_{X\mid Y}(\boldsymbol{x}\mid\boldsymbol{y})p_Y(\boldsymbol{y})=p_{Y\mid X}(\boldsymbol{y}\mid\boldsymbol{x})p_X(\boldsymbol{x})$$

因为

$$\begin{aligned}E(\tilde{\boldsymbol{X}}^{\mathrm{T}}\tilde{\boldsymbol{X}})&=E\left\{[\boldsymbol{X}-\hat{\boldsymbol{X}}(\boldsymbol{Y})]^{\mathrm{T}}[\boldsymbol{X}-\hat{\boldsymbol{X}}(\boldsymbol{Y})]\;\middle|\;\boldsymbol{y}\right\}\\&=\int_{-\infty}^{\infty}\int_{-\infty}^{\infty}[\boldsymbol{x}-\hat{\boldsymbol{x}}(\boldsymbol{y})]^{\mathrm{T}}[\boldsymbol{x}-\hat{\boldsymbol{x}}(y)]p_{X,\,Y}(\boldsymbol{x},\,\boldsymbol{y})\mathrm{d}\boldsymbol{x}\mathrm{d}\boldsymbol{y}\\&=\int_{-\infty}^{\infty}\left\{\int_{-\infty}^{\infty}[\boldsymbol{x}-\hat{\boldsymbol{x}}(\boldsymbol{y})]^{\mathrm{T}}[\boldsymbol{x}-\hat{\boldsymbol{x}}(y)]p_{X\mid Y}(\boldsymbol{x}\mid\boldsymbol{y})\mathrm{d}\boldsymbol{x}\right\}p_Y(\boldsymbol{y})\mathrm{d}\boldsymbol{y}\end{aligned}$$

上式对任何估计量 $\hat{\boldsymbol{X}}(\boldsymbol{Y})$ 都成立，因为 $p_Y(\boldsymbol{y})$ 和 $\hat{\boldsymbol{X}}(\boldsymbol{Y})$ 无关。所以由上式可知，为求使 $E(\tilde{\boldsymbol{X}}^{\mathrm{T}}\tilde{\boldsymbol{X}})$ 达到最小的 $\hat{\boldsymbol{X}}(\boldsymbol{Y})$ 值，只需对 $\hat{\boldsymbol{X}}(\boldsymbol{Y})$ 求下式的最小值即可，即

$$\int_{-\infty}^{\infty}[\boldsymbol{x}-\hat{\boldsymbol{x}}(\boldsymbol{y})]^{\mathrm{T}}[\boldsymbol{x}-\hat{\boldsymbol{x}}(\boldsymbol{y})]p_{X\mid Y}(\boldsymbol{x}\mid\boldsymbol{y})\mathrm{d}\boldsymbol{x}$$

上式实际上就是条件均值 $E\{[\boldsymbol{X}-\hat{\boldsymbol{X}}]^{\mathrm{T}}[\boldsymbol{X}-\hat{\boldsymbol{X}}]\mid\boldsymbol{y}\}$，所以等价的问题是求出 $\hat{\boldsymbol{X}}(\boldsymbol{Y})$，为使

$$E(\tilde{\boldsymbol{X}}^{\mathrm{T}}\tilde{\boldsymbol{X}})=E[(\boldsymbol{X}-\hat{\boldsymbol{X}})^{\mathrm{T}}(\boldsymbol{X}-\hat{\boldsymbol{X}})\mid\boldsymbol{y}]=\min$$

记条件均值 $E(\boldsymbol{X}\mid\boldsymbol{y})$ 为 μ，则有（注意 μ 和 $\hat{\boldsymbol{X}}$ 均为常量）

$$\begin{aligned}E(\tilde{\boldsymbol{X}}^{\mathrm{T}}\tilde{\boldsymbol{X}})&=E[(\boldsymbol{X}-\hat{\boldsymbol{X}})^{\mathrm{T}}(\boldsymbol{X}-\hat{\boldsymbol{X}})\mid\boldsymbol{y}]\\&=E[(\boldsymbol{X}-\mu+\mu-\hat{\boldsymbol{X}})^{\mathrm{T}}(\boldsymbol{X}-\mu+\mu-\hat{\boldsymbol{X}})\mid\boldsymbol{y}]\\&=E[(\boldsymbol{X}-\mu)^{\mathrm{T}}(\boldsymbol{X}-\mu)\mid\boldsymbol{y}]+E[(\boldsymbol{X}-\mu)^{\mathrm{T}}(\mu-\hat{\boldsymbol{X}})\mid\boldsymbol{y}]+\\&\quad E[(\mu-\hat{\boldsymbol{X}})^{\mathrm{T}}(\boldsymbol{X}-\mu)\mid\boldsymbol{y}]+E[(\mu-\hat{\boldsymbol{X}})^{\mathrm{T}}(\mu-\hat{\boldsymbol{X}})\mid\boldsymbol{y}]\end{aligned}$$

上式中的第一项与 $\hat{\boldsymbol{X}}$ 无关,第二项等于

$$E[(\boldsymbol{X}-\mu)^{\mathrm{T}}(\mu-\hat{\boldsymbol{X}})\mid\boldsymbol{y}]=[E(\boldsymbol{X}\mid\boldsymbol{y})-\mu]^{\mathrm{T}}[\mu-\hat{\boldsymbol{X}}]=\boldsymbol{0}$$

同理第三项也等于零，最后一项为二次型。因为 $E(\tilde{\boldsymbol{X}}^{\mathrm{T}}\tilde{\boldsymbol{X}})$ 不小于零，所以 $E(\tilde{\boldsymbol{X}}^{\mathrm{T}}\tilde{\boldsymbol{X}})$ 取最小值的充要条件为

$$\hat{X}=\mu=E(X|y)$$

即随机变量 X 的最小方差估计 $\hat{X}(Y)$ 是它在随机向量 Y 取值 y 时的条件数学期望。又因为 $E(X|y)=\int_{-\infty}^{+\infty}xp(x|y)\mathrm{d}x$，可见 $E(X|y)$ 乃是验后密度 $p(x|y)$ 的均值，故最小方差估计又称为验后密度均值估计。

2. 最小方差估计的性质

（1）最小方差估计是无偏估计。

（2）根据定义，最小方差估计是一切估计中估计方差为最小的估计。

（3）最小方差估计是验后密度均值估计，因此，对于具有对称性和单峰性的概率密度（如 Gauss 分布），最小方差估计就是极大验后估计。

（4）一般条件下，最小方差估计是观测量的非线性函数。只有在条件概率密度为 Gauss 分布时，最小方差估计才是线性的。

3.7.2　线性最小方差估计

最小方差估计是一切估计中方差为最小的无偏估计。一般情况下，估计值用观测值的线性函数表示比较方便，因而常常采用线性最小方差估计。线性最小方差估计就是估计量为观测值的线性函数，而估计误差的方差为最小。

1. 线性模型为 $X=b+AY$

（1）被估计系统。假定 X 的估计 $\hat{X}$ 是 Y 的线性函数，即

$$\hat{X}(Y)=b+AY \tag{3.101}$$

式中　X——p 维未知随机向量；

Y——m 维随机观测向量；

b——m 维常数向量；

A——$m\times p$ 阶常数矩阵。

已知 X 和 Y 的一、二阶矩，即已知 $E(Y)=m_Y$，$E(X)=m_X$，$\mathrm{var}(X)=P_X$，$\mathrm{var}(Y)=P_Y$，$\mathrm{cov}(X,Y)=P_{XY}$，$\mathrm{cov}(Y,X)=P_{YX}$，求未知的 b 和 A。

（2）估计准则。要求估计准则

$$J=E(\tilde{X}^{\mathrm{T}}\tilde{X})=E[\mathrm{tr}(\tilde{X}^{\mathrm{T}}\tilde{X})] \tag{3.102}$$

为最小。

由式（3.102）可知，要求 $E(\tilde{X}^{\mathrm{T}}\tilde{X})$ 为最小等价于要求 $E(\tilde{X}\tilde{X}^{\mathrm{T}})$ 为最小，即要求估计误差方差阵的迹为最小等价于要求估计误差方差阵为最小。

（3）线性最小方差估计。令

$$d=b-m_X+Am_Y$$

则有

$$\begin{aligned}E(\tilde{X}\tilde{X}^{\mathrm{T}})&=E[(X-b-AY)(X-b-AY)^{\mathrm{T}}]\\&=E\{[(X-m_X)-d-A(Y-m_Y)][(X-m_X)-d-A(Y-m_Y)]^{\mathrm{T}}\}\\&=P_X+dd^{\mathrm{T}}+AP_YA^{\mathrm{T}}-P_{XY}A^{\mathrm{T}}-AP_{YX}\\&=dd^{\mathrm{T}}+(A-P_{XY}P_Y^{-1})P_Y(A-P_{XY}P_Y^{-1})^{\mathrm{T}}+(P_X-P_{XY}P_Y^{-1}P_{YX})\end{aligned} \tag{3.103}$$

式（3.103）右边前两项为非负定阵，第三项与 $\boldsymbol{b}$、$\boldsymbol{A}$ 的选取无关，因此欲使 J 为最小，必须有

$$\boldsymbol{d}=\boldsymbol{b}-\boldsymbol{m}_X+\boldsymbol{A}\boldsymbol{m}_Y=\boldsymbol{0} \tag{3.104}$$

以及

$$\boldsymbol{A}-\boldsymbol{P}_{XY}\boldsymbol{P}_Y^{-1}=\boldsymbol{0} \tag{3.105}$$

将式（3.105）代入式（3.104），得

$$\boldsymbol{b}=\boldsymbol{m}_X-\boldsymbol{P}_{XY}\boldsymbol{P}_Y^{-1}\boldsymbol{m}_Y \tag{3.106}$$

将 $\boldsymbol{b}$、$\boldsymbol{A}$ 表达式一起代入式（3.101），得

$$\hat{\boldsymbol{X}}(\boldsymbol{Y})=\boldsymbol{m}_X+\boldsymbol{P}_{XY}\boldsymbol{P}_Y^{-1}(\boldsymbol{Y}-\boldsymbol{m}_Y) \tag{3.107}$$

将式（3.104）和式（3.105）代入式（3.103），得线性最小方差估计误差的方差为

$$E(\tilde{\boldsymbol{X}}\tilde{\boldsymbol{X}}^{\mathrm{T}})=\boldsymbol{P}_X-\boldsymbol{P}_{XY}\boldsymbol{P}_Y^{-1}\boldsymbol{P}_{YX} \tag{3.108}$$

以上结果也可以通过矩阵微分的方法导出。由

$$E\left\{\frac{\partial}{\partial \boldsymbol{b}}[(\boldsymbol{X}-\boldsymbol{b}-\boldsymbol{A}\boldsymbol{Y})^{\mathrm{T}}(\boldsymbol{X}-\boldsymbol{b}-\boldsymbol{A}\boldsymbol{Y})]\right\}=-2E(\boldsymbol{X}-\boldsymbol{b}-\boldsymbol{A}\boldsymbol{Y})=\boldsymbol{0}$$

可得

$$\boldsymbol{b}=\boldsymbol{m}_X-\boldsymbol{A}\boldsymbol{m}_Y$$

再由

$$E\left\{\frac{\partial}{\partial \boldsymbol{A}}[(\boldsymbol{X}-\boldsymbol{b}-\boldsymbol{A}\boldsymbol{Y})^{\mathrm{T}}(\boldsymbol{X}-\boldsymbol{b}-\boldsymbol{A}\boldsymbol{Y})]\right\}=-2E[(\boldsymbol{X}-\boldsymbol{b}-\boldsymbol{A}\boldsymbol{Y})\boldsymbol{Y}^{\mathrm{T}}]=0$$

可得 $E(\boldsymbol{X}\boldsymbol{Y}^{\mathrm{T}})-\boldsymbol{b}\,(\boldsymbol{m}_Y)^{\mathrm{T}}-\boldsymbol{A}E(\boldsymbol{Y}\boldsymbol{Y}^{\mathrm{T}})=\boldsymbol{0}$。由所得到的两个结果经过整理即可得到前面所得的结果。

（4）线性最小方差估计的性质。

① $\hat{\boldsymbol{X}}_{\mathrm{L}}$ 是无偏估计。由式（3.107）得

$$\boldsymbol{E}(\hat{\boldsymbol{X}}_{\mathrm{L}})=\boldsymbol{m}_X+\boldsymbol{P}_{XY}\boldsymbol{P}_Y^{-1}[E(\boldsymbol{Y})-\boldsymbol{m}_Y]=\boldsymbol{m}_X \tag{3.109}$$

并且均方误差就是估计误差的方差。

② 估计误差 $\tilde{\boldsymbol{x}}$ 与测量向量 $\boldsymbol{Y}$ 互不相关。

因为

$$\boldsymbol{X}-\hat{\boldsymbol{X}}_{\mathrm{L}}=\boldsymbol{X}-\boldsymbol{m}_X-\boldsymbol{P}_{XY}\boldsymbol{P}_Y^{-1}(\boldsymbol{Y}-\boldsymbol{m}_Y)$$

又因为

$$E[\tilde{\boldsymbol{X}}\,(\boldsymbol{Y}-\boldsymbol{m}_Y)^{\mathrm{T}}]=E(\tilde{\boldsymbol{X}}\boldsymbol{Y}^{\mathrm{T}})-[E(\tilde{\boldsymbol{X}})](\boldsymbol{m}_Y)^{\mathrm{T}}=E(\tilde{\boldsymbol{X}}\boldsymbol{Y}^{\mathrm{T}})$$

于是有

$$\begin{aligned}E(\tilde{\boldsymbol{X}}\boldsymbol{Y}^{\mathrm{T}})&=E[(\boldsymbol{X}-\hat{\boldsymbol{X}}_{\mathrm{L}})(Y-\boldsymbol{m}_Y)^{\mathrm{T}}]\\&=E[(\boldsymbol{X}-\boldsymbol{m}_X)(\boldsymbol{Y}-\boldsymbol{m}_Y)^{\mathrm{T}}]-\boldsymbol{P}_{XY}\boldsymbol{P}_Y^{-1}E[(\boldsymbol{Y}-\boldsymbol{m}_Y)(\boldsymbol{Y}-\boldsymbol{m}_Y)^{\mathrm{T}}]\\&=\boldsymbol{P}_{XY}-\boldsymbol{P}_{XY}\boldsymbol{P}_Y^{-1}\boldsymbol{P}_Y=\boldsymbol{0}\end{aligned}$$

即 $\hat{\boldsymbol{X}}$ 与 $\boldsymbol{Y}$ 互不相关。从几何角度上看，这表示 $\hat{\boldsymbol{X}}_{\mathrm{L}}$ 是 $\boldsymbol{X}$ 在 $\boldsymbol{Y}$ 上的投影。

③ 如果 $\boldsymbol{X}$ 与 $\boldsymbol{Y}$ 有联合正态概率密度，$\boldsymbol{X}$ 的最小方差估计就等于它的线性最小方差估计。

2. 线性模型为 $\boldsymbol{Y}=\boldsymbol{A}\boldsymbol{X}+\boldsymbol{e}$

（1）被估计系统取为以下的线性模型，即

$$Y=AX+e \tag{3.110}$$

式中　Y——m 维随机观测向量；

X——p 维未知随机向量；

e——m 维随机误差向量；

A——$m\times p$ 阶已知常数矩阵。

已知随机变量 Y、X 和 e 的一、二阶矩，即

$$E(X)=m_X,\mathrm{var}(X)=P,E(e)=0,E(ee^{\mathrm{T}})=R,E(Y)=m_Y=Am_X,E[(X-m_X)e^{\mathrm{T}}]=0$$

（2）估计准则，取

$$J=E(\tilde{X}^{\mathrm{T}}\tilde{X})=\mathrm{tr}[E(\tilde{X}\tilde{X}^{\mathrm{T}})]$$

（3）线性最小方差估计（估计准则 J 达到最小时的估计）。

因为

$$E(Y)=m_Y=Am_X$$

又

$$\begin{aligned}\mathrm{var}(Y)&=E\{[Y-E(Y)][Y-E(Y)]^{\mathrm{T}}\}=E\{[AX+e-E(Y)][AX+e-E(Y)]^{\mathrm{T}}\}\\&=E\{[A(X-m_X)+e][A(X-m_X)+e]^{\mathrm{T}}\}\\&=A[\mathrm{var}(X)]A^{\mathrm{T}}+R=APA^{\mathrm{T}}+R\end{aligned}$$

$$\begin{aligned}\mathrm{cov}(X,Y)&=E\{[X-E(X)][Y-E(Y)]^{\mathrm{T}}\}=E\{(X-m_X)[A(X-m_X)+e]^{\mathrm{T}}\}\\&=E[(X-m_X)(AX-Am_X)^{\mathrm{T}}]=[\mathrm{var}(X)]A^{\mathrm{T}}=PA^{\mathrm{T}}\end{aligned}$$

将以上关系式代入式(3.107)，得

$$\hat{X}_{\mathrm{L}}=m_X+PA^{\mathrm{T}}(APA^{\mathrm{T}}+R)^{-1}(Y-Am_X) \tag{3.111}$$

式（3.111）可改写为

$$\begin{aligned}\hat{X}_{\mathrm{L}}&=m_X-PA^{\mathrm{T}}(APA^{\mathrm{T}}+R)^{-1}Am_X+PA^{\mathrm{T}}(APA^{\mathrm{T}}+R)^{-1}Y\\&=[P-PA^{\mathrm{T}}(APA^{\mathrm{T}}+R)^{-1}AP]P^{-1}m_X+PA^{\mathrm{T}}(APA^{\mathrm{T}}+R)^{-1}Y\end{aligned}$$

由矩阵等式

$$P-PA^{\mathrm{T}}(APA^{\mathrm{T}}+R)^{-1}AP=(P^{-1}+A^{\mathrm{T}}R^{-1}A)^{-1} \tag{3.112}$$

可得

$$\begin{aligned}\hat{X}_{\mathrm{L}}&=(P^{-1}+A^{\mathrm{T}}R^{-1}A)^{-1}[P^{-1}m_X+(P^{-1}+A^{\mathrm{T}}R^{-1}A)PA^{\mathrm{T}}(APA^{\mathrm{T}}+R)^{-1}Y]\\&=(P^{-1}+A^{\mathrm{T}}R^{-1}A)^{-1}[P^{-1}m_X+(A^{\mathrm{T}}+A^{\mathrm{T}}R^{-1}APA^{\mathrm{T}})(APA^{\mathrm{T}}+R)^{-1}Y]\\&=(P^{-1}+A^{\mathrm{T}}R^{-1}A)^{-1}[P^{-1}m_X+A^{\mathrm{T}}R^{-1}(R+APA^{\mathrm{T}})(APA^{\mathrm{T}}+R)^{-1}Y]\end{aligned}$$

即

$$\hat{X}_{\mathrm{L}}=(P^{-1}+A^{\mathrm{T}}R^{-1}A)^{-1}(P^{-1}m_X+A^{\mathrm{T}}R^{-1}Y) \tag{3.113}$$

又由矩阵等式

$$PA^{\mathrm{T}}(APA^{\mathrm{T}}+R)^{-1}=(P^{-1}+A^{\mathrm{T}}R^{-1}A)^{-1}A^{\mathrm{T}}R^{-1} \tag{3.114}$$

可将式（3.113）改写为

$$\hat{X}_{\mathrm{L}}=m_X+(P^{-1}+A^{\mathrm{T}}R^{-1}A)^{-1}A^{\mathrm{T}}R^{-1}(Y-Am_X) \tag{3.115}$$

如令

$$K=PA^{\mathrm{T}}(APA^{\mathrm{T}}+R)^{-1} \tag{3.116}$$

则式（3.111）可写为

$$\hat{X}_{L}=m_X+K(Y-Am_X) \tag{3.117}$$

由式（3.115）和式（3.117）可得

$$K=(P^{-1}+A^{T}R^{-1}A)^{-1}A^{T}R^{-1} \tag{3.118}$$

（4）估计误差的方差阵。将 var(Y) 和 cov(X，Y) 代入式（3.116），考虑 cov(Y，X)= cov（X，Y）^{T}，得估计误差的方差阵为

$$P_{L}=P-PA^{T}(APA^{T}+R)^{-1}AP \tag{3.119}$$

或

$$P_{L}=(I-KA)P \tag{3.120}$$

而由式（3.119）和式（3.112）可得

$$P_{L}=(P^{-1}+A^{T}R^{-1}A)^{-1} \tag{3.121}$$

（5）估计公式的应用特点。在计算线性最小方差估计时，需要知道被估计量的方差阵 P 没有验前知识可供利用时，可假定 X 在很大范围内变化，即可以把 X 的验前概率密度$p(x)$ 近似地看作是方差阵趋于∞的正态分布密度，即 $P^{-1}\to 0$。于是由式（3.113）得

$$\hat{X}_{L}=(A^{T}R^{-1}A)^{-1}A^{T}R^{-1}Y$$

这就是当随机变量 e 服从正态分布时的极大似然估计，也是当取权矩阵 W 等于测量误差向量 R 的方差阵的逆阵 R^{-1}时的加权最小二乘估计。

3.7.3 线性最小方差估计的递推算法

线性最小方差估计的有关公式是成批处理计算公式。这些公式也可以形成递推算法。为此，将式（3.116）、式（3.117）和式（3.120）写为

$$K_{k+1}=P_{k+1}A_{k+1}^{T}(A_{k+1}P_{k}A_{k+1}^{T}+R_{k+1})^{-1} \tag{3.122}$$

$$\hat{X}_{k+1}=(m_X)_k+K_{k+1}[Y_{k+1}-A_{k+1}(m_X)_k] \tag{3.123}$$

$$P_{k+1}=(I-K_{k+1}A_{k+1})P_k \tag{3.124}$$

如果取 $m_X=\hat{X}$，则有

$$\hat{X}_{k+1}=\hat{X}_k+K_{k+1}(Y_{k+1}-A_{k+1}\hat{X}_k) \tag{3.125}$$

式（3.122）、式（3.124）和式（3.125）就是线性最小方差估计的递推公式。

3.8 Kalman 滤波法

在航空发动机故障诊断理论中常可以看到 Kalman 滤波算法。Kalman 滤波属于过程估计而不是变量估计，当然它也可以用于变量估计。Kalman 滤波在本质上是 Gauss 原始最小二乘估计的一个递推解，或者说，线性模型的 Kalman 滤波实际上与最优加权最小二乘估计是等价的。

1. 被估计系统

被估计系统的线性离散时间系统由状态方程和观测方程组成。

状态方程（向量差分方程）为

$$X_{k+1}=\Phi_{k+1}X_k+\Gamma_{k+1}W_k \tag{3.126}$$

式中　$\boldsymbol{X}$——p 维状态向量；

$\boldsymbol{\Phi}$——$p \times p$ 阶状态转移矩阵；

$\boldsymbol{W}$——n 维动态噪声（动态干扰）向量；

$\boldsymbol{\Gamma}$——$p \times n$ 阶干扰转移矩阵。

观测方程为

$$\boldsymbol{Y}_{k+1} = \boldsymbol{A}_{k+1}\boldsymbol{X}_{k+1} + \boldsymbol{V}_{k+1} \tag{3.127}$$

式中　$\boldsymbol{Y}$——m 维量测向量；

$\boldsymbol{A}$——$m \times p$ 阶量测矩阵；

$\boldsymbol{V}$——m 维量测误差向量。

假设动态噪声（又叫动态干扰）$\{\boldsymbol{W}_k\}$ 与量测误差（又叫量测噪声）$\{\boldsymbol{V}_k\}$ 是互不相干的零均值的 Gauss 白噪声序列，即对所有的 k、j 有

$$E(\boldsymbol{W}_k) = \boldsymbol{0}, E[\boldsymbol{W}_k(\boldsymbol{W}_k)^{\mathrm{T}}] = \boldsymbol{Q}_k\boldsymbol{\delta}_{kj}, \boldsymbol{Q}_k \geqslant \boldsymbol{0}, E(\boldsymbol{V}_k) = \boldsymbol{0}$$

$$E[\boldsymbol{V}_k(\boldsymbol{V}_j)^{\mathrm{T}}] = \boldsymbol{R}_k\delta_{kj}, \boldsymbol{R}_k \geqslant \boldsymbol{0}, E[\boldsymbol{W}_k(\boldsymbol{V}_j)^{\mathrm{T}}] = \boldsymbol{0}$$

式中　δ_k——Kronecker 符号，即当 $k=j$ 时有 $\delta_k = 1$；当 $k \neq j$ 时有 $\delta_k = 0$。

又设初始状态 $\boldsymbol{X}_0$ 是 p 维 Gauss 随机向量，已知

$$E(\boldsymbol{X}) = \boldsymbol{m}_X, \boldsymbol{P}_0 = E[(\boldsymbol{X}_0 - \boldsymbol{m}_X)(\boldsymbol{X}_0 - \boldsymbol{m}_X)^{\mathrm{T}}] = \mathrm{var}(\boldsymbol{X})$$

并且 $\boldsymbol{X}_0$ 与 $\{\boldsymbol{W}_k\}$ 和 $\{\boldsymbol{V}_k\}$ 均不相关，即对任意 k 有

$$\mathrm{cov}(\boldsymbol{X}_0, \boldsymbol{W}_k) = E[\boldsymbol{X}_0(\boldsymbol{W}_k)^{\mathrm{T}}] = \boldsymbol{0}, \mathrm{cov}(\boldsymbol{X}_0, \boldsymbol{V}_k) = E[\boldsymbol{X}_0(\boldsymbol{V}_k)^{\mathrm{T}}] = \boldsymbol{0}$$

2. 估计准则

取估计准则为均方误差阵的迹，即

$$J = \mathrm{tr}\{E[(\hat{\boldsymbol{Y}}_{k+1} - \hat{\boldsymbol{X}}_{k+1})(\hat{\boldsymbol{Y}}_{k+1} - \hat{\boldsymbol{X}}_{k+1})^{\mathrm{T}}]\} \tag{3.128}$$

3. Kalman 滤波的递推公式

利用最优加权最小二乘估计的递推算法可导出 Kalman 滤波的递推公式，共分两步进行。

第一步：假定已得到 k 时刻的估计 $\hat{\boldsymbol{X}}_k$，根据状态方程可以做出对 $k+1$ 时刻的预报估计 $\hat{\boldsymbol{X}}_{k+1/k}$，即

$$\hat{\boldsymbol{X}}_{k+1/k} = \boldsymbol{\Phi}_{k+1/k}\hat{\boldsymbol{X}}_k \tag{3.129}$$

若 $\hat{\boldsymbol{X}}_k$ 是 $\boldsymbol{X}_k$ 的无偏估计，则有

$$E(\hat{\boldsymbol{X}}_{k+1/k}) = E(\boldsymbol{\Phi}_{k+1/k}\hat{\boldsymbol{X}}_k) = \boldsymbol{\Phi}_{k+1/k}\hat{\boldsymbol{X}}_k = \boldsymbol{\Phi}_{k+1/k}\boldsymbol{m}_X = E(\boldsymbol{X}_{k+1})$$

即 $\hat{\boldsymbol{X}}_{k+1/k}$ 也是 $\boldsymbol{X}_{k+1}$ 的一个无偏估计。

状态预报估计误差为

$$\boldsymbol{X}_{k+1/k} = \hat{\boldsymbol{X}}_{k+1/k} - \boldsymbol{\Phi}_{k+1/k}\hat{\boldsymbol{X}}_k - \boldsymbol{\Gamma}_{k+1}\boldsymbol{W}_k = \boldsymbol{\Phi}_{k+1/k}\hat{\boldsymbol{X}}_k - \boldsymbol{\Phi}_{k+1/k}\boldsymbol{X}_k - \boldsymbol{\Gamma}_{k+1}\boldsymbol{W}_k$$

状态预报估计误差的方差阵为

$$\begin{aligned}
\boldsymbol{P}_{k+1/k} &= E(\tilde{\boldsymbol{X}}_{k+1/k}\tilde{\boldsymbol{X}}_{k+1/k}^{\mathrm{T}}) \\
&= E[(\boldsymbol{\Phi}_{k+1/k}\hat{\boldsymbol{X}}_k - \boldsymbol{\Phi}_{k+1/k}\boldsymbol{X}_k - \boldsymbol{\Gamma}_{k+1}\boldsymbol{W}_k)(\boldsymbol{\Phi}_{k+1/k}\hat{\boldsymbol{X}}_k - \boldsymbol{\Phi}_{k+1/k}\boldsymbol{X}_k - \boldsymbol{\Gamma}_{k+1}\boldsymbol{W}_k)^{\mathrm{T}}] \\
&= E[(\boldsymbol{\Phi}_{k+1/k}\tilde{\boldsymbol{X}}_k - \boldsymbol{\Gamma}_{k+1}\boldsymbol{W}_k)(\boldsymbol{\Phi}_{k+1/k}\tilde{\boldsymbol{X}}_k - \boldsymbol{\Gamma}_{k+1}\boldsymbol{W}_k)^{\mathrm{T}}] \\
&= E[\boldsymbol{\Phi}_{k+1/k}\tilde{\boldsymbol{X}}_k\tilde{\boldsymbol{X}}_k^{\mathrm{T}}\boldsymbol{\Phi}_{k+1/k}^{\mathrm{T}} - \boldsymbol{\Gamma}_{k+1}\boldsymbol{W}_k\tilde{\boldsymbol{X}}_k^{\mathrm{T}}\boldsymbol{\Phi}_{k+1/k}^{\mathrm{T}} -
\end{aligned}$$

$$\boldsymbol{\Phi}_{k+1/k}\tilde{\boldsymbol{X}}_k\boldsymbol{W}_k^{\mathrm{T}}\boldsymbol{\Gamma}_{k+1}^{\mathrm{T}}+\boldsymbol{\Gamma}_{k+1}\boldsymbol{W}_k\boldsymbol{W}_k^{\mathrm{T}}\boldsymbol{\Gamma}_{k+1}^{\mathrm{T}}]$$

因为

$$E[\tilde{\boldsymbol{X}}_k\boldsymbol{W}_k^{\mathrm{T}}]=E[\boldsymbol{W}_k\tilde{\boldsymbol{X}}_k^{\mathrm{T}}]=\boldsymbol{0},$$

故

$$\boldsymbol{P}_{k+1/k}=\boldsymbol{\Phi}_{k+1/k}\boldsymbol{P}_k\boldsymbol{\Phi}_{k+1/k}^{\mathrm{T}}+\boldsymbol{\Gamma}_{k+1}\boldsymbol{Q}_k\boldsymbol{\Gamma}_{k+1}^{\mathrm{T}} \tag{3.130}$$

第二步：根据 $k+1$ 时刻的新测量值 $\boldsymbol{Y}_{k+1}$，对 $\boldsymbol{X}_{k+1}$的估计进行调整。

可以把 $\boldsymbol{Y}_{k+1}$和 $\hat{\boldsymbol{X}}_{k+1/k}$看成是 $\boldsymbol{X}_{k+1}$的两个无偏独立观测值，即

$$\begin{cases}\hat{\boldsymbol{X}}_{k+1/k}=\boldsymbol{X}_{k+1}+\tilde{\boldsymbol{X}}_{k+1/k}\\ \boldsymbol{Y}_{k+1}=\boldsymbol{A}_{k+1}+\boldsymbol{V}_{k+1}\end{cases} \tag{3.131}$$

式（3.131）可写为

$$\boldsymbol{Y}=\boldsymbol{A}\boldsymbol{X}_{k+1}+\boldsymbol{e} \tag{3.132}$$

式中，

$$\boldsymbol{Y}=\begin{bmatrix}\hat{\boldsymbol{X}}_{k+1/k}\\ \boldsymbol{Y}_{k+1}\end{bmatrix},\boldsymbol{A}=\begin{bmatrix}1\\ \boldsymbol{A}_{k+1}\end{bmatrix},\boldsymbol{e}=\begin{bmatrix}\tilde{\boldsymbol{X}}_{k+1/k}\\ \boldsymbol{V}_{k+1}\end{bmatrix}$$

而测量误差向量 $\boldsymbol{e}$ 的方差阵为

$$\boldsymbol{R}=\begin{bmatrix}\boldsymbol{P}_{k+1/k} & \boldsymbol{0}\\ \boldsymbol{0} & \boldsymbol{R}_{k+1}\end{bmatrix}$$

式（3.132）的最优加权最小二乘估计为

$$\hat{\boldsymbol{X}}_{k+1}=(\boldsymbol{A}^{\mathrm{T}}\boldsymbol{R}^{-1}\boldsymbol{A})^{-1}\boldsymbol{A}^{\mathrm{T}}\boldsymbol{R}^{-1}\boldsymbol{Y} \tag{3.133}$$

而估计误差方阵为

$$\boldsymbol{P}_{k+1}=(\boldsymbol{A}^{\mathrm{T}}\boldsymbol{R}^{-1}\boldsymbol{A})^{-1} \tag{3.134}$$

因为

$$\boldsymbol{A}^{\mathrm{T}}\boldsymbol{R}^{-1}\boldsymbol{A}=\boldsymbol{P}_{k+1/k}^{-1}+\boldsymbol{A}_{k+1}^{\mathrm{T}}\boldsymbol{R}_{k+1}^{-1}\boldsymbol{A}_{k+1}$$

及

$$\boldsymbol{A}^{\mathrm{T}}\boldsymbol{R}^{-1}\boldsymbol{Y}=\boldsymbol{P}_{k+1/k}^{-1}\hat{\boldsymbol{X}}_{k+1/k}+\boldsymbol{A}_{k+1}^{\mathrm{T}}\boldsymbol{R}_{k+1}^{-1}\boldsymbol{Y}_{k+1}$$

故得

$$\boldsymbol{P}_{k+1}=[\boldsymbol{P}_{k+1/k}^{-1}+\boldsymbol{A}_{k+1}^{\mathrm{T}}\boldsymbol{R}_{k+1}^{-1}\boldsymbol{A}_{k+1}]^{-1} \tag{3.135}$$

和

$$\hat{\boldsymbol{X}}_{k+1}=\boldsymbol{P}_{k+1}[\boldsymbol{P}_{k+1/k}^{-1}\hat{\boldsymbol{X}}_{k+1/k}+\boldsymbol{A}_{k+1}^{\mathrm{T}}\boldsymbol{R}_{k+1}^{-1}\boldsymbol{Y}_{k+1}] \tag{3.136}$$

式（3.129）、式（3.130）、式（3.135）和式（3.136）构成了 Kalman 滤波递推公式，下面把它们改写为常用的形式。

由矩阵等式

$$(\boldsymbol{P}^{-1}+\boldsymbol{A}^{\mathrm{T}}\boldsymbol{R}^{-1}\boldsymbol{A})^{-1}=\boldsymbol{P}-\boldsymbol{P}\boldsymbol{A}^{\mathrm{T}}(\boldsymbol{A}\boldsymbol{P}\boldsymbol{A}^{\mathrm{T}}+\boldsymbol{R})^{-1}\boldsymbol{A}\boldsymbol{P}$$

得

$$[\boldsymbol{P}_{k+1/k}^{-1}+\boldsymbol{A}_{k+1}^{\mathrm{T}}\boldsymbol{R}_{k+1}^{-1}\boldsymbol{A}_{k+1}]^{-1}=\boldsymbol{P}_{k+1/k}-\boldsymbol{K}_{k+1}\boldsymbol{A}_{k+1}\boldsymbol{P}_{k+1/k} \tag{3.137}$$

式中，

$$\boldsymbol{K}_{k+1}=\boldsymbol{P}_{k+1/k}\boldsymbol{A}_{k+1}^{\mathrm{T}}(\boldsymbol{A}_{k+1}\boldsymbol{P}_{k+1/k}\boldsymbol{A}_{k+1}^{\mathrm{T}}+\boldsymbol{R}_{k+1})^{-1} \tag{3.138}$$

称为 Kalman 滤波器的最佳增益矩阵或最佳权矩阵。在最佳增益条件下 $\mathrm{tr}(\boldsymbol{P}_{k+1})$ 达到最小，此时 $\boldsymbol{P}_{k+1}$ 称为估计误差的最小方差阵。

由式（3.135）和式（3.137）可得

$$\boldsymbol{P}_{k+1}=(\boldsymbol{I}-\boldsymbol{K}_{k+1}\boldsymbol{A}_{k+1})\boldsymbol{P}_{k+1/k} \tag{3.139}$$

将式（3.139）代入式（3.136），得

$$\begin{aligned}\hat{\boldsymbol{X}}_{k+1}&=[\boldsymbol{P}_{k+1/k}-\boldsymbol{K}_{k+1}\boldsymbol{A}_{k+1}\boldsymbol{P}_{k+1/k}][\boldsymbol{P}_{k+1/k}^{-1}\hat{\boldsymbol{X}}_{k+1/k}+\boldsymbol{A}_{k+1}^{\mathrm{T}}\boldsymbol{R}_{k+1}^{-1}\boldsymbol{Y}_{k+1}]\\&=\hat{\boldsymbol{X}}_{k+1/k}-\boldsymbol{K}_{k+1}\boldsymbol{A}_{k+1}\hat{\boldsymbol{X}}_{k+1/k}+(\boldsymbol{I}-\boldsymbol{K}_{k+1}\boldsymbol{A}_{k+1})\boldsymbol{P}_{k+1/k}\boldsymbol{A}_{k+1}^{\mathrm{T}}\boldsymbol{R}_{k+1}^{-1}\boldsymbol{Y}_{k+1}\end{aligned} \tag{3.140}$$

而

$$\boldsymbol{I}-\boldsymbol{K}_{k+1}\boldsymbol{A}_{k+1}=\boldsymbol{I}-\boldsymbol{P}_{k+1/k}\boldsymbol{A}_{k+1}^{\mathrm{T}}(\boldsymbol{R}_{k+1}+\boldsymbol{A}_{k+1}\boldsymbol{P}_{k+1/k}\boldsymbol{A}_{k+1}^{\mathrm{T}})^{-1}\boldsymbol{A}_{k+1}$$

由矩阵等式

$$\boldsymbol{A}(\boldsymbol{R}+\boldsymbol{A}^{\mathrm{T}}\boldsymbol{P}\boldsymbol{A})^{-1}\boldsymbol{A}^{\mathrm{T}}=\boldsymbol{P}^{-1}-\boldsymbol{P}^{-1}(\boldsymbol{A}\boldsymbol{R}^{-1}\boldsymbol{A}^{\mathrm{T}}+\boldsymbol{P}^{-1})^{-1}\boldsymbol{P}^{-1}$$

得

$$\begin{aligned}\boldsymbol{I}-\boldsymbol{K}_{k+1}\boldsymbol{A}_{k+1}&=\boldsymbol{I}-\boldsymbol{P}_{k+1/k}[\boldsymbol{P}_{k+1/k}^{-1}-\boldsymbol{P}_{k+1/k}^{-1}(\boldsymbol{A}_{k+1}^{\mathrm{T}}\boldsymbol{R}_{k+1}^{-1}\boldsymbol{A}_{k+1}+\boldsymbol{P}_{k+1/k}^{-1})^{-1}\boldsymbol{P}_{k+1/k}^{-1}]\\&=(\boldsymbol{P}_{k+1/k}^{-1}+\boldsymbol{A}_{k+1}^{\mathrm{T}}\boldsymbol{P}_{k+1}^{-1}\boldsymbol{A}_{k+1})^{-1}\boldsymbol{P}_{k+1/k}^{-1}=\boldsymbol{P}_{k+1}\boldsymbol{P}_{k+1/k}^{-1}\end{aligned}$$

将上式代入式(3.140),得

$$\hat{\boldsymbol{X}}_{k+1}=\hat{\boldsymbol{X}}_{k+1/k}+\boldsymbol{P}_{k+1}\boldsymbol{A}_{k+1}^{\mathrm{T}}\boldsymbol{R}_{k+1}^{-1}\boldsymbol{Y}_{k+1}-\boldsymbol{K}_{k+1}\boldsymbol{A}_{k+1}\hat{\boldsymbol{X}}_{k+1/k} \tag{3.141}$$

由矩阵等式

$$\boldsymbol{P}\boldsymbol{A}^{\mathrm{T}}(\boldsymbol{A}\boldsymbol{P}\boldsymbol{A}^{\mathrm{T}}+\boldsymbol{L})^{-1}=(\boldsymbol{P}^{-1}+\boldsymbol{A}^{\mathrm{T}}\boldsymbol{L}^{-1}\boldsymbol{A})^{-1}\boldsymbol{A}^{\mathrm{T}}\boldsymbol{L}^{-1}$$

将上式代入式（3.138）得

$$\boldsymbol{K}_{k+1}=(\boldsymbol{P}_{k+1/k}^{-1}+\boldsymbol{A}_{k+1}^{\mathrm{T}}\boldsymbol{R}_{k+1}^{-1}\boldsymbol{A}_{k+1})^{-1}\boldsymbol{A}_{k+1}^{\mathrm{T}}\boldsymbol{R}_{k+1}^{-1} \tag{3.142}$$

或

$$\boldsymbol{K}_{k+1}=\boldsymbol{P}_{k+1}\boldsymbol{A}_{k+1}^{\mathrm{T}}\boldsymbol{R}_{k+1}^{-1} \tag{3.143}$$

将上式代入式（3.141）得

$$\hat{\boldsymbol{X}}_{k+1}=\hat{\boldsymbol{X}}_{k+1/k}+\boldsymbol{K}_{k+1}(\boldsymbol{Y}_{k+1}-\boldsymbol{A}_{k+1}\hat{\boldsymbol{X}}_{k+1/k}) \tag{3.144}$$

又因为

$$\begin{aligned}\boldsymbol{P}_{k+1}&=\boldsymbol{P}_{k+1}(\boldsymbol{I}-\boldsymbol{A}_{k+1}^{\mathrm{T}}\boldsymbol{K}_{k+1}^{\mathrm{T}}+\boldsymbol{A}_{k+1}^{\mathrm{T}}\boldsymbol{K}_{k+1}^{\mathrm{T}})\\&=\boldsymbol{P}_{k+1}(\boldsymbol{I}-\boldsymbol{K}_{k+1}\boldsymbol{A}_{k+1})^{\mathrm{T}}+\boldsymbol{P}_{k+1}\boldsymbol{A}_{k+1}^{\mathrm{T}}\boldsymbol{R}_{k+1}^{-1}\boldsymbol{R}_{k+1}\boldsymbol{K}_{k+1}^{\mathrm{T}}\end{aligned}$$

将式（3.139）代入上式右边第一项，将式（3.143）中的 $\boldsymbol{P}_{k+1}\boldsymbol{A}_{k+1}^{\mathrm{T}}\boldsymbol{R}_{k+1}^{-1}$ 代入上式右边第二项中，得

$$\boldsymbol{P}_{k+1}=(\boldsymbol{I}-\boldsymbol{K}_{k+1}\boldsymbol{A}_{k+1})\boldsymbol{P}_{k+1/k}(\boldsymbol{I}-\boldsymbol{K}_{k+1}\boldsymbol{A}_{k+1})^{\mathrm{T}}+\boldsymbol{K}_{k+1}\boldsymbol{R}_{k+1}\boldsymbol{K}_{k+1}^{\mathrm{T}} \tag{3.145}$$

现将 Kalman 滤波公式归纳为

$$\begin{aligned}\boldsymbol{P}_{k+1/k}&=\boldsymbol{\Phi}_{k+1/k}\boldsymbol{P}_k(\boldsymbol{\Phi}_{k+1/k})^{\mathrm{T}}+\boldsymbol{\Gamma}_{k+1}\boldsymbol{Q}_k(\boldsymbol{\Gamma}_{k+1})^{\mathrm{T}}\\\boldsymbol{K}_{k+1}&=\boldsymbol{P}_{k+1}\boldsymbol{A}_{k+1}^{\mathrm{T}}(\boldsymbol{A}_{k+1}\boldsymbol{P}_{k+1}^{-1}\boldsymbol{A}_{k+1}^{\mathrm{T}}+\boldsymbol{R}_{k+1})^{-1}\\&=(\boldsymbol{P}_{k+1/k}^{-1}+\boldsymbol{A}_{k+1}^{\mathrm{T}}\boldsymbol{R}_{k+1}^{-1}\boldsymbol{A}_{k+1})^{-1}\boldsymbol{A}_{k+1}^{\mathrm{T}}\boldsymbol{R}_{k+1}^{-1}\\&=\boldsymbol{P}_{k+1}\boldsymbol{A}_{k+1}^{\mathrm{T}}\boldsymbol{R}_{k+1}^{-1}\\\hat{\boldsymbol{X}}_{k+1/k}&=\boldsymbol{\Phi}_{k+1/k}\hat{\boldsymbol{X}}_k\end{aligned}$$

$$\begin{aligned}\boldsymbol{P}_{k+1}&=(\boldsymbol{P}_{k+1/k}^{-1}+\boldsymbol{A}_{k+1}^{\mathrm{T}}\boldsymbol{R}_{k+1}^{-1}\boldsymbol{A}_{k+1})^{-1}\\&=(\boldsymbol{I}-\boldsymbol{K}_{k+1}\boldsymbol{A}_{k+1})\boldsymbol{P}_{k+1/k}\\&=(\boldsymbol{I}-\boldsymbol{K}_{k+1}\boldsymbol{A}_{k+1})\boldsymbol{P}_{k+1/k}(\boldsymbol{I}-\boldsymbol{K}_{k+1}\boldsymbol{A}_{k+1})^{\mathrm{T}}+\boldsymbol{K}_{k+1}\boldsymbol{R}_{k+1}\boldsymbol{K}_{k+1}^{\mathrm{T}}\end{aligned}$$

$$\begin{aligned}\hat{\boldsymbol{X}}_{k+1}&=\boldsymbol{P}_{k+1}[\boldsymbol{P}_{k+1/k}^{-1}\hat{\boldsymbol{X}}_{k+1/k}+\boldsymbol{A}_{k+1}^{\mathrm{T}}\boldsymbol{R}_{k+1}^{-1}\boldsymbol{Y}_{k+1}]\\&=\hat{\boldsymbol{X}}_{k+1/k}+\boldsymbol{K}_{k+1}(\boldsymbol{Y}_{k+1}-\boldsymbol{A}_{k+1}\hat{\boldsymbol{X}}_{k+1/k})\end{aligned}$$

$\boldsymbol{P}_{k+1}$的第二个式子虽然简单，但容易受计算误差的影响而失去对称性和非负定性，而第三个式子具有较强的保持对称性和非负定性的能力。

对于稳态系统，有 $\boldsymbol{\Phi}=\boldsymbol{I}$ 和 $\boldsymbol{W}=\boldsymbol{0}$。这时 Kalman 滤波公式变为

$$\boldsymbol{K}_{k+1}=\boldsymbol{P}_k\boldsymbol{A}_{k+1}^{\mathrm{T}}(\boldsymbol{A}_{k+1}\boldsymbol{P}_k\boldsymbol{A}_{k+1}^{\mathrm{T}}+\boldsymbol{R}_{k+1})^{-1} \tag{3.146}$$

$$\hat{\boldsymbol{X}}_{k+1}=\hat{\boldsymbol{X}}_k+\boldsymbol{K}_{k+1}(\boldsymbol{Y}_{k+1}-\boldsymbol{A}_{k+1}\hat{\boldsymbol{X}}_k) \tag{3.147}$$

$$\boldsymbol{P}_{k+1}=(\boldsymbol{I}-\boldsymbol{K}_{k+1}\boldsymbol{A}_{k+1})\boldsymbol{P}_k \tag{3.148}$$

这就是线性最小方差估计的递推公式或者取权矩阵 $\boldsymbol{W}=\boldsymbol{R}^{-1}$时的递推最小二乘公式。

4. Kalman 滤波计算步骤

（1）给定初值 $\hat{\boldsymbol{X}}_0$ 和 $\boldsymbol{P}_0$。为启动 Kalman 滤波器，首先要给出初值 $\hat{\boldsymbol{X}}_0$ 和 $\boldsymbol{P}_0$。为使滤波器输出的每一步都成为线性无偏最小方差估计，要求初值满足下列条件，即

$$\hat{\boldsymbol{X}}_0=E(\boldsymbol{X}_0),\boldsymbol{P}_0=E\{[\boldsymbol{X}_0-E(\boldsymbol{X}_0)][\boldsymbol{X}_0-E(\boldsymbol{X}_0)]^{\mathrm{T}}\}=\mathrm{var}(\boldsymbol{X}_0)$$

（2）依次计算 $\boldsymbol{P}_{k+1/k}$、$\boldsymbol{K}_{k+1}$、$\hat{\boldsymbol{X}}_{k+1/k}$、$\hat{\boldsymbol{X}}_{k+1}$和 $\boldsymbol{P}_{k+1}$。

5. Kalman 滤波器的性质

（1）Kalman 滤波器要求 $\boldsymbol{W}_k$、$\boldsymbol{V}_k$ 为均匀零均值白噪声且互不相关，并精确知道 $\boldsymbol{Q}_k$ 和 $\boldsymbol{P}_k$ 的值。这时权矩阵是最佳的，得出的估计是无偏最小方差估计；否则不是。

（2）要求给出正确的初值 $\hat{\boldsymbol{X}}_0$ 和 $\boldsymbol{P}_0$。这时每一步滤波估计才是无偏的和最小方差的；否则不是。

（3）对于完全可控制的和完全可观测的线性定常离散系统，当滤波时间充分长之后，不论如何选取滤波初值，滤波方差阵 $\boldsymbol{P}_k$ 将趋近于一个唯一的确定的正定阵 $\boldsymbol{P}$：$\boldsymbol{P}_k\to\boldsymbol{P}$。这时称为滤波达到稳定，同时滤波增益阵 $\boldsymbol{K}_k$ 趋近于一定值矩阵 $\boldsymbol{K}$。但是如果系统的数学模型和噪声的统计模型不确定或者由于计算机字长有限，误差的积累使误差方差阵逐渐失去正定性，甚至失去对称性，增益矩阵 $\boldsymbol{K}_k$ 的计算值与理论值之间的偏差越来越大，则 Kalman 滤波将会发散。前者称为滤波发散，后者称为计算发散。

例 3.1 设动态过程的数学模型为

$$\boldsymbol{X}_{k+1}=\begin{bmatrix}1&1\\0&1\end{bmatrix}\boldsymbol{X}_k+\boldsymbol{W}_k$$

$$\boldsymbol{Y}_k=[1,0]\boldsymbol{X}_k+\boldsymbol{V}_k$$

式中，状态向量 $\boldsymbol{X}_k=[\boldsymbol{X}_{1,k},\ \boldsymbol{X}_{2,k}]^{\mathrm{T}}$。

已知 $E(\boldsymbol{W}_k)=\boldsymbol{0},E[\boldsymbol{W}_k\ (\boldsymbol{W}_k)^{\mathrm{T}}]=\boldsymbol{Q}_k=\begin{bmatrix}0&0\\0&1\end{bmatrix},E(\boldsymbol{V}_k)=0,E[\boldsymbol{W}_k\ (\boldsymbol{V}_j)^{\mathrm{T}}]=\boldsymbol{0}$,

$E[\boldsymbol{V}_k\ (\boldsymbol{V}_k)^{\mathrm{T}}]=\boldsymbol{R}_k=2+(-1)^2$（即偶数次观测的测量噪声比奇数次的强些），并取

$$P_0=\begin{bmatrix}10 & 0\\ 0 & 10\end{bmatrix}$$

解　由给定条件得

$$\boldsymbol{\Gamma}_{k+1/k}=\boldsymbol{I},\quad \boldsymbol{A}_{k+1}=(1,0)$$

$$\boldsymbol{P}_{1/0}=\boldsymbol{\Phi}_{1/0}\boldsymbol{P}_0\ (\boldsymbol{\Phi}_{1/0})^{\mathrm{T}}+\boldsymbol{Q}_0=\begin{bmatrix}1 & 1\\ 0 & 1\end{bmatrix}\begin{bmatrix}10 & 0\\ 0 & 10\end{bmatrix}\begin{bmatrix}1 & 0\\ 1 & 1\end{bmatrix}+\begin{bmatrix}0 & 0\\ 0 & 1\end{bmatrix}=\begin{bmatrix}20 & 10\\ 10 & 11\end{bmatrix}$$

$$\boldsymbol{K}_1=\boldsymbol{P}_{1/0}\boldsymbol{A}_1^{\mathrm{T}}\ (\boldsymbol{A}_1\boldsymbol{P}_{1/0}\boldsymbol{A}_1^{\mathrm{T}}+\boldsymbol{R}_1)^{-1}$$

$$=\begin{bmatrix}20 & 10\\ 10 & 11\end{bmatrix}\begin{bmatrix}1\\ 0\end{bmatrix}\left\{[1,0]\begin{bmatrix}20 & 10\\ 10 & 11\end{bmatrix}\begin{bmatrix}1\\ 0\end{bmatrix}+2+(-1)^2\right\}^{-1}=\begin{bmatrix}0.952\ 4\\ 0.476\ 2\end{bmatrix}$$

$$\boldsymbol{P}_1=(\boldsymbol{I}-\boldsymbol{K}_1\boldsymbol{A}_1)\boldsymbol{P}_{1/0}=\left\{\begin{bmatrix}1 & 0\\ 0 & 1\end{bmatrix}-\begin{bmatrix}0.952\ 4\\ 0.476\ 2\end{bmatrix}[1,0]\right\}\begin{bmatrix}20 & 10\\ 10 & 11\end{bmatrix}=\begin{bmatrix}0.952 & 0.476\\ 0.476 & 6.238\end{bmatrix}$$

同理可得

$$\boldsymbol{P}_{2/1}=\begin{bmatrix}8.142 & 6.714\\ 6.714 & 7.238\end{bmatrix},\boldsymbol{K}_2=\begin{bmatrix}0.730\ 7\\ 0.602\ 6\end{bmatrix},\boldsymbol{P}_2=\begin{bmatrix}2.193 & 1.808\\ 1.808 & 3.192\end{bmatrix}$$

$$\boldsymbol{P}_{5/4}=\begin{bmatrix}5.6 & 3.0\\ 3.0 & 2.0\end{bmatrix},\boldsymbol{K}_5=\begin{bmatrix}0.85\\ 0.45\end{bmatrix},\boldsymbol{P}_5=\begin{bmatrix}0.85 & 0.45\\ 0.45 & 0.63\end{bmatrix}$$

可以看到：

（1）k 为奇数时的增益要比 k 为偶数时的增益大些。这是因为 k 为奇数时，测量噪声较弱，测量值较可靠，故对测量值较倚重。

（2）随着 k 的增加，各增益值都趋于常数，而且与 P_0 的取值无关。这种特性称为 Kalman 滤波的收敛特性。

习　　题

3-1　试写出最小错误率的 Bayes 决策规则，并对此规则进行解释。

3-2　简述设计线性分离器的主要步骤。

3-3　简述距离判别函数诊断法的基本思想，并说明该方法在实际应用中应注意的问题。

3-4　简述时序模型分析诊断法应用于故障诊断的基本思想，如何建立滑动平均（ARMA）模型？

第4章
智能故障诊断方法

传统的故障诊断技术和方法往往存在较大的局限性。智能诊断技术以常规诊断技术为基础，以人工智能技术为核心，推动以信号处理为核心的诊断过程逐步被以知识处理为核心的智能诊断过程所代替。虽然智能诊断技术还远没有达到成熟阶段，但智能诊断的发展大大提高了诊断的效率和可靠性。本章主要介绍灰色理论诊断方法、模糊诊断方法、神经网络诊断方法、基于遗传算法的故障诊断方法、专家系统故障诊断方法等。

4.1 灰色理论诊断方法

任何动态过程都可以称为系统。当系统的参数及其内部的结构和与外部联系的关系(即传递函数的特性)已知时，其输入输出关系便确定了，这种系统可称为“白色”系统；当系统的参数和内部结构及特征无法获知时，这种系统便称为“黑色”系统；而对系统的参数、结构和特征部分已知，部分未知时，这种系统则称为“灰色”系统。或者更概括地说，部分信息已知、部分信息未知的这类系统便可称为“灰色”系统。大多数运行的机械设备都具有灰色系统的特征。

基于灰色理论的故障诊断技术，就是通过对部分已知信息的生成、开发实现对系统特性、状态和发展趋势的确切描述和认识，并对未来做出预测和决策，其特点是“少数据建模”。

灰色系统理论的主要内容包括灰色系统分析、灰色系统建模、灰色系统预测、灰色系统决策和灰色系统控制等问题。在灰色系统理论中，灰色预测、关联度分析、灰色统计、灰色聚类和灰色决策等都可成为故障诊断的有力工具。

4.1.1 灰色预测法

灰色系统理论采用一种独特的数据处理方法，即累加处理或累减处理。其目的是为了削弱信号中的随机成分而加强其确定性成分（单调性趋势或周期性趋势），从而提高其信噪比。

1. 数据累加处理

数据累加又称为累加生成，缩写为 AGO（Accumulated Generating Operation），设原始数据为$\{X^{(0)}(t_i)\}$ $(i=1,2,\cdots,N)$，则对其进行以下处理，称为一次累加处理，记为 1-AGO，即

$$X^{(1)}(t_i)=\sum_{k=1}^{i}X^{(0)}(t_k) \quad i=1,2,\cdots,N \tag{4.1}$$

由此可得 1-AGO 的新数列，依次可求得 m-AGO 的数列为 $\{X^{(m)}(t_i)\}(i=1,2,\cdots,N)$，对于含有单调趋势的信号来说，当 m 足够大时，m-AGO 的数列即可认为数据的随机性已被消除而变成确定性数列了。单调趋势数列可用指数函数来逼近。

2. 数据累减处理

在灰色建模时，经常需要对累加数据数列再进行累减处理，它是累加处理的逆运算，记为 IAGO（Inverse AGO），设 m-AGO 处理后得到的数列为 $\{X^{(m)}(t_i)\}(i=1,2,\cdots,N)$，则对其进行以下处理，称为一次累减处理，记为 1-IAGO，即

$$X^{(m-1)}(t_i)=\sum_{k=1}^{i}X^{(m)}(t_i)-X^{(m-1)}(t_{i-1})\quad i=1,2,\cdots,N \tag{4.2}$$

依次类推，可得到 j-IAGO 数列 $\{X^{(m-j)}(t_i)\}(i=1,2,\cdots,N)$。

3. 基于灰色模型的预测

灰色预测可采用两种途径用于设备状态趋势的预报：一种是基于灰色系统理论中灰色模型 GM（Gray Model）的预测方法，一般是以 GM(1，1) 模式为基础进行的预测；另一种是基于数列残差辨识的预测模型，它是一种去首加权累加生成模型。该模型对应数列变化较平缓，且只作单步预测，不低于指数平滑的精度，然而对于一般增长型数列，则不如 GM（1，1）模型精度高，本方法的最大优点是计算简便。

灰色系统模型简称为 GM 模型。它是基于原始数列所得的 1-AGO 数列而建立的微分方程式，记为 GM(n，N)。其中，n 为微分方程的阶数，N 为微分方程中包含变量的个数。

作预测用的模型一般为 GM(n，1) 模型。其中最重要的也是在实际中应用最广泛的是 GM(1，1) 模型。

GM(1，1) 模型为包含一个变量的一阶微分方程式，即

$$\frac{\mathrm{d}X^{(1)}(t)}{\mathrm{d}t}+\boldsymbol{a}X^{(1)}(t)=u\{1\} \tag{4.3}$$

记参数数列为

$$\hat{\boldsymbol{a}}=\begin{bmatrix}a\\u\end{bmatrix} \tag{4.4}$$

用最小二乘法可求得 $\hat{\boldsymbol{a}}$，其算式为

$$\hat{\boldsymbol{a}}=(\boldsymbol{B}^{\mathrm{T}}\boldsymbol{B})^{-1}\boldsymbol{B}^{\mathrm{T}}\boldsymbol{Y}_N \tag{4.5}$$

式中，

$$\boldsymbol{B}=\begin{bmatrix}-\frac{1}{2}[X^{(1)}(1)+X^{(1)}(2)] & 1\\ -\frac{1}{2}[X^{(1)}(2)+X^{(1)}(3)] & 1\\ \vdots & \vdots\\ -\frac{1}{2}[X^{(1)}(N-1)+X^{(1)}(N)] & 1\end{bmatrix}\qquad \boldsymbol{Y}_N=\begin{bmatrix}X^{(0)}(t_2)\\X^{(0)}(t_3)\\ \vdots\\X^{(0)}(t_N)\end{bmatrix}$$

方程式(4.5)的解为

$$\hat{X}^{(1)}(k+1)=\left(X^{(0)}(1)-\frac{u}{a}\right)\mathrm{e}^{-ak}+\frac{u}{\boldsymbol{a}} \tag{4.6}$$

式中 $\hat{X}^{(1)}(k+1)$——$(k+1)$ 时刻生成数列的估计值。

将$\{\hat{X}^{(1)}\}$进行逆累加生成计算（IAGO），就可得到原始数列的预测值，其算式为

$$\hat{X}^{(0)}(k+1)=\hat{X}^{(1)}(k+1)-\sum_{i=1}^{k}\hat{X}^{(0)}(i)\qquad \hat{X}^{(0)}(1)=\hat{X}^{(1)}(1) \tag{4.7}$$

利用灰色模型进行预测是根据原始数列的生成数列来建立动态微分方程，然后再通过微分方程的求解及还原运算来预测自身的发展态势，而其他的预测方法往往是借助因素模型来预测自身态势的发展。

4.1.2 灰色关联度分析

关联度分析法是用灰色系统理论进行系统分析的一个重要方法，它是根据系统和因素之间的内部联系或发展态势的相似程度来度量之间关联程度的方法。其基本思想是根据序列曲线几何形状的相似程度来判断其联系是否紧密。曲线越接近，相应序列之间关联度就越大；反之就越小。

机械振动信号现有的数据灰度较大，再加上人为原因，许多数据都出现几次大起大落，没有什么典型的分布规律，采用灰色系统诊断技术与采用数理统计方法相比，采用灰色系统诊断技术具有优势。

设系统由参考模式向量构成的参考模式矩阵为

$$[\boldsymbol{X}_i^{(\mathrm{R})}]=\begin{bmatrix}X_1^{(\mathrm{R})}\\X_2^{(\mathrm{R})}\\\vdots\\X_L^{(\mathrm{R})}\end{bmatrix}=\begin{bmatrix}X_1^{(\mathrm{R})}(1) & X_1^{(\mathrm{R})}(2) & \cdots & X_1^{(\mathrm{R})}(N)\\X_2^{(\mathrm{R})}(1) & X_2^{(\mathrm{R})}(2) & \cdots & X_2^{(\mathrm{R})}(N)\\\vdots & \vdots & & \vdots\\X_L^{(\mathrm{R})}(1) & X_L^{(\mathrm{R})}(2) & \cdots & X_L^{(\mathrm{R})}(N)\end{bmatrix} \tag{4.8}$$

式中 $\boldsymbol{X}_i^{(\mathrm{R})}$——第 i 个参考模式向量，$i=1, 2, \cdots, L$；

L——参考模式向量的个数；

N——每种参考向量中特征矢量的个数。

同样，系统的待检模式向量可构成待检模式矩阵，即

$$[\boldsymbol{X}_j^{(\mathrm{T})}]=\begin{bmatrix}X_1^{(\mathrm{T})}\\X_2^{(\mathrm{T})}\\\vdots\\X_M^{(\mathrm{T})}\end{bmatrix}=\begin{bmatrix}X_1^{(\mathrm{T})}(1) & X_1^{(\mathrm{T})}(2) & \cdots & X_1^{(\mathrm{T})}(N)\\X_2^{(\mathrm{T})}(1) & X_2^{(\mathrm{T})}(2) & \cdots & X_2^{(\mathrm{T})}(N)\\\vdots & \vdots & & \vdots\\X_M^{(\mathrm{T})}(1) & X_M^{(\mathrm{T})}(2) & \cdots & X_M^{(\mathrm{T})}(N)\end{bmatrix} \tag{4.9}$$

式中 $\boldsymbol{X}_j^{(\mathrm{T})}$——第 j 个待检向量，$j=1, 2, \cdots, M$，M 为待检模式向量的个数。

定义待检模式向量 $\boldsymbol{X}_j^{(\mathrm{T})}$ 与参考模式向量 $\boldsymbol{X}_i^{(\mathrm{R})}$ 两状态之间的关联程度为

$$\zeta_{ij}(k)=\frac{\min\limits_i\min\limits_k|x_i^{(\mathrm{R})}(k)-x_j^{(\mathrm{T})}(k)|+m\max\limits_i\max\limits_k|x_i^{(\mathrm{R})}(k)-x_j^{(\mathrm{T})}(k)|}{|x_i^{(\mathrm{R})}(k)-x_j^{(\mathrm{T})}(k)|+m\max\limits_i\max\limits_k|x_i^{(\mathrm{R})}(k)-x_j^{(\mathrm{T})}(k)|} \tag{4.10}$$

称 $\boldsymbol{\zeta}_{ij}(k)$ 为待检模式向量 $\boldsymbol{X}_j^{(\mathrm{T})}$ 与参考模式向量 $\boldsymbol{X}_i^{(\mathrm{R})}$ 在第 k 点的关联系数；m 为分辨系数，且 $m\in[0, 1]$，不同的 m 值只影响 $\boldsymbol{\zeta}_{ij}(k)$ 的绝对大小，并不影响 $\boldsymbol{\zeta}_{ij}(k)$ 的相对排列次序，随着 m 值的减小，$\boldsymbol{\zeta}_{ij}(k)$ 值可变动的区间范围增大，一般取 $m=0.5$。

$X_j^{(T)}$ 对 $X_i^{(R)}$ 的关联度定义为不同点的关联系数的平均值，即

$$r_{ij}=\frac{1}{N}\sum_{k=1}^{N}\zeta_{ij}(k) \tag{4.11}$$

由 r_{ij} 可组成关联度矩阵 $\boldsymbol{R}$，即

$$\boldsymbol{R}=\begin{bmatrix} r_{11} & r_{12} & \cdots & r_{1M} \\ r_{21} & r_{22} & \cdots & r_{2M} \\ \vdots & \vdots & & \vdots \\ r_{L1} & r_{L2} & \cdots & r_{LM} \end{bmatrix} \tag{4.12}$$

矩阵 $\boldsymbol{R}$ 的某一列 j 表达了第 j 个待检模式向量 $X_j^{(T)}$ 对不同的参考模式向量 $\boldsymbol{X}_i^{(R)}$（$i=1$，2，…，L）的关联度；$\boldsymbol{R}$ 的某一行 i 表达了第 i 个参考向量与不同的待检模式向量 $\boldsymbol{X}_j^{(T)}$（$j=1$，2，…，M）的关联度。

当参考模式向量和待检模式向量都是多个时，通过对关联矩阵 $\boldsymbol{R}$ 中元素间的比较分析可以进行优势分析，即分析哪些因素显优势，哪些因素显劣势，从而探讨故障发生的主要原因和程度。通过多因素分析和判决，可提供现代机械设备状态监测与故障诊断更精确的结果。

4.2 模糊诊断方法

机器运行过程的动态信号及其特征值都具有某种不确定性，如偶然性和模糊性。模糊性是指区分或评价客观事物差异的不分明性。例如，故障征兆特征用许多模糊的概念来描述，如“振动强烈”“噪声大”，故障原因用“偏心大”“磨损严重”等。同一种机器，在不同的条件下，由于工况的差异，使机器的动态行为不尽一致，人们对同种机器的评价只能在一定范围内做出估计，而不能做出明确的判断；还有不同的技术人员由于个人经历、业务素质、主观判断能力等不同，也会导致对同一台机器的评价得到不确切的结论。为了解决这类问题，需要以模糊数学为基础，把模糊现象与因素间的关系用数学表达方式描述出来，并用数学方法进行运算，得到某种确切的结果，这就是模糊诊断技术。

4.2.1 隶属函数

模糊数学将 0、1 二值逻辑推广到可取出 [0，1] 闭区间中任意值的连续逻辑，此时的特征函数称为隶属函数 $\mu(x)$，满足 $0\leqslant\mu(x)\leqslant1$。它表征所论及的特征 K 以多大程度隶属于状态空间 $\Omega=(\omega_1,\ \omega_2,\ \cdots,\ \omega_m)$ 中那一个子集 $\{\omega_i\}$，用 $\mu_k(x)$ 表示。$\{x_i\}$ 为表征某一种状态 $\{\omega_i\}$ 的特征变量，称 $\mu_k(x)$ 为 $\{x_i\}$ 对 K 的隶属度。对于故障诊断而言，当 $\mu(x)=0$ 时，对特征参数来说，表示无此特征；当 $\mu(x)=1$ 时，则表示肯定有此特征，即机器肯定有哪一种故障。隶属函数在模糊数学中占有重要地位，它把模糊性进行数值化描述，使事物的不确定性在形式上用数学方法进行计算。在诊断问题中，隶属函数的正确选择是首要的工作，若选取不当，则会背离实际情况而影响诊断精度。常用的隶属函数有 20 余种，可分为 3 大类：一类是上升型，即随 x 增加而上升；另一类是下降型，即随 x 增加而下降；第三类为中间对称型。这 3 类隶属函数都可以通过以下的广义隶属函数进行表示，即

$$\mu(x)=\begin{cases}I(x),x\in[a,b)\\h,x\in[b,c)\\D(x),x\in[c,d]\\0,x\notin[a,d]\end{cases}\quad(a\leqslant b\leqslant c\leqslant d)\tag{4.13}$$

式中，$I(x)\geqslant 0$ 为 $[a,\ b)$ 上的严格单调增函数；$D(x)\geqslant 0$ 为 $[c,\ d)$ 上的严格单调减函数；$h\in(0,\ 1]$ 为模糊隶属函数的高度，通常取 1。

部分常用的隶属函数列于表 4.1 中。在选择隶属函数及确定其参数时，应该结合具体问题加以研究，根据历史统计数据、专家经验和现场运行信息来合理选取。

有时为了简化问题，可以把连续隶属函数近似用多值逻辑来代替，如将机器状态根据隶属度值分为若干等级，即很好、较好、一般、较差和很差等，如图 4.1 所示。

表 4.1　常用的隶属函数

类型	图表	表达式
升半矩形分布	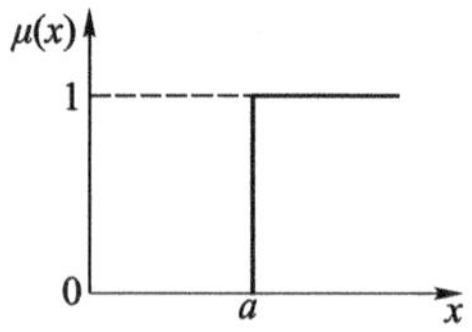	$\mu(x)=\begin{cases}0,0\leqslant x\leqslant a\\1,x>a\end{cases}$
升半正态分布	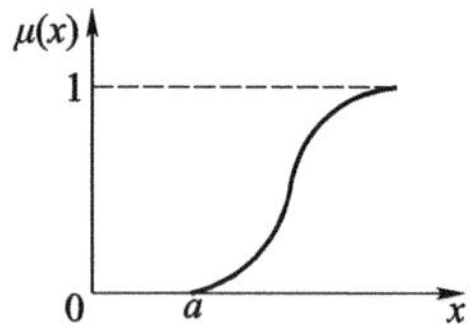	$\mu(x)=\begin{cases}0, & 0\leqslant x\leqslant a\\1-\exp[k(x-a)^2], & x>a,k<0\end{cases}$
升半梯形分布	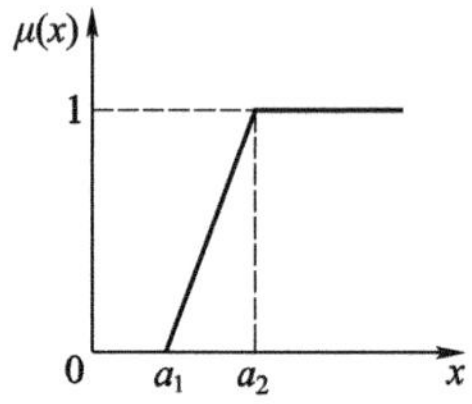	$\mu(x)=\begin{cases}0, & 0\leqslant x\leqslant a_1\\(x-a_1)/(a_2-a_1), & a_1<x\leqslant a_2\\1, & x>a_2\end{cases}$
升半指数分布	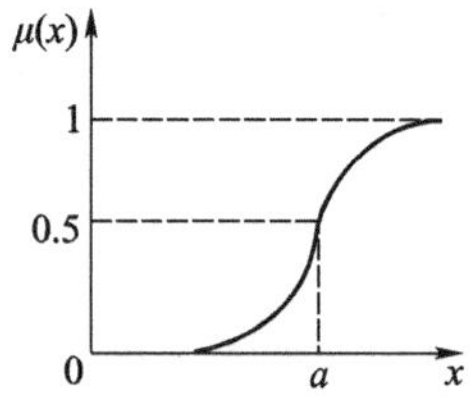	$\mu(x)=\begin{cases}1/2\exp[k(x-a)], & 0\leqslant x\leqslant a\\1-1/2\exp[k(x-a)], & x>a,k<0\end{cases}$

续表

类型	图表	表达式
升半柯西分布	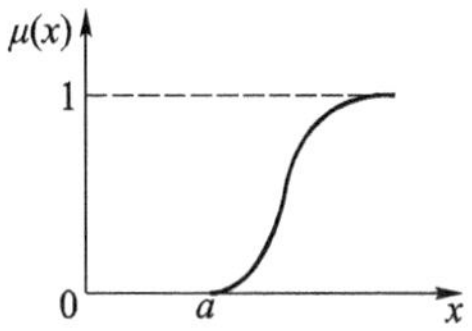	$\mu(x)=\begin{cases}0, & 0\leqslant x\leqslant a\\ 1-1/[1+k(x-a)^2], & x>a,k<0\end{cases}$
降半矩形分布	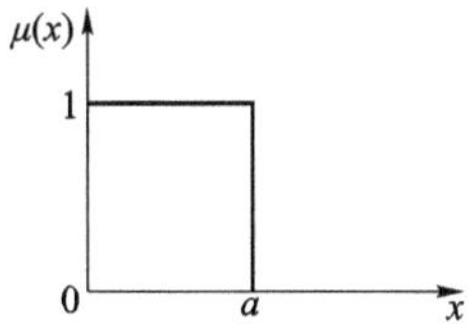	$\mu(x)=\begin{cases}1,0\leqslant x\leqslant a\\ 0,x>a\end{cases}$
降半正态分布	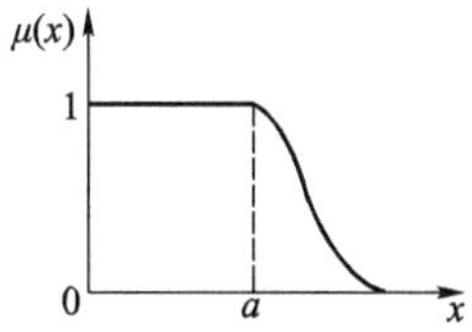	$\mu(x)=\begin{cases}1, & 0\leqslant x\leqslant a\\ \exp[k(x-a)^2], & x>a,k<0\end{cases}$
降半梯形分布	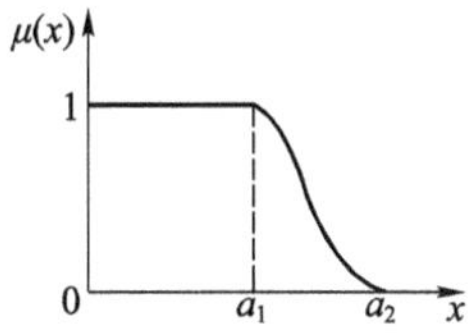	$\mu(x)=\begin{cases}1, & 0\leqslant x\leqslant a_1\\ (a_2-x)/(a_2-a_1), & a_1<x\leqslant a_2\\ 0, & x>a_2\end{cases}$
降半指数分布	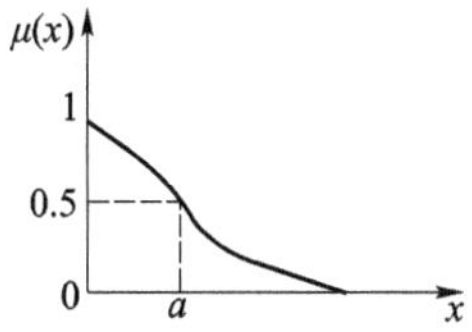	$\mu(x)=\begin{cases}1-1/2\exp[k(x-a)], & 0\leqslant x\leqslant a\\ 1/2\exp[k(x-a)], & x>a,k<0\end{cases}$
降半柯西分布	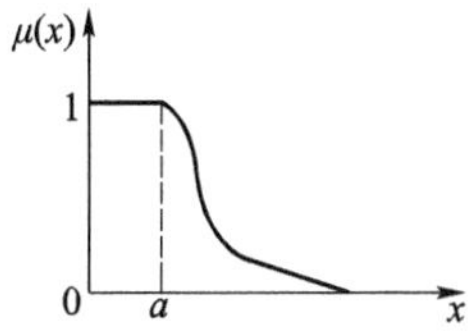	$\mu(x)=\begin{cases}1, & 0\leqslant x\leqslant a\\ 1/[1+k(x-a)^2], & x>a,k>0\end{cases}$

续表

类型	图表	表达式
矩形分布	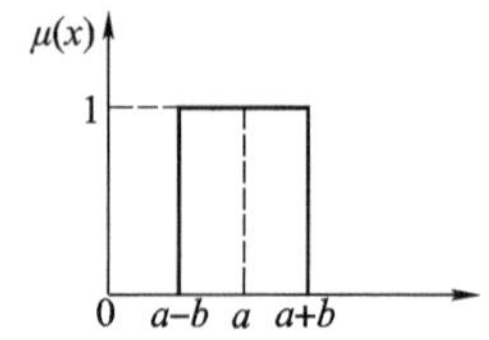	$\mu(x)=\begin{cases}0,0\leqslant x\leqslant a-b\\1,a-b<x\leqslant a+b\\0,x>a+b\end{cases}$
正态分布	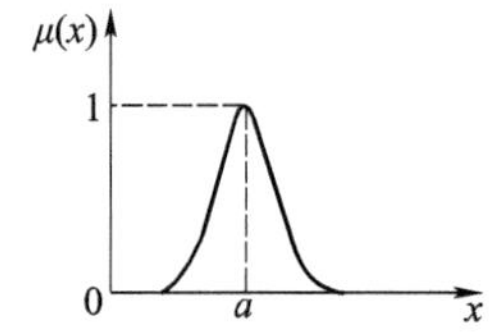	$\mu(x)=\mathrm{e}^{k(x-a)^2},k>0$
柯西分布	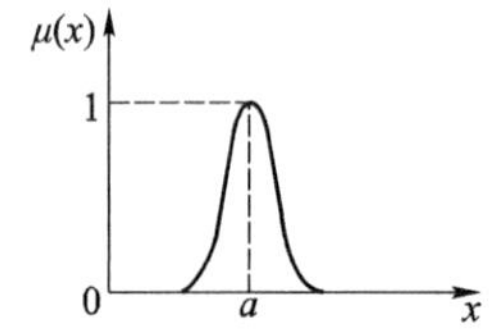	$\mu(x)=1/[1+k(x-a)\beta]$ $k>0$,β 为正偶数
梯形分布	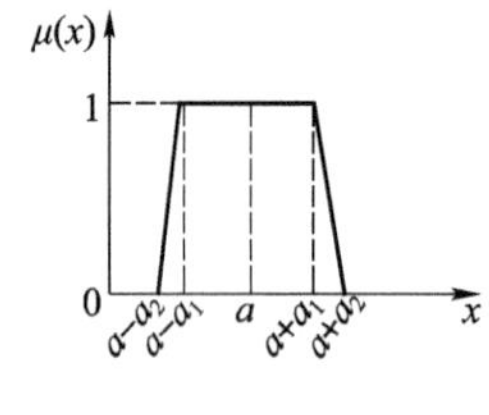	$\mu(x)=\begin{cases}0, & 0\leqslant x\leqslant a-a_2\\(a_2+x-a)/(a_2-a_1), & a-a_2<x<a-a_1\\1, & a-a_1\leqslant x\leqslant a+a_1\\(a_2-x+a)/(a_2-a_1), & a+a_1<x<a+a_2\\0, & x\geqslant a+a_2\end{cases}$

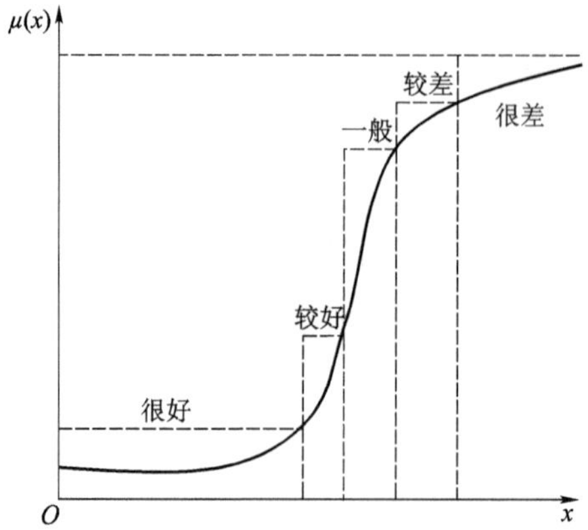

图 4.1　隶属函数与近似的多值逻辑函数

4.2.2　模糊矢量

对一个系统或一台机器中可能发生的故障可用一个集合来定义，通常用状态论域来表示，即

$$\Omega=(\omega_1,\omega_2,\cdots,\omega_m)$$

式中　m——故障的种数。

同理，对于与这些故障有关的各种推广也由一个集合来定义，用征兆域表示为

$$K=\{K_1,K_2,\cdots,K_n\}$$

式中　n——特征的种数。

以上两个论域中的元素均用模糊变量而不是用逻辑变量来描述，它们均有各自的隶属函数，可以理解为各故障或征兆发生的可能度，如 ω_i 的隶属函数为 μ_{ω_i}（$i=1$，2，…，m），K_j 的隶属函数为 μ_{K_j}（$j=1$，2，…，n），则其矢量形式可具体表示为

$$\begin{cases}\boldsymbol{A}=[\mu_{K_1},\mu_{K_2},\cdots,\mu_{K_n}]^{\mathrm{T}}\\ \boldsymbol{B}=[\mu_{\omega_1},\mu_{\omega_2},\cdots,\mu_{\omega_m}]^{\mathrm{T}}\end{cases} \tag{4.14}$$

式中　$\boldsymbol{A}$——特征模糊矢量，是故障在某一具体征兆论域 K 上的表现；

　　　$\boldsymbol{B}$——故障模糊矢量，是故障在具体状态论域 Ω 上的表现。

4.2.3　模糊关系方程

故障的模糊诊断过程，可以认为是状态论域 Ω 与征兆论域 K 之间的模糊矩阵运算。模糊关系方程为

$$\boldsymbol{B}=\boldsymbol{R}*\boldsymbol{A} \tag{4.15}$$

式中　$\boldsymbol{R}$——模糊关系矩阵，即

$$\boldsymbol{R}=\begin{bmatrix}r_{11} & r_{12} & \cdots & r_{1n}\\ r_{21} & r_{22} & \cdots & r_{2n}\\ \vdots & \vdots & & \vdots\\ r_{m1} & r_{m2} & \cdots & r_{mn}\end{bmatrix} \tag{4.16}$$

它表示故障原因和特征之间的因果关系，有 $0\leqslant r_{ij}\leqslant 1$（$i=1$，2，…，$m$；$j=1$，2，…，$n$）；“$*$”为广义模糊算子，可表示不同的逻辑运算。

模糊关系矩阵有等价关系和相似关系两种。等价关系满足自反性、对称性和传递性，相似关系只能满足自反性和对称性。模糊关系矩阵的确定是模糊诊断中十分重要的一个环节，需要参考大量故障诊断经验的总结和试验测试及统计分析的结果。如在旋转机械故障诊断中，可参考振动征兆表和得分表，它是根据旋转机械运行特性对各种征兆信息人工进行评价，即“打分”，从而确定模糊关系矩阵中的诸元素。

4.2.4　模糊诊断准则

模糊诊断的实质是根据模糊关系矩阵 $\boldsymbol{R}$ 及征兆模糊矢量 $\boldsymbol{A}$，求得故障模糊矢量 $\boldsymbol{B}$，从而根据判断准则大致确定故障的有无。

1. 最大隶属准则

取 $\boldsymbol{B}$ 中隶属度最大的元素，即

$$\mu_{\omega_i} = \max_{1 \leqslant i \leqslant m} \{\mu_{\omega_1}, \mu_{\omega_2}, \cdots, \mu_{\omega_m}\} \tag{4.17}$$

隶属于模糊子集 ω_i，即发生了第 i 种故障，这是一种直接的状态识别方法。

2. 择近准则

当被识别的对象本身也是模糊的，或者说是状态论域 Ω 上的一个模糊子集 S 时，此时需通过识别 S 与征兆论域中 k 个模糊子集 F_1，F_2，…，F_k 的关系来判断，若

$$(S, F_i) = \max_{1 \leqslant i \leqslant n} (S, F_i) \tag{4.18}$$

则 $S \in F_i$。

即故障相对属于论域中的第 m 类也就是 S 与 F_i 最贴近。常用的贴近度是建立在模糊距离基础上的。其计算方法如下。

海明贴近度，即

$$\sigma_1(S,F) = 1 - \frac{1}{n}\sum_{i=1}^{n} |\mu_S(\mu_i) - \mu_F(\mu_i)|$$

欧几里得贴近度，即

$$\sigma_2(S,F) = 1 - \frac{1}{\sqrt{n}}\sqrt{\sum_{i=1}^{n} [\mu_S(\mu_i) - \mu_F(\mu_i)]^2}$$

闵氏贴近度，即

$$\sigma_3(S,F) = 1 - \frac{1}{n}\sum_{i=1}^{n} |\mu_S(\mu_i) - \mu_F(\mu_i)|^p$$

择近准则是一种间接的状态识别方法，即通过表现被识别事物的模糊子集来判断此事物属于哪一类。

3. 模糊聚类准则

在确定模糊等价关系矩阵后，根据截集定理，在适当的限定值上进行截取，即按照不同水平对矩阵 $\boldsymbol{R}$ 进行分割和归类，从而获得相应的故障类别。

目前模糊诊断方法在故障诊断领域的应用已经很广泛，但也存在一些问题，如隶属函数形式的选择和参数的确定，以及模糊关系矩阵的建立等，人的干预程度较大。

4.3 神经网络诊断方法

人工神经网络模型是在现代神经生理学和心理学的研究基础上，模仿人的大脑神经元结构特性而建立的一种非线性动力学网络系统，它由大量简单的非线性处理单元（类似人脑的神经元）高度并联、互联而成，具有对人脑某些特性的简单的数学模拟能力。目前神经网络的研究主要包括多层网络 BP 算法、Hopfield 网络模型、Grossberg 和 Carpentent 提出的自适应共振理论（Adaptive Resonance Theory）以及 Kohonen 提出的自组织特征映射理论等。神经网络理论的应用已经取得了令人瞩目的进展，特别是在人工智能、自动控制、计算科学、信息处理、机器人、模式识别、CAD/CAM、机械故障诊断等方面都有重大的应用。

人工神经网络在故障诊断领域的应用主要集中在 3 个方面：一是从模式识别角度应用神经网络作为分类器进行故障诊断；二是从预测角度应用神经网络作为动态预测模型进行故障预测；三是从知识处理的角度建立基于神经网络的诊断专家系统。

4.3.1　神经网络的基本原理

1. 生物神经元与人工神经元模型

人类大脑的基本结构是神经元（神经细胞），如图 4.2 所示。按照生物控制论观点，神经元通过神经纤维——轴突（Axon）和树突（Dendrites）将电化学脉冲从一个神经元传送到另一个神经元。由轴突终端释放的化学物越过突触（Synaptic）（某一神经元的轴突与另一神经元的树突之间的接口）间的间隙，激励或抑制目标神经元。假如来自几个突触输入的激励超过一个确定的阈值，目标神经元将产生一个它自己的输出脉冲。

根据人脑神经细胞的结构和功能，从 20 世纪 40 年代开始，人们提出了多达几百种之多的人工神经元模型，其中对神经网络有重大影响的神经元模型是 1943 年由美国心理学家 McCulloch 和数学家 Pitts 共同提出的神经元数学模型，通常称之为 M-P 模型，其结构如图 4.3 所示。

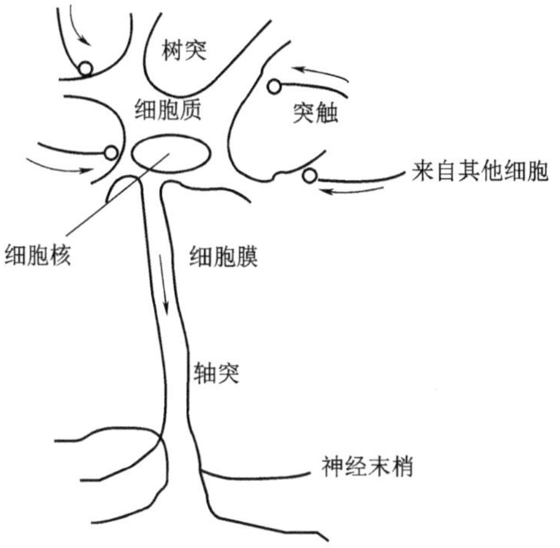

图 4.2　生物神经元结构

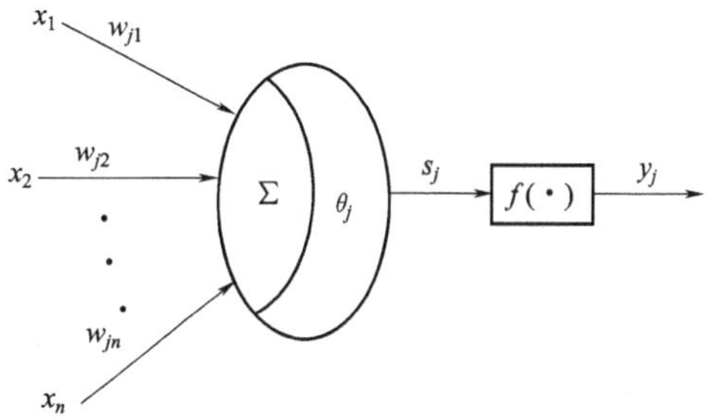

图 4.3　人工神经元模型

对于某神经元的一组输入，即

$$\boldsymbol{X}=[x_1,x_2,\cdots,x_n]^{\mathrm{T}} \tag{4.19}$$

它们相应的权值为

$$\boldsymbol{W}=[w_1,w_2,\cdots,w_n] \tag{4.20}$$

神经元本身具有阈值 θ，输出用 Y 表示，则可以写成

$$Y=f(u)=f\left(\sum_{i=1}^{n} w_i x_i-\theta\right)=f(\boldsymbol{WX}-\theta) \tag{4.21}$$

在 M-P 模型中，神经元激励函数 $f(u)$ 为单位阶跃函数，即

$$f(u)=\begin{cases}1, u\geqslant 0\\ 0, u<0\end{cases} \tag{4.22}$$

在较为复杂的人工神经元中激励函数 $f(u)$ 为 Sigmoid 函数（也称 S 型函数），即

$$f(u)=\frac{1}{1+\mathrm{e}^{-u}} \tag{4.23}$$

2. 人工神经网络的分类

按照神经元连接方式的不同，神经网络可以分为以下两种类型的结构形式。

（1）不含反馈的前向神经网络。网络的神经元分层排列，由输入层、隐含层和输出层组成，隐含层可以是一层或多层，也称为中间层。每一层的神经元只接受前一层神经元的输出，同层神经元之间不能相互通信，只有相邻层中神经元之间可以进行通信。输入模式经过各层的顺次变换后，成为输出层的输出，信息传播是单向的。前向网络在神经网络中应用很广泛，多层感知机（Multi-layers Perception）和误差反向传播（Back Propagation）算法中所使用的网络就属于这一类型。

（2）反馈网络。反馈网络是网状结构，网络神经元的排列没有层次的概念，其中任意两个神经元之间都可进行通信，这实际上是一种全连接的无向图。通信是双向的，从生物学的角度，这种网状结构比层状结构似乎更真实些，但实现起来比层状网络困难得多。Hopfield 网络、全互联网络以及具有局部互联反馈的网络模型都属于这一类型。

3. 人工神经网络的学习规则

人工神经网络最有价值的特性就是它的自适应功能，这种自适应功能是通过学习或训练实现的。任何一个神经网络模型要实现某种功能的操作，必须先对它进行训练，即使它学会所要完成的任务，并把这些学得的知识记忆（存储）在网络权重中。

人工神经网络的学习规则分为以下几种：

（1）相关规则。仅依赖于连接间的激活水平改变权重，如 Hebb 规则及其各种修正形式等。

（2）纠错规则。依赖于输出节点的外部反馈改变网络权重，如感知器学习规则、δ 规则以及广义 δ 规则等。

（3）竞争学习规则。类似于聚类分析算法，学习表现为自适应输入空间的事件分布，如矢量量化（Learning Vector Quantization，LVQ）算法、SOM 算法以及 ART 训练算法等都利用了竞争学习规则。

（4）随机学习规则。利用随机过程、概率统计和能量函数的关系来调节连接权，如模拟退火（Simulated Annealing，SA），此外基于生物进化规则的基因遗传（Genetic Algorithm，GA）算法在某种程度上也可视为一类随机学习算法。

尽管神经网络的学习规则多种多样，但它们一般都可归结为以下两类。

（1）有导师学习。

不但需要学习用的输入事例（即训练样本，通常为一矢量），同时还要求与之对应的表示所需输出的目标矢量。进行学习时，首先计算一个输入矢量的网络输出，然后同响应的目标输出比较，比较结果的误差用来按规定的算法改变加权。如上述纠错规则和竞争学习规则。

（2）无导师学习。

不要求有目标矢量，网络通过自身的“经历”来学会某种功能，在学习时，关键不在于网络实际输出怎样与外部的期望输出相一致，而在于调整权重以反映学习样本的分布，因此整个训练过程实质上是抽取训练样本集的统计特性。

4. 神经网络在故障诊断中的应用

故障诊断的核心技术是模式识别，而人工神经网络能够出色地解决那些传统的模式识别方法难以圆满解决的问题，所以故障诊断是人工神经网络的重要应用领域之一。

发动机在运行状态下是一个复杂的动力学系统，特别是在多故障源和非稳定状态下，要求模式识别的过程具有自适应性和鲁棒性，也就是要求模式分类器具有自适应地处理由于噪声引起的模式失真能力，能够根据发动机运行参数的变化调整分类过程，能够根据输入模式的数据对存储器和分类器的结构进行自适应调节。目前，已有几十种神经网络模型能够完成模式识别，具有代表性的网络主要有 BP 网络、自适应共振理论（ART）、双向联想记忆（BAM）、Boltzmann/Cauchy 机（BCM）、盒中脑（BSB）模型、细胞神经网络（CNN）和使用反向传播算法的多层感知器（MLP）网络。

一般来说，神经网络故障诊断方法不但能在模式空间内形成各种复杂的判决界面，而且神经网络方法最大的特点是网络具有自适应能力，网络不但能自适应地学习，还能自适应地调节网络的大小。此外，神经网络故障诊断方法兼有模式识别和特征提取的功能。另外，神经网络故障诊断方法对输入模式信息的不完备性或特征的缺损不太敏感，也就是说神经网络具有容错性。和传统的故障诊断方法比较起来，神经网络故障诊断方法在背景噪声统计特性未知的情况下，其性能更好，而且网络具有很好的泛化能力。

4.3.2　BP 神经网络

目前，在人工神经网络的实际应用中，绝大部分的神经网络模型采用的是 BP（Back Propagation）网络和它的变化形式，它是前向网络的核心部分，体现了人工神经网络精华的部分。

BP 算法的学习过程由信号的正向传播与误差的逆向传播两个过程组成。正向传播时，模式作用于输入层，经隐层处理后，传向输出层。若输出层未得到期望的输出，则转入误差的逆向传播阶段，将输出误差按某种形式，通过隐含层向输入层返回，并分摊给各层的所有单元，从而获得各层单元的误差信号，以作为修改各单元权值的根据。这种信号正向传播与误差逆向传播的权值矩阵的修改过程，是周而复始地进行的。权值的修改过程，也就是网络的学习过程。此过程一直进行到网络的输出误差逐渐减少到可接受的程度或达到设定的学习次数为止。

BP 网络主要应用于以下领域。

（1）函数逼近：用输入矢量和相应的输出矢量训练一个网络逼近一个函数。

（2）数据压缩：减少输出矢量的维数以便于存储或传输。

（3）模式识别：用一个特定的输出矢量将它与输入矢量联系起来。

（4）分类：把输入矢量以所定义的合适方式进行分类。

1. BP 神经网络的基本原理及算法

BP 算法通过对网络权值（w_{ij}，T_{li}）的修正与阈值 θ 的修正，使误差函数 E 沿负梯度方向下降。将 BP 网络 3 层节点表示为：输入节点 x_j；隐层节点 y_i；输出节点 O_l；输入节点与隐层节点间的权值为 w_{ij}，隐层节点与输出节点间的权值为 T_{li}。当输出节点的期望输出为 t_l 时，网络模型的计算公式如下。

（1）隐层节点的计算输出为

$$y_i = f\left(\sum_j w_{ij}x_j - \theta_i\right) = f(\text{net}_i) \tag{4.24}$$

其中，

$$\mathrm{net}_i = \sum_j w_{ij}x_j - \theta_i$$

（2）输出节点的计算输出为

$$O_l = f\left(\sum_i T_{li}y_i - \theta_l\right) = f(\mathrm{net}_l) \tag{4.25}$$

其中，

$$\mathrm{net}_l = \sum_i (T_{li}y_i - \theta_l)$$

输出节点的误差公式为

$$E = \frac{1}{2}\sum_l (t_l - O_l)^2 = \frac{1}{2}\sum_l \left\{t_l - f\left[\sum_i T_{li}f\left(\sum_j w_{ij}x_j - \theta_i\right) - \theta_l\right]\right\}^2 \tag{4.26}$$

（3）输出节点的公式推导为

$$\frac{\partial E}{\partial T_{li}} = \sum_{k=1}^{n} \frac{\partial E}{\partial O_k}\frac{\partial O_k}{\partial T_{li}} = \frac{\partial E}{\partial O_l}\frac{\partial O_l}{\partial T_{li}} \tag{4.27}$$

E 是多个 O_k 的函数，但只有一个 O_l 与 T_{li}有关，各 O_k 间相互独立。其中，

$$\frac{\partial E}{\partial O_l} = \frac{1}{2}\sum_k -2(t_k - O_k)\frac{\partial O_k}{\partial O_l} = -(t_l - O_l) \tag{4.28}$$

$$\frac{\partial O_l}{\partial T_{li}} = \frac{\partial O_l}{\partial \mathrm{net}_l}\frac{\partial \mathrm{net}_l}{\partial T_{li}} = f'(\mathrm{net}_l)y_i \tag{4.29}$$

所以

$$\frac{\partial E}{\partial T_{li}} = -(t_l - O_l)f'(\mathrm{net}_l)y_i \tag{4.30}$$

设输入输出节点的误差为

$$\delta_l = (t_l - O_l)f'(\mathrm{net}_l)$$

则

$$\frac{\partial E}{\partial T_{li}} = -\delta_l y_i \tag{4.31}$$

（4）隐层节点的公式推导为

$$\frac{\partial E}{\partial w_{ij}} = \sum_l \sum_i \frac{\partial E}{\partial O_l}\frac{\partial O_l}{\partial y_i}\frac{\partial y_i}{\partial w_{ij}} \tag{4.32}$$

E 是多个 O_l 的函数，针对某一个 w_{ij}，对应一个 y_i，它与所有 O_l 有关。其中，

$$\frac{\partial E}{\partial O_l} = \frac{1}{2}\sum_k -2(t_k - O_k)\frac{\partial O_k}{\partial O_l} = -(t_l - O_l) \tag{4.33}$$

$$\frac{\partial O_l}{\partial y_i} = \frac{\partial O_l}{\partial \mathrm{net}_l}\frac{\partial \mathrm{net}_l}{\partial y_i} = f'(\mathrm{net}_l)\frac{\partial \mathrm{net}_l}{\partial y_i} = f'(\mathrm{net}_l)T_{li} \tag{4.34}$$

$$\frac{\partial y_i}{\partial w_{ij}} = \frac{\partial y_i}{\partial \mathrm{net}_i}\frac{\partial \mathrm{net}_i}{\partial w_{ij}} = f'(\mathrm{net}_i)x_j \tag{4.35}$$

则

$$\frac{\partial E}{\partial w_{ij}} = -\sum_{l} (t_l - O_l) f'(\text{net}_l) T_{li} f'(\text{net}_i) x_j = -\sum_{l} \delta_l T_{li} f'(\text{net}_i) x_j \tag{4.36}$$

设

$$\delta'_i = f'(\text{net}_i) \sum_{l} \delta_l T_{li}$$

则

$$\frac{\partial E}{\partial w_{ij}} = -\delta'_i x_j \tag{4.37}$$

由于权值修正 ΔT_{li}、Δw_{ij}正比于误差函数梯度，则有

$$\Delta T_{li} = -\eta \frac{\partial E}{\partial T_{li}} = \eta \delta_l y_i \tag{4.38}$$

$$\delta_l = (t_l - O_l) f'(\text{net}_l) \tag{4.39}$$

$$\Delta w_{ij} = -\eta' \left(\frac{\partial E}{\partial w_{ij}} \right) = \eta' \delta'_i x_j \tag{4.40}$$

$$\delta'_i = f'(\text{net}_i) \sum_{l} \delta_l T_{li} \tag{4.41}$$

权值修正为

$$T_{li}(k+1) = T_{li}(k) + \Delta T_{li} = T_{li}(k) + \eta \delta_l y_i \tag{4.42}$$

$$w_{ij}(k+1) = w_{ij}(k) + \Delta w_{ij} = w_{ij}(k) + \eta' \delta'_i x_j \tag{4.43}$$

（5）阈值修正。阈值是一个变化量，修正权值的同时也修正阈值，原理同权值修正一样。

① 输出节点的公式推导，即

$$\frac{\partial E}{\partial \theta_l} = \frac{\partial E}{\partial O_l} \frac{\partial O_l}{\partial \theta_l} \tag{4.44}$$

其中，

$$\frac{\partial E}{\partial O_l} = -(t_l - O_l) \tag{4.45}$$

$$\frac{\partial O_l}{\partial \theta_l} = \frac{\partial O_l}{\partial \text{net}_l} \frac{\partial \text{net}_l}{\partial \theta_l} = -f'(\text{net}_l) \tag{4.46}$$

则

$$\frac{\partial E}{\partial \theta_l} = (t_l - O_l) f'(\text{net}_l) = \delta_l \tag{4.47}$$

由于

$$\Delta \theta_l = \eta \frac{\partial E}{\partial \theta_l} = \eta \delta_l \tag{4.48}$$

则

$$\theta_l(k+1) = \theta_l(k) + \eta \delta_l \tag{4.49}$$

② 隐层节点的公式推导，即

$$\frac{\delta E}{\partial \theta_i} = \sum_{l} \frac{\partial E}{\partial O_l} \frac{\partial O_l}{\partial y_i} \frac{\partial y_i}{\partial \theta_i} \tag{4.50}$$

其中，

$$\frac{\partial E}{\partial O_l}=-(t_l-O_l) \tag{4.51}$$

$$\frac{\partial O_l}{\partial y_i}=f'(\mathrm{net}_l)T_{li} \tag{4.52}$$

$$\frac{\partial y_i}{\partial \theta_i}=\frac{\partial y_i}{\partial \mathrm{net}_i}\frac{\partial \mathrm{net}_i}{\partial \theta_i}=-f'(\mathrm{net}_i) \tag{4.53}$$

$$\frac{\partial E}{\partial \theta_i}=\sum_l (t_l-O_l)f'(\mathrm{net}_l)T_{li}f'(\mathrm{net}_i)=\sum_i \delta_l T_{li}f'(\mathrm{net}_i)=\delta_i' \tag{4.54}$$

由于

$$\Delta\theta_i=\eta'\frac{\partial E}{\partial \theta_i}=\eta'\delta_i' \tag{4.55}$$

则

$$\theta_i(k+1)=\theta_i(k)+\eta'\delta_i' \tag{4.56}$$

误差反向传播过程实际上首先是计算输出层的误差 e_k，然后通过输出函数的一阶导数求出 δ_k，利用输出层的 δ_k 进行误差的反向传播来求出隐含层前输出层的权值变化量，从而计算出隐含层的输入误差 $e_i=\sum_k \delta_k T_{lk}$；同理求出 δ_i'，利用 δ_i' 进行误差的反向传播来求出隐含层后输入层的权值变化量，从而计算出输入层的输入误差。

2. BP 学习算法的改进

对于给定样本集，目标函数 E 是全体连接权值的函数。因此要寻优的参数个数比较多，也就是说，目标函数 E 是关于连接权的一个非常复杂的超曲面，这就给寻优计算带来一系列的问题。其中一个最大的问题是收敛速度慢；第二个问题是容易陷入局部极值，即 E 的超曲面存在多个极值点。

针对 BP 算法的不足，有些学者提出了一些改进方法，下面介绍一些主要的改进措施。

（1）权值初始化。权值初始化的程度对最终结果有很大的影响，它是影响最终能否达到可接受误差的重要因素之一。训练过程中若初始化权值过高，可能会使部分及全部神经元的输入均较大，从而运行在激励函数斜率较小的饱和区，致使权值的调整量甚微，网络处于麻痹状态。

（2）加入动量项。前面提到 BP 学习算法中的学习步长 η 选取很重要。η 值大，网络收敛快，但过大会引起不稳定；η 值小，虽然可以避免不稳定，但收敛缓慢。要解决这一矛盾，最简单的方法是加入“动量项”，即令

$$\Delta w_{lj}=\eta\delta_i x_j+\alpha\Delta w_{ij}(n-1) \tag{4.57}$$

式中　α——动量项，通常为正数。

在 BP 算法中加入动量项，不仅可以微调权值的修正量，也可以使学习避免陷入极小值。

（3）尽可能使用顺序方式训练网络。顺序方式训练网络比批处理方式更快。特别是训练样本集很大，而且具有重复样本时，顺序方式的这一优点更为突出。使用顺序方式训练网络来解决模式分类问题时，要求每一周期的训练样本其输入顺序是随机的，这样做是为了尽可能使连续输入的样本不属于同一类。

（4）调整学习步长 η，使网络中各神经网络的学习速度相差不多。一般来说，输出单元

的局部梯度比输入端大，可使前者的步长 η 小一些。

4.3.3　某型航空发动机整机振动故障诊断实例

设 p^{in}（$i=1, 2, \cdots, k$）对应航空发动机运行状态的第 n 个观测样本的 k 个特征参数，y^{jn}（$j=1, 2, \cdots, l$）对应第 n 个样本的 l 种故障模式，共有 N 个样本（$n=1, 2, \cdots, N$），则故障模式向量 $\boldsymbol{Y}=\{y^{jn}\}$ 与特征参数向量 $\boldsymbol{P}=\{p^{in}\}$ 间的内在关系用函数 f 表示，即

$$\boldsymbol{P}=f(\boldsymbol{Y}) \tag{4.58}$$

当 $N\to\infty$ 时，函数 f 存在逆函数 s，有

$$\boldsymbol{Y}=s(\boldsymbol{P}) \tag{4.59}$$

诊断建模的实质就是根据有限的样本集，确定 $s(\boldsymbol{P})$ 的一个等价关系 $ss(\boldsymbol{P})$，使得对于任意 $\varepsilon>0$，满足

$$\| s(\boldsymbol{P})-ss(\boldsymbol{P}) \| <\varepsilon \tag{4.60}$$

1. 故障诊断神经网络的设计

在进行 BP 网络设计之前，一般应从网络的层数、每层中的神经元个数、初始值以及学习速率等方面进行考虑。

1）网络层数的选取

神经网络一般由输入层、隐含层和输出层组成。具有偏差和至少一个 S 型隐含层加上一个线性输出层的网络，能够逼近任何有理数。增加层数主要可以进一步降低误差，提高精度，但同时也使网络复杂化，从而增加了网络权值的训练时间。而误差精度的提高实际上也可以通过增加隐含层中的神经元个数来实现，其训练效果比增加层数更容易观察和调整，所以一般情况下，优先考虑增加隐含层中的神经元数。

实际应用中，还没有一套成熟的理论方法来确定网络的隐层节点，隐层节点的确定基本上依赖于经验，主要是采用递增或递减的试探方法来确定网络的隐层节点。对于具体的问题，网络的输入层、输出层的神经元数是确定的，确定隐含层神经元数 n_1 也可以采用下列两种方法，即

$$n_1=\sqrt{n+m}+a \tag{4.61}$$

式中　n——输入层单元数；

m——输出层单元数；

a——常数，取 1~15。

$$n_1=\log_2 n \tag{4.62}$$

2）初始值的选取

由于系统是非线性的，初始值对于学习是否达到局部最小、是否能够收敛以及训练时间的长短关系很大。如果初始值太大，使得加权后的输入落在激活函数的饱和区，从而导致其导数 $f'(x)$ 非常小，而在计算权值修正公式中，因为 δ 正比于 $f'(x)$，当 $f'(x)\to 0$ 时，则有 $\delta\to 0$，使得 $\Delta w\to 0$，从而使得调节过程几乎停顿下来。所以，一般总是希望经过初始加权后的每一个神经元的输出值都接近零，这样就可以保证每个神经元的权值都能够在它们的 S 型激励函数变化最大处进行调节。所以，初始值取（-1，1）之间的随机数。

3）学习速率的选取

学习速率（学习步长）决定每一次循环训练中所产生的权值变化量。大的学习速率可

能导致系统的不稳定，但小的学习速率将会导致训练时间过长、收敛速度慢，不过能保证网络收敛到全局最小误差。在一般情况下，倾向于选取较小的学习速率以保证系统的稳定性。学习速率的选取范围在0.01~0.8之间。

4）期望误差的选取

在设计神经网络过程中，期望误差值也应当通过对比训练后确定一个合适的值，这个“合适”是相对所需要的隐含层的单元个数来确定的，因为较小的期望误差值是靠增加隐含层的节点以及训练时间来获得的。一般情况下，作为对比，可以同时对两个不同期望误差值的网络进行训练，最后通过综合因素的考虑来确定采用其中一个网络。

2. 故障诊断神经网络的训练

1）训练样本的确定

为了成功地利用神经网络来进行故障诊断，确定故障特征参数向量是第一步。特征参数向量的获取通过原始信号的采集、数据预处理以及数据分析等过程完成。这里通过对某型航空发动机整机振动信号进行处理，来获得故障特征参数向量。

2）网络结构的确定

根据对前面典型故障的特征进行分析，为了研究发动机整机振动状态，选择某型航空发动机5个典型截面的垂直和水平方向作为振动测点（共9个测点），选取发动机“慢车”“$n_2=95\%$”“最大”3个状态下的振动有效值来作为振动故障特征参数，因此神经网络输入层节点数为27个，即$n=27$；选择比较典型的3个故障模式（分别为转子不平衡、转子不对中、局部共振），因此输出层节点数为3个，即$m=3$。

在兼顾逼近精度和网络结构应尽可能简单的原则下，选择3层网络结构。输入层选择线性传递函数$y=\text{purelin}(x)$；隐含层选择tan-s型传递函数$y=\text{tansig}(x)$；输出层选择线性传递函数$y=\text{purelin}(x)$。为避免开始学习时就工作在Sigmoid函数的饱和区，采用较小的随机数（0~1之间）来初始化权重。根据经验，学习速率定为0.35，动量项系数选为0.6。

在数据源进入神经网络进行分析训练之前，需要对$y=\text{purelin}(x)$数据源进行归一化处理。设27个数据源分别为a_1，a_2，…，a_{27}，计算得$s=\sum a_i$，则输入神经元中的27个输入节点值$x_i=a_i/s \quad (i=1，2，\cdots，27)$。

隐含层神经元的个数由式（4.61）来确定，经计算得$n_1=15$。神经网络结构为27-15-3。

3. 基于BP神经网络的振动故障诊断实例

把采集到的整机振动数据通过信号处理，作为输入样本，应用Matlab语言编制神经网络故障诊断程序，部分故障样本如表4.2所示。

表4.2　某型航空发动机整机振动故障诊断样本

样本	测点①/(mm·s^{-1})	测点②/(mm·s^{-1})	测点③/(mm·s^{-1})	测点④/(mm·s^{-1})	测点⑤/(mm·s^{-1})	测点⑥/(mm·s^{-1})	测点⑦/(mm·s^{-1})	测点⑧/(mm·s^{-1})	测点⑨/g	故障向量
1	25.99	27.21	18.22	14.43	10.75	6.74	16.45	21.43	5.51	0
2	33.85	31.41	31.29	43.34	13.53	9.64	20.61	24.76	5.49	2
3	28.17	28.11	21.97	24.20	12.02	6.07	19.29	23.41	5.22	0
4	31.43	29.10	28.06	24.64	12.39	7.88	21.62	25.19	5.24	1

续表

样本	测点①/(mm·s⁻¹)	测点②/(mm·s⁻¹)	测点③/(mm·s⁻¹)	测点④/(mm·s⁻¹)	测点⑤/(mm·s⁻¹)	测点⑥/(mm·s⁻¹)	测点⑦/(mm·s⁻¹)	测点⑧/(mm·s⁻¹)	测点⑨/g	故障向量
5	30.91	28.75	26.71	24.60	11.98	7.65	22.46	25.52	4.97	0
6	28.74	27.91	26.27	45.14	13.23	9.24	20.59	25.56	5.09	2
7	29.66	32.81	23.57	15.01	14.21	7.42	16.36	21.65	5.61	0
8	31.56	34.85	27.25	18.13	15.47	7.53	18.72	24.69	5.86	1
9	34.05	36.24	28.81	19.66	15.37	7.68	19.58	23.90	5.48	2
10	30.86	32.83	22.67	29.86	11.81	6.17	17.80	21.58	5.26	1
11	33.91	36.55	28.19	29.04	15.28	7.85	19.80	24.28	5.35	2
12	30.43	34.03	27.33	25.09	15.06	7.11	19.12	25.56	5.02	1
13	28.77	32.35	25.56	16.23	14.05	7.76	18.36	22.29	5.69	0
14	26.56	29.54	26.83	15.47	13.77	8.21	17.15	21.82	5.61	0
15	31.47	29.30	27.53	30.92	11.82	9.05	19.92	24.59	4.94	2

对表 4.2 中的故障样本进行神经网络训练，训练过程如图 4.4 所示。

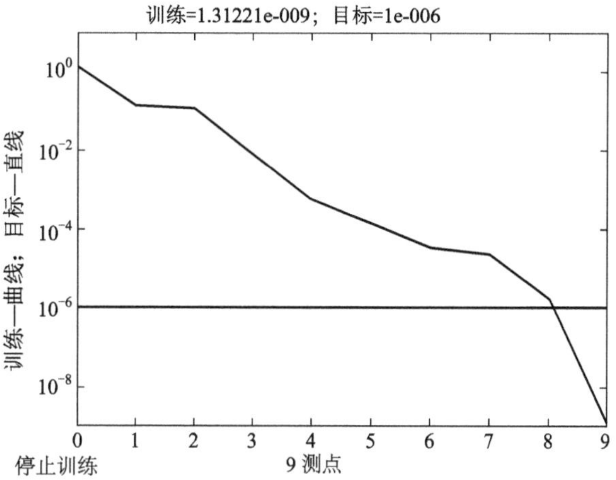

图 4.4　BP 神经网络训练过程

应用训练后的网络，对某两台该型发动机进行故障诊断，输入该两台发动机的整机振动数据，经计算，得到诊断结果如表 4.3 所示。

表 4.3　某型航空发动机整机振动故障诊断结果

数据	测点①/(mm·s⁻¹)	测点②/(mm·s⁻¹)	测点③/(mm·s⁻¹)	测点④/(mm·s⁻¹)	测点⑤/(mm·s⁻¹)	测点⑥/(mm·s⁻¹)	测点⑦/(mm·s⁻¹)	测点⑧/(mm·s⁻¹)	测点⑨/g	故障向量
1	8.60	7.95	5.57	1.94	45.59	13.23	9.14	21.16	25.60	5.21
2	0.43	8.25	27.11	2.13	47.08	13.16	8.61	19.79	23.88	4.92

从诊断结果可以看出，某型航空发动机出现了“转子动不平衡”故障，在实际发动机检修过程中，确实出现了该故障，这充分证实了该方法的有效性。

4.4 基于遗传算法的故障诊断方法

遗传算法（Genetic Algorithm，GA）源于对生物系统进行的计算机模拟研究，是美国 Michigan 大学的 Holland 教授及其学生所创的一种基于生物遗传和进化机制的适合于复杂系统优化的自适应概率优化技术。

GA 是以自然选择和遗传理论为基础，将生物进化过程中适者生存规则与群体内部染色体的随机信息交换机制相结合的高效全局寻优搜索算法。GA 摒弃了传统的搜索方式，模拟自然界生物进化过程，采用人工进化的方式对目标空间进行随机优化搜索。它将问题域中的可能解看作是群体的一个个体或染色体，并将每一个个体编码成符号串形式，模拟达尔文的遗传选择和自然淘汰的生物进化过程，对群体反复进行基于遗传学的操作（遗传、交叉和变异）。根据规定的目标适应度函数对每个个体进行评价，依据适者生存、优胜劣汰的进化规则，不断得到更优的群体，同时以全局并行搜索方式来搜索优化群体中的最优个体，以求得满足要求的最优解。

自从 1975 年 Join H. Holland 教授出版关于 GA 的《Adaptation in Natural and Artificial Systems》以来，GA 已经获得了广泛应用。GA 提供了一种求解非线性、多模型、多目标等复杂系统优化问题的通用框架，它不依赖于问题的具体领域，已广泛地应用于函数优化、组合优化、自动机制、机器人学、图像处理、人工生命、遗传编码、机器学习等领域。

4.4.1 遗传算法的基本理论

1. 模式定理

本节以二进制串作为编码方式来讨论模式定理（Pattern Theorem）。

模式：基于 3 值字符集｛0，1，*｝所产生的能描述具有某些结构相似性的 0、1 字符串集的字符串称为模式。

阶数：模式 H 中确定位置的个数称为该模式的阶数，记为 $o(H)$。

定义长度：模式 H 中第一个确定基因值的位置和最后一个确定基因值的位置之间的距离称为该模式定义长度，记为 $\delta(H)$。

下面通过分析遗传算法的 3 种基本遗传操作对模式的作用来讨论模式定理。令 $A(t)$ 表示第 t 代中串的群体，以 $A_j(t)$（$j=1$，2，…，n）表示第 t 代中第 j 个个体串。

1）选择算子

在选择算子的作用下，与某一模式所匹配的样本数的增减依赖于模式的平均适应度与群体平均适应度之比，平均适应度高于群体平均适应度的将呈指数级增长；而平均适应度低于群体平均适应度的模式将呈指数级减少。其推导如下。

设在第 t 代种群 $A(t)$ 中模式所能匹配的样本数为 m，记为 $m(H, t)$。在选择中，一个位串 A_j 以概率 $P_j = f_j / \sum_i f_i$ 被选中并进行复制，其中 f_j 是个体 $A_j(t)$ 的适应度。假设一代中群

体大小为 n，且个体两两互不相同，则模式 H 在第 $t+1$ 代中的样本数为

$$m(H,t+1)=m(H,t)n\frac{f(H)}{\sum_i f_i} \tag{4.63}$$

式中　$f(H)$ ——在 t 时刻对应于模式的位串的平均适应度。

令群体平均适应度 $\bar{f}=\sum_{i=1}^{n}\frac{f_i}{n}$，则有

$$m(H,t+1)=m(H,t)\frac{f(H)}{\bar{f}} \tag{4.64}$$

现在，假定模式 H 的平均适应度高于群体的平均适应度，且设高出部分为 $c\bar{f}$，c 为常数，则有

$$m(H,t+1)=m(H,t)\frac{\bar{f}+c\bar{f}}{\bar{f}}=(1+c)m(H,t) \tag{4.65}$$

假设从 $t=0$ 开始，c 保持为常值，则有

$$m(H,t+1)=m(H,0)(1+c) \tag{4.66}$$

2）交叉算子

模式 H 只有当交叉点落在定义距外才能生存。在简单交叉（单点交叉）下 H 的生存概率 $P_s=1-\delta(H)/(t-1)$。H 遭破坏的概率 $P_d=\delta(H)/(m-1)$。而交叉本身也是以一定的概率 P_c 发生的，所以模式 H 的生存概率为

$$P_s=1-P_cP_d=1-\frac{P_c\cdot\delta(H)}{m-1} \tag{4.67}$$

现在考虑交叉发生在定义距内，模式 H 不被破坏的可能性。考虑到这一点，式（4.67）给出的生存概率只是一个下界，即有

$$P_s\geqslant 1-\frac{P_c\cdot\delta(H)}{m-1} \tag{4.68}$$

可见，模式在交叉算子作用下定义距短的模式将增多。

3）变异算子

假设串的某一位置发生改变的概率为 P_m，则该位置不变的概率为 $1-P_m$，而模式 H 在变异算子作用下若要不受破坏，则其中所有的确定位置（“0”或“1”的位）必须保持不变。因此模式 H 保持不变的概率为 $(1-P_m)^{o(H)}$，其中 $o(H)$ 为模式 H 的阶数。当 $P_m\ll 1$ 时，模式 H 在变异算子作用下的生存概率为

$$P_s=(1-P_m)^{o(H)}\approx 1-o(H)P_m \tag{4.69}$$

综上所述，模式 H 在遗传算子选择、交叉和变异的共同作用下，其子代的样本数为

$$m(H,t+1)\geqslant m(H,t)\frac{f(H)}{\bar{f}}\left[1-P_c\frac{\delta(H)}{m-1}\right][1-o(H)P_m] \tag{4.70}$$

式（4.70）忽略了极小项 $P_c\cdot\delta(H)/(m-1)+o(H)\cdot P_m$。通过式（4.70）可给出模式定理：在遗传算子选择、交叉和变异的作用下，具有阶数低、长度短、平均适应度高于群体

平均适应度的模式在子代中将以指数级增长。

2. 积木块假设

由模式定理可知，具有阶数低、长度短、平均适应度高于群体平均适应度的模式在子代中将以指数级增长。这类模式在遗传算法中非常重要。

积木块：阶数低、长度短和适应度高的模式称为积木块。

积木块假设：阶数低、长度短、适应度高的模式（积木块）在遗传算子作用下，相互结合，能生成阶数高、长度长、适应度高的模式，可最终生成全局最优解。

与积木块一样，一些好的模式在遗传算法操作下相互拼搭、结合，产生适应度更高的串，从而找到更优的可行解，这正是积木块假设所揭示的内容。

模式定理保证了较优的模式（遗传算法的较优解）样本数呈指数增长，从而满足了寻找最优解的必要条件，即遗传算法存在着寻找到全局最优解的可能性。而这里的积木块假设则指出，遗传算法具备找到全局最优解的能力，即积木块在遗传算子作用下，能生成阶数高、长度长、适应度高的模式，最终生成全局最优解。

3. 欺骗问题

在遗传算法中，将所有妨碍适应度高的个体的生成从而影响遗传算法正常工作的问题统称为欺骗问题。遗传算法运行过程具有将阶数低、长度短、平均适应度高于群体平均适应度的模式重组成高阶模式的趋势。如果在低阶模式中包含了最优解，则遗传算法就可能找出这个最优解来。但是低阶、高适应度的模式可能没有包含最优串的具体取值，于是遗传算法就会收敛到一个次优的结果。下面给出有关欺骗性的概念。

竞争模式：若模式 H 和 H' 中 $*$ 点处的位置完全一致，但任一确定位的编码均不同，则称 H 和 H' 互为竞争模式。

欺骗性：假设 $f(X)$ 的最大值对应的 X 的集合为 X^*，H 为一包含 X^* 的 m 阶模式，H 的竞争模式为 H'，而且 $f(H)>f(H')$，则 f 为 m 阶欺骗。

最小欺骗性：在欺骗问题中，为了造成骗局所需设置的最小的问题规模（即阶数）称为最小欺骗性。其主要思想是在最大程度上违背积木块假设，是优于由平均的短积木块生成局部最优点的方法。这里的“最小”是指问题规模采用两位。

遗传算法中欺骗性的产生往往与适应度函数的确定和调整、基因编码方式选取相关。采用合适的编码方式或调整适应度函数，就可能化解和避免欺骗问题。

4. 未成熟的收敛问题

遗传算法也存在着缺点，在实际应用中也因此出现了一些问题，其中很重要的是遗传算法未成熟收敛（也称早熟）问题。对于遗传算法的应用，解决未成熟收敛问题是必要的；否则，遗传算法的一些优良性能将无法完全体现出来。

未成熟收敛现象主要表现在以下两个方面。

（1）群体中所有的个体都陷于同一极值而停止进化。

（2）接近最优解的个体总是被淘汰，进化过程不收敛。

未成熟收敛产生的主要原因有以下几点。

（1）理论上考虑的选择、交叉、变异操作都是绝对精确的，它们之间相互协调，能搜索到整个解空间，但在具体实现时很难达到这个要求。

（2）所求解的问题是遗传算法欺骗问题。当解决的问题对于标准遗传算法来说比较困难时，遗传算法就会偏离寻优方向，这种问题称为遗传算法欺骗问题。

(3) 遗传算法处理的群体是有限的，因而存在随机误差。它主要包括取样误差和选择误差。取样误差是指所选择的有限群体不能代表整个群体所产生的误差。选择误差是指不能按期望的概率进行个体选择。

以上 3 个方面都有可能产生未成熟收敛现象，即群体中个体的多样性过早地丢失，从而使算法陷入局部最优解。

遗传算法未成熟收敛产生的主要原因是，在迭代过程中，未得到最优解或满意解之前群体就失去了多样性。

在分析了未成熟收敛产生的原因后，下面要解决的是如何防止该现象的发生。解决的方法有以下几种。

(1) 重新启动法。

这是实际应用中最早出现的方法之一。在遗传算法搜索中碰到未成熟收敛问题而不能继续时，则随机选择一组初始值重新进行遗传算法操作。

(2) 配对策略。

为了维持群体的多样性，可有目的地选择配对个体。一般情况下，在生物形成过程中要考虑配对策略，以防止根本不相似的个体进行配对。

(3) 重组策略。

重组策略就是使用交叉算子。它主要是从使用频率和交叉点两方面考虑，来维持群体的多样性。这对采用随机选择配对个体进行交叉操作可能有特定意义，但对成比例选择方式效果则不一定明显。

(4) 替代策略。

替代策略是确定在选择、交叉产生的个体中，选择哪个个体进入新一代群体。它仅从维持群体的多样性出发，存在一定的负面影响，即交叉操作会破坏较多模板，但这种影响比前两种策略要少。

(5) 性能评估。

目前，遗传算法的评估指标大多采用适应度值。特别在没有具体要求的情况下，一般采用各代中最优个体的适应度值和群体的平均适应度值。依此为依据，De Jong 提出了两个用于定量分析遗传算法的测度，即离线性能测度和在线性能测度，得到了两个评估准则。

设 $X_e(s)$ 为环境 e 下策略 s 的在线性能，$f_e(t)$ 为时刻 t 或第 t 代中相应于环境 e 的目标函数或平均适应度函数，则 $X_e(s)$ 可以表示为

$$X_e(s) = \frac{1}{T}\sum_{t=1}^{T} f_e(t) \tag{4.71}$$

式 (4.71) 表明，在线性能可以用从第一代到当前的优化进程的平均值来表示。

设 $X_e^*(s)$ 为环境 e 下策略 s 的离线性能，则有

$$X_e^*(s) = \frac{1}{T}\sum_{t=1}^{T} f_e^*(t) \tag{4.72}$$

式中，$f_e^*(t) = \text{best}\{f_e(1), f_e(2), \cdots, f_e(t)\}$，表明离线性能是特定时刻或特定代的最佳性能的累计平均。

4.4.2 遗传算法的基本原理和方法

本节讨论遗传算法实现设计的6个主要因素，即参数的编码、初始群体的设定、适应度函数的设计、遗传操作、算法控制参数的设定和约束条件的处理。

1. 编码

在遗传算法中，把一个问题的可行解从其解空间转换到遗传算法所能处理的搜索空间的转换方法称为编码。而由遗传算法解空间向问题空间的转换称为解码。编码是应用遗传算法时要解决的首要问题。遗传算法的编码就是解的遗传表示。

传统的二进制编码是0、1字符构成的固定长度串。二进制编码的一个缺点是汉明悬崖，就是在某些相邻整数的二进制代码之间有很大的汉明距离，使得遗传算法的交叉、变异都难以跨越。为克服此问题而提出的格雷码，在相邻整数之间汉明距离都是1。然而汉明距离在整数之间的差并非单调增加，引入了另一层次的隐悬崖。

编码方法大体可以分为3大类，即二进制编码方法、符号编码方法和浮点数编码方法。编码方法的评估通常采用以下3种规范。

（1）完备性。问题空间中的所有点都能作为遗传算法空间中的点的表现。

（2）健全性。遗传算法空间中的染色体能对应所有问题空间中的候选解。

（3）非冗余性。染色体和候选解一一对应。

上述3个策略虽然具有普遍意义，但是缺乏具体的指导思想。相比之下，De Jong 提出了较为客观、明确的编码评估准则。

（1）有意义的积木块编码规则。所定编码应易于生成与所求问题相关的短距和低阶的积木块。

（2）最小字符集编码规则。所有编码应采用最小字符集以使问题得到自然的表示或描述。

2. 选择

选择又称复制，是在群体中选择生命力强的个体产生新的群体的过程。遗传算法使用选择算子来对群体中的个体进行优胜劣汰操作，从而使得群体中个体的适应度值不断接近最优解。它的目的就是为了避免有用遗传信息的丢失，提高全局收敛性和计算效率。

选择操作的策略与编码方式无关。下面介绍几种常用的选择算子。

1）轮盘赌选择

经典遗传算法中常采用轮盘赌的选择方法，每个个体进入下一代的概率就等于它的适应度值与整个种群中个体适应度值和的比例，适应度值越高，被选中的可能性越大，进入下一代的概率就越大。由于群体规模有限和随机操作等原因，使得个体实际被选中的次数与它应该被选中的期望值 $n \cdot f(x_i) / \sum_{i=1}^{n} f(x_i)$ 之间可能存在着一定的误差，因此这种选择方法的选择误差比较大，有时甚至连适应度值比较高的个体也选不上。

2）随机竞争选择

在随机竞争选择中，每次按轮盘赌选择机制选取一对个体，然后让这两个个体进行竞争，适应度高的被选中，如此反复，直至选满为止。

3）最佳保留选择

首先按轮盘赌选择方法执行遗传算法的选择操作，然后将当前群体中适应度最高的个体结构完整地复制到下一代群体中。其主要优点是能保证遗传算法终止时得到的最后结果是历代出现过的最高适应度的个体。

4）无回放随机选择

也称为期望值选择方法，它是根据每个个体在下一代群体中的生存期望值来进行随机选择运算。其具体操作如下。

（1）计算群体中每个个体在下一代群体中的生存期望数目 N。

（2）若某个体被选中参与交叉运算，则它在下一代中的生存期望数目减去 0.5；若未被选中，则在下一代中的生存期望数目减去 1.0。

（3）随着选择过程的进行，若某个体的生存期望数目小于 0 时，则该个体不再有被选中的机会。

5）确定式选择

确定式选择是按照一种确定的方式来进行选择操作。具体操作过程如下。

（1）计算群体中各个个体在下一代群体中的期望生存数目 N。

（2）用 N 的整数部分确定各个对应个体在下一代群体中的生存数目。

（3）用 N 的小数部分对个体进行降序排列，顺序取前 M 个个体加入到下一代群体中。至此可以完全确定出下一代群体中的 M 个个体。

6）无回放余数随机选择

无回放余数随机选择算法的选择操作可确保适应度比平均适应度大的一些个体能够被遗传到下一代群体中，所以它的选择误差比较小。

7）均匀排序

排序选择方法的思想：对群体中所有个体按其适应度大小进行排序，基于这个排序来分配各个个体被选中的概率。其具体操作过程如下。

（1）对群体中所有个体按其适应度大小进行降序排列。

（2）根据具体求解问题，设计一个概率分配表，将各个概率值按上述排列次序分配给各个个体。

（3）以各个个体所分配到的概率值作为其能够被遗传到下一代的概率，基于这些概率值用比例选择的方法来产生下一代群体。

由于具体选中哪个个体是使用随机性较强的比例选择方法，所以排序选择方法也具有较大的选择误差。

8）最优保存策略

最优保存策略的具体操作过程如下。

（1）找出当前群体中适应度最高的个体和适应度最低的个体。

（2）若当前群体某个最佳个体的适应度比总的迄今为止的最好的个体的适应度还高，则以当前群体中的最佳个体作为新的迄今为止的最好个体。

（3）用迄今为止的最好的个体替换掉当前群体中的最差个体。

（4）最优保存策略可视为选择操作的一部分。它可以保证最优个体不会因交叉、变异等遗传运算所破坏，它是遗传算法收敛性的一个重要保证条件。但它也容易使得某个局部最优个体不易被淘汰掉反而快速扩散，导致全局搜索能力不强。因此，它一般要与其他一些选择操作配合使用。

9）随机联赛选择

随机联赛选择也是一种基于个体适应度之间大小关系的选择方法。其基本思想是每次选取几个个体中适应度最高的一个个体遗传到下一代群体中。在联赛选择操作中，只有个体适应度之间的大小比较，而无适应度之间的算术运算。联赛选择中，每次进行适应度大小比较的个体数目称为联赛规模。一般情况下，联赛规模 N 取值为 2。具体操作过程如下。

（1）从群体中随机选择 N 个个体进行适应度大小的比较，将其中适应度高的个体遗传到下一代中。

（2）将上述过程重复 M 次，就可以得到下一代群体中的 M 个个体。

10）排挤选择

De Jong 提出了排挤选择方法。采用该方法时，新生成的子代将替代或排挤相似的旧父代个体。该方法可提高群体的多样性。在采用覆盖群体模式的情况下（代沟为 0.1），该方法可描述如下。

（1）设定排挤参数 CF。

（2）从群体中随机地挑选 CF 个个体组成个体集（新的个体不包含在内）。

（3）从这个集中淘汰一个个体，该个体与新个体的海明距离最短。

3. 交叉

在生物的自然进化过程中，两个不同源染色体通过交配而重组，形成新的染色体，从而产生出新的个体或物种。模拟这个环节，遗传算法中使用交叉算子来产生新的个体。交叉又称重组，是按较大的概率从群体中选择两个个体，交换两个个体的某个或某些位。交叉算子的设计包括如何确定交叉点位置和如何进行部分基因交换两个方面的内容。

在遗传算法中，交叉运算之前还必须先对群体中的个体进行配对。目前常用的是随机配对，交叉操作是在这些配对个体组中的两个个体之间进行的。

1）单点交叉

单点交叉中，交叉点 k 的范围为 $[1, N_{var}-1]$，N_{var} 为个体变量数目，在该点为分界相互转换变量。

考虑以下两个 11 位变量的父个体：

父个体 1	0 1 1 1 0 0 1 1 0 1 0
父个体 2	1 0 1 0 1 1 0 0 1 0 1

交叉点的位置为 5，如图 4.5 所示，交叉后生成两个子个体。

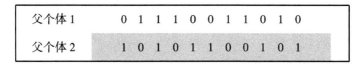

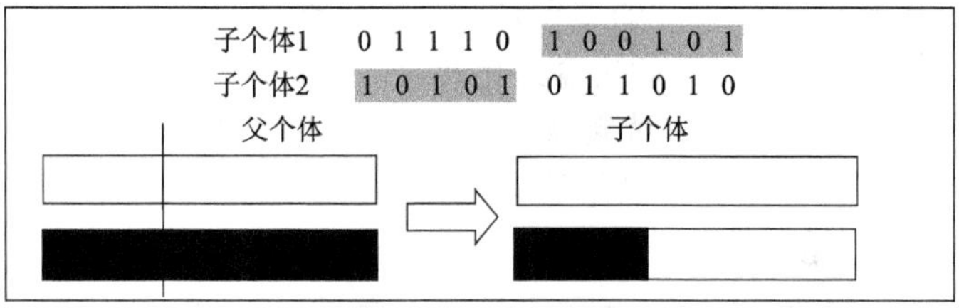

图 4.5　单点交叉运算

2）多点交叉

对于多点交叉，m 个交叉位置 K_i 可无重复随机地选择，在交叉点之间的变量间续地相互交换，产生两个新的后代，但在第一位变量与第一个交叉点之间的一段不做交换。考虑以下两个 11 位变量的个体：

父个体 1	0	1	1	1	0	0	1	1	0	1	0
父个体 2	1	0	1	0	1	1	0	0	1	0	1

交叉点的位置为 2、6、10，如图 4.6 所示，交叉后生成两个新个体。

子个体1	0	1	1	0	1	1	1	1	0	1	1
子个体2	1	0	1	1	0	0	0	0	1	0	0

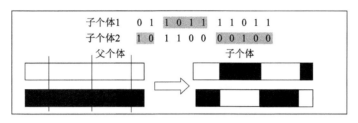

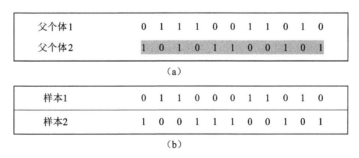

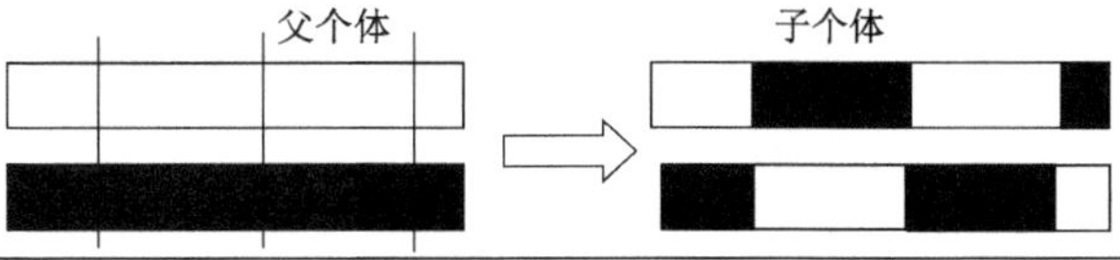

图 4.6 两点交叉运算

多点交叉的思想源于控制个体特定行为的染色体表示信息的部分无须包含于邻近的子串中，多点交叉的破坏性可以促进解空间的搜索，而不是促进过早地收敛。因此，搜索更加健壮。

3）均匀交叉

均匀交叉是指两个配对个体的每个基因座上的基因都以相同的交叉概率进行交换，从而形成两个新的个体。与上面两种方法比较，均匀交叉更具有广义化，均匀交叉是将每个点都作为潜在的交叉点。考虑以下两个 11 位变量个体，其父个体如图 4.7（a）所示。掩码样本（1 表示父个体 1 提供变量值，0 表示父个体 2 提供变量值）如图 4.7（b）所示。

父个体1	0	1	1	1	0	0	1	1	0	1	0
父个体2	1	0	1	0	1	1	0	0	1	0	1

（a）

样本1	0	1	1	0	0	0	1	1	0	1	0
样本2	1	0	0	1	1	1	0	0	1	0	1

（b）

图 4.7 父个体与掩码样本

（a）父个体；（b）掩码样本

交叉后两个新个体如图 4.8 所示。

子个体1	1	1	1	0	1	1	1	1	1	1	1
子个体2	0	0	1	1	0	0	0	0	0	0	0

图 4.8 均匀交叉运算

遗传算法的收敛性主要取决于其核心操作交叉算子的收敛性。由交叉算子的搜索能力可以得出结论：只在交叉算子的作用下，随着演化代数的增加，模式内的各基因将趋于独立，并且只要组成模式的各基因都存在，则该模式一定能被搜索到，此时模式的极限概率等于组成该模式各基因的初始概率的乘积，并且与模式的定义距离无关，从而说明了交叉算子能使群体分布扩充的特性。

4. 变异

重组之后是子代的变异，子个体变量以很小的概率或步长产生转变，变量转变的概率或步长与维数（即变量的个数）成反比，与种群的大小无关。据研究，对于单峰函数 $1/n$ 是最好的选择，开始时增加变异率、结束时减少变异率可以改善搜索速度。但对于多峰函数变异率的自适应过程是很有益的选择。变异本身是一种局部随机搜索，与选择、交叉算子结合在一起，保证了遗传算法的有效性，使遗传算法具有局部的随机搜索能力；同时使得遗传算法保持种群的多样性，以防止出现非成熟收敛。在变异操作中，变异率不能取得太大，如果变异率大于 0.5，遗传算法就退化为随机搜索，而遗传算法的一些重要的数学特性和搜索能力也不复存在了。

在遗传算法中使用变异算子的主要目的是改善遗传算法的局部搜索能力，以及维持群体的多样性，防止出现早熟现象。

5. 适应度函数

适应度函数也称为评价函数，是根据目标函数确定的用于群分群体中个体好坏的标准，是算法演化过程的驱动力，也是进行自然选择的唯一依据。适应度函数总是非负的，任何情况下都希望其值越大越好。

适应度函数的设计主要满足以下条件。

（1）单值、连续、非负、最大化。

（2）合理、一致性。要求适应度值反映对应解的优劣程度。

（3）计算量小。适应度函数设计应尽可能简单。

（4）通用性强。

适应度函数基本上有以下 3 种。

（1）直接以待求解的目标函数 $f(x)$ 转化为适应度函数 $\mathrm{Fit}(f(x))$。

若目标函数为最大问题，则

$$\mathrm{Fit}(f(x))=f(x) \tag{4.73}$$

若目标函数为最小问题，则

$$\mathrm{Fit}(f(x))=-f(x) \tag{4.74}$$

这种适应度函数简单直观，但存在两个问题：其一是可能不满足常用的轮盘赌选择中概率非负的要求；其二是某些待求解的函数在函数值分布上相差很大，由此得到的平均适应度可能不利于体现种群的平均性能，影响算法的性能。

（2）若目标函数为最大问题，则

$$\mathrm{Fit}(f(x))=\begin{cases} c_{\max}-f(x), & f(x)<c_{\max} \\ 0, & 其他 \end{cases} \tag{4.75}$$

式中　$c_{\max}$——$f(x)$ 的最大值估计。

若目标函数为最小问题，则

$$\mathrm{Fit}(f(x))=\begin{cases} f(x)-c_{\min}, f(x)>c_{\min} \\ 0, \quad 其他 \end{cases} \tag{4.76}$$

式中　$c_{\min}$——$f(x)$ 的最小值估计。

这种方法是第一种方法的改进，可以称为“界限构造法”，但有时存在界限值预先估计困难，不可能精确的问题。

(3) 若目标函数为最小问题，则

$$\mathrm{Fit}(f(x))=\frac{1}{1+c+f(x)} \quad c\geqslant 0, c+f(x)\geqslant 0 \tag{4.77}$$

若目标函数为最大问题，则

$$\mathrm{Fit}(f(x))=\frac{1}{1+c-f(x)} \quad c\geqslant 0, c-f(x)\geqslant 0 \tag{4.78}$$

这种方法与第二种方法类似，c 为目标函数界限的保守估计值。

6. 控制参数选择

遗传算法的控制参数选择的不同，会对遗传算法的性能产生较大影响，影响到整个算法的收敛性。这些参数包括种群规模 N、个体编码串长度 l、交叉概率 P_c、变异概率 P_m 等。简单的遗传算法对其中的参数选择比较敏感。

较大的交叉概率可使各代充分交叉，但优良模式遭到破坏的可能性增大，以致产生较大的代沟，使得搜索走向随机化；交叉概率越低，代沟越小，这样保持一个连续的解空间，使找到全局最优解的可能性增大，但进化的速度减慢；若交叉概率太低，就会使得更多的个体直接复制到下一代，遗传搜索可能陷入停滞状态。一般 $P_c=0.4\sim0.99$。

若变异概率 P_m 取值较大，虽然能够产生出较多的新个体，但也有可能破坏掉很多较好的模式，使得遗传算法的性能近似于随机搜索算法的性能；若变异概率 P_m 取值太小，则变异操作产生新个体的能力和抑制早熟现象的能力就会较差。一般建议取值范围是 $0.0001\sim0.1$。

群体规模的大小 N 直接影响到遗传算法的收敛性和计算效率。当 N 取值过小时，容易收敛到局部最优解；当 N 取值过大时，又会使得遗传算法的运行效率降低。一般建议的规模大小在 10~200 之间选取。

4.4.3　遗传算法的一般运行过程

图 4.9 所示为遗传算法的基本流程。设 $P(t)$ 和 $C(t)$ 分别是第 t 代的双亲和后代，则遗传算法过程如下。

```
begin
t←0;
初始化 P(t);
评估 P(t);
    while 不满足终止条件 do
```

```
    begin
      重组 P(t) 获得 C(t);
      评估 C(t);
      从 P(t) 和 C(t) 中选择 P(t+1);
      t←t+1;
    end
end
```

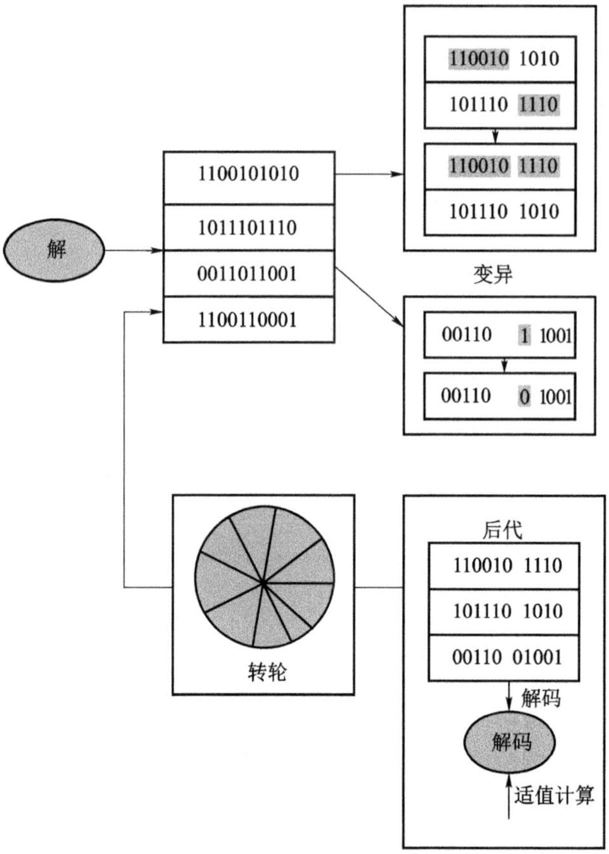

图 4.9　遗传算法一般结构示意图

以上是 Grefensertte 和 Baker 描述的改进的算法步骤。通常初始化是随机产生的。完整的遗传算法的运算流程可以用图 4.10 来描述。

由图 4.10 可以看出，使用上述 3 种遗传算子（选择、交叉和变异）的遗传算法的主要运算过程如下。

（1）编码。解空间中的解数据 x，作为遗传算法的表现型形式。从表现型到基因型的映射称为编码。

（2）初始群体的生成。随机产生 N 个初始串结构数据，每个串结构数据称为一个个体，N 个个体构成一个群体。遗传算法以这 N 个串结构作为初始点开始迭代。设置进化代数计数器 t←0；设置最大进化代数 T；随机生成 M 个个体作为初始群体 $P(0)$。

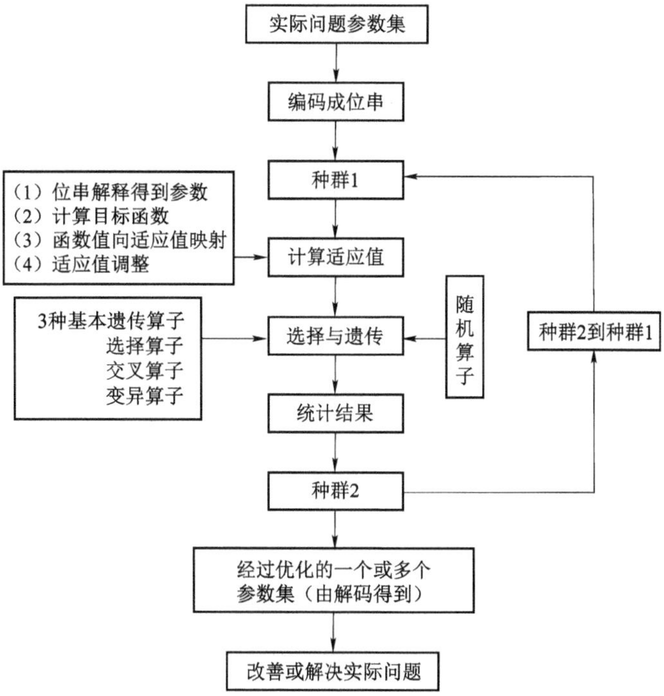

图 4.10　遗传算法运算流程

（3）适应度值评价检测。适应度函数表明个体或解的优劣性。对于不同的问题，适应度函数的定义方式不同。根据具体问题，计算群体 $P(t)$ 中各个个体的适应度。

（4）选择。将选择算子作用于群体。

（5）交叉。将交叉算子作用于群体。

（6）变异。将变异算子作用于群体。

群体 $P(t)$ 经过选择、交叉、变异后得到下一代群体 $P(t+1)$。

（7）终止条件判断。若 $t \leqslant T$，则 $t \leftarrow t+1$，转到步骤（2）；若 $t>T$，则以进化过程中所得到的具有最大适应度的个体作为最优解输出，终止运算。

从遗传算法运算的流程可以看出，进化操作过程简单、容易理解，它给其他各种遗传算法提供了一个基本框架。

4.4.4　基于进化计算的故障特性分析一般过程

对于最优化问题，也可采用进化计算的方法来求解。如前所述，用进化计算方法求解最优化问题具有其他方法无法比拟的优点。

基于进化计算的故障特性分析一般过程如下。

（1）对所研究分析的对象的特点进行分析，建立模型。

（2）将模型方程转化为优化问题模型，并根据使用的进化计算的方法选择最大化或最小化方法。

（3）根据使用的进化计算的方法设计目标函数或适应度函数。

（4）设计算法结构，编制运行程序，选择运行参数值。

（5）运行程序，计算。

（6）对计算结果进行分析。

由于进化计算方法具有并行、随机、自适应、鲁棒、全局优化等解搜索特点，因此特别适用于大规模、非线性、多极值甚至无目标函数表达的优化问题。

下面以转子振动试验台模拟航空发动机多级盘平衡为例，介绍遗传算法在故障诊断中的应用。在现有条件下建立四级轮盘，并且轮盘上不能安装或排列叶片，轮盘系统如图 4.11 所示。测得每级盘的不平衡量的大小和方向及第 1～4 级盘到受力点的距离，数据如表 4.4 所示。

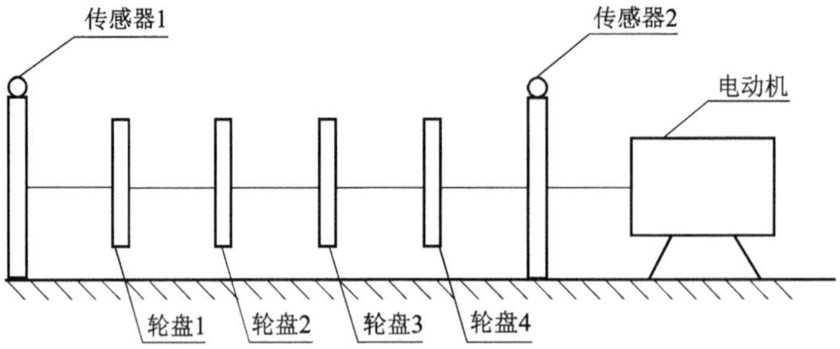

图 4.11　四级轮盘系统示意图

表 4.4　各级盘不平衡量大小和方向

轮盘号	不平衡质量 m/g	不平衡量 U/(g · cm)	方向 θ/(°)	偏移量 L/cm
轮盘 1	1.688 9	5.084	0.0	5
轮盘 2	1.972 1	5.830	0.0	10
轮盘 3	2.020 1	5.973	0.0	15
轮盘 4	1.931 0	5.748	0.0	20

1. 目标函数

由上述公式可列出以下的方程，即

$$F_X = \sum_{k=1}^{4} q(k) \times \cos(\alpha(k)) \times \omega^2$$

$$F_Y = \sum_{k=1}^{4} q(k) \times \sin(\alpha(k)) \times \omega^2$$

$$M_X = \sum_{k=1}^{4} L(k) \times q(k) \times \sin(\alpha(k)) \times \omega^2$$

$$M_Y = \sum_{k=1}^{4} L(k) \times q(k) \times \cos(\alpha(k)) \times \omega^2$$

合成力和合成力矩的平方分别为

$$\mathrm{QFAC}(\alpha) = F_X^2 + F_Y^2$$

$$\mathrm{QMOM}(\alpha) = M_X^2 + M_Y^2$$

在此基础上提出目标函数为

$$f(\alpha)=W_1\times \mathrm{QFAC}(\alpha)+W_2\times \mathrm{QMOM}(\alpha)$$

式中　W_1，W_2——函数的加权因子，加权因子均取 0.5；

ω——轮盘转速，$\omega=3\,000\times\pi/30$。

2. 适应度函数

此函数要求既能保证轮盘赌选择中概率非负，又能保证适应度函数数值上相差不是太大而影响计算性能。通过适应度函数来决定染色体的优劣程度，它体现了自然进化中的优胜劣汰原则。本书为最小值优化问题，可设适应度函数为

$$\mathrm{Fit}(f(t))=\frac{1}{1+f(\alpha)}$$

3. 染色体编码

每个个体（染色体）含有 p 位基因，p 代表所有装配盘的个数，基因编码采用浮点数编码，在有 4 个压气机盘装配的情况下（$p=4$），染色体编码为 $V=[\theta_1,\ \theta_2,\ \theta_3,\ \theta_4]$（$\theta_i\in(0°,\ 360°)$），其中 θ 为轮盘的安装角。

4. 遗传算子

1）选择算子

本书采用排序选择操作。假定最小化目标函数，这样对每个个体计算目标函数后需要对它们由小到大排序，把序号在后的 m 个个体复制两份，淘汰序号在前面的 m 个个体，序号在中间的 pop−2m（pop 为种群大小）个个体复制一份。这种做法能保证群体尺寸不变，编程实现非常容易。本书取 $m=0.05\times$pop。采用排序选择操作的意义在于它能保持一致的选择压力，能较好地抑制非成熟收敛。

2）交叉操作

交叉是把两个父个体的部分结构替换重组而生成新个体的操作，交叉的目的是产生下一代新的个体，通过交叉，遗传算法的搜索能力得以飞跃地提高。交叉和变异是遗传算法获得新优良个体的重要手段，本书采用的交叉方式，即

$$a'=(1-\delta)\cdot a+\varepsilon\cdot b$$
$$b'=\delta\cdot a+(1-\delta)\cdot b$$
$$\text{if}\quad a'(b')>R_b\quad\text{then}$$
$$a'(b')=a'(b')-R_b$$
$$\text{if}\quad a'(b')<L_b\quad\text{then}$$
$$a'(b')=a'(b')+L_b$$
$$0<\delta<r,\qquad 0<\varepsilon<r$$
$$L_b=0,\qquad R_b=360$$

式中　a，b——交叉前父个体；

a'，b'——交叉后子个体；

δ，ε——（0，1）区间上均匀分布的随机数；

L_b，R_b——分别为寻优参数的左右边界。

调节上式中 r（$r<1$）的大小可以控制交叉操作的变化范围。当 r 较小时参数在原值附近小范围内变化，而当 r 较大时交叉结果可能离原值较远。采用这样的交叉操作方式可以得到多种可能结果，能充分地实现两个个体间的信息交换，对找到全局极值很有利。

3）变异操作

考察二进制编码的变异操作，它的最终效果是把某个体的参数 θ_i 操作成域内另一值 θ_i'，本书的变异操作也要达到这样的效果。本书采用高斯变异，即

$$\theta_i' = N(\theta_i, \sigma)$$

具体实现为

$$\begin{cases} \theta_i' = \theta_i + \text{sign} \cdot \Delta\theta_i \cdot \tau \cdot (R_b - L_b) \\ \Delta\theta_i = \sqrt{-2 \cdot \ln(r_1)/0.4323} \cdot \sin(2 \cdot \pi \cdot r_2) \\ r_1 < 1, \quad r_2 < 1, \end{cases}$$

其中，$\text{sign} = \begin{cases} -1 \\ 1 \end{cases}$。

式中 r_1，r_2——随机数；

σ——参数变换范围；

$\Delta\theta_i$——参数偏移比例，其概率密度图形如图 4.12 所示。

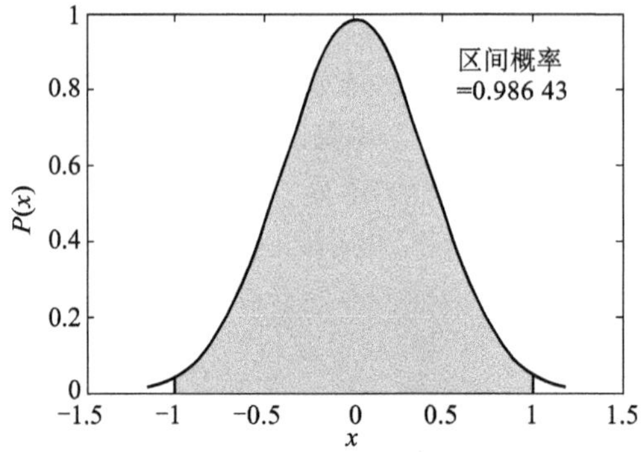

图 4.12 $\Delta\theta_i$ 的概率密度

由图 4.12 可见，$\Delta\theta_i$ 的区间范围在［−1，1］之间的概率为 0.986 43，为了保证算法跳出局部最优解，设 $\sigma =（R_b - L_b）\cdot \tau$，$\tau$ 为随机数（$\tau < 0.5$），以保证在整个区间内进行变异，公式变为

$$\begin{cases} \theta_i' = \theta_i + \text{sign} \cdot \Delta\theta_i \cdot \tau \cdot (R_b - L_b) \\ \Delta\theta_i = \sqrt{\dfrac{-2 \cdot \ln(r_1)}{0.4323}} \cdot \sin(2 \cdot \pi \cdot r_2) \\ r_1 < 1, \quad r_2 < 1, \quad \tau < 0.5 \end{cases}$$

利用 Matlab 语言编制遗传算法程序，经过 773 次遗传迭代后的数据收敛，其得出优化结果如图 4.13 所示。

经过以上计算最终可得到配重安装的最优解：第一级轮盘安装角为 0°，第二级轮盘安装角为−177.84°，第三级轮盘安装角为−52.27°，第四级轮盘安装角为 120.51°。此时目标函数达到最小值 0.219 74。

从结果数据可以看出基于遗传算法的多级盘安装角优化能够迅速达到理想效果，运算效率高，结果精度高。

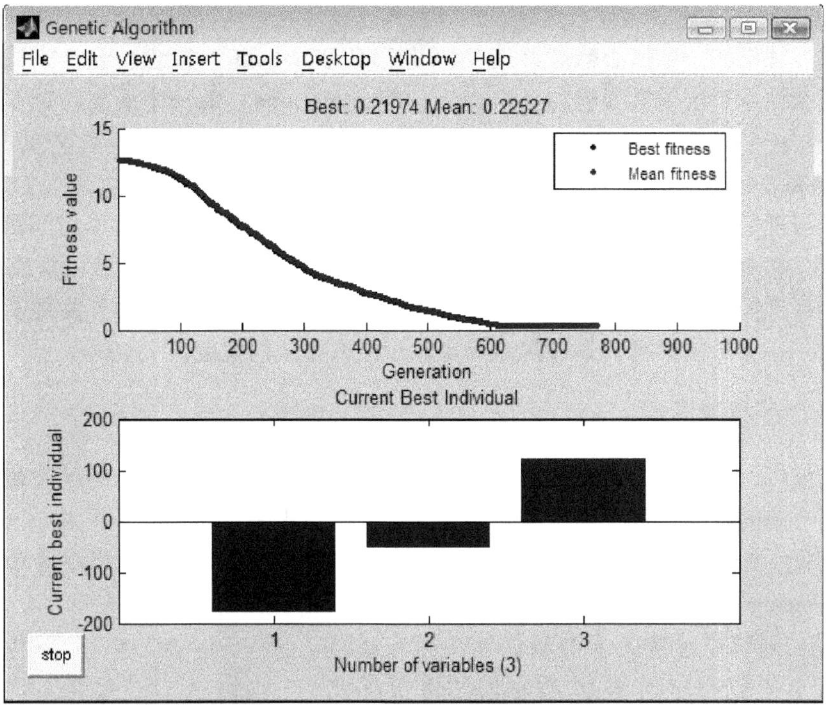

图 4.13　经过 773 次迭代后目标函数的最优解及性能跟踪

4.5　基于支持向量机的故障诊断方法

基于知识的诊断方法如智能诊断、模糊推理、神经网络等是一种很有前途的方法，尤其是在非线性系统领域，它的智能化技术和丰富的专家知识给用户提供了一个简单易用而又可靠的系统。然而，一个众所周知的原因制约着这项技术向实用化方向推广，那就是故障样本数的不足。因此，这些理论上很优秀的诊断方法在实际应用中就不易有出色的表现。而统计学习理论（Statistical Learning Theory，SLT）和支持向量机（Support Vector Machine，SVM）的诞生为这一问题的解决开辟了新的途径。

4.5.1　统计学习理论

与传统统计学相比，统计学习理论是一种专门研究小样本情况下机器学习规律的理论，主要内容包括以下 4 个方面。

（1）经验风险最小化准则下统计学习一致性的条件。

（2）在这些条件下关于统计学习方法推广性的界的结论。

（3）在这些界的基础上建立的小样本归纳推理准则。

（4）实现新的准则的实际方法（算法）。

该理论针对小样本统计问题建立了一套新的理论体系，在这种体系下的统计推理规则不仅考虑了对渐近性能的要求，而且追求在现有有限信息的条件下得到最优结果。V. Vapnik 等人从 20 世纪六七年代开始致力于此方面研究，到 90 年代中期，随着其理论的不断发展和成熟，也由于神经网络等学习方法在理论上缺乏实质性进展，统计学习理论开始受到越来越广泛的重视。

统计学习理论的一个核心概念就是 VC 维（VC Dimension）概念。它是描述函数集或学习机器的复杂性或者说是学习能力（Capacity of the machine）的一个重要指标，在此概念基础上发展出了一系列关于统计学习的一致性（Consistency）、收敛速度、推广性能（Generalization Performance）等的重要结论。

统计学习理论建立在一套较坚实的理论基础之上，为解决有限样本学习问题提供了一个统一的框架。它能将很多现有方法纳入其中，能够帮助解决许多原来难以解决的问题（如神经网络结构选择问题、局部极小点问题等）。同时，在这一理论基础上发展了一种新的通用学习方法——支持向量机，其表现出很多优于已有方法的性能。

4.5.2 支持向量机

支持向量机（SVM）方法是建立在统计学习理论的 VC 维理论和结构风险最小原理基础上的，根据有限的样本信息在模型的复杂性（即对特定训练样本的学习精度，Accuracy）和学习能力（即无错误地识别任意样本的能力）之间寻求最佳折中，以期获得最好的推广能力（Generalization Ability）。

SVM 是从线性可分情况下的最优分类面发展而来的，其基本思想可用图 4.14 所示的两维情况说明。图中，实心点和空心点代表两类样本，H 为分类线，H_1 和 H_2 分别为过各类中离分类线最近的样本且平行于分类线的直线，它们之间的距离叫作分类间隔（Margin）。最优分类线就是要求分类线不但能将两类正确分开（训练错误率为 0），而且使分类间隔最大，前者是保证经验风险最小（为 0），而使分类间隔最大，即使推广性的边界中置信范围最小，从而使真实风险最小，这也是对推广能力的控制。推广到高维空间，最优分类线就成为最优分类面。H_1、H_2 上的训练样本点就称为支持向量。

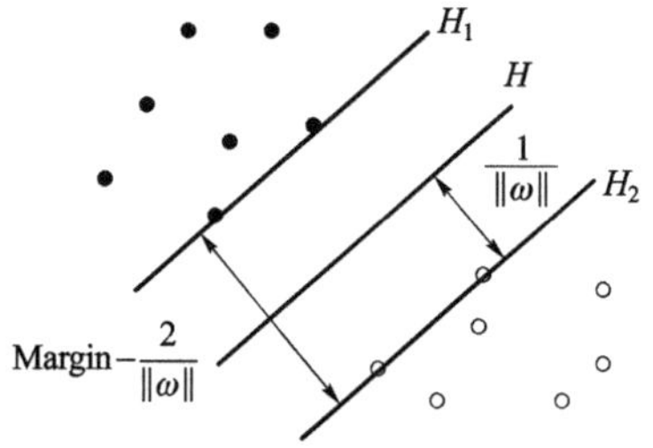

图 4.14 线性可分情况下的最优分类线

1. 最优分类面

若设给定训练数据为（x_i，y_i）（$i=1, 2, \cdots, L$），其中 $x \in \mathbf{R}^n$，$y \in |-1, +1|$，又若 n 维空间中的线性判别函数的一般形式为 $f(x)=(\omega \cdot x)+b$，对应的分类面方程为

$$(\omega \cdot x)+b=0$$

将判别函数归一化，使两类所有样本都满足 $|f(x)| \geqslant 1$，此时离分类面最近的样本 $f(x)=1$，要求分类面对所有样本都能正确分类，即满足

$$y_i[(\omega \cdot \omega_i)+b]-1 \geqslant 0 \quad i=1,2,\cdots,L$$

若集合中的数据都可以被分类面正确划分，则该分类面就是最优超平面，如图 4.14 中的 H 所示。由于支持向量与超平面之间的距离为 $1/\|\omega\|$，则支持向量间距为 $2/\|\omega\|$。

最优超平面的问题可表示为以下的约束优化问题，因此可转化为求二次规划问题，即

$$\varphi(\omega)=\frac{1}{2(\omega \cdot \omega)} \tag{4.79}$$

约束条件为不等式

$$y_i[(\omega \cdot \omega_i)+b] \geqslant 1 \quad i=1,2,\cdots,L \tag{4.80}$$

在线性条件下，式（4.79）的最优解为下面 Lagrange 函数的鞍点，即

$$L(\omega,b,a)=\frac{1}{2}\|\omega\|^2-\sum_{i=1}^{L}a_i\{y_i(\omega \cdot x+b)-1\} \tag{4.81}$$

式中　a——非负 Lagrange 乘子。

在鞍点处，由于 ω 和 b 的梯度均为 0，则可知最优超平面系数 a 满足 $\sum_{i=1}^{L}a_iy_i=0$，此时最优超平面是训练集合中向量的线性组合，即

$$\omega=\sum_{i=1}^{L}a_iy_ix_i \tag{4.82}$$

由于只有支持向量可以在式（4.82）的展开式中具有非零系数 a_i，这时的支持向量就是使式（4.80）成立的向量，所以只有支持向量影响最终的分类结果，用数学式表述为

$$\omega=\sum_{\text{支持向量}}a_iy_ix_i \tag{4.83}$$

依据 Kuhn-Tucker 条件可知，最优解应满足

$$a_i\{y_i(\omega \cdot x+b)-1\}=0 \tag{4.84}$$

将式（4.83）、式（4.84）代入式（4.82）中，于是最优超平面的问题就转化为构造一个较为简单的二次规划问题，可知分类平面为

$$f(x)=\operatorname{sign}\left(\sum_{i}a_iy_ix_i \cdot x+b\right) \tag{4.85}$$

对于线性不可分的情况，SVM 引入松弛变量 ζ 和惩罚因子 C，使目标函数变为

$$\varphi(\omega,\zeta)=\frac{1}{2}(\omega \cdot \omega)+C\left(\sum_{i}^{N}\zeta_i\right) \tag{4.86}$$

此外，SVM 通过非线性变换将输入空间变换到高维空间，然后在新空间中求解最优分类面，线性可分情况下的点积运算变为

$$k(x,y)=(\varphi(X) \cdot \varphi(Y))$$

由此得到的分类函数为

$$f(x)=\operatorname{sign}\left(\sum_{i}a_iy_ix_i \cdot k(x_i,x)+b\right) \tag{4.87}$$

2. 核函数

支持向量机的实现是通过某种事先选择的核函数将输入向量映射到一个高维特征空间，构造出最优分类超平面。使用 SVM 进行数据集分类工作的过程：首先通过预先选定的一些非线性映射；再将输入空间映射到高维特征空间。

在高维空间中，SVM 的分类函数具有的性质：它是一组以支持向量为参数的非线性函数的线性组合，因此分类函数的表达式仅和支持向量的数量有关，而独立于空间的维度。

支持向量机通过事先选择好的映射将输入向量 x 映射到高维特征空间 Z，在这个空间构造最优分类超平面。在形式上，SVM 的分类函数类似于神经网络，输出是中间节点的线性组合，每个中间节点对应一个支持向量，如图 4.15 所示。

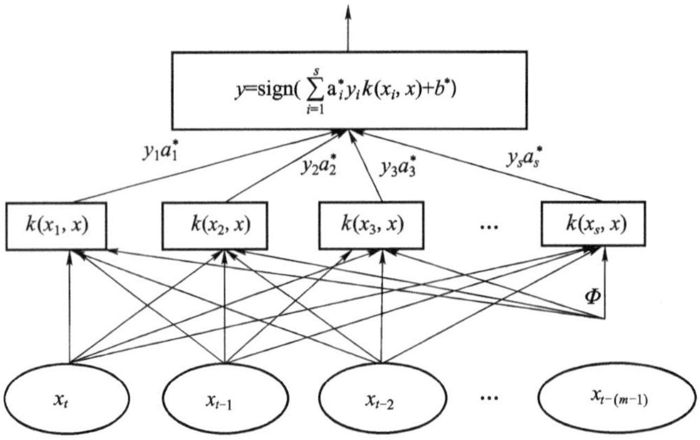

图 4.15　支持向量机算法示意图

由以上对最优超平面的讨论可知，向量之间只进行点积运算。因此，如果采用核函数(Kernel Function)，就可以避免在高维特征空间进行复杂的运算。该过程可以表述为输入向量 X 通过映射：$\mathbf{R}^n \to H$，映射到高维 Hilbert 空间 H 中，该核函数 K 满足$(x, y)=(\varphi(x)\cdot\varphi(y))$。显然，不同的核函数将形成不同的算法（即不同的支持向量机）。

常用的核函数有线性核函数、多项式核函数、径向基核函数和 Sigmoid 核函数等，本书选用的核函数是高斯径向基核函数（RBF kernels），即

$$k(x_i,x)=\exp[-\|x-x_i\|^2/\sigma^2] \tag{4.88}$$

构造的支持向量机的判别函数为

$$f(x)=\text{sign}\{\sum_i a_i\exp[-\|x-x_i\|^2/\sigma^2]-b\} \tag{4.89}$$

式中　σ——核宽度。

4.5.3　支持向量机（SVM）的分类

在实际应用中，航空发动机整机振动故障诊断是多类故障诊断问题，需要建立多类 SVM 分类器。下面就多类分类理论做以下介绍。

1. SVM 多类分类原理

支持向量机处理多类分类问题的思路：假设航空发动机整机振动故障训练样本集：$T=\{(x_i, y_i), \cdots, (x_l, y_l)\}\in(X\times Y)^l$，其中 $x_i\in X=\mathbf{R}^n$，$y_i\in Y=(1, \cdots, M)$，$i=1, \cdots, l$。寻找 $\mathbf{R}^n$ 上的一个判别函数 $f(x)$ 与任一输入 x 相对应的 y 值。多类分类问题的实质就是找到一个把 $\mathbf{R}^n$ 上的点分成 M 部分的规则。支持向量机处理多类分类问题的一般思路如下。

(1) 对 $j=1, \cdots, M$ 进行以下运算。把第 j 类看作正类，把其余的 $M-1$ 类看作负类，根据支持向量机相关理论可求出决策函数，即

$$f^j(x)=\text{sign}(g^j(x)) \tag{4.90}$$

其中，

$$g^j(x)=\sum_{i=1}^{l} y_i a_i^j k(x,x_i)+b^j$$

(2) 判定输入 x 属于第 J 类，其中 J 是 $g^1(x), \cdots, g^M(x)$ 中的最大者。

通过上述两个步骤，依次对剩下的训练样本数据进行分类，就可以构造将 n 类数据样本进行分类的多类分类器。

2. SVM 多类分类方法

1）一对多分类法

该分类方法是对于其中的一个分类机，都把自己同余下的各类划分开，据此推断某个输入 X 的归属。如果用一个二维分类问题说明其计算过程，假设这个分类问题涉及“1”“2”“3”三类，而且实际上它们是从一点出发的分开的 3 条射线，如图 4.16 所示。

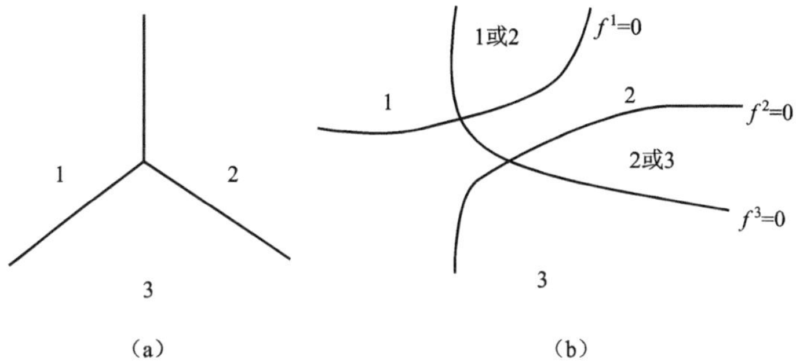

图 4.16 多类分类问题

2）一对一分类法（one-against-one，简写为 1-a-1）

该法的具体做法是以式（4.91）为其训练集，对所有的 $(i,\ j)\in\{(i,\ j)\mid i\leqslant j,\ i、j=1,\ \cdots,\ M\}$ 进行下列运算：首先从训练集中抽取所有的 $y=i$ 和 $y=j$ 的样本点，再基于这些样本点组成一个训练集 $T_{i\text{-}j}$，最后用求解两类分类问题的支持向量机求得实值函数 $g^{i\text{-}j}(x)$ 和判定 $x\in X$ 属于第 i 类或第 j 类的分类机，即

$$f^{i\text{-}j}(x)=\begin{cases}i, g^{i\text{-}j}(x)>0\\ j,\text{其他}\end{cases} \tag{4.91}$$

然后在需要对给定的一个测试输入 x 推断它属于第几类时，考虑上述所有的分类机对 x 所属类别的意见。该分类中 M 类问题就有 $(M-1)M/2$ 个分类机。

3）二叉树法（Binary Tree，BT）

该方法的思想是先将所有类别划分为两个子类，每个子类再划分为两个子类，以此类推，直到划分出最终类别。假设 8 类多类问题 {1，2，3，4，5，6，7，8}，其中每个中间节点或者根节点（圆圈）代表一个二类分类机，8 个终端节点（树叶）代表 8 个最终类别。其 BT 法思路如图 4.17 所示。

4）确定多类目标函数

该方法通过修改目标函数，把多分类问题转换为解决单个优化问题，从而建立 k 分类支持向量机。由二分类支持向量机推广可得

$$\begin{cases}\min\limits_{w,\xi,b}\varphi(w,\xi)=\dfrac{1}{2}\sum\limits_{m=1}^{k}\|w\|^2+c\sum\limits_{i=1}^{l}\sum\limits_{m\neq y_i}\xi_i^m w_{t_i}^{\mathrm{T}}\varphi(x_i)+b_{y_i}\geqslant w_m^{\mathrm{T}}\varphi(x_i)+b_m+2-\xi_i^m\\ \xi_i^m\geqslant 0, i=1,\cdots,l; m\in\{1,\cdots,k\}\end{cases} \tag{4.92}$$

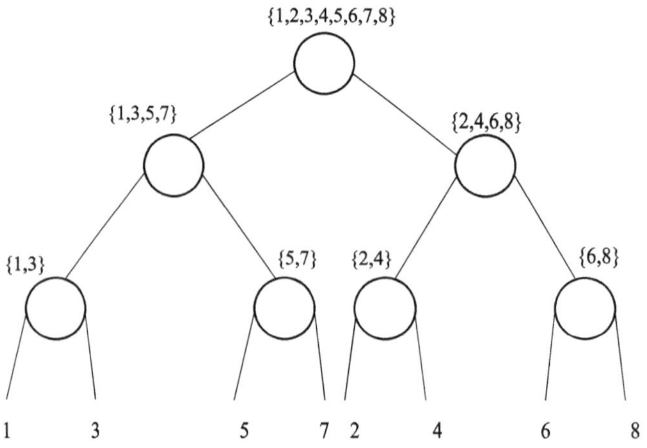

图 4.17　二叉树法分类结构

实践证明，该方法得到的结果和一对多分类方法相比精确度差不多。但是这个最优化问题要同时处理所有的支持向量，所花费的训练时间也就相应地多了。

SVM 的优势和问题如表 4.5 所示。

表 4.5　SVM 的优势和问题

SVM 的优势	（1）可以解决小样本情况下的机器学习问题
	（2）可以提高泛化性能
	（3）可以解决高维问题
	（4）可以解决非线性问题
	（5）可以避免神经网络结构选择和局部极小点问题
SVM 的研究热点	（1）模式识别
	（2）回归估计
	（3）概率密度估计
SVM 的主要核函数	（1）多项式核函数
	（2）径向基核函数
	（3）Sigmoid 核函数
SVM 的应用	（1）文本分类
	（2）人脸识别
	（3）三维物体识别
	（4）遥感图像分析
	（5）函数逼近
	（6）时间序列预测

续表

SVM 的应用	（7）数据压缩
	（8）优化 SVM 算法
	（9）SVM 改进方法
	（10）SVM 硬件实现
SVM 的难点	（1）如何在非监督模式识别问题中应用统计学习理论（SLT）
	（2）如何用理论或试验的方法计算 VC 维
	（3）经验风险和实际风险之间的关系称为推广性的界，但是当 $h/n>0.37$ 时（h—VC 维，n—样本数），推广性的界是松弛的，如何寻找一个更好地反映学习机器能力的参数和得到更紧的界
	（4）实现结构风险最小化（SRM）时，如何选择函数子集结构

当然，尽管 SVM 算法的性能在许多实际问题的应用中得到了验证，但是该算法在计算上也存在着一些问题，包括训练算法速度慢、算法复杂而难以实现以及检测阶段运算量大等。

传统的利用标准二次型优化技术解决对偶问题的方法可能是训练算法慢的主要原因。首先，SVM 方法需要计算和存储核函数矩阵，当样本点数目较大时，需要很大的内存，如当样本点数目超过 4 000 时存储核函数矩阵需要多达 128 MB 内存；其次，SVM 在二次型寻优过程中要进行大量的矩阵运算，多数情况下，寻优算法是占用算法时间的主要部分。

SVM 方法的训练运算速度是限制它应用的主要方面。近年来人们针对方法本身的特点提出了许多算法来解决对偶寻优问题。大多数算法的一个共同的思想就是循环迭代：将原问题分解成为若干子问题，按照某种迭代策略，通过反复求解子问题，最终使结果收敛到原问题的最优解。

4.5.4　航空发动机整机振动故障诊断实例分析

选择整机振动中的 3 种典型故障模式和 1 个无故障模式为研究对象，即输出节点数为 4，分别代表转子不对中、动不平衡、碰磨和无故障。

将每种模式提取 5 个特征向量，4 种故障模式共 20 个特征向量作为训练样本，如表 4.6 所示。利用这些数据建立基于支持向量机（SVM）的航空发动机整机振动的多故障诊断模型。振动故障诊断模型建立后，再将每种故障模式的后 5 个特征向量作为测试样本，以检验 SVM 模型的分类效果。目前，SVM 的核函数选取以及相应参数的选择还没有统一、有效的规则。根据经验，笔者选择核函数为径向基（RBF）核函数，即 $k(x, y)=\exp\left(-\frac{\| x-y \|^2}{2\delta}\right)$；参数 δ 取 0.07；惩罚参数 C 取 1。

利用表 4.6 列出的 4 种模式的 5 个特征向量对建立的 SVM 模型进行训练；之后，再用这些数据作为输入对 SVM 进行仿真测试，其分类正确率为 100%，其诊断结果见表 4.6。实现了这些数据的完全正确分类，这说明 SVM 具有良好的学习能力。

表 4.6　某型航空发动机整机振动故障诊断训练数据样本

模式	测点 1/ $(\mathrm{mm \cdot s^{-1}})$	测点 2/ $(\mathrm{mm \cdot s^{-1}})$	测点 3/ $(\mathrm{mm \cdot s^{-1}})$	测点 4/ $(\mathrm{mm \cdot s^{-1}})$	测点 5/ $(\mathrm{mm \cdot s^{-1}})$	测点 6/ $(\mathrm{mm \cdot s^{-1}})$	测点 7/ $(\mathrm{mm \cdot s^{-1}})$	测点 8/ $(\mathrm{mm \cdot s^{-1}})$	测点 9/ g	所属类别	诊断结果
不对中	6.11	4.41	.51	50.32	8.57	23.46	7.70	7.66	103.92	1	1
	36.31	7.26	34.96	3.51	21.51	30.21	20.76	23.56	105.96	1	1
	35.11	5.24	24.40	3.21	32.24	17.24	12.44	24.45	66.25	1	1
	24.44	9.45	9.38	7.51	24.76	25.96	17.83	5.44	101.16	1	1
	6.89	0.28	11.29	0.01	16.89	33.91	39.13	22.57	70.28	1	1
动不平衡	18.86	4.80	14.57	15.85	20.62	19.98	11.09	16.51	115.64	2	2
	38.16	1.93	30.69	16.27	25.15	23.99	19.23	20.56	123.94	2	2
	32.58	5.55	15.55	16.66	24.35	22.98	16.38	19.82	120.91	2	2
	42.91	5.05	0.75	22.52	25.43	24.88	28.80	24.40	134.28	2	2
	38.16	1.93	0.69	16.27	25.15	23.99	19.23	20.56	123.94	2	2
碰磨	29.05	7.23	0.9	39.23	24.46	17.84	24.45	29.64	220.63	3	3
	7.20	0.70	1.3	12.33	10.98	14.18	5.53	8.10	43.97	3	3
	17.62	7.25	6.4	28.33	22.84	16.24	19.34	23.60	116.15	3	3
	21.93	5.38	4.9	22.29	23.90	18.73	23.01	29.71	113.09	3	3
	28.17	2.89	0.5	25.62	24.16	19.28	7.29	9.91	138.22	3	3
无故障	9.15	0.87	2.63	12.24	14.29	15.69	6.39	7.32	112.06	4	4
	23.93	4.80	5.60	30.78	22.37	17.51	20.47	25.75	112.39	4	4
	17.62	7.25	6.24	28.33	22.84	16.24	19.31	23.60	116.15	4	4
	33.40	3.57	0.76	17.17	2.44	29.66	20.18	21.48	86.21	4	4
	34.10	4.34	2.34	19.90	22.20	30.81	20.31	21.79	99.88	4	4

4.6　专家系统故障诊断方法

自从 Standford 大学于 1968 年开发出第一个专家系统 DENDRAL 以来，专家系统由于其广泛的应用范围和能产生巨大的经济效益而得到快速发展，现已成为人工智能的研究前沿之一。故障诊断专家系统作为专家系统中的一个分支，其研究得到了学术界和工程界的高度重视，并相继在各行各业中得到成功应用。

专家系统其实质是应用大量人类专家的知识和推理方法求解复杂实际问题的一种人工智能计算机程序。但是，这种智能程序与传统的计算机应用程序有着本质上的不同。在专家系统中，求解问题的知识已不再隐含在程序和数据结构中，而是单独构成一个知识库。这种分离为问题的求解带来极大的便利和灵活性。实际上，常规的计算机应用程序也有知识，也可解决“专家级水平”的问题。但是，这些知识是隐含在程序结构之中的，由于结构是固定的，不易修改，适用范围就受到一定限制。对不同类型的问题，必须编写不同的程序。而在专家系统中，专家的知识用分离的知识进行描述，每一个知识单元描述一个比较具体的情况，以及在该情况下应采取的措施，总体上来说，专家系统提供了一种机制——推理机制。这种推理机制使其可以根据不同的处理对象，从知识库中选取不同的知识元构成不同的求解序列，或者说生成不同的应用程序，以完成某一指定任务。一旦推理机制和某个专业领域知识库已经建成，该系统就可处理本专业领域中各种不同的情况，就好像为每一个具体问题都编制了一个具体的程序一样，而这些程序的修改和调试也只需要修改相应的知识元即可，其推理机制可保持不变，这就使得系统具有很强的适应性和灵活性，但常规的计算机应用程序很难做到这些。

4.6.1　专家系统的基本结构及功能

故障诊断专家系统，是指计算机在采集被诊断对象的信息后，综合运用各种规则（专家经验），进行一系列的推理，必要时还可以随时调用各种应用程序，运行过程中向用户索取必要的信息后，可快速地找到最终故障或最有可能的故障，再由用户来证实。由于专家系统是一类相当广泛的系统，其技术还处于不断发展时期，因此，专家系统的结构也没有一个固定不变的模式。专家系统故障诊断方法可用图 4. 18 所示的结构来说明：它由数据库、知识库、人机接口、推理机、知识获取等组成。

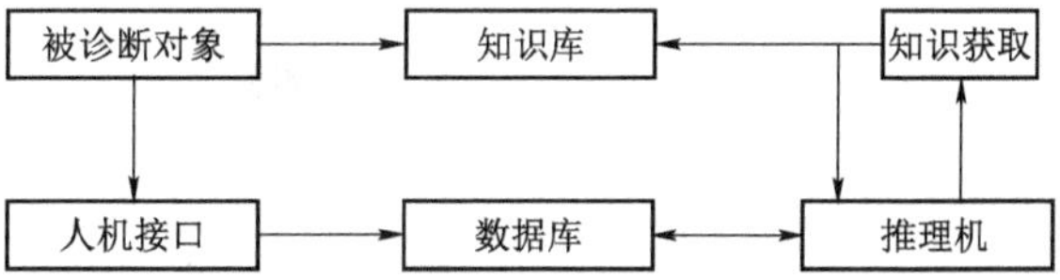

图 4. 18　故障诊断专家系统结构框图

（1）知识库。知识库是专家知识、经验与书本知识、常识的存储器。知识库的结构形式取决于所采用的知识表示方式，常用的有逻辑表示、语义网络表示、规则表示、框架表示和子程序表示等，用产生式规则表达知识方法是目前专家系统中应用最普遍的一种方法。它不仅可以表达事实，而且可以附上置信度因子来表示对这种事实的可信程度，这也导致了专家系统非精确推理的可能性。

（2）数据库。数据库是专家系统中用于存放反映系统当前状态的事实数据的场所。数据包括用户输入的事实、已知的事实以及推理过程中得到的中间结果等。

数据库的表示和组织，通常与知识库中知识的表示和组织相容或一致，以使推理机能方便地去使用知识库中的知识、综合数据库中描述的问题和表达当前状态的特征数据去求解问题。

（3）推理机。根据获取的信息综合运用各种规则，进行故障诊断，输出诊断结果，是专家系统的组织控制机构。

推理机也是一组计算机程序，用以控制、协调整个系统并根据当前输入的数据，利用知识库中的知识，按一定的推理策略去逐步推理直至解决问题。推理策略有正向推理、反向推理和正反向混合推理 3 种。

（4）人机接口。人机接口是人与专家系统打交道的桥梁和窗口，是人机信息的交接点。

（5）知识获取。知识获取是研究如何把知识从人类专家脑子中提取和总结出来，并且保证所获取的知识间的一致性，它是专家系统开发中的一道关键工序。

以上所述是几个基本模块，在实用时还有许多中间环节。图 4.19 是一个实用专家故障系统结构框图。

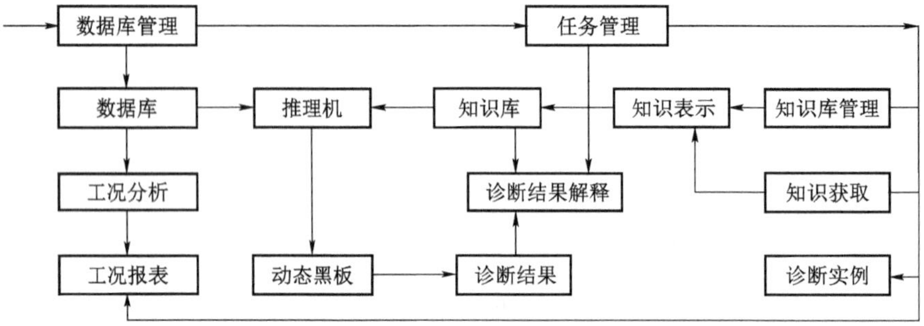

图 4.19　实用专家故障系统结构框图

4.6.2　知识表示与知识获取

1. 知识表示

知识表示是计算机科学研究的重要领域。因为智能活动过程主要是一个获得并应用知识的过程，所以智能活动的研究范围包括知识的获取、知识的表示和知识的应用。而知识必须有适当的表示形式才便于在计算机中储存、检索、使用和修改。因此在专家系统中，知识的表示就是研究如何用最合适的形式来组织知识，使对所要解决的问题最为有利。

一方面获取的知识必须表示成某种形式，才能把知识记录下来；另一方面只有将知识表示成合理的形式，才能利用知识进行合理的求解，知识表示的优劣直接影响到系统的知识获取能力和知识利用效率，所以知识表示是专家系统研究中的核心问题。

人之所以有智能行为是因为有知识。要使机器系统具有人的某种智能，必须以人的知识作为其工作基础。知识表示就是要研究用机器表示知识的可行、有效、通用的原则和方法。知识是人类认识自然界的精神产物，是人类进行智能活动的基础。知识是削减、塑造、解释、选择和转化的信息，是由特定领域的描述、关系和过程组成的。计算机所处理的知识按其作用大致分为 3 类。

（1）事实性知识。事实性知识用于描述领域内的有关概念、事实和事物的属性、状态等。

（2）过程性知识。过程性知识用于描述实现某一目的的过程，是通过对客观事物的观察、思考、比较和分析得出的规律性的知识。

（3）控制性知识。控制性知识则是“关于知识的知识”，主要用于问题求解过程中的推理策略、搜索策略和求解策略等。

知识的表示不仅是专家系统的核心课题，而且已形成了一个独立的子领域。知识表示是描述所做的一组约定，是知识的符号化过程，即将知识编码成一种合适的数据结构。

知识表示主要是选择合适的形式表示知识，即寻找知识与表示之间的映射。它研究的主要课题是设计各种知识的形式表示方法，研究表示与控制的关系、表示与推理的关系，以及知识表示和其他领域的关系。在解决某一问题时，不同的表示方法可能产生完全不同的效果。因此，有效地解决某一问题必须选择一个合适的表示方法。

对知识表示的要求有以下几个。

（1）表示能力。能正确、有效地将问题求解所需的各类知识表示出来。

（2）可理解性。所表示的知识易读、易懂、便于知识获取、知识库的检查修改和维护。

（3）可访问性。能方便地利用知识库的知识。

（4）可扩充性。能方便地扩充知识库。

（5）相容性、正确性、简洁性等。

关于知识表示主要从两个角度展开研究：一是从思维形式及认识的角度进行研究；二是从智能问题求解的角度进行研究。前者包括对人脑神经机制及认识心理的研究，后者主要结合整个问题求解过程来研究。目前，已经提出了多种知识表示方法，主要有一阶谓词逻辑表示法、产生式表示法、关系表示法、语义网络表示法、特征-对象-取值三元组表示法、框架表示法、过程表示法、脚本表示法、面向对象表示法和人工神经网络表示法等。这些表示方法各自适合于表示某种类型的知识，从而被用于不同的应用领域。

产生式表示法也叫规则表示法，这是专家系统中用得最多的一种知识表示。用产生式表示知识，由于各产生式规则之间是独立的模块，这对系统的修改、扩充特别有利。著名的 MYCIN 医学咨询系统即是采用产生式表示法。

在产生式系统中，论域的知识被分成两部分：凡是静态的知识，如事物、事件和它们之间的关系，以事实来表示；而把推理和行为的过程以产生式规则来表示。由于这类系统的知识库中主要存储的是规则，所以又称为基于规则的系统。

例如，对于不平衡故障，有下列规则。

规则=（基频振动

（如果振动工频分量占通频振幅的比例大于 60%，0.95；

过临界转速时振幅明显增大，且相位变化大于 100，0.8；

稳速时，相位不随时间、负荷而变化，0.8;）

（则为不平衡故障，0.9））

规则中右列的数字为置信度。

这种完全独立的规则集虽然增删、修改容易，但寻找可用规则时只能按顺序进行，效率很低。在实际专家系统中，由于规则较多，所以总是以某种方式把有关规则连接起来，如建立某种形式的索引文件。这样既方便查找又可把规则存放在磁盘上，避免把所有规则调入内存造成内存不足等问题。

对于油膜振荡故障，可以有以下规则。

IF（油膜振荡）

THEN（规则 287，288，289，290，291，292，293，294，295）；

同样，对于决策性知识，也可用类似表示法。

IF（油膜振荡）

THEN（决策 10，11，12，20，25）；

其中 10，11，…为决策序号。

对于故障诊断这种比较复杂的问题领域，由于知识的类型较多、数量较大，采用单一的知识表示方法很难满足实际需要，因此发展出将多种知识表示方法混合的知识表示法。

例如，将人工神经网络知识表示法和产生式知识表示法结合，可以克服产生式表示知识获取难的缺点，同时又可以克服人工神经网络透明性差的缺点。二者的结合可以取长补短，充分发挥符号表示法的优点。混合知识表示可以极大地提高专家系统的性能，使专家系统具有更广泛的应用领域。

2. 知识获取

知识获取又称为机器学习，它往往是专家系统中不可缺少的一个组成部分。这是因为专家系统是依靠运用知识来解决问题和做出决策的，而知识来自于客观世界，要使系统能适应不断变化着的客观世界，机器必须具备学习能力。

知识获取是研究如何把知识从人类专家脑子中提取和总结出来，并且保证所获取的知识间的一致性，它是专家系统开发中的一道关键工序。构造专家系统时，要求专业领域的专家和知识工程师密切合作，总结和提取专家领域知识，把它形式化并编码存入计算机中形成知识库。但是，专业领域知识是启发式的，较难捕捉和描述，专业领域专家通常善于提供事例而不习惯提供知识，所以，知识获取被公认为是专家系统开发研究中的瓶颈问题。专家系统获取知识的主要途径有以下几个。

（1）人工移植。它是指知识工程师把书本知识和专家的经验知识归纳、整理，并用计算机可接收、处理的方式输入到计算机中去。目前大部分专家系统是通过人工移植获得知识的，如基于规则的专家系统。

（2）机器学习。它是指计算机具有学习能力，它能够直接向书本和教师进行学习，也可以在实践过程中不断总结经验，吸取教训，完善自己，增加自己的知识。如基于人工神经网络的专家系统具有自学习功能。

知识获取是个过程，通常按以下 6 个步骤来完成。

（1）认识问题的识别阶段，即认识问题的特征。

（2）概念化阶段，即找出表达知识的概念。

（3）形成化阶段，即设计组织知识的结构。

（4）实现阶段，即形成概括知识的规则。

（5）测试阶段，即检验组织知识的规则。

（6）验收阶段，即试运行专家系统，考证其正确性和实用性。

4.6.3 专家系统的局限性

虽然专家系统已经在不少专门领域显示了相当出色的工作能力，在许多场合不仅达到而且超过了人类专家的工作能力；虽然专家系统的技术仍然处在不断发展、不断完善的阶段，新的不同领域的专家系统像雨后春笋般地被建造出来，但是，专家系统技术本身的问题和局限性已经日益明显地暴露出来。

（1）专家系统知识获取存在瓶颈问题。

（2）多个领域专家知识间相互矛盾，难以处理。

（3）自学习、自适应能力差。

（4）存在“窄台阶效应”，即专家系统能以专家水平处理专家知识领域以内的问题，而不能处理专家知识领域以外的任何问题。

（5）现有的逻辑理论的表达能力和处理能力有很大的局限性，使得基于规则的专家系统有很大的局限性。

（6）实时性差。由于推理速度慢，使得一般的专家系统难以适应在线工作要求，只能在离线、非实时条件下工作。

习　题

4-1　什么是“灰色系统”？

4-2　请推导利用 GM(1，1）模型进行数据建模的原理，并说明灰色关联度分析的基本步骤。

4-3　BP 神经网络进行故障诊断的流程是怎样的？

4-4　简述模糊诊断法的基本思想和步骤。

4-5　与传统的优化技术比较，遗传算法有何特点？

4-6　试分析 SVM 的优势和发展趋势。

第5章

旋转机械振动故障诊断

5.1 滚动轴承故障及其诊断方法

滚动轴承是在航空发动机等旋转机械中应用最广泛的机械零件之一，起着承受及传递载荷的作用，航空发动机滚动轴承故障会导致发动机振动过大、转静子碰摩，甚至造成严重破坏事故。滚动轴承的监测和诊断方法很多，如振动监测与诊断法、温度监测法、声强分析法、油液分析法等。本节只介绍滚动轴承故障的振动诊断方法。

5.1.1 滚动轴承故障的基本形式

1. 疲劳剥落

在滚动轴承工作过程中，滚道和滚动体表面既承受载荷又做相对滚动，于是产生交变载荷。由于交变载荷的作用，首先在表面下一定深度处形成裂纹，继而扩展到使表层形成剥落坑，最后发展到大片剥落。疲劳剥落是滚动轴承失效的主要形式，这种疲劳剥落导致机器运行时产生冲击载荷，使振动和噪声增大或使其特征发生变化。

2. 磨损

滚道和滚动体间的相对运动及杂质异物的侵入都会引起表面磨损，润滑不良会加剧这种磨损。磨损导致轴承游隙增大、表面粗糙，降低了机器运行精度，增大了振动和噪声。

3. 塑性变形

轴承因受到过大的静载荷、冲击载荷、落入硬质异物等原因在滚道表面上形成凹痕或划痕，而且一旦有了压痕，压痕引起的冲击载荷会进一步使邻近表面剥落。载荷的累积作用或短时超载会引起轴承的塑性变形，这将使轴承在运转过程中产生剧烈的振动和噪声。

4. 腐蚀

腐蚀包括由润滑油、水或空气中的水分引起的表面锈蚀，轴承内部有较大电流通过造成的电腐蚀，以及轴承套圈在轴承座中或轴颈上微小相对运动造成的微振腐蚀。锈蚀是滚动轴承最严重的问题之一，高精度轴承可能会由于表面锈蚀导致精度下降而不能继续工作。

5. 断裂

轴承载荷过大或疲劳可引起轴承零件破裂。热处理、装配引起的残余应力，运行时的热应力过大也会引起断裂。

6. 胶合

在润滑不良、高速重载情况下，由于摩擦发热，轴承零件可以在极短时间内达到很高的温度，导致表面烧伤，或某处表面上的金属黏附到另一表面上的现象。

7. 保持架损坏

由于装配或使用不当可能会引起保持架发生变形，增加它与滚动体之间的摩擦，甚至使某些滚动体卡死不能滚动，也有可能造成保持架与内外圈发生摩擦等，进而使噪声与发热加剧，导致轴承损坏。

5.1.2　滚动轴承的振动机理与典型故障的振动特征

滚动轴承的振动，原则上分为与轴承的弹性有关的振动和与轴承滚动表面状况有关的振动两种类型。前者不论轴承正常还是异常都会发生，它虽然与轴承滚动表面异常没有直接关系，但决定了振动系统的传递特性；后者则反映了轴承的损伤状况。

1. 滚动轴承的固有振动

轴承工作时，滚动体与内环或外环之间可能产生冲击而诱发轴承元件的振动。这种振动是一种强迫振动，当振动频率与轴承元件固有频率相等时振动加剧。固有频率仅取决于轴承元件本身的材料和几何属性，与轴的转速无关。

钢球的固有频率为

$$f_{\mathrm{bm}} = \frac{0.424}{r}\sqrt{\frac{E}{2\rho}} \quad (\mathrm{Hz}) \tag{5.1}$$

式中　r——钢球的半径，m；

ρ——材料密度，$\mathrm{kg/m^3}$；

E——弹性模量，$\mathrm{N/m^2}$。

当滚动轴承材料为钢材时，其内、外环的径向弯曲振动的固有振动频率可用式（5.2）计算，即

$$f_{(\mathrm{i,o})\mathrm{n}} = 940\frac{h}{D^2}\cdot\frac{n(n^2-1)}{\sqrt{n^2+1}} \quad (\mathrm{Hz}) \tag{5.2}$$

式中　h——圆环的厚度，m；

D——圆环剖面中性轴的直径，m；

n——节线数，即振动变形波数，$n=2,3,\cdots$。

一般滚动轴承元件的固有频率为数千赫到数十千赫，其固有振动是频率非常高的振动。

2. 承载状态下滚动轴承的振动

（1）滚动轴承在工作过程中时，由于在不同位置承载滚子数目不同，因而承载刚度有变化，引起轴心起伏波动。它由滚动体公转而产生，这种振动有时称为滚动体的传输振动。其振动主要频率成分为 f_cZ。其中 Z 为滚动体数目，f_c 为滚动体公转频率。

（2）轴承刚度非线性引起的振动。滚动轴承是靠滚道与滚动体的弹性接触来承受载荷的，具有弹簧的性质。当轴承的润滑状态不良时，就会呈现非线性弹簧的特性。

例如，轴向弹簧的非线性导致在推力方向产生异常振动，其频率有轴的旋转频率 f_a 及高次谐波 $2f_a$，$3f_a$，…，分数谐波 $\frac{1}{2}f_a$，$\frac{1}{3}f_a$，…。但是这种振动多半发生在深槽球轴承上，自动调心型和滚子轴承上不常发生。

（3）轴承制造或装配的原因引起的振动。

① 加工面波纹引起的振动，其频率比滚动体在滚道上的通过频率高很多倍。

② 由于轴弯曲或轴装歪导致的轴承偏斜引起的振动，其振动频率成分为$f_cZ \pm f_a$。

③ 滚动体大小不均匀引起的振动，其频率包括滚动体公转频率f_c及$nf_c \pm f_a$（其中$n=1$，2，3，…），频率数值一般在 1 kHz 以下。

④ 装配过紧或过松引起的振动。当滚动体通过特定位置时，会产生频率相应于滚动体通过周期的周期振动。

（4）滚动轴承的声响。滚动轴承在运转过程中产生的振动通过空气传播而成为声音，因此，机器运转环境声音中包含着轴承状态的信息。轴承声响有图 5.1 所示的几种。

- 轴承声响
  - 轴承本质的声音
    - 滚道声
    - 辗轧声
  - 与制造有关的声音
    - 保持架声音
    - 高频振动声
  - 与使用有关的声音
    - 伤痕声
    - 尘埃声

图 5.1 轴承的声响

滚道声是滚动体在滚动面上滚动而发生的，是连续的，与固有振动有关，频率一般都在 1 kHz 以上，且与轴承转速有关；辗轧声主要发生在脂润滑的低速重载圆柱滚动轴承中。

保持架声音是由保持架的自激振动引起的，保持架振动时会与滚动体发生冲撞而发出声音。高频振动声是由加工面的波纹引起的振动而发出的声音。

伤痕声是由滚动面上的局部损伤引起的，具有周期性；而尘埃声是非周期性的。

3. 故障轴承的振动

滚动轴承故障的种类是各种各样的，大体可区分为局部损伤、磨损、胶合等有代表性的 3 种类型。

1）局部损伤引起的振动

局部损伤故障包括表面剥落、裂纹、压痕等滚动面发生的局部异常状态。在发生表面剥落等局部损伤时，会产生冲击振动。这种振动从性质上可分成两类：第一类是由于轴承滚道的缺陷，滚动体依次滚过工作面缺陷受到反复冲击而产生的低频脉动，称为轴承的“通过振动”，其振动频率可由转速和零件的尺寸求得。第二类是在轴承的滚道上出现了一处剥落时，滚动体滚过此剥落的频率称为“通过频率”。通过频率因剥落的位置不同而不同。假设：轴承工作时滚动体与滚道之间做纯滚动；每个滚动体直径相同，均匀分布在内外滚道之间；径向、轴向受载荷时各部分无变形。

（1）不受轴向力时轴承局部缺陷的特征频率。

① 外环固定、内环随轴转动时的特征频率。由图 5.2（a）可知，内环滚道的切线速度为

$$v_i = \omega r = 2\pi f_n \frac{D_i}{2} = \pi(D_m - d)f_n \tag{5.3}$$

式中 d——滚动体直径；

D_i——内环滚道的直径；

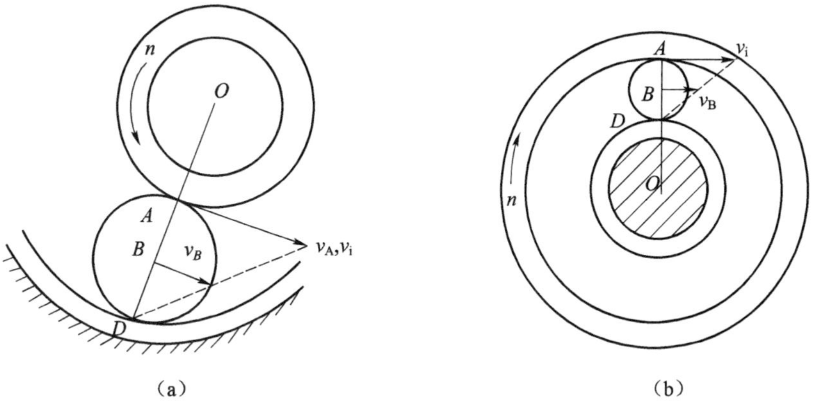

图 5.2　滚动轴承运动分析

D_m ——轴承滚道节径；

f_n ——轴的旋转频率，Hz。

由于滚动体滚而不滑，所以滚动体与内环接触点 A 的速度为

$$v_A = v_i \tag{5.4}$$

又因外环固定，所以滚动体上与外环相接触的 D 点的速度为

$$v_D = 0 \tag{5.5}$$

而滚动体中心 B 的绝对速度（即保持架的绝对速度）为

$$v_B = \frac{1}{2}v_A = \frac{\pi}{2}(D_m - d)f_n \tag{5.6}$$

单个滚动体（或保持架）相对于外环的旋转频率为

$$f_{Bo} = \frac{v_B}{l_m} = \frac{\frac{\pi}{2}(D_m - d)f_n}{\pi D_m} = \frac{1}{2}\left(1 - \frac{d}{D_m}\right)f_n \tag{5.7}$$

式中　l_m ——滚动体节圆（即轴承滚道节圆）的周长。

② 内环固定、外环转动时的特征频率。若外环的旋转频率仍为 f_n，则保持架相对内环的切向速度由图 5.2（b）可知为

$$v_B = \frac{1}{2}v_A = \frac{\pi}{2}(D_m + d)f_n \tag{5.8}$$

单个滚动体（或保持架）相对于内环的旋转频率为

$$f_{Bi} = \frac{v_B}{l_m} = \frac{\frac{\pi}{2}(D_m + d)f_n}{\pi D_m} = \frac{1}{2}\left(1 + \frac{d}{D_m}\right)f_n \tag{5.9}$$

③ 内外环均转动时的特征频率。双转子发动机的中介轴承（也叫轴间轴承）即属于这种情况。若内、外环的绝对转动频率分别用 f_{ni} 和 f_{no} 表示，则当内外环同向旋转时，两者相对转动频率等于内外环转动频率之差；反向旋转时，为两频率之和。

④ 内、外环有一缺陷时的特征频率。如果内环滚道上某一处有缺陷，则 Z 个滚动体滚过该缺陷时的频率为

$$f_{\mathrm{i}} = Zf_{\mathrm{Bi}} = \frac{1}{2}\left(1 + \frac{d}{D_{\mathrm{m}}}\right)f_{\mathrm{n}}Z \tag{5.10}$$

如果外环滚道有一处缺陷时，这 Z 个滚动体滚过该缺陷时的通过频率为

$$f_{\mathrm{o}} = Zf_{\mathrm{Bo}} = \frac{1}{2}\left(1 - \frac{d}{D_{\mathrm{m}}}\right)f_{\mathrm{n}}Z \tag{5.11}$$

⑤ 滚动体有缺陷时的特征频率。滚动体相对于外环的滚动频率为

$$f_{\mathrm{ro}} = f_{\mathrm{Bo}}\frac{\pi(D_{\mathrm{m}} + d)}{\pi d} = \frac{1}{2}\left(1 - \frac{d^2}{D_{\mathrm{m}}^2}\right)\frac{D_{\mathrm{m}}}{d}f_{\mathrm{n}} \tag{5.12}$$

滚动体相对于内环的滚动频率为

$$f_{\mathrm{ri}} = f_{\mathrm{Bi}}\frac{\pi(D_{\mathrm{m}} - d)}{\pi d} = \frac{1}{2}\left(1 - \frac{d^2}{D_{\mathrm{m}}^2}\right)\frac{D_{\mathrm{m}}}{d}f_{\mathrm{n}} \tag{5.13}$$

由式（5.12）和式（5.13）可见，滚动体相对于内、外滚道的滚动频率是相同的。

如果一个滚动体某处有一缺陷，且该滚动体沿滚道每滚动一周与内、外环滚道各冲击一次，则该冲击频率为

$$f_{\mathrm{rs}} = f_{\mathrm{Bi}} + f_{\mathrm{Bo}} = \left(1 - \frac{d^2}{D_{\mathrm{m}}^2}\right)\frac{D_{\mathrm{m}}}{d}f_{\mathrm{n}} \tag{5.14}$$

如果滚动体是滚珠，其运转中有自转、公转，还会发生摇摆，滚珠表面缺陷对滚道有时有冲击，有时没有，会出现断续性故障频率信号。

⑥ 保持架与内外环发生碰撞时的特征频率。保持架碰外环的频率为

$$f_{\mathrm{Bo}} = \frac{1}{2}\left(1 - \frac{d}{D_{\mathrm{m}}}\right)f_{\mathrm{n}} \tag{5.15}$$

保持架碰内环的频率为

$$f_{\mathrm{Bi}} = \frac{1}{2}\left(1 + \frac{d}{D_{\mathrm{m}}}\right)f_{\mathrm{n}} \tag{5.16}$$

（2）受轴向力时轴承缺陷的特征频率。

由于滚珠轴承的滚动体与内、外环之间具有一定的间隙，所以在承受轴向力时就会形成图 5.3 所示的状态。这时轴承内、外环轴向相互错开，滚珠与滚道的接触点由 A、B 点移到 C、D 点。此时，虽然轴承的节径（中径）不变，但内滚道的工作直径变大，外滚道的工作直径变小。也就是说，滚珠的工作直径由 d 变为 $d\cos\alpha$。受轴向力时，轴承损伤的特征频率计算公式需要引入接触角进行修正。修正后的典型故障特征频率分别如下。

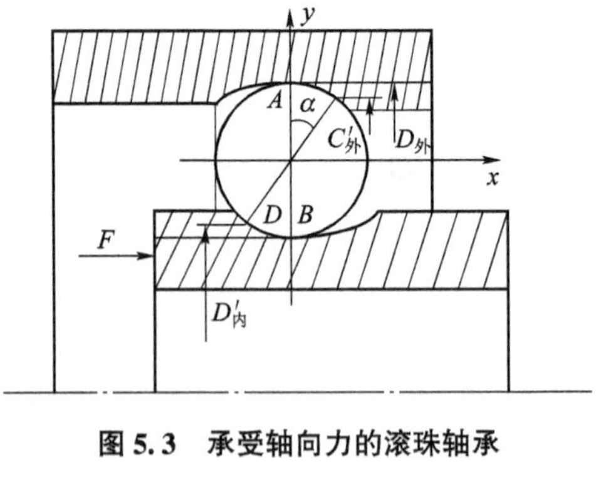

图 5.3　承受轴向力的滚珠轴承

当内环局部损伤时，有

$$f_{\mathrm{i}} = \frac{1}{2}\left(1 + \frac{d}{D_{\mathrm{m}}}\cos\alpha\right)f_{\mathrm{n}}Z \tag{5.17}$$

当外环局部损伤时，有

$$f_o = \frac{1}{2}\left(1 - \frac{d}{D_m}\cos\alpha\right)f_n Z \tag{5.18}$$

滚珠局部损伤，只冲击一个滚道的情况时，有

$$f_{rs} = \frac{1}{2}\left(1 - \frac{d^2}{D_m^2}\cos^2\alpha\right)\frac{D_m}{d}f_n \tag{5.19}$$

保持架碰外环时，有

$$f_{Bo} = \frac{1}{2}\left(1 - \frac{d}{D_m}\cos\alpha\right)f_n \tag{5.20}$$

保持架碰内环时，有

$$f_{Bi} = \frac{1}{2}\left(1 + \frac{d}{D_m}\cos\alpha\right)f_n \tag{5.21}$$

式中　α——轴承的接触角。

对于双转子航空发动机的中介轴承，若以f_i和f_o代表中介轴承内、外环的转频，则只需用$|f_i - f_o|$替换上述各公式中的f_n，即得对应的典型故障特征频率计算公式。因此，中介轴承的各种典型故障特征频率均与转差频率成正比。应该注意的是，中介轴承内、外环的转频有正负，对于两个转子同向旋转的发动机，两个转频均取正值；而两个转子反向旋转的发动机则两个转频一正一负。

正常情况下，滚动轴承的振动时域波形如图 5.4 所示。其波形有两个特点：一是无冲击；二是振动大小变化缓慢。

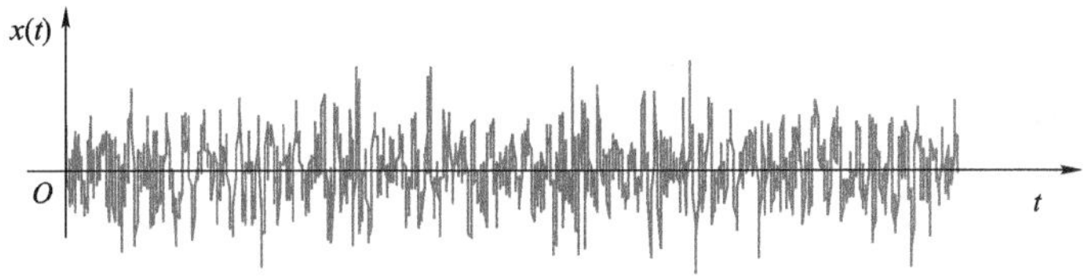

图 5.4　正常轴承的振动波形

轴承元件发生异常时，就会发生冲击脉冲振动，并将激发系统或结构的高频响应。

滚动体通过频率一般在 1 kHz 以下，是滚动轴承重要信息特征之一。但由于这一频带中的噪声，特别是机器中流体动力噪声的干扰很大，所以目前直接利用这一频带诊断轴承故障已不多见，而是利用固有振动来进行故障诊断。

根据频带不同，在轴承故障诊断中可利用的固有振动有 3 种。

① 轴承外圈一阶径向固有振动。振动频带在 1~8 kHz 范围内。针对这类简单机械的滚动轴承故障诊断，这是一种方便的诊断信息。

② 轴承其他元件的固有振动。振动频带在 20~60 kHz 范围内，能避开流体动力噪声，信噪比高。

③ 加速度传感器的一阶固有频率。振动频率范围通常选择在 10 kHz 左右。合理利用加速度传感器或安装系统的一阶谐振频率作为监测频带，常在轴承故障信号提取中收到良好效果。

由于各种固有频率只取决于元件的材料和几何属性，与轴的转速无关，一旦轴承元件出现疲劳剥落就会出现瞬态冲击，从而激发起各种固有振动，如果这些固有振动中的某一种是否出现，即可诊断有轴承故障存在。

疲劳状态下典型自功率频谱特征如图 5.5 所示。图中给出在通用疲劳寿命试验机上，309 轴承的正常、外圈疲劳、钢球疲劳和内圈疲劳状态下振动加速度的自功率谱图。对于正常轴承，频率成分多集中在 800 Hz 以下；轴承出现疲劳后，这部分的变化并不十分显著。但在某一中频带（对 309 轴承为 500~3 000 Hz），皆出现大量峰群。研究表明，此峰群的中心频率与测试轴承外圈及其外壳形成的振动系统的一阶径向固有振动有关。尽管不同元件疲劳时都会激起中心频率大体相同的中频峰群，且该峰群具有明显的脉冲调制特征，但各峰群间在调制频率方面有确定而明显的区别。

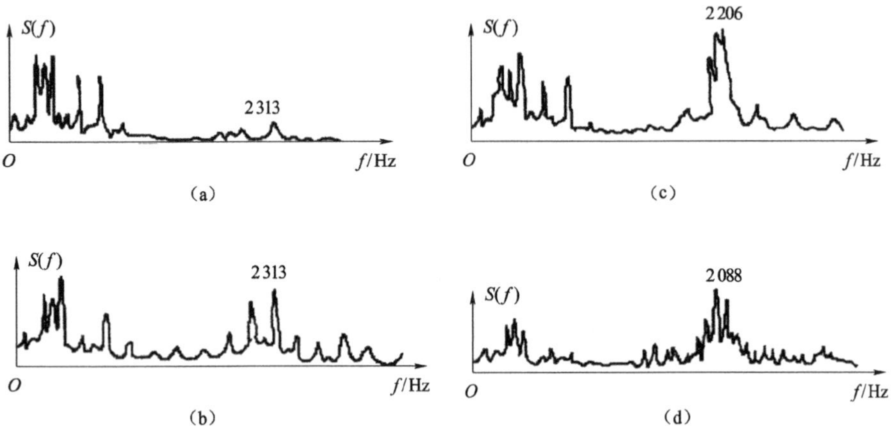

图 5.5 轴承不同状态下的振动加速度自谱

（a）正常轴承；（b）外圈疲劳；（c）钢球疲劳；（d）内圈疲劳

图 5.6 所示为滚动轴承正常状态和发生剥落时振动信号的幅值概率密度函数，剥落发生时，振动幅值分布的幅度广，这是由剥落导致的冲击振动造成的。这样，根据概率密度函数的形状就可以对这类故障进行诊断。

2）磨损故障引起的振动

由于磨损，轴承的各种间隙增大，振动加剧，振动加速度峰值等指标均缓慢上升，如图 5.7 所示。由图可见，磨损振动与正常轴承的振动相比，两者都是无规则的。如果对振动的时间信号作概率密度分析和频谱分析，则可以看出两者的振幅的概率密度大体均为正态分布，频谱也无明显差别，只是振动有效值和峰值比正常时大。

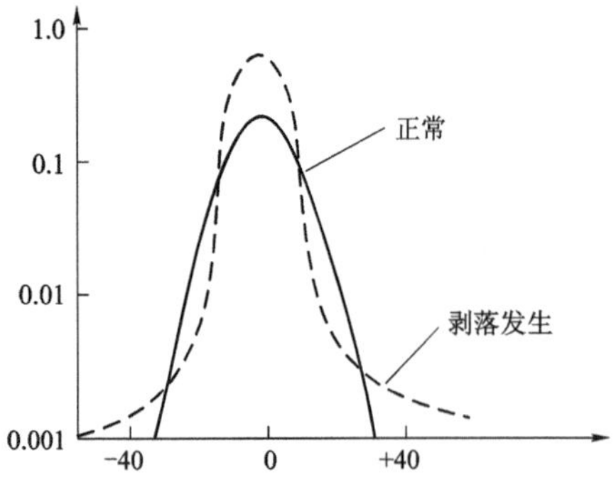

图 5.6 轴承振动概率密度函数

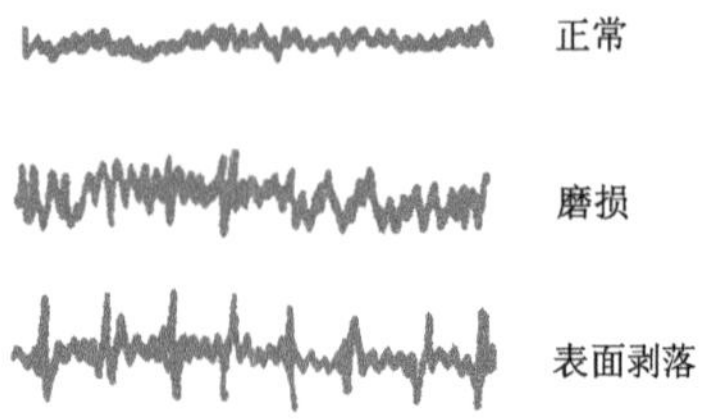

图 5.7 轴承振动波形

3）烧损故障引起的振动

这类故障是由于润滑状态恶化等原因引起的。由于从烧损征兆出现到轴承不能旋转这一过程时间很短，因此难以预知或通过定期检查发现。在烧损过程中，伴随着冲击振动，但找不出其对应的周期，轴承的振动急速增大。

5.1.3 滚动轴承故障的振动诊断方法

滚动轴承的故障信号具有冲击振动的特点，频率高，衰减快，因此利用振动信号对其进行监测诊断时，应根据其特点，有针对性地采取不同的具体方法。

1. 测量位置和方向的选择

滚动轴承因故障引起的冲击振动由冲击点以半球面波方式向外传播，通过轴承零件、轴承座传到箱体或机架，能量损失很大，因此，测量位置应尽量靠近被测轴承的承载区。若轴承座露在外面，测量位置应选在轴承座上；若轴承座装在内部，测量位置应选在与轴承座连接刚性高的部分或基础上。

测量方向通常选择水平（x）、垂直（y）、轴向（z）3 个方向。测量时，由于设备构造和安全等方面的限制，有时 3 个方向都测量会很困难，这时可在其中两个方向上测量。对于高频振动，因为其方向性不强，也可以只在某一个方向上进行测量。

2. 测量参数的选择

滚动轴承所发生的振动，包含 1 kHz 以下的低频振动和数 kHz 乃至数十 kHz 的高频振动。振动的频率范围与故障类型有关。通常选择振动速度和振动加速度作为测量参数。

3. 判断标准的确定

在轴承振动诊断中，常用的标准有 3 类。

（1）绝对标准。绝对标准是在规定了正确的测量方法后而制定的标准。它包括国际标准、国家标准、部颁标准、行业标准、企业标准等。使用绝对标准，必须用同一仪表、在同一部位、按相同的条件进行测量，同时，必须注意标准适用的频率范围和测量方法等。

（2）相对标准。相对判断标准是对同一部位定期进行测量，并按时间先后进行比较，以正常状态下的振动为基准值，根据每次测量值与基准值的倍数比来进行判断的方法。应用相对判断标准，其测量值必须在相同条件下、用相同仪器、在同一位置进行定期测量而获得。

（3）类比标准。类比判断标准是指将同型号的轴承，在同一时期内对相同条件下的测量结果进行比较，以判断是否发生异常或异常的严重程度。

使用上述 3 种判断标准时，一级优先选用绝对标准，但有时为了提高判断的准确度，也可将 3 类标准相互结合、综合使用。

4. 振动诊断方法

（1）有效值和峰值判别法。有效值即均方根值，由于这个值是对时间取平均的，所以只是用于产生增大无规则振动的磨损故障，但不宜用于对剥落和压痕这类故障的判别。剥落和压痕引起的振动具有瞬变冲击特征，此时峰值比有效值更适用。

（2）峰值因数法。利用峰值因数进行诊断的优点是不受轴承尺寸、转速、负荷的影响，也不受传感器、放大器等灵敏度变化和振动信号绝对水平的影响，适用于点蚀类故障的诊断，可用于轴承故障的监测和早期预报，但这种方法对磨损这类异常几乎无法判断。

（3）概率密度分析法。由于磨损、疲劳、腐蚀、断裂、压痕、胶合等原因会使轴承振幅增大，高密度区增高，而两旁的低密度区向外扩展（见图 5.6）。此时利用峭度作为诊断特征量很有效。

(4) 低频信号接收法。这种方法直接测量因精加工表面形状误差或疲劳剥落而出现的脉冲频率。此法由于易受流体动力噪声或其他干扰源影响，仅在简单机器的滚动轴承故障诊断中采用。

(5) 中频带通滤波法。首先设定相应带通滤波频带，检测轴承外圈一阶径向固有振动频率，根据其出现与否做出诊断。此法在离心泵、风机、轴承疲劳寿命试验中成功应用。

(6) 谐振信号接收法。该方法以 30~40 kHz 作为监测频带，捕捉轴承及其他元件的固有振动信号作为诊断依据，因此对传感器频响特征要求很高。值得指出的是，恰当利用传感器本身的一阶谐振频率区作为监测频带，同样可以达到诊断滚动轴承故障的目的。

(7) 包络分析法。前面已说明因滚动轴承局部损伤在运行中产生脉动激励时，不但引起高频冲击振动，而且此高频振动的幅值还受到脉动激励的调制。

在包络法中（见图 5.8），将上述经调制的高频分量拾取，经放大、滤波后送入解调器，即可得到原来的低频脉动信号，再经谱分析即可获得功率谱。

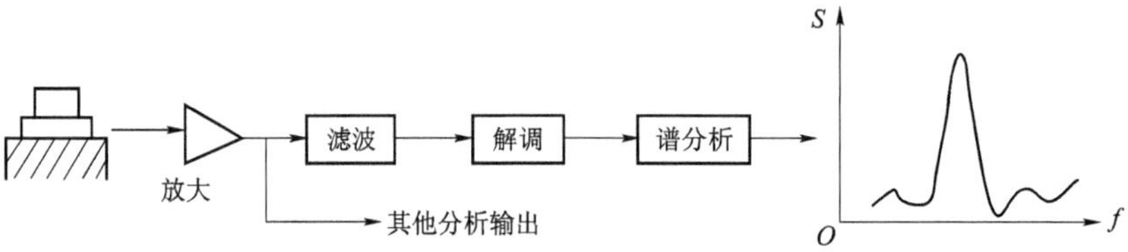

图 5.8　包络分析法原理框图

包络分析法不仅可根据某种高频固有振动的出现与否判断轴承是否异常，且可根据包络信号的频率成分识别出发生故障的元件（如内圈、外圈、滚动体等）。该方法把与故障有关的信号从高频调制信号中解调出来，从而避免与其他低频干扰的混淆，因此有很高的诊断可靠性。

(8) 高通绝对值频率分析法。将加速度计测得的振动加速度信号经电荷放大器放大后，再通过 1kHz 的高通滤波器，只抽出高频成分，然后将滤波后的波形做绝对值处理，再将绝对值处理后的波形进行频率分析，即可判明各种故障原因。

(9) 时序分析方法。时序模型参数分析法是把轴承振动信号采样值看作一个时间序列，并建立数学模型，然后利用这个模型的参数对轴承故障进行诊断的一种方法。

(10) 冲击脉冲法。当两个不平的表面互相撞击时，就会产生冲击波，即冲击脉冲。这个冲击脉冲的强弱反映了撞击的猛烈程度。基于这个原理，通过检测轴承内滚珠或滚柱与滚道的撞击程度，就可以了解轴承的工作状态。

5.2　齿轮故障及其诊断方法

齿轮传动是机械设备中最常见的传动方式，齿轮故障又是诱发机器故障的重要因素。

5.2.1　齿轮故障的基本形式

由于受材料、热处理、机械加工、装配、使用、维护等多种因素的影响，齿轮在工作过程中会产生多种不同形式的故障。

1. 齿面磨损

润滑不良或油质不清洁将造成轮齿面剧烈的磨粒磨损，使齿廓显著改变、侧隙加大，以至于齿厚过度减薄导致断齿。

2. 齿面胶合和擦伤

重载和高速的齿轮传动，使齿面工作区温度很高。如润滑件不好，齿面间的油膜破裂，一个齿面的金属会熔焊在与之啮合的另一个齿面上，在齿面上形成垂直于节线的划痕胶合。新齿轮在啮合过程中，常在某一局部产生这种现象，使齿轮擦伤。

3. 齿面接触疲劳

齿轮在啮合过程中，既有相对滚动又有相对滑动，而且相对滑动的摩擦力在节点两侧的方向相反，从而产生脉动载荷。这两种力的作用使齿轮表面层深处产生脉动循环变化的剪应力，当这种剪应力超过齿轮材料的剪切疲劳极限时表面将产生疲劳裂纹。裂纹扩展，最终会使齿面上金属小块剥落，在齿面上形成小坑，称为点蚀。当“点蚀”扩大，连成一片时，形成齿面上金属大块而产生剥落。

4. 弯曲疲劳与断齿

轮齿承受载荷，如同悬臂梁，其根部受到脉冲循环的弯曲应力作用。当这种周期性应力超过齿轮材料的弯曲疲劳极限时，会在根部产生裂纹，并逐步扩展。当剩余部分无法承受外载荷时就会发生断齿。

齿轮由于工作中严重的冲击、偏载以及材质不均等都可引起断齿。断齿和点蚀是齿轮的主要故障模式。

齿轮损伤还可分为局部的和分布的。前者集中于某个或几个齿上，后者分布在齿轮各轮齿上。

5.2.2　齿轮的振动及其特点

1. 特征频率的计算

齿轮及轴的转动频率为

$$f_{\mathrm{r}}=\frac{n}{60}$$

齿轮的啮合频率为

$$f_{\mathrm{m}}=\frac{n}{60}Z \qquad \text{（定轴转动齿轮）}$$

齿轮的固有振动频率为

$$f_{\mathrm{c}}=\frac{1}{2\pi}\sqrt{\frac{k}{m}}$$

式中　n ——转轴的转速；

Z ——齿轮的齿数；

k ——齿轮的平均弹性系数，$\dfrac{1}{k}=\dfrac{1}{k_1}+\dfrac{1}{k_2}$；

m ——齿轮的平均质量，$\dfrac{1}{m}=\dfrac{1}{m_1}+\dfrac{1}{m_2}$；

k_1，k_2，m_1，m_2——分别为两啮合齿轮的弹性系数和质量。

齿轮的固有振动在齿轮处于正常或异常状态时都会发生，它的固有频率一般比轴承的固有频率低，在 1~10 kHz 之间。

2. 齿轮振动分析

若以一对齿轮作为研究对象且忽略齿面上摩擦力的影响，则其力学模型如图 5.9 所示，其振动方程为

$$M_r\ddot{x} + C\dot{x} + K(t)x = K(t)E_1 + K(t)E_2(t) \tag{5.22}$$

式中 x——作用线上齿轮的相对位移；

C——齿轮啮合阻尼；

$K(t)$——齿轮啮合刚度；

M_r——齿轮副的等效质量，$M_r = m_1m_2/(m_1 + m_2)$；

E_1——齿轮受载后的平均静弹性变形；

$E_2(t)$——齿轮的误差和异常造成的两个齿轮间的相对位移（也称故障函数）。

由式（5.22）可见，齿轮在无异常的理想情况下也存在振动。其振源来自两部分：一部分为 $K(t)E_1$，它与齿轮的误差和故障无关，称为常规啮合振动；另一部分为 $K(t)E_2(t)$，它取决于齿轮的啮合刚度 $K(t)$ 和故障函数 $E_2(t)$。啮合刚度 $K(t)$ 为周期性的变量。可以说齿轮的振动主要是由 $K(t)$ 的这种周期性变化引起的。

$K(t)$ 的变化可由两个方面来说明：一是随着啮合点位置的变化，参加啮合的一对轮齿的啮合刚度不断变化；二是随着齿轮的转动，参加啮合的齿数也在变化。

每当一对轮齿开始进入啮合到下一对轮齿进入啮合，齿轮的啮合刚度就变化一次。变化曲线如图 5.10 所示。可见，直齿轮刚度变化较为陡峭，斜齿轮或“人”字齿轮刚度变化较为平缓。

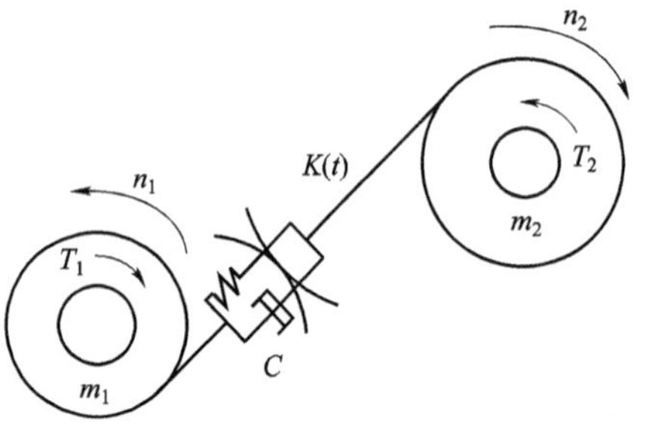

图 5.9 齿轮副力学模型

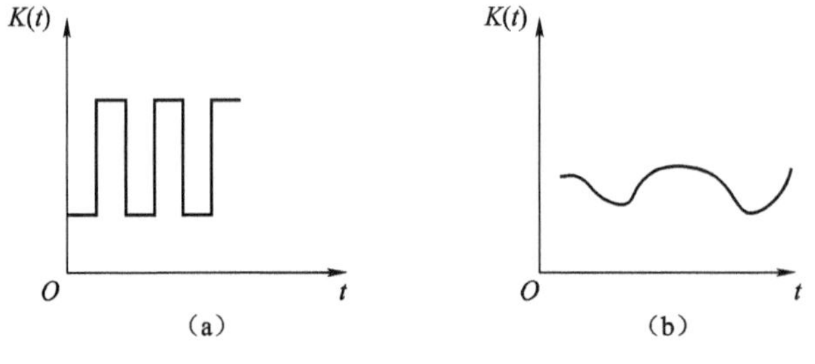

图 5.10 啮合刚度变化曲线

（a）直齿轮；（b）斜齿轮

若齿轮副主动轮转速为 n_1，齿数为 Z_1，从动轮相应为 n_2、Z_2，则齿轮啮合刚度的变化频率（啮合频率）及其谐频为

$$f_c = Nf_1Z_1 = Nf_2Z_2 = N\frac{n_1}{60}Z_1 = N\frac{n_2}{60}Z_2 \qquad N = 1,2,3,\cdots \tag{5.23}$$

齿轮工作时，不论处于正常还是异常状态，啮合频率振动成分及其谐波总是存在，但两种状态下的振动水平有差异。可见，根据齿轮振动信号啮合频率及其谐波成分诊断故障是可行的，但还要考虑幅值调制、频率调制以及其他振动成分。

3. 齿轮振动信号中的调幅、调频现象

1）幅值调制

幅值调制是由于齿面载荷波动对振动幅值的影响造成的。例如，齿轮的偏心造成齿轮啮合时半转紧半转松，从而产生载荷波动，使振动幅值按此规律周期性地变化。又如，齿轮加工造成节距不均匀及类似故障，使齿轮在啮合中产生短暂的"加载"和"卸载"效应，也会产生幅值调制。

若 $x_c(t)=A\sin(2\pi f_c t+\varphi)$ 为啮合振动载波信号，$a(t)=1+B\cos 2\pi f_z t$ 为齿轮轴的旋转调制信号，则调幅后的振动信号为

$$x(t)=A(1+B\cos 2\pi f_z t)\sin(2\pi f_c t+\varphi)=A\sin(2\pi f_c t+\varphi)+\frac{1}{2}AB\sin[2\pi(f_c+f_z)t+\varphi]+\frac{1}{2}AB\sin[2\pi(f_c-f_z)t+\varphi] \tag{5.24}$$

式中 A——振幅；

B——调制指数；

f_z——调制频率（即齿轮旋转频率）。

$x(t)$ 在频域可表示为

$$|X(f)|=A\cdot\delta(f-f_c)+\frac{1}{2}AB\cdot\delta(f-f_c-f_z)+\frac{1}{2}AB\cdot\delta(f-f_c+f_z) \tag{5.25}$$

调制后的信号，除原来的啮合频率分量外，增加了一对分量 (f_c+f_z) 和 (f_c-f_z)。它们以 f_c 为中心、以 f_z 为间距对称分布于 f_c 两侧，所以称为边频带，如图 5.11 所示。

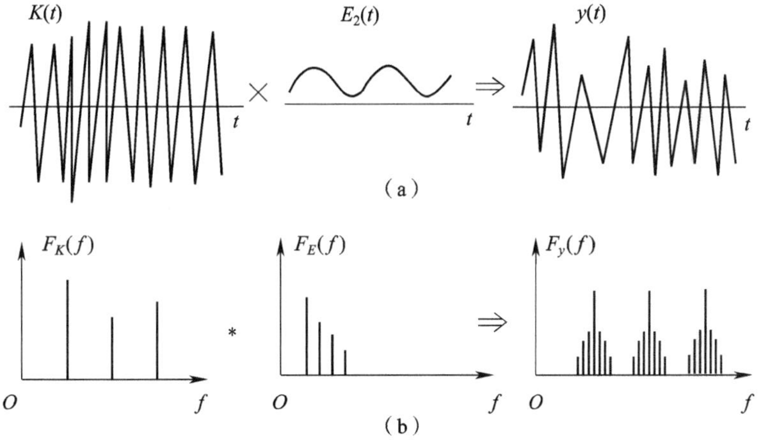

图 5.11 齿轮振动频谱中边频带的形成

对于实际的齿轮振动信号，载波信号和调制信号都不是单一频率的，一般为周期函数。由式（5.22）可知，一般情况下，齿轮的激振函数为 $K(t)E_1+K(t)E_2(t)$，其中 $K(t)E_1$ 基本上不随故障变化，而 $K(t)E_2(t)$ 项恰好反映了由故障而产生的幅值调制。

设 $y(t)=K(t)E_2(t)$，$K(t)$ 为载波信号，它包含齿轮啮合频率及其倍频成分；$E_2(t)$ 为调幅信号，反映了齿轮误差和故障的情况。由于齿轮周而复始地运转，所以齿轮每转一圈，$E_2(t)$ 变化一次，$E_2(t)$ 包含齿轮旋转频率及其倍频成分。

在时域上，则有

$$y(t) = K(t)E_2(t) \tag{5.26}$$

在频域上，则有

$$F_y(f) = F_K(f) * F_E(f) \tag{5.27}$$

式中，$F_y(f)$、$F_K(f)$ 和 $F_E(f)$ 分别为 $y(t)$、$K(t)$ 和 $E_2(t)$ 的傅里叶频谱。由于在时域上载波信号 $K(t)$ 和调幅信号 $E_2(t)$ 为相乘，在频域上调制的效果相当于它们的幅值频谱的卷积，从而在频谱上形成若干组围绕啮合载波频率及其倍频成分两侧的边频簇，两个边频与载频的间距等于调制频率，如图 5.12 所示。在实际的齿轮振动信号中，由于系统传递特性及频率调制的影响，频谱中的边频成分不会如此规则和对称，但其总体分布趋势主要还是取决于调幅函数 $E_2(t)$ 的变化。

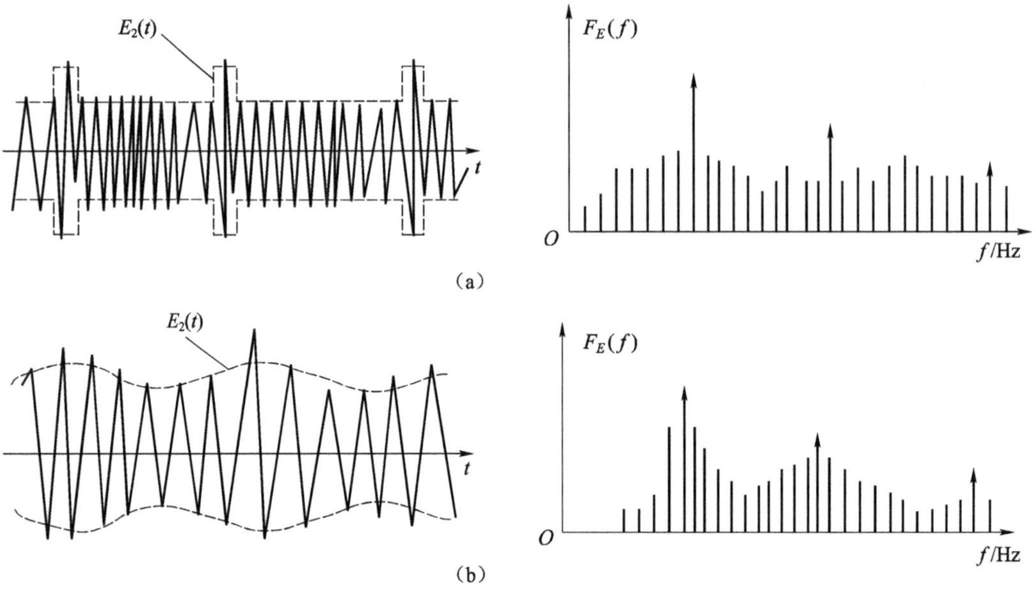

图 5.12　齿轮缺陷分布对边频带的影响

（a）齿轮存在局部缺陷；（b）齿轮存在分布缺陷

图 5.12 可较好地解释齿轮局部缺陷和分布缺陷所产生的边频的区别。图 5.12（a）所示为齿轮存在局部缺陷时的振动波形及频谱。这时相当于齿轮的振动受到一个窄脉冲的调制，脉冲间隔等于齿轮的旋转周期。由于脉冲信号可以分解为许多正弦分量之和，由此形成的边频带数量多且均匀。

图 5.12（b）所示为齿轮存在分布缺陷的情形。可以看到，由于缺陷分布所产生的脉冲较宽，相当于 $F_E(f)$ 中高阶谐频分量少，由此形成的边频带范围较窄、幅值较大且衰减快。齿轮上的缺陷与分布越均匀，频谱上的边频带就越高、越集中。

2）频率调制

由于齿轮载荷不均匀、齿距不均匀及故障造成的载荷波动，除了对振动幅值产生影响外，同时也必然产生扭矩的波动，使齿轮转速产生波动。这种波动表现在振动上即为频率调制（也可认为是相位调制）。所以，对于齿轮来说，任何导致产生幅值调制的因素也同时会导致频率调制，两种调制总是同时存在的。对于质量较小的齿轮副，频率调制现象尤为突出。

对于齿轮振动信号而言，频率调制的根源在于齿轮啮合刚度函数由于齿轮加工误差和故障的影响而产生了相位变化，如图 5.13 所示。这种相位变化会由于齿轮运转而具有周期性。在齿轮信号频率调制中，载波函数和调制函数均为一般周期函数，均包含基频及其各阶倍频成分。其结果是在各阶啮合频率两侧形成一系列边频带。边频的间隔为齿轮轴的旋转频率 f_z 。

设调相信号为

$$\psi(t) = m_p \sin 2\pi f_m t$$

式中　m_p ——调相系数。

经过相位调制的载波为

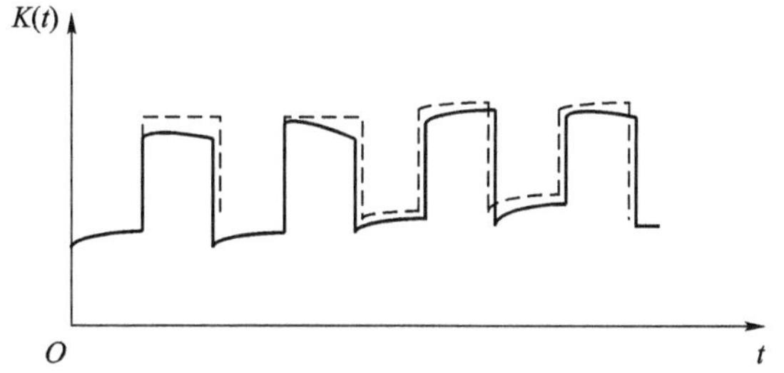

图 5.13　故障对啮合刚度函数的影响

$$x(t) = a\cos(2\pi f_c t + m_p \sin 2\pi f_m t)$$

展开得

$$\begin{aligned} x(t) = {} & aJ_0(m_p)\cos 2\pi f_c t - aJ_1(m_p)[\cos 2\pi(f_c - f_m)t - \cos 2\pi(f_c + f_m)t] + \\ & aJ_2(m_p)[\cos 2\pi(f_c - 2f_m)t + \cos 2\pi(f_c + 2f_m)t] - \\ & aJ_3(m_p)[\cos 2\pi(f_c - 3f_m)t - \cos 2\pi(f_c + 3f_m)t] + \cdots \end{aligned} \tag{5.28}$$

它的边带分量有无穷多个，其中 $J_n(m_p)$ 为第一类 n 阶贝塞尔函数。贝塞尔函数 $J_0(m_p)$ 、$J_1(m_p)$ 、$J_2(m_p)$ …的函数值随 m_p 值的变化如图 5.14 所示。当 $m_p = 0.2$ 时，经过相位调制的载波 $x(t)$ 的频谱如图 5.15（a）所示。因为 m_p 较小，所以边带中只有一对比较大的边频峰值。当 m_p 增大到 5 时，$x(t)$ 的频谱（见图 5.15（b））中边带增多，和幅度已调载波有一个共同之处，即经过相位调制的载波的频谱边带相对于载波谱线对称。

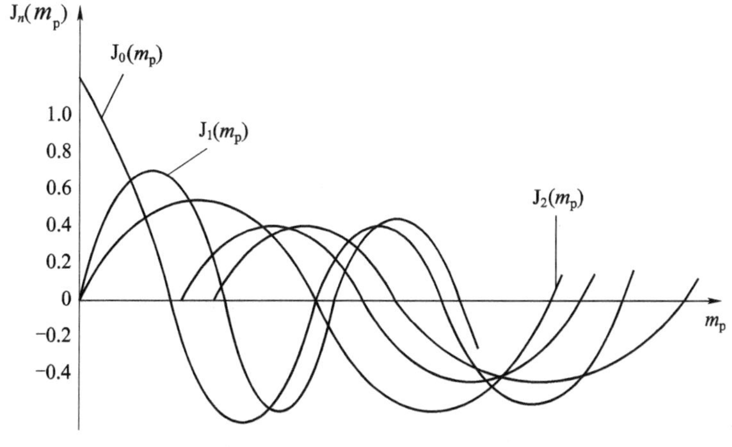

图 5.14　第一类 n 阶贝塞尔函数

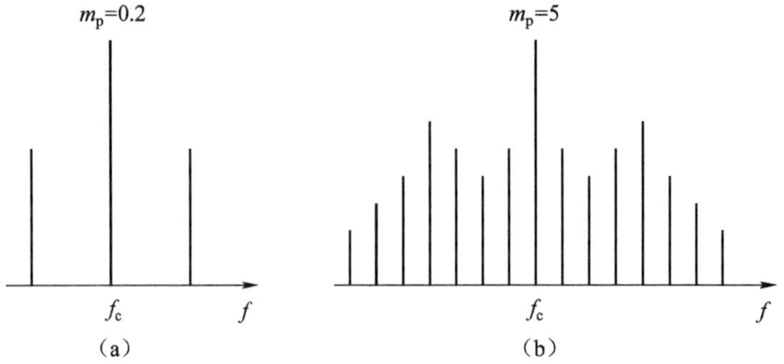

图 5.15 调相信号的频谱特征

在实际的齿轮系统中，调幅、调频总是同时存在的，所以，频谱上的边频成分为两种调制单独作用时所产生的边频成分的叠加。虽然在理想条件下（即单独作用时），两种调制所产生的边频都是对称于载波频率的，但两者共同作用时，由于边频成分具有不同的相位，而它们的叠加是向量相加，所以叠加后有的边频幅值增加了，有的反而下降了，这就破坏了原有的对称性。

若调幅信号 $r(t)$ 和调相信号 $\psi(t)$ 分别为

$$r(t) = a(1 + m\cos 2\pi f_m t)$$

$$\psi(t) = m_p \sin 2\pi f_m t$$

则调幅和调相共存时的已调载波为

$$x(t) = a(1 + m\cos 2\pi f_m t)\cos(2\pi f_c t + m_p \sin 2\pi f_m t)$$

展开为

$$\begin{aligned} x(t) = {} & aJ_0(m_p)\cos 2\pi f_c t + \\ & a\left[\frac{m}{2}J_0(m_p) + J_1(m_p) + \frac{m}{2}J_2(m_p)\right]\cos 2\pi(f_c + f_m)t + \\ & a\left[\frac{m}{2}J_0(m_p) - J_1(m_p) + \frac{m}{2}J_2(m_p)\right]\cos 2\pi(f_c - f_m)t + \cdots \end{aligned} \tag{5.29}$$

它也具有无穷边带。与单独存在调幅或调相的情况不同，调幅调相共存时，已调载波的幅值谱不再相对载频谱线对称了，如图 5.16 所示（$m = 0.8$，$m_p = 5$）。

从以上分析可以看到这样一个事实，对于相位已调载波或调幅与调相同时存在的已调载波（式（5.28）、式（5.29））信号，若 a 保持不变，那么载波频率分量的大小 $|aJ_0(m_p)|$ 将随着 m_p 增大而波动。特别要注意，当 m_p 在 0~2 范围内增大时，$|aJ_0(m_p)|$ 逐渐减小。在齿轮箱故障诊断问题中，载波频率对应于齿轮产生的高频振动频率，m 和 m_p 对应于齿轮的状态。当齿轮出现故障或故障发生变化时，虽然啮合冲击增强会使啮合频率分量及其谐波分量增大（相当于 a 增大），但由于调相现象的存在，又会使这些分量有所减小，最终使这些分量的增大不很显著，甚至会出现减小的现象。换句话说，啮合频率分量及其谐波的变化对齿轮某些故障（如个别齿点蚀、齿根裂纹等）的出现和发展不很敏感。

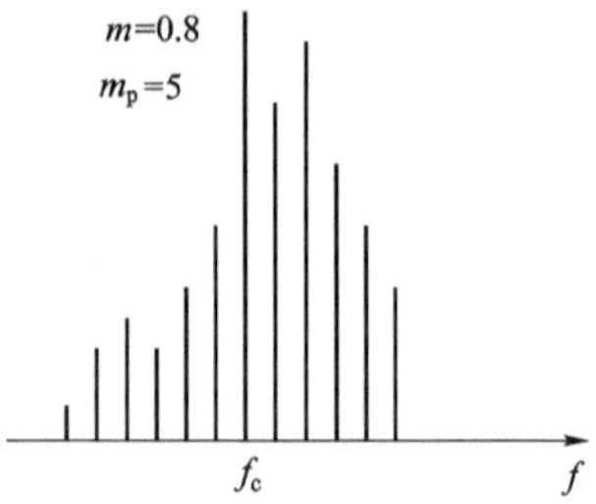

图 5.16 调幅和调相并存时的调制信号的谱特征

边频具有不稳定性，这是由于边频的相对相位关系容易受到随机因素的影响而改变。在同样的调制指数下，边频带的形状会有所改变。所以在齿轮故障诊断中，只监测某几个边频仍是不可靠的。

4. 齿轮振动中的其他成分

(1) 附加脉冲。齿轮平衡不良、对中不良、零部件机械松动等缺陷都会引起附加脉冲。它们均是旋转频率低次谐波的振源，而不一定与齿轮本身缺陷直接有关。

(2) 隐含成分。新齿轮传动时，如同啮合频率一样，会在其频谱上出现某一频率的基波及其低次谐波成分，称为隐含成分（Ghost Component）。其实它是制造该齿轮时所用加工机床的分度齿轮的啮合频率。

(3) 交叉调制成分。由上述基本成分互相调制而成，表现为一些频率的和频与差频。它们并不独立，只有那些基本成分改变时才会有所改变，一般可不去考虑和分析它们。

5.2.3　齿轮故障的振动诊断方法

通常是在齿轮箱上测取振动信号，通过 FFT 处理后，作振动信号的功率谱分析，借以监测和诊断齿轮运行状态。也可用声级计测量齿轮箱运行时产生的噪声作为分析信号。

1. 异常齿轮在频域中的故障特征

异常齿轮工作时，由于齿面上所受周期冲击力的变化，齿轮的旋转频率 f_r、啮合频率 f_z、固有频率 f_n 及其谐波分量等都将发生相应的变化。概括起来，常见的有以下几种。

(1) 齿轮磨损。齿轮磨损时，啮合频率 f_z 及其谐波分量的频率保持不变，但振动幅值大小会有变化，高次谐波幅值增大较多。图 5.17 所示为齿轮磨损前后其幅值谱变化情况。

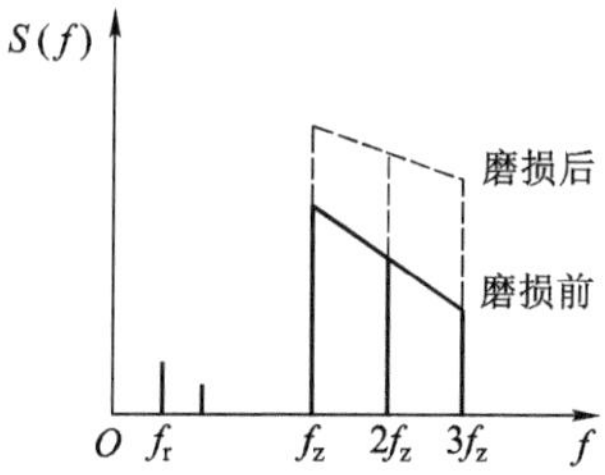

图 5.17　齿轮磨损前后的功率谱的变化

(2) 齿轮偏心。齿轮偏心、齿距缓慢的周期变化及载荷的周期波动等，在啮合频率及其谐频的两侧将产生 $mf_c \pm nf_z$（m、$n=1, 2, 3, \cdots$）的边频带，齿轮偏心仅有下边频带。

(3) 不对中。联轴器不平衡、不对中等故障在啮合频率及其谐频的两侧将产生 $mf_c \pm nf_z$（m、$n=1, 2, 3, \cdots$）的边频带。

(4) 齿面剥落、断齿等。齿面剥落、裂纹、断齿会产生周期脉冲，产生局部故障特有的瞬态调制，在啮合频率及其谐频的两侧产生一系列边带。其特点是边带阶数多而谱线分散，由于高阶边频的互相叠加而使边频形状各异，如图 5.12（a）所示。

(5) 点蚀等分布故障。齿轮点蚀等分布故障会在频谱上形成类似于图 5.11（b）的边频带，其边带少而集中在啮合频率及其谐频的两侧。

2. 齿轮故障的频域诊断方法

1) 倒频谱法

在齿轮故障诊断中，倒频谱法成为目前最常用的诊断方法之一，其主要优点如下。

(1) 受传输途径的影响小。当两个传感器装在齿轮箱上两个不同位置时，由于传递途径不同会形成两个传递函数，其输出谱也会不同。但在倒频谱中，由于信号源的输入效应与传递途径的效应被分离开来，两个倒频谱中一些重要的分量几乎完全相同，而只是倒频率较低的部分有少许不同，这就是传递函数差异的影响。

（2）倒频谱能将原来谱上成簇的边频带谱简化为单根谱线，以便分析观察功率谱中肉眼难以辨识的周期性信号。

（3）倒频谱能提取功率谱上的周期特征。

2）瀑布图法

在频域故障诊断中，瀑布图也可用于齿轮箱的故障诊断。改变齿轮箱输入轴的转速并作出相应的振动功率谱，就可以得到瀑布图。在瀑布图上可以发现，有些谱峰位置随输入轴转速的变化而偏移，这一般是由齿轮强迫振动引起的。相反，有些峰的位置始终不变，这种峰由于共振引起。通过增加系统阻尼，就可使上述问题得到解决。

3）细化复包络谱法

细化复包络谱法，就是通过对复包络谱进行细化来诊断齿轮的异常状态。

设齿轮啮合振动信号为

$$x(\tau) = r(\tau)\cos[2\pi f_0\tau + \varphi(\tau)] \tag{5.30}$$

式中　$r(\tau)$ ——调幅信号；

$\varphi(\tau)$ ——调相信号；

$x(\tau)$ ——调制信号；

f_0 ——载波频率。

对 $x(\tau)$ 进行希尔伯特变换，可得

$$z(\tau) = x(\tau) + \mathrm{j}x(\tau) = r(\tau)\mathrm{e}^{\mathrm{j}|\varphi(\tau)+2\pi f_0\tau|} = W(\tau)\mathrm{e}^{\mathrm{j}2\pi f_0\tau} \tag{5.31}$$

式中　$W(\tau)$ —— $x(\tau)$ 的复包络，$W(\tau) = r(\tau)\mathrm{e}^{\mathrm{j}\varphi(\tau)}$ 。

图 5.18 所示为复包络谱的细化过程。其中图 5.18（a）所示为用 FFT 对采样信号 $x^*(\tau)$ 的离散序列 $x(n)(n = 1, 2, \cdots, N)$ 作离散傅里叶变换；图 5.18（b）所示为把频率轴的零点移到所要分析的边带（f_a, f_b）的 f_a 处；图 5.18（c）所示为对移频后的数据进行低通滤波，其低通滤波器的通带为 $-(f_b - f_a) \sim (f_b - f_a)$；图 5.18（d）所示为把 $0 \sim (f_b - f_a)$ 区间内的谱映射到 $-(f_b - f_a) \sim 0$ 区间内，使得 $-(f_b - f_a) \sim 0$ 区间内谱的幅值与 $0 \sim (f_b - f_a)$ 内的谱幅值关于 $f = 0$ 点对称，而相位关于 $f = 0$ 点反对称。

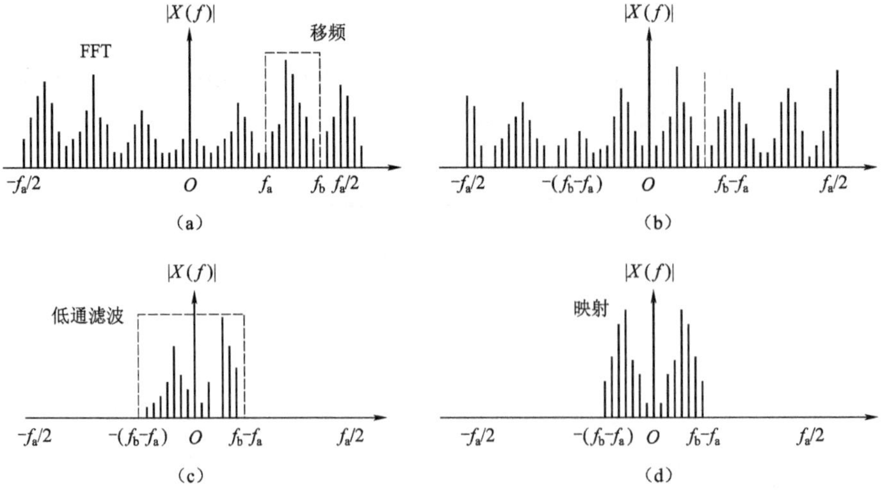

图 5.18　复包络谱的细化过程

3. 齿轮故障的时域诊断方法

把齿轮振动的时间信号按某一齿轮轴的旋转频率同步相加，即把齿轮每旋转一转产生的振动对应相加，相加足够次数后再取平均。经过时域平均后，比较明显的故障可以从时域波形上直接反映出来，如图 5.19 所示。

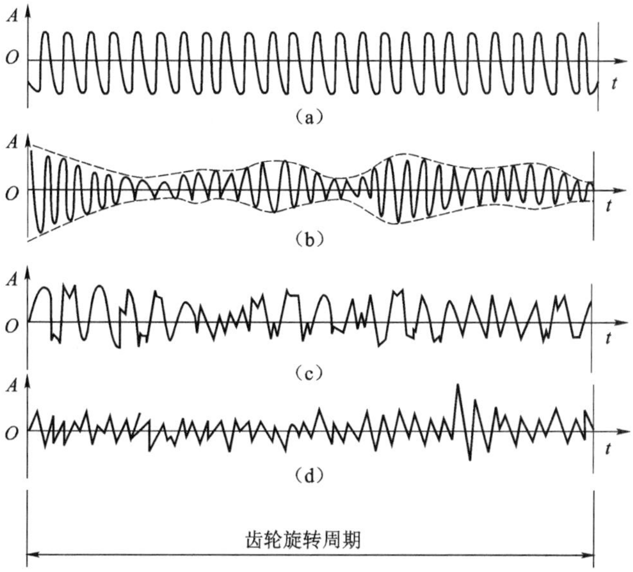

图 5.19　齿轮在各种状态下的时域平均信号

图 5.19（a）是正常齿轮的时域平均信号，信号主要由啮合频率分量组成，一转内啮合振动的幅值大小没有明显变化，波形平滑；图 5.19（b）是齿轮安装对中不良的情形，信号的啮合频率分量受到幅值调制，但调制频率较低，只包含转频及其低阶谐频；图 5.19（c）是齿轮的齿面严重磨损的情况，啮合频率分量严重偏离正弦信号的形状，故其频谱上必然出现较大的高次谐波分量，由于是均匀磨损，振动的幅值在一转内没有大的起伏；图 5.19（d）所示为齿轮有局部剥落或断齿时的典型信号，振动的幅值在某一位置有突跳现象。一般来讲，观察时域平均后的齿轮振动波形对于识别故障类型很有帮助，即使一时难以得出明确的结论，对后续分析和判断也可以提供极具参考价值的信息。

5.3　转子系统故障及其诊断方法

转子是航空发动机等旋转机械的核心部件，转子振动故障是旋转机械最常见的故障形式之一。本节介绍典型转子振动故障的机理和特征，以及利用征兆进行故障诊断的一般方法。

5.3.1　转子振动的基本特性

转子的结构形式多种多样，但对一些简单的旋转机械来说，一般都将转子的力学模型简化为一圆盘装在一无重弹性转轴上，转轴两端由不变形（即刚性）的轴承及轴承座支承，这样的模型称为刚性支承的转子。通过对这种简单的转子模型进行计算和分析，即可得到一些关于转子振动的基本概念和结论，这些概念和结论用于简单旋转机械的振动分析是足够精确的。但由于做了上述种种简化，把这些结论用于分析较为复杂的旋转机械振动问题往往不够精确。尽管如此，分析结果仍能明确、形象地说明旋转机械转子振动的基本特性。

1. 转子涡动

一般情况下，旋转机械的转子轴心线是水平的，转子的两个支承点在同一水平线上。设转子上的圆盘位于转子两支点的中央，当转子静止时，由于圆盘的重量使转轴弯曲变形产生静挠度，即静变形。此时，由于静变形较小，对转子运动的影响不显著，可以忽略不计，即圆盘的几何中心 O' 与轴线 AB 上 O 点相重合，如图 5.20 所示。在转子开始转动后，由于惯性离心力的作用，转子产生动挠度。此时，转子有两种运动：一种是转子的自转，即圆盘绕其轴线 $AO'B$ 的转动；另一种是进动，即弯曲的轴心线 $AO'B$ 与轴承连线 AB 组成的平面绕 AOB 轴线的转动。

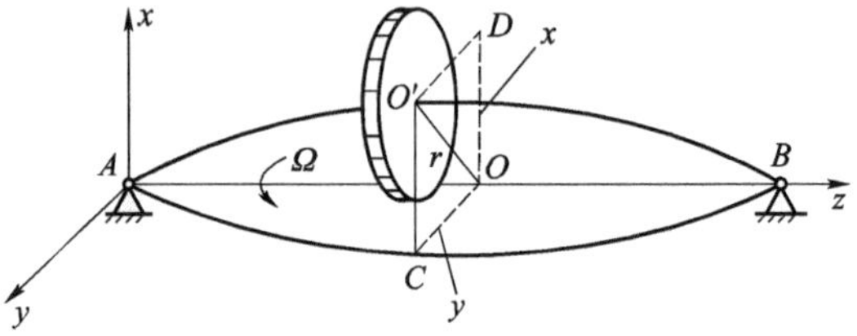

图 5.20　单圆盘转子

圆盘的质量以 m 表示，它所受的由于转轴弯曲变形所产生的弹性力为

$$F_k = -ka \tag{5.32}$$

式中　k——转轴的刚度系数；

a——O 到 O' 的距离。

圆盘的运动微分方程为

$$\begin{cases} m\ddot{x} = F_x - kx \\ m\ddot{y} = F_y - ky \end{cases} \tag{5.33}$$

式中　F_x，F_y——作用在轮盘上的不平衡激振力。

当激振力为零时，该微分方程可简化为

$$\begin{cases} \ddot{x} + \dfrac{k}{m}x = 0 \\ \ddot{y} + \dfrac{k}{m}y = 0 \end{cases} \tag{5.34}$$

令 $\omega_n^2 = \dfrac{k}{m}$，求解该微分方程，可以得到

$$\begin{cases} x = X\cos(\omega_n t + \varphi_x) \\ y = Y\sin(\omega_n t + \varphi_y) \end{cases} \tag{5.35}$$

式中　X，Y——振幅；

φ_x，φ_y——初相位。

由式（5.35）可知，圆盘或转子的中心 O'，在互相垂直的两个方向作频率为 ω_n 的简谐振动。在一般情况下，振幅 X、Y 不相等，O' 点的轨迹为一椭圆。O' 的这种运动是一种“涡动”或称“进动”。转子的涡动方向与转子的转动角速度 ω 同向时，称为正进动；与 ω 反方向时，称为反进动。

2. 临界转速

在旋转机械的启动或停机过程中，当经过某一转速时，在这个转速附近会出现剧烈振动，这个转速称为临界转速。对于图 5.20 所示的单盘对称转子系统，其临界转速在数值上与转子横向自由振动的固有频率是一致的，但物理概念是不同的。对于非对称单盘转子和多盘转子，临界转速的值并不等于转子的振动固有频率，两者可以相差很大，而且在临界转速附近发生的剧烈振动与横向振动的共振是不同的物理现象。这是因为陀螺力矩对临界转速有很大的影响，而转子的横向振动没有陀螺力矩。

1）转子的临界转速

如果圆盘的重心 G 与转轴中心 O' 不重合，设 p 为圆盘的偏心距，即 $O'G=p$，如图 5.21 所示。当圆盘以角速度 ω 转动时，重心 G 的加速度在两个坐标方向的分量为

$$\begin{cases} \ddot{x}_G = \ddot{x} - p\omega^2\cos\omega t \\ \ddot{y}_G = \ddot{y} - p\omega^2\sin\omega t \end{cases} \tag{5.36}$$

式中　x，y——转轴中心 O' 的坐标。

在转轴的弹性力 F_k 作用下，由质心运动定理知

$$\begin{cases} m\ddot{x}_G = -kx \\ m\ddot{y}_G = -ky \end{cases} \tag{5.37}$$

将式（5.36）代入式（5.37），可得轴心 O' 的运动微分方程为

$$\begin{cases} m\ddot{x} + kx = mp\omega^2\cos\omega t \\ m\ddot{y} + ky = mp\omega^2\sin\omega t \end{cases} \tag{5.38}$$

式（5.38）两边同除以 m，得

$$\begin{cases} \ddot{x} + \omega_n^2 x = p\omega^2\cos\omega t \\ \ddot{y} + \omega_n^2 y = p\omega^2\sin\omega t \end{cases} \tag{5.39}$$

式（5.39）中，右边是不平衡质量所产生的激振力。将式（5.39）改写为复变量的形式，即

$$\ddot{Z} + \omega_n^2 Z = p\omega^2 e^{j\omega t} \tag{5.40}$$

该微分方程的特解为

$$Z = Ae^{j\omega t} \tag{5.41}$$

将式（5.41）代入式（5.40）后，可求得振幅为

$$|A| = \left|\frac{p\omega^2}{\omega_n^2 - \omega^2}\right| = \left|\frac{p\left(\dfrac{\omega}{\omega_n}\right)^2}{1 - \left(\dfrac{\omega}{\omega_n}\right)^2}\right| \tag{5.42}$$

圆盘或转轴中心 O' 对于不平衡激励的响应为

$$Z = \frac{p\left(\dfrac{\omega}{\omega_n}\right)^2}{1 - \left(\dfrac{\omega}{\omega_n}\right)^2} e^{j\omega t} \tag{5.43}$$

由式（5.40）和式（5.43）可知，轴心 O' 的响应频率和偏心质量产生的激振力频率相同，而相位也相同（当 $\omega < \omega_n$ 时）或相差 180°（当 $\omega > \omega_n$ 时）。这表明，圆盘转动时，图 5.21 的 O 、O' 和 G 三点始终在同一直线上。这直线围绕过 O 点而垂直于 xOy 平面的轴以角速度 ω 转动。O' 点和 G 点做同步进动，两者的轨迹是半径不相等的同心圆，这是正常运转的情况。如果在某瞬时，转轴受一横向冲击力，则圆盘中心 O' 同时有自然振动和强迫振动，其合成的运动是比较复杂的。O 、O' 和 G 三点不在同一直线上，自然振动与强迫涡动的频率不相等。实际上由于阻力作用，自然振动是衰减的。经过一段时间，转子将恢复其正常的同步进动。

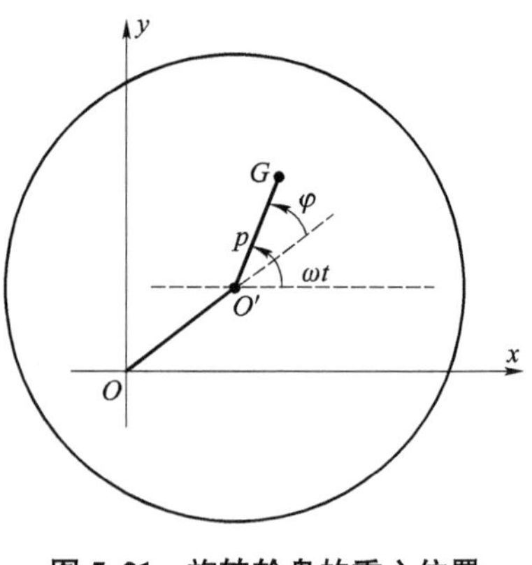

图 5.21　旋转轮盘的重心位置

在正常运转的情况下，由式（5.42）可知以下几点。

（1）当 $\omega < \omega_n$ 时，$A > 0$，G 点在 O' 点的外侧，如图 5.22（a）所示。

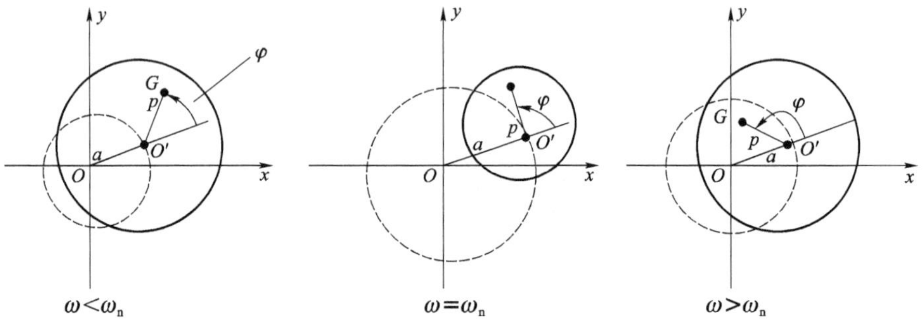

图 5.22　转子重心的相位变化

（2）当 $\omega = \omega_n$ 时，若无阻尼，理论上 $A \to \infty$ ，是共振情况。实际上由于存在阻尼，振幅 A 不是无穷大而是较大的有限值，转轴的振动仍然非常剧烈，以致有可能断裂。ω_n 称为转子的“临界角速度”；与其对应的每分钟的转数则称为“临界转速”，以 n_c 表示，即

$$n_c = \frac{60\omega_n}{2\pi} = 9.55\omega_n = 9.55\sqrt{\frac{k}{m}} \tag{5.44}$$

因为 $\omega_n = \sqrt{k/m} = \sqrt{g/\delta_\xi}$ ，所以

$$n_c = 9.55\sqrt{\frac{g}{\delta_\xi}} \tag{5.45}$$

式中　δ_ξ ——圆盘重量引起的转轴中心 O' 的静挠度。

（3）当 $\omega > \omega_n$ 时，$A < 0$，但 $|A| > p$ ，G 在 O 和 O' 之间，如图 5.22（c）所示。当 $\omega \gg \omega_n$ 时，$A \approx -p$ ，或 $OO' = A \approx -O'G$ ，这时随着转速增加，圆盘的重心 G 点逐步趋近于固定点 O ，振动很小，转动反而比较平稳。这种情况称为“自动对心”。

如果机器的工作转速小于临界转速，则转轴称为刚性轴；如果工作转速高于临界转速，则转轴称为柔性轴。由上面分析可知，具有柔性轴的旋转机械运转时更为平稳，但在启动过

程中，要经过临界转速，如果缓慢启动，则经过临界转速时会发生剧烈振动。

研究不平衡响应时，如果考虑外阻力的作用，则式（5.40）变为

$$\ddot{Z} + 2n\dot{Z} + \omega_n^2 Z = p\omega^2 e^{j\omega t} \tag{5.46}$$

设其特解为

$$Z = Ae^{j(\omega t - \varphi)} \tag{5.47}$$

由此解出 A 及 φ 为

$$\begin{cases} |A| = \left| \dfrac{p\left(\dfrac{\omega}{\omega_n}\right)^2}{\sqrt{\left(1 - \left(\dfrac{\omega}{\omega_n}\right)^2\right)^2 + \left(\dfrac{2\xi}{\omega_n}\right)^2 \left(\dfrac{\omega}{\omega_n}\right)^2}} \right| \\ \tan\varphi = \dfrac{\left(\dfrac{2\xi}{\omega_n}\right)\left(\dfrac{\omega}{\omega_n}\right)}{1 - \left(\dfrac{\omega}{\omega_n}\right)^2} \end{cases} \tag{5.48}$$

式中　$\xi = \dfrac{c}{2m\omega_n^2}$；

$n = \dfrac{c}{2m}$；

$\omega_n = \sqrt{\dfrac{k}{m}}$；

c——外阻尼。

振幅 $|A|$ 与相位差 φ 随转动角速度与临界角速度的比值 $\lambda = \omega/\omega_n$ 变化的曲线，即幅频响应曲线和相频响应曲线，如图 5.23 所示。

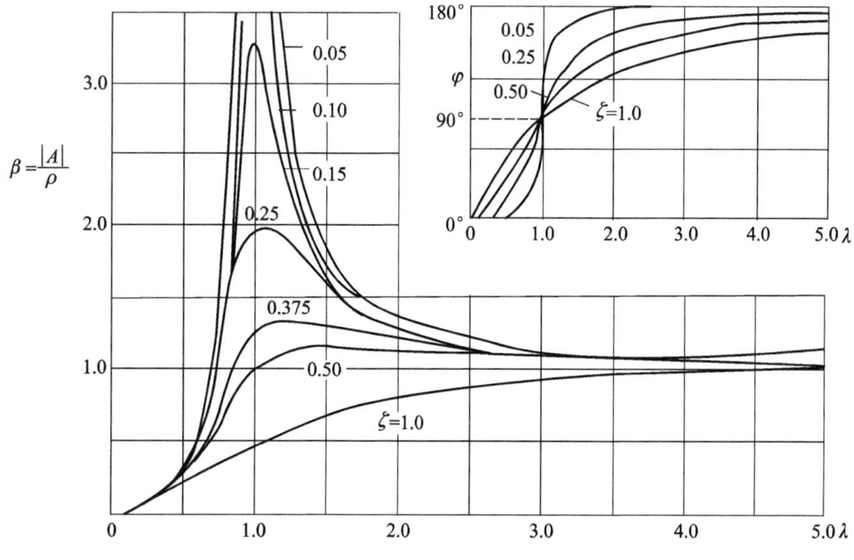

图 5.23　幅频响应与相频响应

从图 5.23 可知，由于外阻尼，转子中心 O' 对不平衡激励的响应在 $\omega=\omega_n$ 时不是无穷大，而是有限值，而且不是最大值。最大值发生在 $\omega>\omega_n$ 的时候。对于实际的转子系统，把响应出现最大值即峰值时的转速定义为临界转速。在小阻尼情况下，这样定义的临界转速与按无阻尼计算得到的临界转速相差很小。可以通过在升速或降速过程中测量响应来确定转子的临界转速。由于在变速过程中，响应峰值的出现相对转速会有一定的滞后，所以升速时测得的临界转速会略大于实际临界转速，而降速时测得的临界转速则略小于实际临界转速。

2）陀螺力矩对转子临界转速的影响

当圆盘不是安装在轴的中点而偏于一端支承时，转轴弯曲变形后，圆盘的轴线与两支点 A 和 B 连线的夹角 ψ 不为零，如图 5.24 所示。

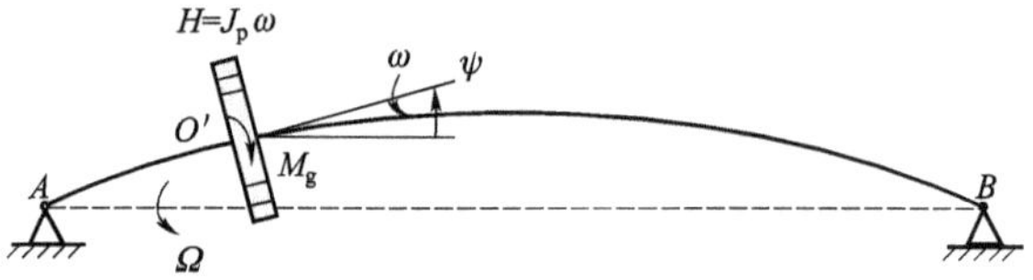

图 5.24　陀螺力矩对临界转速的影响

设圆盘的自转角速度为 ω，极转动惯量为 J_p，则圆盘对质心 O' 的动量矩为

$$H=J_p\omega \tag{5.49}$$

这个动量矩与轴线 AB 的夹角也应该是 ψ，如图 5.24 所示。设转轴的进动角速度为 Ω，由于进动，圆盘的动量矩 H 将不断改变方向，因此有惯性力矩

$$M_g=-(\Omega\times H)=H\times\Omega=J_p\omega\times\Omega \tag{5.50}$$

此惯性力矩作用在 $O'AB$ 平面内，大小为

$$M_g=J_p\omega\Omega\sin\psi \tag{5.51}$$

该惯性力矩称为陀螺力矩或回转力矩。它是圆盘加于转轴的力矩。因夹角很小，可以取 $\sin\psi\approx\psi$，式（5.51）可改写为

$$M_g=J_p\omega\Omega\psi \tag{5.52}$$

该力矩与 ψ 成正比，相当于弹性力矩。在正进动的情况下，该力矩在 $O'AB$ 平面内的转向是顺时针的，使转轴的变形减小，相对提高了转轴的抗弯刚度，因此提高了转子的临界转速。在反进动的情况下，该力矩在 $O'AB$ 平面内的转向是逆时针的，使转轴的变形增大，相当于降低了转轴的刚度，因此降低了转子的临界角速度。所以，陀螺力矩对转子临界转速的影响是：正进动时，使转子系统的临界转速提高；反进动时，使转子系统的临界转速降低。

3）弹性支承对转子临界转速的影响

只有在支承结构完全不变形的条件下，支点才能简化为刚性支承。实际上，支承并不是绝对刚性的，而应视为弹性结构，这时支承结构相当于与弹性轴串联的弹簧，如图 5.25 所示。

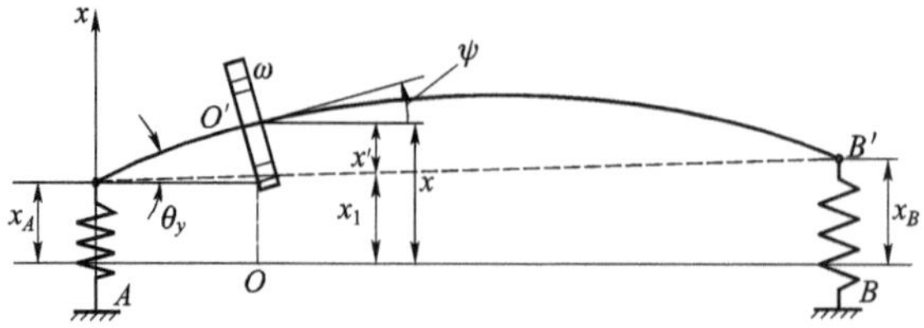

图 5.25　弹性支承转子系统

视为弹簧的支承结构与弹性转轴串联后，其总的刚度要低于转轴本身的刚度。因此，弹性支承可使转子的临界转速降低；减小支承刚度，可以使临界转速显著降低。

3. 非线性振动特征及识别方法

实际工程中有许多振动问题是非线性振动，如油膜振荡、摩擦、旋转失速、流体动力激振等。线性振动系统与非线性振动系统间的区分，往往取决于该系统在激振力作用下的振幅大小。由于用线性振动理论和方法能比较方便地研究和解决旋转机械系统的主要振动故障，所以在精度满足要求的情况下，可以把非线性振动问题线性化，作为线性振动问题处理。但是在实际工程中，有些异常振动现象无法用线性振动理论解释，而用非线性振动理论阐明故障机理却是很方便的。

1）非线性振动的特征

（1）固有频率随振动幅值而变化。线性振动系统的固有频率只与系统本身的材料属性、几何属性和边界条件有关，而与振幅无关；非线性振动系统则不同，固有频率随振动系统的振幅大小而变化，如图 5.26 所示。

（2）振幅跳跃现象。具有非线性弹性的机械系统，在简谐干扰力作用下的幅频特性曲线不同于线性系统，它具有向右（硬弹簧情况）或向左（软弹簧情况）弯曲的现象，如图 5.27 所示。

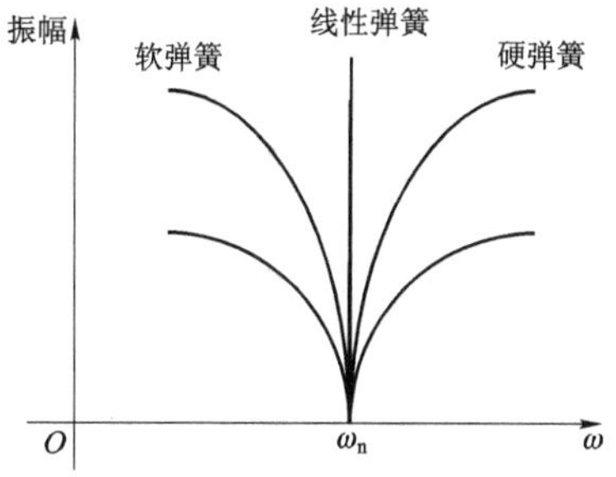

图 5.26　自由振动的振幅与频率的关系

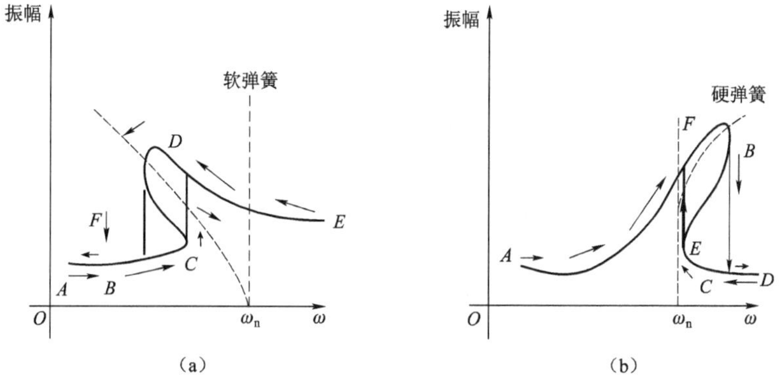

图 5.27　非线性系统的共振曲线与跳跃现象

在干扰力幅值不变的情况下，当逐渐改变干扰力的频率时，非线性受迫振动的振幅会发生突变。当 ω 增加时，振幅沿曲线 *ABCD* 变化（见图 5.27（a））；当 ω 减小时，振幅沿曲线 *DEFA* 变化（见图 5.27（b））。分别在 *C* 和 *E* 处振幅发生突变，这种现象称为“跳跃现象”，并且在频率增加和减少过程中振幅的变化形式也不相同。这也是线性系统中所没有的特性。

（3）分数谐波共振和高频谐波共振（次谐波共振和超谐波共振）。在非线性系统中，若以频率接近于固有频率整数倍的激励作用于系统，则可引起共振，而共振频率为激励频率的整分数之一，则称为分数谐波共振（例如，作用于系统上的激励频率为 $\omega_n/3$ 时，则系统的共振频率为 $\omega_n/3$）；若激励频率接近于固有频率的整分数倍，而共振频率为激励频率的整数倍（如激振频率为 $\omega_n/3$，而系统的共振频率为 $3\omega_n$），则称为高频谐波共振。

（4）组合共振（和差谐波共振）。在非线性系统中，若有两种不同频率 ω_1 和 ω_2 的激振力作用于系统，当它们的和（$\omega_1+\omega_2$）或差（$\omega_1-\omega_2$）或（$m\omega_1 \pm n\omega_2$）与固有频率一致时，往往会引起共振，这种共振称为组合共振。

2）系统发生非线性振动的识别方法

系统发生非线性振动的识别方法主要有以下两种。

(1) 非线性系统的固有频率随振幅的大小而变，且有跳跃现象。

(2) 非线性系统的激励 $F(t)$ 与响应 $X(t)$ 具有分数谐波共振、高频谐波共振以及组合频率共振特征，而且两者之间的相关系数大于零而小于 1。

5.3.2 转子典型故障的机理与振动特征

1. 转子不平衡

不平衡是旋转机械最常见的故障。引起转子不平衡的原因有：结构设计不合理；制造和安装误差；材质不均匀；受热不均匀；运行中转子的腐蚀、磨损、结垢；零部件的松动和脱落等。转子不平衡故障包括转子质量不平衡、转子初始弯曲、转子热态不平衡、转子部件脱落、转子部件结垢、联轴器不平衡等，不同原因引起的转子不平衡故障规律相近，但也各有特点。

1）转子质量不平衡

所有不平衡都可归结为转子的质量偏心。为此，首先分析带有偏心质量的多盘转子的振动情况，如图 5.28 所示。忽略陀螺力矩的影响，采用模态坐标对转子系统解耦后，可用振动理论中单自由度强迫振动响应公式来计算不平衡激振力所引起的稳态响应。

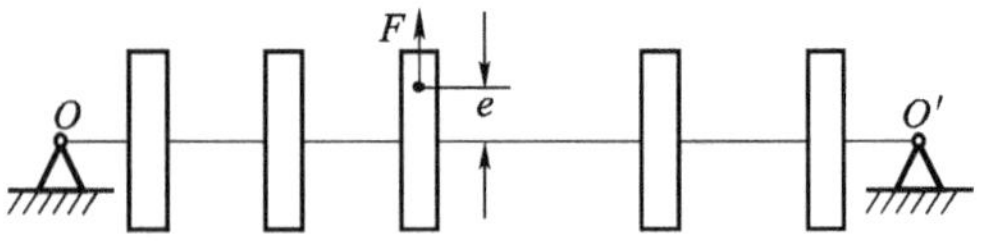

图 5.28 转子质量偏心模型

具有偏心质量的转子，其轴心的运动微分方程为

$$\begin{cases} M\ddot{x} + C\dot{x} + Kx = me\omega^2\cos\omega t \\ M\ddot{y} + C\dot{y} + Ky = me\omega^2\sin\omega t \end{cases} \tag{5.53}$$

根据分析可知，转子在质量不平衡激励下的弯曲变形和运动规律具有以下特征。

(1) 各圆盘的中心轨迹是圆或椭圆。

(2) 转子的进动特征为同步正进动。

(3) 各圆盘的稳态振动是一个与转速同频的强迫振动，振动幅值随转速按振动理论中的共振曲线规律变化，在临界转速处达到最大值。因此转子不平衡故障的突出表现为一倍频振动幅值大。

(4) 表示各圆盘中心位移的复数向量相角是不同的，因此轴线弯曲成空间曲线，并以转子转速绕 Oz 轴转动，如图 5.29 所示。

由转子质量不平衡激起的机匣振动具有以下特征。

(1) 振动的时域波形为正弦波。

(2) 振动频谱图中，谐波能量集中于基频。

(3) 当 $\omega < \omega_n$ 时，振幅随 ω 增大而增大。当 $\omega > \omega_n$ 时，振幅随 ω 增大而趋于一个较小的稳定值。当 ω 接近 ω_n 时，振动剧烈，振幅具有最大峰值。

(4) 工作转速一定时，相位稳定。

(5) 振动的剧烈程度对工作转速很敏感。

实际上，由于轴承在不同的方向上刚度不相等，油膜阻尼的非线性以及转子的非线性等因素的影响，使轴承在不同方向上的振动大小并不一样。通常是水平方向刚度较小，振动幅值较大，使轴心轨迹成为椭圆形，并且会出现幅值较小的高次谐波，使整个频谱呈现“枞树形”，如图 5.30 所示。

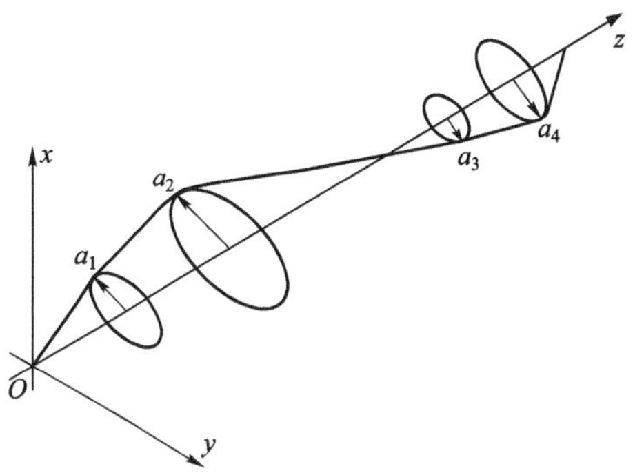

图 5.29　转轴挠曲线形状示意图

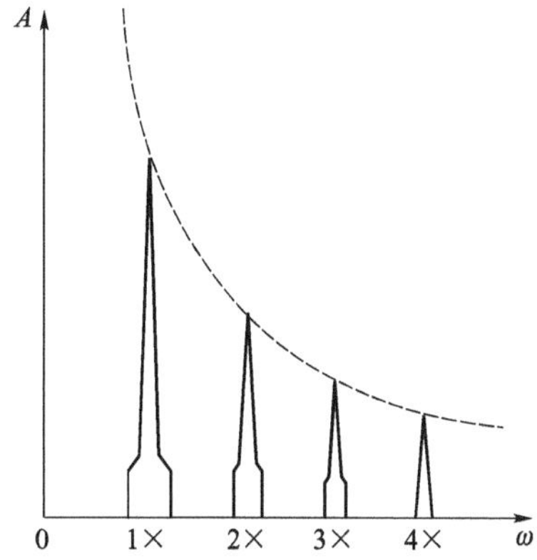

图 5.30　转子不平衡故障的振动频谱

2）转子其他原因引起的不平衡

（1）转子初始弯曲。人们习惯上将转子的初始弯曲与质量初始不平衡同等看待，实际上二者是有区别的。质量不平衡是指各横截面的质心连线与其几何中心连线存在偏差，而转子初始弯曲是指各横截面的几何中心连线与旋转轴线不重合。二者都会使转子产生偏心质量，从而使转子产生不平衡振动。

初弯转子具有与质量不平衡转子相似的振动特征，所不同的是初弯转子在转速较低时振动较明显，趋于初弯值。通常是以机器启动后测量晃动度的大小来判断转子是否存在初始弯曲。

（2）转子热态不平衡。在某些旋转机械的启动和停机过程中，由于热交换速度的差异，使转子横截面产生不均匀的温度分布，使转子发生瞬时热弯曲，产生较大的不平衡。热弯曲引起的振动一般与负荷有关，改变负荷，振动相应地发生变化，但在时间上滞后于负荷的变化。随着机器的稳态运行，转子横截面内的温度趋于均匀，热弯曲激起的振动就会消失。

（3）转子部件脱落。运行中的转子部件突然脱落也会引起转子不平衡，使转子振幅突然变化，严重影响机器的正常运行。为了防止脱落部件在惯性力作用下飞出使机体发生二次事故，必要时应及时停机检修。

可以将部件脱落失衡现象看作对工作状态的转子的瞬时阶跃响应。由于瞬态响应最终要衰减为零，因此，部件脱落的主要特征是振动会突然发生变化，而后趋于稳定，振动的幅值一般会有较明显的增大。

（4）转子部件结垢。如果工质不够清洁，随着时间的推移，将在转子叶片表面产生尘垢，使转子原有的平衡遭到破坏，振动增大。由于结垢需要相当长的时间，所以振动是随着时间逐渐增大的。

（5）联轴器不平衡。由于制造、安装的偏差或者动平衡时未考虑联轴器的影响，可能使联轴器产生不平衡。联轴器不平衡具有与质量不平衡相似的振动特征，通常是联轴器两端轴承的振动较大，相位基本相同。

以上各种不平衡故障的振动特征与质量不平衡基本相同。

2. 转子不对中

转子不对中通常是指转子（包括不带联轴器的转子和带有联轴器的转子）的轴心线与轴承中心线之间有倾斜或偏移。转子不对中可分为联轴器不对中和轴承不对中，联轴器不对中又可分为平行不对中、偏角不对中和平行偏角不对中等情况。

1）机理分析

（1）平行不对中。当转子轴线之间存在径向位移时，联轴器的中间齿套与半联轴器组成移动副，不能相对转动，但中间齿套却与半联轴器产生滑动而做平面圆周运动，即中间齿套的中心是沿着以径向位移 Δy 为直径做圆周运动，如图 5.31 所示。设 A 为主动转子的轴心投影，B 为从动转子的轴心投影，K 为中间齿套的轴心，那么 AK 为中间齿套与主动轴的连线，BK 为中间齿套与从动轴的连线，AK 垂直 BK，如图 5.32所示。

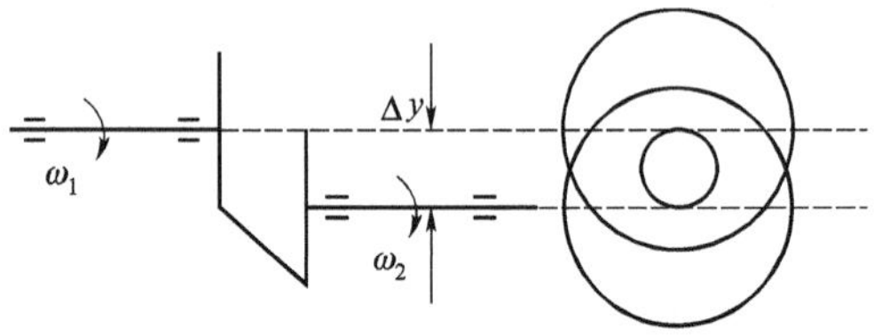

图 5.31　联轴器平行不对中

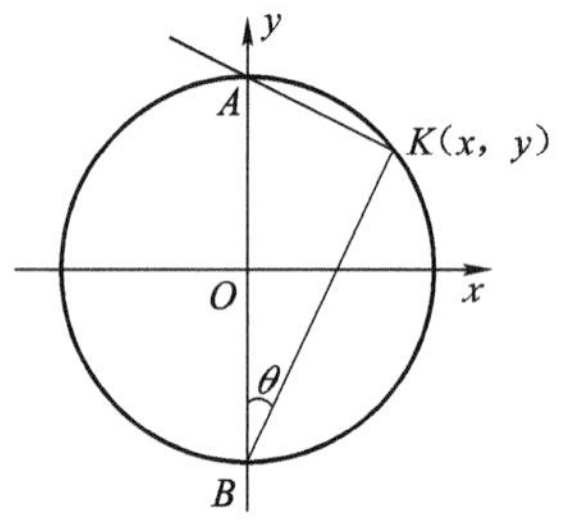

图 5.32　联轴器齿套运动分析

设 AB 长为 D，点 K 坐标为 $K(x,\ y)$，取 θ 为自变量，则有

$$\begin{cases} x = D\sin\theta\cos\theta = \dfrac{1}{2}D\sin 2\theta \\ y = D\cos\theta\cos\theta - \dfrac{1}{2}D = \dfrac{1}{2}D\cos 2\theta \end{cases} \tag{5.54}$$

对式（5.54）求微分，得

$$\begin{cases} \mathrm{d}x = D\cos 2\theta\mathrm{d}\theta \\ \mathrm{d}y = -D\sin 2\theta\mathrm{d}\theta \end{cases} \tag{5.55}$$

点 K 的线速度为

$$V_K = \sqrt{\left(\frac{\mathrm{d}x}{\mathrm{d}t}\right)^2 + \left(\frac{\mathrm{d}y}{\mathrm{d}t}\right)^2} = \frac{D\mathrm{d}\theta}{\mathrm{d}t} \tag{5.56}$$

由于中间齿套平面运动的角速度（$\mathrm{d}\theta/\mathrm{d}t$）等于转轴的角速度，即 $\mathrm{d}\theta/\mathrm{d}t=\omega$。所以，点 K 绕圆周中心运动的角速度为

$$\omega_K = \frac{V_K}{\dfrac{D}{2}} = \frac{2V_K}{D} = 2\omega \tag{5.57}$$

由式（5.57）可知，点 K 的转动角速度为转子转动角速度的 2 倍，因此当转子高速运转时，就会产生很大的离心力，激励转子产生径向振动，其振动频率为转子转频的 2 倍。

（2）偏角不对中。当转子轴线之间存在偏角位移时，如图 5.33 所示，从动转子与主动转子的瞬时角速度是不同的。从动转子的角速度为

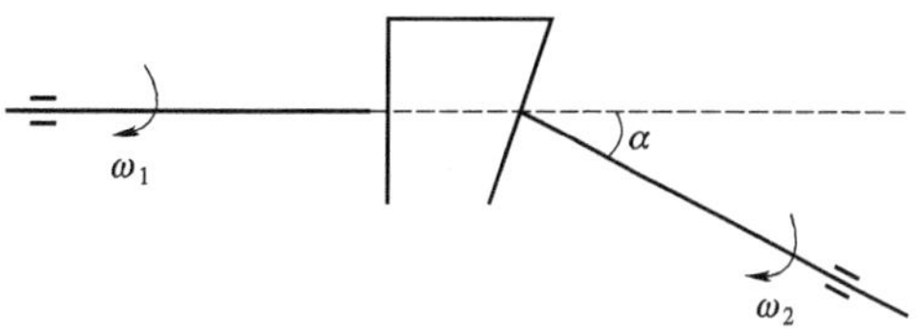

图 5.33 联轴器偏角不对中示意图

$$\omega_2 = \frac{\omega_1 \cos\alpha}{1 - \sin^2\alpha \cos^2\varphi_1} \tag{5.58}$$

式中 ω_1，ω_2——分别为主动转子和从动转子的角速度；

α——从动转子的偏斜角；

φ_1——主动转子的转角。

从动转子每转动一周其转速变化两次，如图 5.34 所示，变化范围为

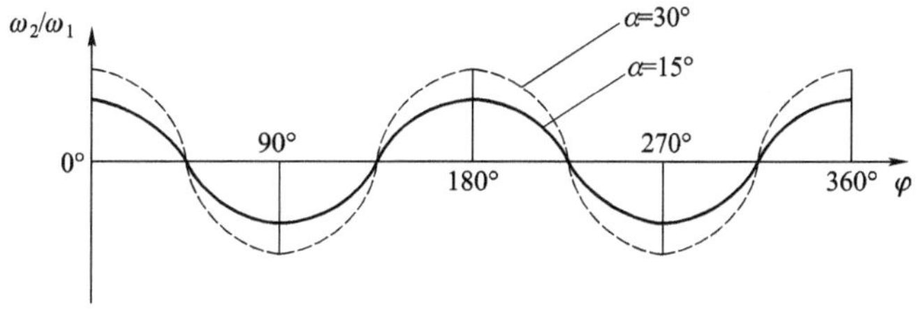

图 5.34 联轴器偏角不对中转速比的变化曲线

$$\omega_1 \cos\alpha \leqslant \omega_2 \leqslant \omega_1 / \cos\alpha \tag{5.59}$$

偏角不对中使联轴器附加一个弯矩，弯矩的作用是力图减小两轴中心线的偏角。转轴旋转一周，弯矩作用方向交变一次，因此，偏角不对中增加了转子的轴向力，使转子在轴向产生工频振动。径向振动频率为主动轴旋转频率的 2 倍。对于附加轴向振动，轴向振动频率与主动轴旋转频率相同。

（3）平行偏角不对中。实际上，各转子轴线之间往往既有径向位移又有偏角位移，因此当转子运转时，就有一个两倍频的附加径向力作用于靠近联轴器的轴承上，有一个同频的附加轴向力作用于止推轴承上，从而激励转子发生径向和轴向振动。径向振动频率为主动轴旋转频率的 2 倍。附加的轴向振动的频率与主动轴旋转频率相同。

（4）轴承不对中。轴承不对中实际上反映的是轴承上下和左右位置的偏差。由于结构上的原因，轴承在水平方向和垂直方向上具有不同的刚度和阻尼，不对中的存在加大了这种差别。虽然油膜既有弹性又有阻尼，能够在一定程度上弥补不对中的影响，但当不对中过大时，会使轴承的工作条件改变，使转子产生附加的力和力矩，甚至使转子失稳并产生碰摩。

轴承不对中使轴颈中心的平衡位置发生变化，使轴系的载荷重新分配。负荷较重的轴承油膜呈现非线性，在一定条件下出现高次谐波振动，负荷较轻的轴承易引起油膜涡动进而导致油膜振荡。支承负荷的变化还使轴系的临界转速和振型发生改变。

2）不对中故障的振动特征

（1）转子径向振动出现二倍频，以一倍频和二倍频分量为主，不对中越严重，二倍频

所占比例越大。

（2）相邻两轴承的油膜压力反方向变化，一个油膜压力变大，另一个则变小。

（3）最常见的转子振动为正进动，其轴心轨迹呈香蕉形。

（4）联轴器不对中时轴向振动较大，振动频率为一倍频，振动幅值和相位稳定。

（5）轴承不对中时径向振动较大，有可能出现高次谐波，振动不稳定。

（6）振动对负荷变化敏感。当负荷改变时，由联轴器传递的扭矩立即发生改变，如果联轴器不对中，则转子的振动状态也立即发生变化。由于温度分布的变化，轴承座的热膨胀不均匀而引起轴承不对中，使转子的振动也要发生变化。但由于热传导的惯性，振动的变化在时间上要滞后负荷变化一段时间。

（7）振动随油温的变化敏感。

3. 转、静子碰摩

为了提高旋转机械的效率，转、静子之间间隙的设计值不断缩小，加之运行过程中不平衡、不对中、热弯曲等因素的影响，导致转、静子碰摩故障时有发生。根据摩擦部位不同，碰摩分两种情况：转子外缘与静止件接触而引起的摩擦，称为径向碰摩；转子在轴向与静止件接触而引起的摩擦，称为轴向碰摩。按不同的分类标准，摩擦还可分为局部摩擦和全周摩擦，以及早期、中期和晚期碰摩等。

1）机理分析

转子与静止件发生径向摩擦存在两种情况：一种是转子在涡动过程中与静止件发生局部性或周期性的局部碰摩；另一种是转子与静子的摩擦接触弧度较大，甚至会发生连续的全周接触摩擦。

（1）局部摩擦的故障机理。

转子在非接触状态的运动微分方程为

$$\begin{cases} \ddot{x} + 2n\dot{x} + \omega_{\mathrm{n}}^2 x = e\omega^2\cos\omega t \\ \ddot{y} + 2n\dot{y} + \omega_{\mathrm{n}}^2 y = e\omega^2\sin\omega t \end{cases} \tag{5.60}$$

式中　e——偏心距。

如果转子与静子发生接触摩擦，如图 5.35 所示，则有

$$f = \mu N \tag{5.61}$$

式中　f——摩擦力；

μ——摩擦系数；

N——碰摩接触力。

碰摩状态下转子的运动微分方程为

$$\begin{bmatrix} 1 & 0 \\ 0 & 1 \end{bmatrix}\begin{bmatrix} \ddot{x} \\ \ddot{y} \end{bmatrix} + \begin{bmatrix} 2n & 0 \\ 0 & 2n \end{bmatrix}\begin{bmatrix} \dot{x} \\ \dot{y} \end{bmatrix} + \begin{bmatrix} \omega_{\mathrm{n}}^2 & 0 \\ 0 & \omega_{\mathrm{n}}^2 \end{bmatrix}\begin{bmatrix} x \\ y \end{bmatrix} + \frac{\omega_{\mathrm{n}}^2(R-\Delta)}{R}\begin{bmatrix} 1 & -\mu \\ \mu & 1 \end{bmatrix}\begin{bmatrix} x \\ y \end{bmatrix} = e\omega^2\begin{bmatrix} \cos\omega t \\ \sin\omega t \end{bmatrix} \tag{5.62}$$

式中　ω——转子与静止件无接触时的临界转速；

$R = \sqrt{x^2 + y^2}$；

Δ——转子与静止件的平均间隙。

当转子与静止件发生接触的瞬间，转子刚度增大；被静止件反弹后脱离接触，转子刚度减小，并且发生横向自由振动(大多数按一阶自振频率振动)。因此，转子刚度在接触与非接触两者之间变化，变化的频率就是转子涡动频率。转子横向自由振动与强迫的旋转运动、涡动运动叠加在一起，就会产生一些特有的、复杂的振动响应频率。

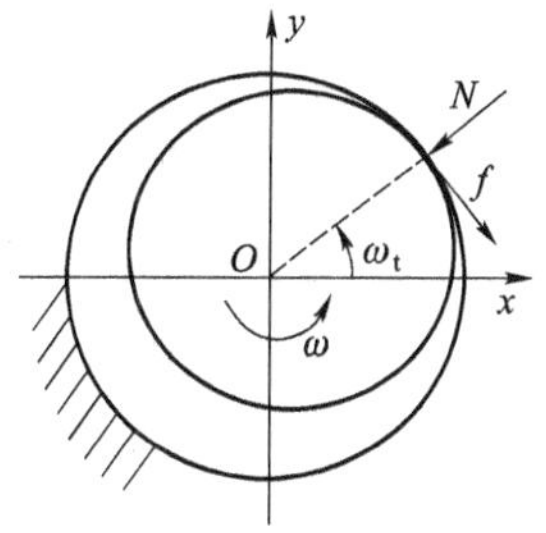

图 5.35　径向摩擦受力

局部摩擦引起的振动频率中包含有不平衡力引起的转速频率。因为摩擦振动是非线性振动，所以还包含有 2ω、3ω 等一些高频谐波。此外，还会引起次谐波振动，在频谱图上会出现 ω/n（$n=2, 3, 4, \cdots$）次谐波成分。重摩擦时 $n=2$，轻摩擦时 $n=2, 3, 4, \cdots$ 的各次谐波都有。次谐波的范围取决于转子的不平衡状态、阻尼、外载荷大小、摩擦副的几何形状以及材料特性等因素。在阻尼足够高的转子系统中，也可能完全不出现次谐波振动。

转子碰摩是一个复杂的过程，从机理上分析，摩擦振动对转子有以下 4 个方面的影响。

① 直接影响。转子运动可分为自转和进动两种形式。摩擦对自转的影响在于附加了一个力矩，因此，在转子原有力矩不变的条件下有可能使转子转速发生波动。至于进动，由于摩擦力的干预可能使正进动转化为反进动，特别是全周摩擦，常常产生“干摩擦”现象，从而引起自激振动，影响转子正常运行，甚至造成机械损坏。

② 间接影响。摩擦的作用使转、静子部件相互抵触，相当于增加了转子的支承条件，增大了系统的刚度，改变了转子的临界转速及振型，且这种附加支承是不稳定的，从而可能引起不稳定振动及非线性振动。

③ 冲击影响。局部碰摩除了摩擦作用外还会产生冲击作用，其直观效应是给转子施加了一个瞬态激振力，激发转子以固有频率做自由振动。虽然自由振动是衰减的，但由于碰摩在每个旋转周期内都产生冲击激励作用，在一定条件下有可能使转子振动产生叠加自由振动的复杂振动。

④ 热变形。摩擦引起的热变形可能引起转子弯曲，加大偏心量，使振动增大。转子碰摩的定量分析比较困难。一般来说，转子与静止件发生摩擦时，转子受到静止件的附加作用力，它是非线性的和时变的，因此使转子产生非线性振动，在频谱图上表现出频谱成分丰富，不仅有工频，还有高次和低次谐波分量。当摩擦加剧时，这些谐波分量增长很快。典型的碰摩故障的波形和频谱如图 5.36 所示。

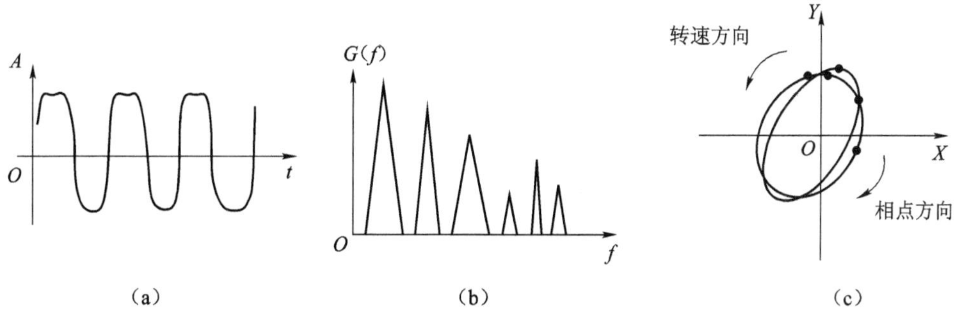

图 5.36　转子碰摩振动的波形和频谱

(a) 波形；(b) 频谱；(c) 轴心轨迹

转子径向碰摩主要影响转子的径向振动，对转子的轴向振动影响较小。但当转子发生轴向碰摩时，除了对径向振动产生影响外，由于轴向力的存在，使轴向位移和轴向振动增大，有时还会使级间压力发生变化，造成发动机效率的下降。

此外，在不同转速下发生的摩擦对发动机的影响是不同的。对于柔性转子，在临界转速以下发生摩擦时，由于相位差小于90°，摩擦引起的热变形将加大转子的偏心，进而发生转子越摩越弯、越弯越摩的恶性循环。在临界转速以上发生摩擦时，由于相位差大于90°，摩擦引起的热变形有抵消原始不平衡的趋向，如果摩擦轻微，可以迅速提升到工作转速。在工作转速下发生轻微摩擦时，振动矢量的变化如图5.37所示。

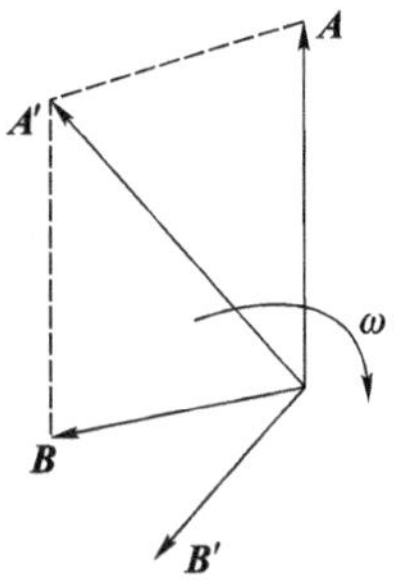

图5.37　振动矢量图

设 ***A*** 为原始不平衡矢量，转子高点与静止件发生摩擦产生热变形，设 ***B*** 为摩擦热变形形成的偏心矢量，***A***、***B*** 两个矢量合成新的矢量，相当于新的原始不平衡矢量，它使转子产生新的摩擦热变形矢量 ***B′***，***A′*** 和 ***B′*** 又合成新的矢量，如此持续下去，即可发现振动矢量沿逆转动方向旋转。

图5.38分别表示了轻摩擦转子与重摩擦转子的瀑布图和轴心轨迹。图5.38（a）显示在轻摩擦时除了出现2ω、3ω的高频谐波成分外，还出现ω/2、ω/3、ω/4和ω/5的次谐波成分；图5.38（b）显示在重摩擦时仅出现ω/2的次谐波以及2ω、3ω的高频谐波。另外，从轴心轨迹上观察，轨迹线总是向左方倾斜的；对次谐波进行相位分析，发现垂直和水平方向上相位相差180°。

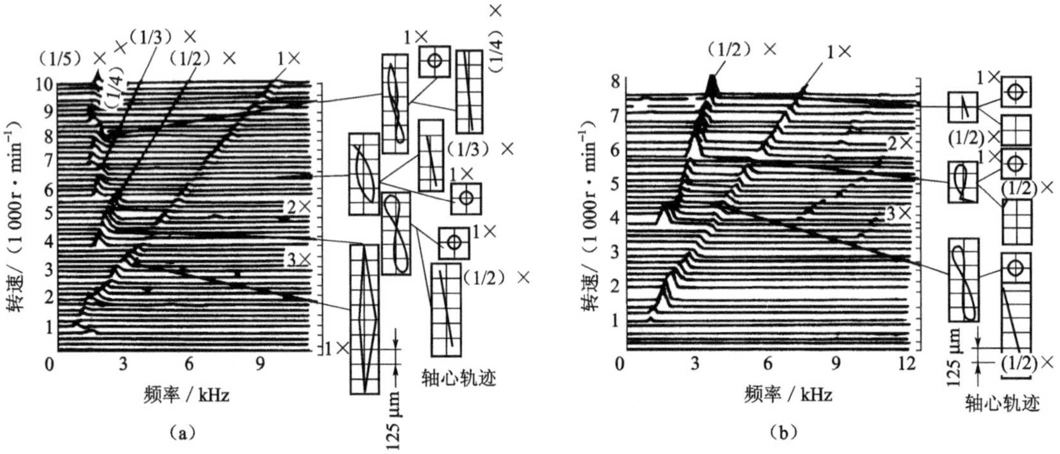

图5.38　转子碰摩时的瀑布图和轴心轨迹

（a）轻摩擦转子；（b）重摩擦转子

（2）摩擦接触弧增大时的故障机理。

当采用滑动轴承的旋转机械发生强烈振动时，轴颈与轴瓦发生大面积干摩擦，由于转子与静止件之间具有很大的摩擦力，转子处于完全失稳状态。转子在轴承、密封等处表面做大面积摩擦或发生整周摩擦。在发生整周摩擦时，很大的摩擦力可使转子由正向涡动变为反向涡动，如图5.39所示。转子发生大面积摩擦时，在波形图上就会发生单边波峰“削波”现象，如图5.40所示，这时就将在频谱上出现涡动频率 Ω 与旋转频率 ω 的和频与差频，即会产生 $m\omega \pm n\Omega$ 的频率成分（n、m 为正整数）。另外，由于转子振动进入了非线性区，因而在频谱上还会出现幅值升高了的高频谐波，具体说明如下。

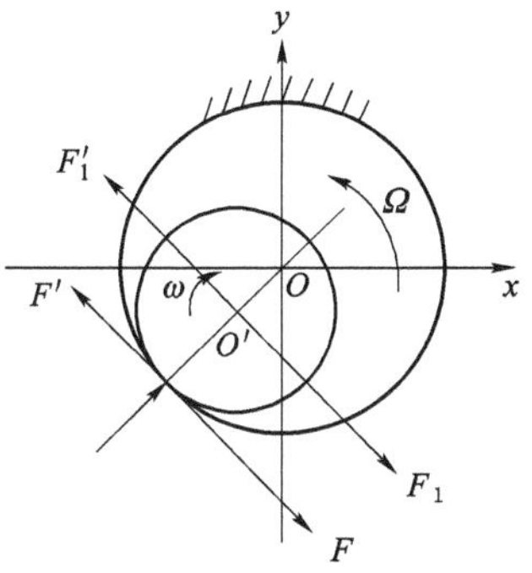

图 5.39　全周接触摩擦轴心轨迹

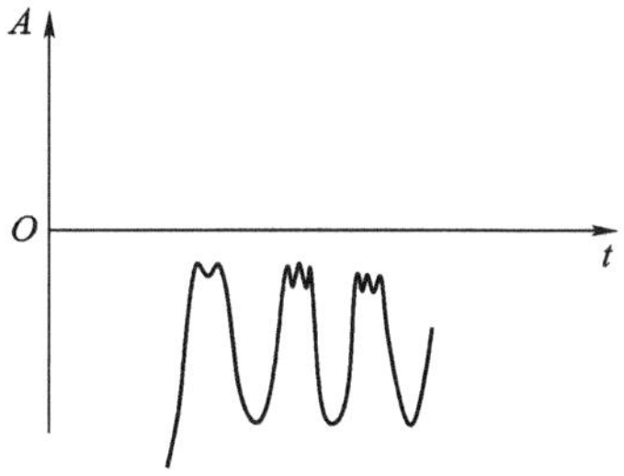

图 5.40　局部摩擦削波效应

① 在刚开始发生摩擦接触的情况下，由于转子不平衡，旋转频率成分幅值较高，高频谐波中第二、第三次谐波一般并不太高，第二次谐波幅值必定大于第三次谐波。随着转子摩擦接触弧的增加，由于摩擦起到附加支承作用，旋转频率幅值有所下降，第二、第三次谐波幅值由于附加的非线性作用而有所增大。

② 转子在超过临界转速时，如果发生 360° 全摩擦接触，将会产生一个很强的摩擦切向力，此力可引起转子的完全失稳。这时转子的振动响应中具有很高的次谐波成分，一般为转子发生摩擦时的一阶自振频率（要注意转子发生摩擦时相当于增加一个支承，将会使自振频率升高）。此外，还会出现旋转频率与振动频率之间的和差频率。转速频率的高谐波在全摩擦时也就消失。

③ 如果转子的进动方向出现由正向涡动变为反向涡动，就表示转子发生了全摩擦接触。

2）转子碰摩故障的振动特征

（1）转子失稳前振动波形畸变，频谱丰富，轴心轨迹为不规则变化，转子做正进动。

（2）转子失稳后波形严重畸变或削波，轴心轨迹发散，转子做反进动。

（3）轻微摩擦时同频幅值波动，轴心轨迹带有小圆环。

（4）碰摩严重时，各频率成分幅值迅速增大。

（5）碰摩时系统的刚度增加，临界转速区展宽，各阶振动的相位发生变化。

（6）工作转速下发生轻微摩擦时，其振幅随时间缓慢变化，相位为逆转动方向旋转。

4. 非转动部分的配合松动

非转动部分的配合发生松动是转子系统常见故障之一，其典型情况是轴承外圈以过大的间隙与轴承座配合，其他情况还有轴承座的松动、支座的松动、机架的松动、地面旋转机械的地脚螺栓没有拧紧等。对松动影响的分析应借助非线性理论，由于非线性可能引起转子的分数次谐波共振（亚谐波共振），其频率是精确的 1/2、1/3、…整分倍转速。

松动的另一特征是振动的方向性。在松动方向上的振动，由于约束力的下降，将引起振动的加大。松动使转子系统在水平方向和垂直方向具有不同的临界转速，因此分谐波共振现象有可能发生在水平方向，也有可能发生在垂直方向。

由于非线性，在松动情况下，振动形态会发生“跳跃”现象。当转速增加或减小时，振动会突然增大或减小。此外，松动部件的振动具有不连续性，有时用手触摸也能感觉到。

松动除产生上述低频振动外，还存在转频的同频或倍频振动。

5. 其他常见典型故障

1）转轴裂纹

（1）机理分析。

导致转轴裂纹最重要的原因是高周疲劳、低周疲劳和应力腐蚀开裂，此外也与转子工作环境中含有腐蚀性化学物质等有关，而大的扭转和径向载荷，加上复杂的转子运动，造成了恶劣的机械应力状态，最终也将导致轴裂纹的产生。

转轴裂纹以横向裂纹为主，振动响应对这种裂纹不敏感。根据所处部位应力状态的不同，裂纹呈现出 3 种不同的形态。

① 闭裂纹。转轴在压应力情况下工作时，裂纹始终处于闭合状态。这种状态以轻型转子、偏心不严重或不平衡力正好处于裂纹对侧的情况为主。这种裂纹对转子系统振动影响不大，很难监测到。

② 开裂纹。这种裂纹区处于拉应力状态、裂纹始终处于张开状态，造成转轴刚度下降且不对称，振动为非线性性质，伴有 2 倍、3 倍等高频成分，随着裂纹的扩展，各频率下的振动幅值随之增大。

③ 开闭裂纹。这种裂纹区的应力是由自重或其他径向载荷产生的，转轴每旋转一周，裂纹就会开闭一次，对振动的影响复杂，为非线性振动。

裂纹的张开、闭合与裂纹的初始状态、偏心、重力的大小及涡动的速度有关，也与裂纹的深度有关。若转子是同步涡动，裂纹只保持一种状态，即张开或闭合。在非同步涡动时，裂纹在一定条件下也可能会一直保持张开或闭合状态，但通常情况下，转子每旋转一周，裂纹都会有开有闭。裂纹在转子旋转的动态应力下，始终处于“开”和“闭”的周期变化过程中。裂纹转轴挠度变化的定性表示如图 5.41 所示。

裂纹转子的振动响应中除 1 × 轴频分量外，还有 2 × 、3 × 、4 × 等高阶谐波分量，利用转子升速通过 $\omega_1/2$、$\omega_1/3$ 临界转速时相应的 2 倍频、3 倍频成分被共振放大的超谐波共振现象，也可监测轴裂纹。裂纹转子的升速过程的振动响应如图 5.42 所示。从图中可以看出它包含有 $\omega_1/2$、临界转速分量。一般在低于临界转速运行时，所观测到的高阶成分较明显，而在高于临界转速状态下运行时，高阶成分不明显。此外，裂纹转子的动平衡会遇到反复无常的变化，其原因在于裂纹转子的非线性特性。

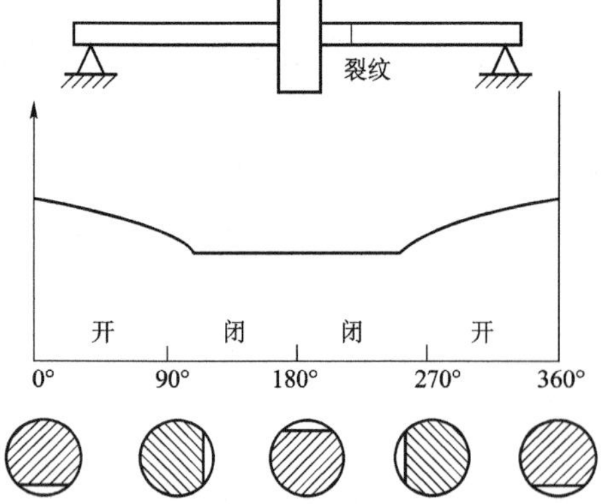

图 5.41　裂纹转轴的挠度变化

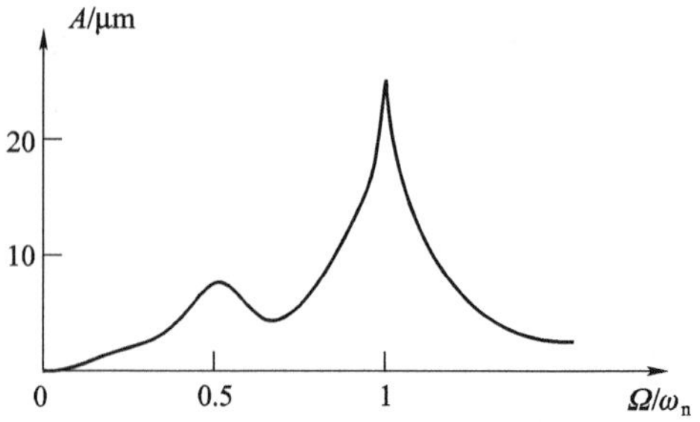

图 5.42　裂纹转子升速过程振动响应示意图

（2）裂纹故障的振动特征。

① 各阶临界转速较无裂纹时要小，尤其在裂纹严重时。

② 由于裂纹造成刚度变化且不对称，转子的共振转速扩展为一个区。

③ 在裂纹转子轴系的强迫响应中，一倍转频分量的分散度比无裂纹时大。

④ 转速超过临界转速后，一般各高阶谐波振幅较低于临界转速时的振幅小。

⑤ 恒定转速下，各阶谐波（1×、2×和3×）的幅值和相位不稳定，且尤以2×突出。

⑥ 裂纹引起刚度不对称，使转子动平衡发生困难，往往多次重试也达不到所要求的平衡精度。

（3）裂纹转子的监测和诊断。

① 稳态响应法。对裂纹转子的监测和诊断注重各阶谐波分量幅值 1×、2×和 3×的大小以及随时间的变化。1×、2×和 3×分量幅值随时间稳定增长的趋势表明，转子可能存在裂纹。

② 滑停法。此法将转子从工作转速滑降至零转速，在降速过程中测量振动响应并进行谱分析。若转子有裂纹存在或裂纹有进一步的扩展，则在转速过临界及 1/2、1/3 临界转速时，振动响应将有明显的改变。

③ 温度瞬间法。此法适用于蒸汽轮机，其原理是快速降低蒸汽温度，使转子表面产生拉伸的热应力，如果有裂纹存在，拉应力将使裂纹张开，使转子振动瞬间增大。通过快速降温或快速升温的办法可以发现转子是否有裂纹。

2）旋转失速

旋转失速是高速流体机械中最常见的一种不稳定现象，是由于流体流动分离造成的，设备本身一般没有明显的结构缺陷，不需要停机检修，通过调节流量即可使振动减至允许值。当压缩机流量减小时，由于冲量增大，叶栅背面将发生流体分离，流道将部分或全部被堵塞。这样，失速区会以一定速度向叶栅运动的反方向传播。试验表明，失速区传播的相对速度低于叶栅转动的绝对速度。因此，观察到的失速区沿转子的转动方向移动，故称这种分离区相对叶栅旋转的运动为旋转失速。旋转失速在叶轮间产生的应力波动即是引起转子振动的激振力。

设转子转动的角频率为 ω，旋转失速以角速度 ω_s 在叶轮中传播，方向与转子转动方向相反。流体波动压力对转子产生的激振频率即为 ω_s，该波动压力作用在转子上的激振力是相对于静止坐标系的，因而还有相对于转子的振动频率 $|\omega-\omega_s|$ 的振动，即流体机械发生旋转失速时，有 ω_s 和 $|\omega-\omega_s|$ 两个特征频率同时存在。

旋转失速的角频率为

$$\omega_s = \frac{1}{n}\frac{Q_i}{Q_0}\omega \tag{5.63}$$

式中　ω——转子角频率，rad/s；

n——气体脱离团数量；

Q_i——实际工作流量，m^3/h；

Q_0——设计流量，m^3/h。

旋转失速使压气机中的流动情况恶化，压比下降，流量及压力随时间波动。在一定转速下，当入口流量减少到某一值 Q_{min} 时，压气机会产生强烈的旋转失速。强烈的旋转失速会进一步引起整个压气机系统的一种危险性更大的不稳定的气动现象，即喘振。此外，发生旋转失速时压气机叶片受到一种周期性的激振力，如旋转失速的频率与叶片的固有频率相吻合，则将引起强烈振动，使叶片疲劳损坏，造成事故。

旋转失速故障的振动识别特征包括以下内容。

（1）旋转失速一般发生在压气机上。

（2）振动幅值随出口压力的增加而增加。

（3）振动发生在流量减小时，且随着流量的减小而增大。

（4）振动频率与工频之比为小于 1 的常值。

（5）转子的轴向振动对转速和流量十分敏感。

（6）一般排气端的振动较大。

（7）排气压力有波动现象。

（8）压气机的压比有所下降，严重时压比突降。

3）喘振

旋转失速严重时可导致喘振，但二者并不是一回事。喘振除了与压气机内部的气体流动情况有关外，对于航空燃气涡轮发动机来说，其还与涡轮及微喷口的匹配情况有着密切的联系。

喘振故障的振动识别特征包括以下内容。

（1）振动的频率一般在 0~10 Hz 之内。

（2）压气机乃至整个发动机都发生强烈振动。

（3）压气机出口压力呈大幅度波动状态。

（4）振动前有旋转失速现象。

（5）振动时有周期性的吼叫声。

（6）压气机的工作点在喘振区或接近喘振区。

4）迷宫密封的气流激振

（1）机理分析。

气体在迷宫中流动是一种复杂的三维流动。当转子因挠曲、偏磨、安装偏心或旋转产生涡动运动时，密封腔内的径向间隙沿周向是不均匀的。即使密封腔内入口处的压力周向分布是均匀的，在该腔的出口处也会形成不均匀的周向压力分布，形成一个作用于转子上的合力。此力与转子偏心位移相垂直方向上的切向分力相互作用，将使激励转子做进一步的涡动，成为转子一个不稳定的激振力，可能导致转子失稳。失稳时的频率因不同的气体状态及迷宫几何形状而不相同。

迷宫密封中的流体力激振所引起的机器振动频率，往往表现为低于工作转速的亚异步振动。许多机器的振动还与机器的负荷与转速有关，在操作时存在一个与转速、负荷等因素密切相关的阈值。当机器运行到这个值时，只要很小的转速或负荷的变化，就可能导致机器强烈振动，使原来运行稳定的转子运行不稳定，或是机器在低负荷下运行稳定，在高负荷下运行不稳定。

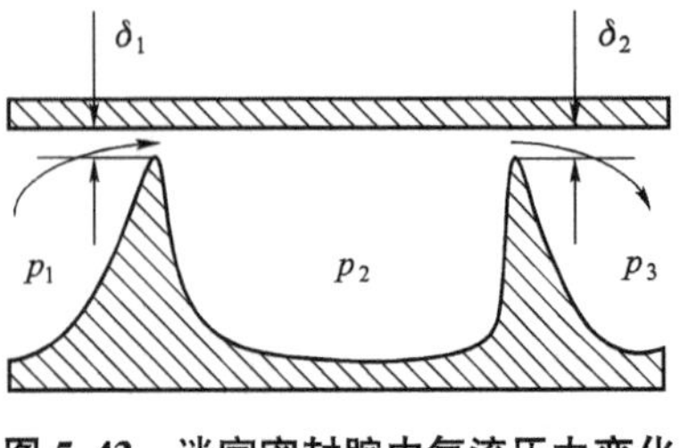

图 5.43　迷宫密封腔中气流压力变化

在迷宫密封中，密封装置前后压力为 p_1 及 p_3，$p_1 > p_3$。密封腔内的压力 p_2 取决于 p_1 及密封齿隙 δ_1、δ_2，如图 5.43 所示。由于制造及安装误差，转子在密封腔中倾斜时（$\delta_1 > \delta_2$），若转子因受初始扰动而处于涡动状态，则转子与静子之间的密封间隙发生周期性变化。当转子向着静子做径向运动时，密封腔的排出端和入口端间隙均缩小，但是排出端原来的间隙较小，因此相对间隙缩小率比入口端更大一些，这样密封腔中流入的气量大于流出的气量，由于气体的积聚而使腔中压力升高，形成一个在图中向下作用于转子的力。当转子离开静子做径向运动时，密封腔排出端相对间隙比入口端扩大得更快，腔中流出气量大于流入气量，压力下降，形成一向上的作用力。因此作用在转子上的力是两者的叠加。但是密封腔中的压力变化并不与转子位移同相位，而滞后于转子位移一个 θ 角，如图 5.44 所示。如果转子自身旋转速度为 ω，涡动角速度为 Ω，当转子从底部向右方向涡动一个 θ 角时，由于压力变化滞后于转子位移，则气流压力在转子周向上的分布是底部较大、顶部较小，其合力为 F，则其分力 F_t 始终作用在转子的涡动方向上，此切向力即是加剧涡动的激振力。

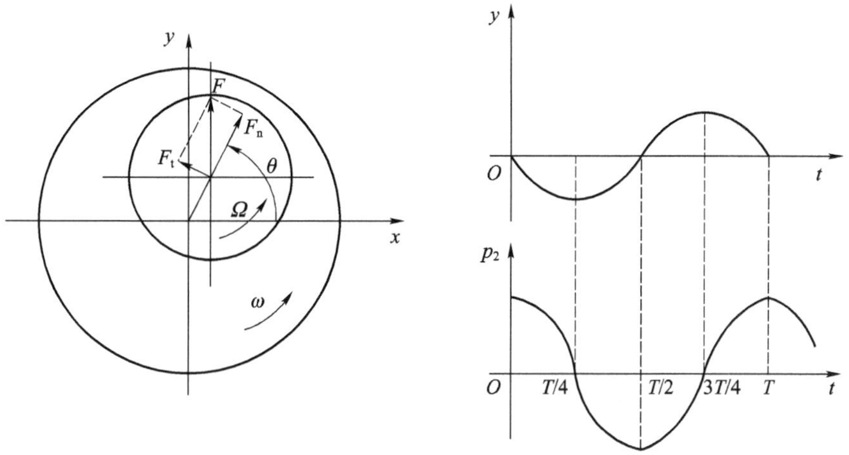

图 5.44　密封装置中的气体动力效应

在上述过程中，转子振动的位移 y 与密封腔中的压力 p_2 都按照相同的周期变化。在 $t = \frac{1}{4}T \sim \frac{3}{4}T$ 的半周内，密封腔中压力 p_2 始终低于平均值；反之，在另一半周内则始终高于其平均值。因此，在这一振动过程中，气流对密封装置是有功输入的，所以密封装置的气体动力激振力为自激因素。

另外，气流在机内流动时的惯性力远远超过摩擦力，由于气流进入机器的密封腔后动能并不完全损失掉，还有一定的余速，它不仅使气流沿轴向流动，而且还以很大的圆周速度分量围绕转子转动，即形成“螺旋形”流动。如果机器腔内径向间隙不均匀，则气流在腔中从进口流向出口时随着间隙的不断变化，气流沿其流动方向上的压力也不断发生变化，因而在转子周围形成不均匀的分布，其合力 F_t 的方向垂直于转子位移，如图 5.45 所示，与转子旋转方向相同，此力激励转子做向前的正进动运动。

（2）迷宫密封气流涡动故障的振动特征。

① 涡动频率一般为 0.6~0.9 倍工频。

② 轴心轨迹为椭圆形，转子做正进动。

③ 强振时有可能激发转子的一阶自振频率，表现为自激振动。

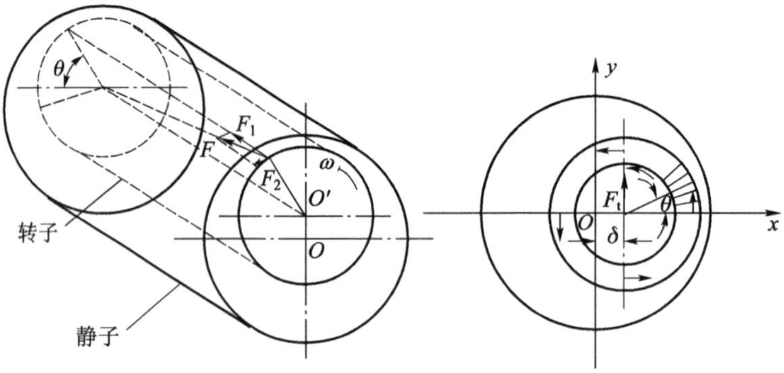

图 5.45　气体在腔内的旋转效应

④ 转速存在一个阈值，在该值附近可导致强烈振动。

⑤ 负荷也存在一个阈值，在该值附近可导致强烈振动。

⑥ 强振时的主频为转子的一阶固有频率，频带较宽。

⑦ 振动的再现性强。

⑧ 一般在转子不平衡、不对中、偏心时易发生。

5）叶轮机的不均匀气流涡动

汽轮机、燃气轮机、压气机等的转子都有叶片，除离心压气机外，气（汽）体在叶轮周围是轴向流动的。气流对叶片产生周向力。如果转子没有弯曲，则叶轮与机匣内壁面之间的径向间隙沿周向是相同的，因此气流沿周向是均匀分布的，它对叶轮各叶片的周向力相等，所有这些力的合力是一个推动或阻碍叶轮转动的力偶。如果转轴发生了弯曲，径向间隙沿周向是不均匀分布的，如图 5.46 所示。这时，气流加于叶轮上的周向力在间隙大的一边小于间隙小的一边，即 $F_{t1} > F_{t2}$。各叶片所受周向力的总和除了力偶外，还有与轮心 O'的位移 OO'垂直的力：$F_t = F_{t1} - F_{t2}$，这个力使转子产生涡动，涡动的方向与转子运转的方向一致。涡动的频率为 0.6~0.9 倍的转速。随着转速提高，涡动频率接近系统的固有频率，且气流压力足够大时，就会发生振荡。这一失稳机理同油膜失稳是类似的。

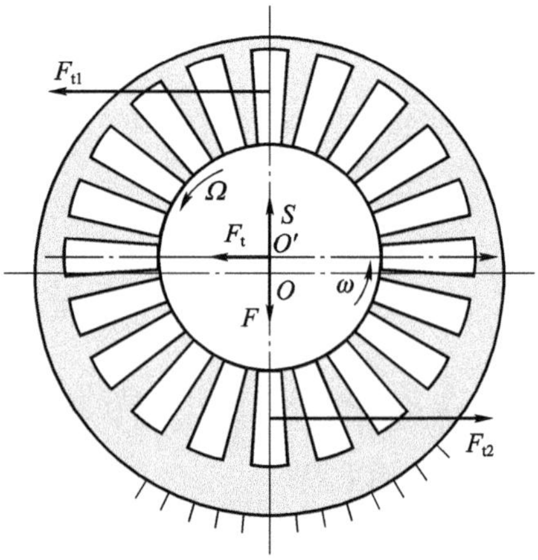

图 5.46　气流不均匀时转子受力图

不均匀气流涡动故障的主要振动识别特征包括以下内容。

（1）振动频率为 0.6~0.9 倍工频。

（2）振动是由转子弯曲造成的间隙不均引起的。

（3）振动对气流压力、流量的改变非常敏感。

（4）负荷存在一个阈值，在该值附近可导致剧烈振动。

（5）气流涡动常发生在气流压力高的转子上，对于多转子航空发动机来说，气流涡动更容易发生在高压转子上。

5.3.3　转子振动故障诊断的一般方法

转子振动故障的诊断方法主要有振动诊断分析方法、噪声和声发射诊断分析方法、征兆诊断分析方法以及数学诊断分析方法等，这些诊断分析方法既有联系又有区别，有时需综合使用多种分析诊断方法，才能确定一个复杂现象的真正故障原因和做出正确的诊断。本小节主要介绍振动诊断分析方法。

1. 幅值谱诊断法

幅值谱诊断法就是利用振动信号的幅值与频率的对应关系，对旋转机械转子的状态做出判断，对故障的性质进行分析诊断。对于旋转机械来说，振动信号中的频率分量都与转子转速有关，常常是转速频率的整数倍或分数倍，所以应用幅值谱可以方便、容易地诊断出旋转机械转子的故障。

在幅值谱上，不同的频率分量对应不同的振动原因，如图 5.47 所示。如果知道了信号中所包含的频率分量，就可以方便地找到故障源。

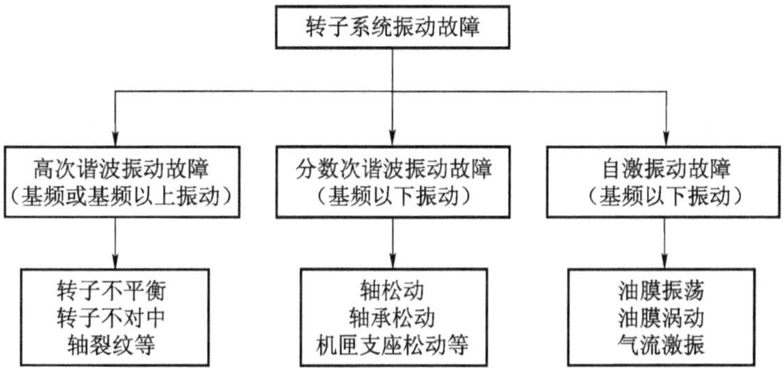

图 5.47　旋转机械转子振动频率特点

在进行分析时，首先大致观察一下频谱中都有哪些频率分量，每个分量的大小是多少，应特别重视幅值变化较大的谱峰，它们的值对振动总水平影响较大，也常常对应着故障直接原因。然后是进一步分析产生这些频率分量的可能原因，并观察它们随时间的发展变化情况。有些振动分量虽然很大，但很平稳，这些振动对机器正常运行不会产生多大威胁。而那些幅值较小，但增长很快的分量却常常预示着故障的征兆，更应引起重视。应特别重视那些在原来谱图上不存在的或比较微小的频率分量的突然出现，这些振动有可能在比较短的时间内破坏机器的正常工作，甚至造成重大事故。因此，在分析幅值谱时，不仅要注意各分量绝对值的大小，还要注意其发展变化情况。分析比较可以从以下几个方面进行。

(1) 谱图上是否有新的频率分量出现。

(2) 各个谱峰的变化情况，特别是变化趋势。

(3) 同一部位各测点的振动方向，或相近部位各测点振动之间幅值谱上的相互关系及变化快慢。

2. 相位诊断法

相位与频率、振动幅值都是简谐振动的特征量，相位中包含很多有关振动和故障的重要信息，因此，利用相位进行转子的振动分析和故障诊断具有重要意义。

转子相位信号是指计算相位时所用的基准参考信号。可以通过在转子上设置特定相位标志，采用适当的传感器获得相位信号。每当转子上的这个相位标志点转过静子上某位置时，就会发出一个脉冲，这样就可采集到每转一个脉冲的转子相位信号。在实际振动信号的相位分析中，分析的是振动信号中的某些频率分量与转子相位信号之间的相位差，这些频率分量主要是基频分量及其倍频分量。这种相位分析的结果反映了振动信号与相位标志之间的时间关系或位置关系。

基频相位指振动信号中基频分量与转子相位标志之间的相位差。设 $X_1(t)$ 是通过对转子振动信号进行 FFT 运算所得的转子振动基频分量信号，当转子的旋转角速度为 ω 时，该分量可表示为

$$X_1(t)=A_1\sin(\omega t+\varphi_1) \tag{5.64}$$

设同时测得的转子相位标志信号相对于时间原点（$t=0$ 时刻）的相位为 φ_b，则

$$\varphi_b=\frac{2\pi t_b}{T_0} \tag{5.65}$$

式中 t_b——第一个相位标志脉冲滞后于 $t=0$ 时刻的时间；

T_0——两相邻脉冲的时间间隔。

因为这样求得的 φ_b 是滞后相位，所以相当于负的初相位。基频信号的相位为基频振动信号与转子相位标志信号的初相位之差，即

$$\theta_1=\varphi_1+\varphi_b \tag{5.66}$$

振动信号基频的 i 倍频分量为

$$X_i(t)=A_i\sin(\omega_i t+\varphi_i)=A_i\sin(i\omega t+\varphi_i) \tag{5.67}$$

振动信号的 i 倍频相位为

$$\theta_i=\varphi_i+i\varphi_b \tag{5.68}$$

基频相位的一个典型应用是判断临界转速。对于转速高于一个或多个临界转速的旋转机械，可用相位分析来验证转轴临界转速，因为当转子经过临界转速时，振动一般会发生180°的相位变化。许多设备单从幅值谱图上判别是有困难的，这时需要根据相位信息做进一步分析。

3. 轴心轨迹图诊断法

转子在轴承中高速度旋转时并不是只围绕自身中心旋转，还环绕某一中心做涡动运动。产生涡动运动的原因可能是转子不平衡、对中不良、转静子摩擦等，这种涡动运动的轨迹称为轴心轨迹。

轴心轨迹的获取是通过相互垂直的两个非接触式传感器实现的。在轴的某一截面位置安装两个传感器，同时采集轴的振动数据，绘制或由示波器显示轴心轨迹，也称为李莎育图形。通过分析轴心轨迹的运动方向与转轴的旋转方向，可以确定转轴的进动方向（正进动或反进动）。轴心轨迹在故障诊断中可用来确定转子的临界转速、空间振型曲线及部分故障，如不对中、摩擦、油膜振荡等（只有在正进动的情况下才有可能发生油膜振荡）。

4. 波特图诊断法

波特图是机器振幅与频率、相位与频率的关系曲线，如图 5.48 所示。图中横坐标为转速频率，纵坐标为振幅和相位。一般常使用通频波特图、1×（即转速频率）滤波波特图和

2×（二倍转速频率）滤波波特图。从波特图中可以得到，转子系统在各个转速下的振幅和相位、转子系统在运行范围内的临界转速值、转子系统阻尼大小和共振放大系数。例如，从图 5.48 中可以看到，转子的振幅在转频大约为 35 Hz 时出现明显峰值，而相位恰好在通过 35 Hz 时有一个大约 180°的相位跳变，据此可以明确判断 35 Hz 对应的转速就是该转子的第一阶临界转速。另外，若综合分析转子系统上几个测点的波特图，就可以确定转子系统的各阶振型。

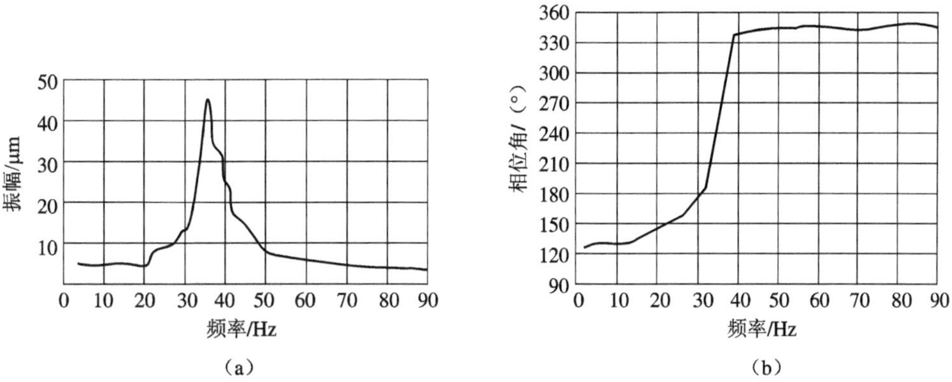

图 5.48　转子振动波特图

（a）振幅与频率的关系；（b）相位与频率的关系

图 5.49 给出了一个用波特图分析和诊断转轴裂纹的实例。因为裂纹引起转轴刚度下降且不对称，这时转子振动的二倍频能更好地反映裂纹的产生和扩展情况，所以采用了 2×滤波波特图进行诊断。图中给出了 4 组波特图曲线，对应在两个月时间内进行的 4 次测量。从图中可以看出，虽然最后一次测量与前一次测量仅隔 9 天，但二倍频振幅明显增大，且最大值对应的转速也明显下降 。波特图的这种变化符合裂纹故障的振动特征，于是诊断为严重的裂纹故障。之后的停机分解检查证明了诊断是正确的，转轴裂纹已经扩展到接近直径的一半。

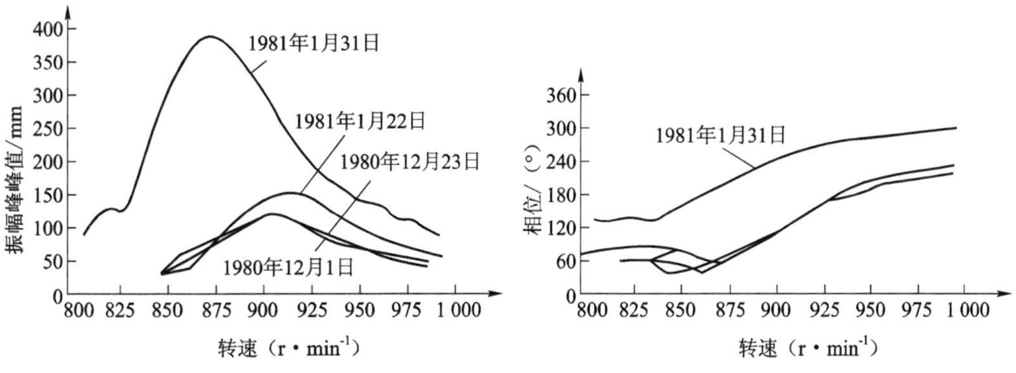

图 5.49　某发电机转子前轴颈垂直振动的 2×滤波波特图

5. 极坐标图诊断法

极坐标图是把上述幅频特性曲线和相频特性曲线综合在极坐标上表示出来，如图 5.50

所示。图上各点的极半径表示振幅值，角度表示相位角。极坐标图的作用与波特图相同，但更为直观。

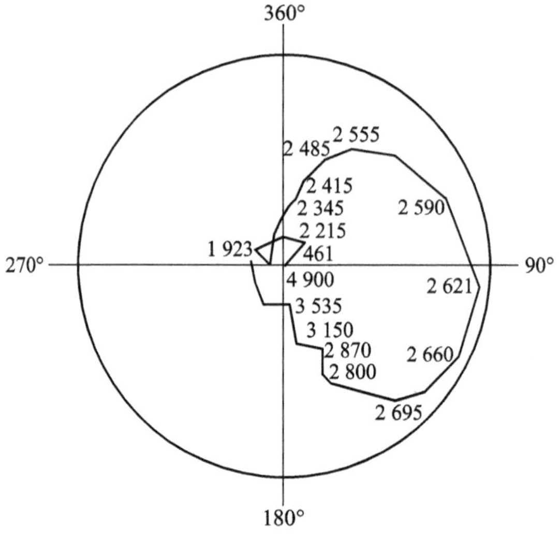

图 5.50　极坐标图

图 5.51 所示为极坐标图的一个应用实例。该图中有 4 条曲线，对应的转子振动与图 5.49 相同。从图 5.51 中也可以明显看出，二倍频振幅明显增大，且最大值对应的相位也明显增大，据此也可以判断转子有严重的裂纹故障。

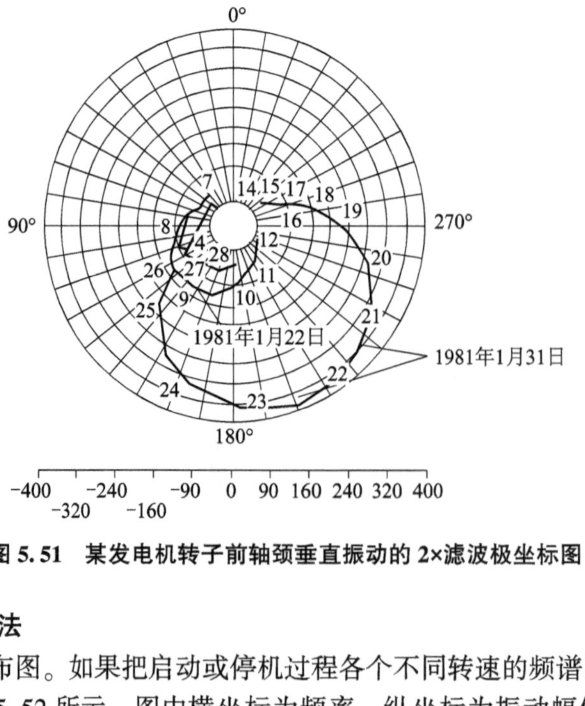

图 5.51　某发电机转子前轴颈垂直振动的 2×滤波极坐标图

6. 三维谱图诊断法

三维谱图又叫瀑布图。如果把启动或停机过程各个不同转速的频谱图画在一张图上，就得到三维谱图，如图 5.52 所示。图中横坐标为频率，纵坐标为振动幅值，与这两个坐标垂直的第三个坐标可以是转速，也可以是时间。利用三维谱图可以判断机器的临界转速、振动原因和阻尼大小。

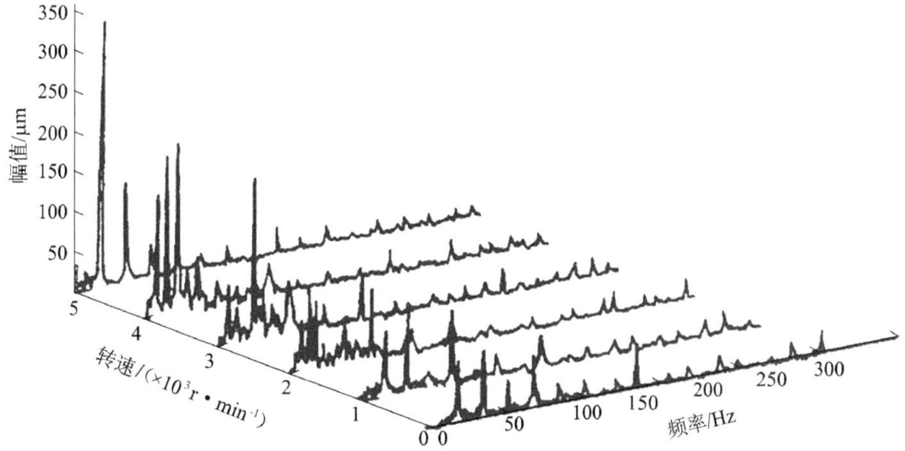

图 5.52　三维谱图

图 5.53 给出了转子试验器升速过程垂直振动的三维谱图。从图中可以清楚地看出，当转频振动（1×）达到 80 Hz 时出现很大的峰值，可以判定这个频率对应转子的第一阶临界转速，即 4 800 r/min。从该三维谱图中还能清楚地看到频率为 f_w 的油膜失稳振动以及转频与油膜失稳频率的组合振动成分。

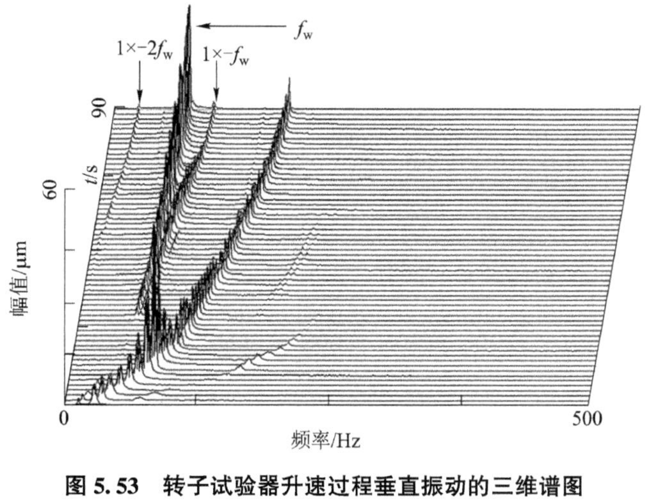

图 5.53　转子试验器升速过程垂直振动的三维谱图

7. 坎贝尔图诊断法

在许多情况下需要监测转子转速变化时频谱的几个分量的动态变化过程，以确定转子在整个转速范围内的工作特性。坎贝尔图是达到这一目的的有效分析方法之一。坎贝尔图把监测点的振动幅值作为转速和频率的函数，将整个转速范围内转子振动的全部分量的变化特征表示出来。在坎贝尔图中，横坐标表示转速，纵坐标表示频率，各振动分量用圆圈来表示。圆圈直径的大小表示信号的幅值，而圆心的横、纵坐标则分别对应转速和频率。在坎贝尔图中，强迫振动成分，即频率与转速成正比的振动成分，呈现在以原点引出的射线上，而自由振动成分则呈现在固定的频率线上，如图 5. 54 所示。

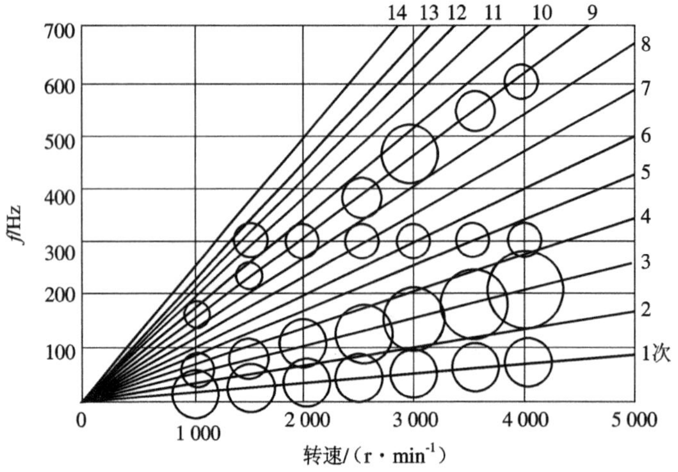

图 5. 54　坎贝尔图实例

坎贝尔图是转子升速或降速过程振动分析中最基本的方法之一，从中可以得到整个转速范围内转子振动全部频率分量的变化特征。如果转子某部分发生故障，可根据发生故障时的坎贝尔图得到其振动的转速、频率和振动幅值的大小，对进一步分析异常故障的原因有着十分重要的价值。

8. 趋势分析诊断法

趋势分析是把所测得的特征数据值和预报值按照一定的时间顺序排列起来进行分析。这些特征数据可以是通频振动、转频（1×）振动的振幅、二倍频（2×）振动的振幅、1/2 倍频（0. 5×）振动的振幅、轴心位置等，时间顺序可以按前后各次采样、按小时、按天等，趋势分析在故障诊断中起着重要的作用。图 5. 55 所示为通频振动趋势示意图。

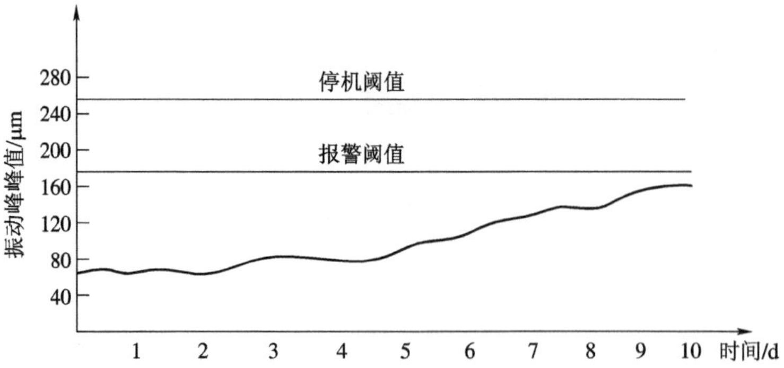

图 5. 55　通频振动峰峰值趋势图

如果把图 5. 52 中的转速换成时间，可得到各频率分量振动随时间变化的趋势三维谱图，各频率分量随时间变化情况更加清晰明了，这种方法在现代诊断中得到了越来越多的使用。

5.3.4　转子振动故障的全息谱诊断法

全息谱是在 20 世纪 80 年代末提出的，其分析方法是在传统频谱分析的基础上发展起来的。全息谱中除了包含传统频谱的信息以外，还能同时反映相位信息，特别是能够把多个测点的频谱信息同时反映在一张全息谱图中。因为全息谱中包含了比传统频谱更加全面的信息，能更好地反映转子振动的全貌，所以特别适合分析转子系统的振动。全息谱有二维全息谱和三维全息谱两种形式。以下简要说明这两种全息谱的构成原理。

二维全息谱是在频域中集成了转子一个截面内 X、Y 两个方向信号的幅值谱和相位谱，如图 5.56 所示。

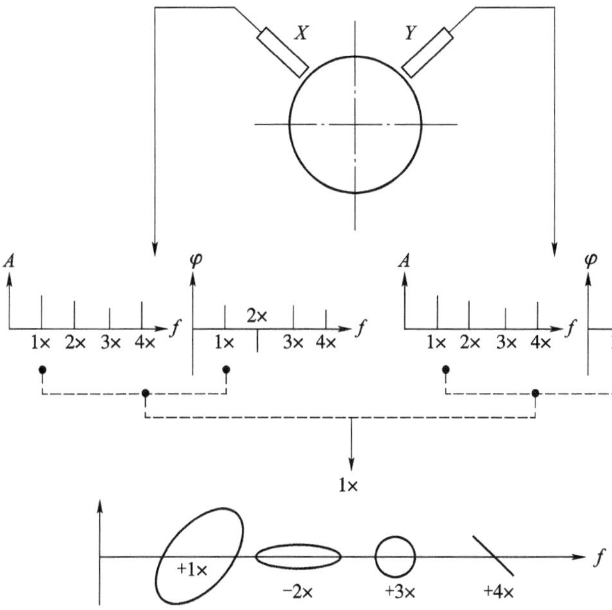

图 5.56　二维全息谱的构成原理

二维全息谱的第 i 阶分量的参数坐标为

$$\begin{cases} x_i = A_i \sin(i\omega t + \alpha_i) \\ y_i = B_i \sin(i\omega t + \beta_i) \end{cases} \tag{5.69}$$

起始点坐标为

$$\begin{cases} x_{0i} = A_i \sin\alpha_i \\ y_{0i} = B_i \sin\beta_i \end{cases} \tag{5.70}$$

式中　α_i，β_i——第 i 阶分量中两个正弦信号的初始相位，它取决于采样的起始时刻和原始波形。

所以第 i 阶分量的起始相位角为

$$\theta_i = \arctan \frac{B_i \sin\beta_i}{A_i \sin\alpha_i} \tag{5.71}$$

为了消除采样初始时刻对 θ_i 的影响，取 $\theta_1 = 0$。即各阶分量的初始相位角均减去 β_1，得

$$\theta_i = \arctan \frac{B_i \sin(\beta_i - \beta_1)}{A_i \sin(\alpha_i - \beta_1)} \tag{5.72}$$

将式(5.69)中的两式相加,消去时间 t,则可得合成振动为

$$\frac{x_i^2}{A_i^2} + \frac{y_i^2}{B_i^2} - \frac{2x_i y_i}{A_i B_i}\cos(\beta_i - \alpha_i) = \sin^2(\beta_i - \alpha_i) \tag{5.73}$$

当 $\beta_i - \alpha_i = \frac{\pi}{2}$ 时，即信号相位相差90°时，有

$$\frac{x_i^2}{A_i^2} + \frac{y_i^2}{B_i^2} = 1 \tag{5.74}$$

轨迹是一个椭圆。如果 $A_i = B_i$，则轨迹变成了一个正圆。

二维全息谱综合地反映了转子在测量截面内的振动情况，它不仅反映了转子在两个方向的振动幅值，也反映了它们之间的相位关系。二维全息谱的基本组成是以阶次（频率）为横坐标，在横坐标上排列各阶振动椭圆。当 X、Y 两个方向的信号幅值相等且相位相差90°或270°时，椭圆退化成圆；当 X、Y 两个方向的信号相位相差0°或180°时，椭圆退化为直线，直线的斜率取决于两个信号的幅值比。

三维全息谱是把一根轴系上全部测量面的转频椭圆串联起来形成的全息谱，如图5.57所示。一般三维全息谱图用于分析一倍转频分量。

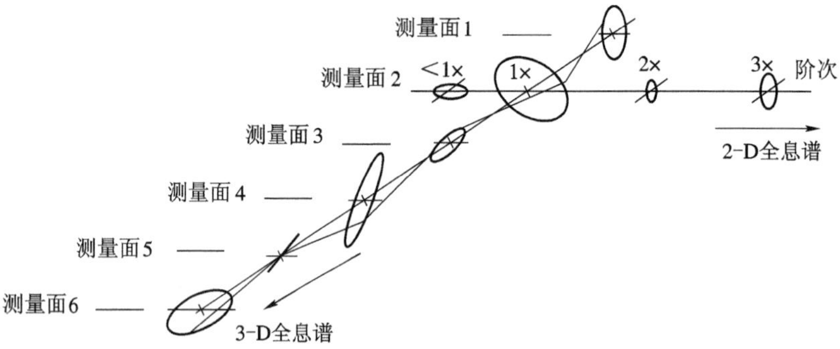

图5.57　三维全息谱的构造（6个测量面）

全息谱在传统谱分析基础上加入了被忽略的相位信息，谱的显示也由谱线变成了椭圆，除了大小外，椭圆还有偏心率、倾角、转向等特征，大大提高了故障诊断能力。

5.3.5　利用征兆的故障诊断方法

1. 征兆选取和故障识别

利用征兆进行故障诊断，必须利用通过故障机理研究所获得的知识和本领域专家丰富的诊断经验。但由于故障与征兆间并没有一一对应的关系，这使得利用征兆进行故障诊断比较困难。利用征兆进行故障诊断，要注意下面两个问题。

（1）选择最好的故障征兆参数。

最好的故障征兆参数是指特征突出、有代表性、最能判别故障类别的独特征兆参数。寻找到这一独特征兆参数，即可判明故障直接原因应归结为哪一类，从而可以从诸多的可能原

因中排除部分或大部分故障的直接原因，使故障原因的范围大大缩小。举例如下。

① 随着机器转速变化，振动突升或突降，表明振动原因可能与共振或临界转速有关。

② 振动主导频率与转速无关，振动故障原因可能是外界干扰。频率特低时可能是喘振或旋转失速，或某类自激振动。

③ 随着机器的负荷变化，振动有明显变化，可能的直接故障原因主要有对中不良、联轴器问题、轴承问题、轴弯曲、轴裂纹、齿轮问题等。

④ 随着润滑油温度改变，振动有明显变化的直接故障原因有油膜涡动、油膜振荡、轴承问题及转子与静子碰摩等。

⑤ 转子轴向振动过大的直接故障原因有轴弯曲、轴裂纹、联轴器偏角不对中、喘振、旋转失速、转子与静子轴向局部摩擦及隔板倾斜等。

⑥ 振动主导频率与转子叶片数及转速有关，则可能是转子气动力问题。

⑦ 振动有明显的方向性，可能是支承刚度改变或支座松动问题。

⑧ 转速的分倍频振动，直接原因可能为支承系统激励（如油膜涡动），也可能是轻度碰摩。如振动频率不是转速的整分数或整数倍，而是略低于上述值，则振动原因与流体动力有关或是与转子上部件松动有关。

（2）找出与上述征兆参数相关联的直接主导原因。

直接主导原因是指能与征兆参数直接相关联的故障原因，如果原因是多个，则是指其中占主导地位、起决定作用的原因。

例如，轴弯曲、不对中和轴承偏心是产生转频振动及转频倍频振动的直接原因；转子与静子碰摩和偏隙是产生分频振动的直接原因；而壳体扭曲和基础不均匀沉降则是产生轴弯曲、不对中和轴承偏心的直接原因，或者说是产生转频及转频倍频振动的间接原因。

2. 诊断方法

1）得分法

得分法是一个十分简明、有效的诊断方法。得分法就是利用表 5.1 所示的故障和由此故障产生的征兆之间的对应关系，把征兆的有无和故障的可能程度用得分表示出来，根据总分的大小判断故障。

表 5.1　故障及其相应的主要频率特征表

振动特征 / 故障原因	振动成分														
	低频振动	0.3 ~ 0.49 f_n	1/2 f_n	0.51 ~ 0.99 f_n	旋转频率 f_n	$2f_n$	$3f_n$	高次 f_n	1 阶临界转速 f_{c1}	2 阶 f_{c2}	3 阶 f_{c3}	啮合频率 f_G	$2f_G$	$3f_G$	噪声或振动
滚动轴承损伤															***
接触	*	*	*	*	*				*	*	*				***

续表

振动特征 / 故障原因	振动成分														
	低频振动	0.3 ~ 0.49 f_n	1/2 f_n	0.51 ~ 0.99 f_n	旋转频率 f_n	$2f_n$	$3f_n$	高次 f_n	1 阶临界转速 f_{c1}	2 阶 f_{c2}	3 阶 f_{c3}	啮合频率 f_G	$2f_G$	$3f_G$	噪声或振动
轴裂纹					***	***	*								*
汽蚀															***
齿损伤												***	*	*	**
电磁振动															***
叶片振动															
中心线不重合					**	**	**								
轴非对称						***									
不平衡					***										
初始弯曲		***		***								*			
配合面偏斜非线性		*	**	*	*	*	*								
油膜振荡		***							***						
蒸汽振荡		***	*	***					***						
喘振		***													

注：“*”指得分值，f_n 为转子旋转频率，f_{ci} 为第 i 阶临界转速的对应频率，f_G 为齿轮啮合频率。

2）按频率分类的诊断方法

振动参数是诊断转子系统故障的重要信息，振动信息中除振动幅值外，振动频率也是故障诊断的有力依据。表 5.1 给出了振动频率和振动故障的关系。根据振动频率和故障的关系，可按频率分类进行故障诊断，这是一种简便、快速的诊断方法，其诊断原理如图 5.58 所示。

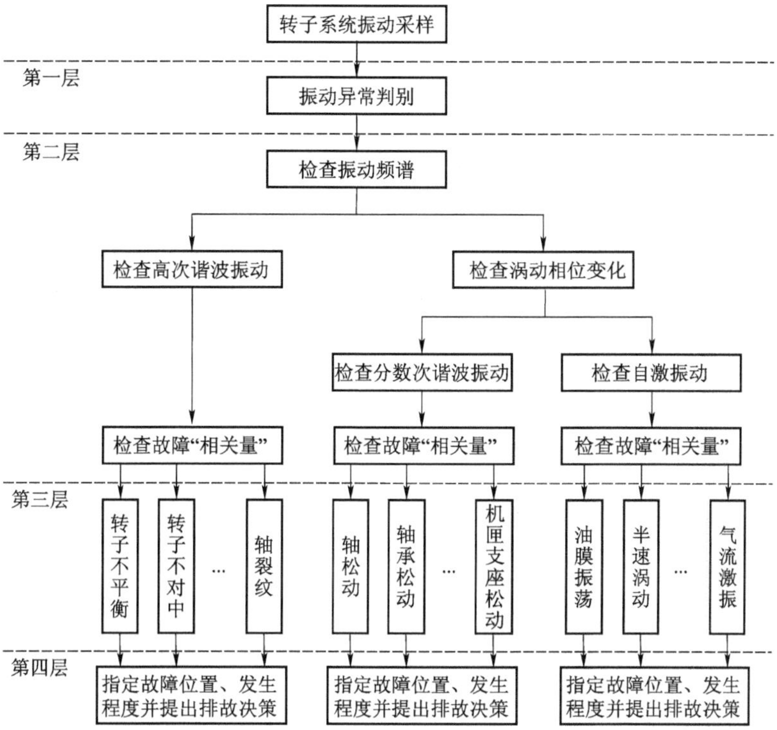

图 5.58　频率分类诊断法

3）数学诊断方法

可用于故障诊断的数学方法有：模式识别诊断方法，概率统计诊断方法，模糊数学诊断方法，故障树分析、故障模式及影响分析诊断方法，利用神经网络技术的诊断方法，人工智能诊断方法，以及专家系统诊断方法等。

3. 旋转机械振动征兆分析表

在利用征兆对旋转机械的各种故障进行诊断时，掌握故障类型与振动征兆之间的对应关系是最为重要的，是正确诊断的必要前提。虽然这种对应关系对大多数故障来说是存在的，但往往不是简单的、绝对的一一对应关系。在旋转机械振动故障诊断技术的发展过程中，人们一直在不断地寻找和总结这种征兆与故障的对应关系。J. S. Sohre 于 20 世纪 60 年代总结 600 余次故障分析的经验编成了旋转机械振动原因分析表。在此基础上，C. Jackson 总结出了更加全面和系统的旋转机械振动征兆变化的一般规律，参见表 5.2 和表 5.3。表 5.2 给出了故障类型与振动征兆随转速的变化规律；表 5.3 给出了故障类型（振动原因）与振动频率、方向和位置的关系。表中数字为所示振动征兆占有的百分比。这两个表在旋转机械的振动分析和故障诊断领域得到了广泛的应用。

表 5.2　旋转机械振动征兆随转速变化的一般规律

序号	振动原因	升速过程						降速过程					
		振幅不变	随转速增加	随转速下降	出现峰值	突然上升	突然下降	振幅不变	随转速增加	随转速下降	出现峰值	突然上升	突然下降
		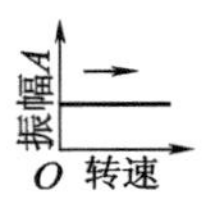	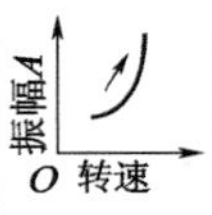	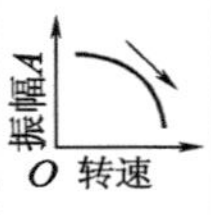	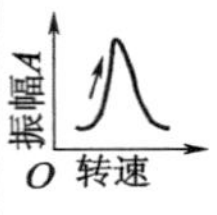	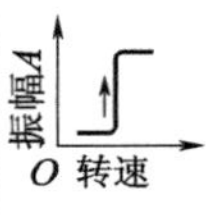	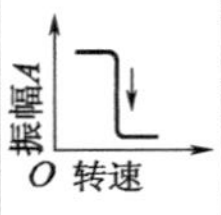	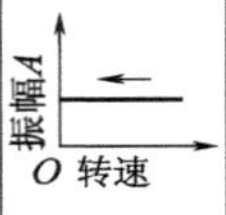	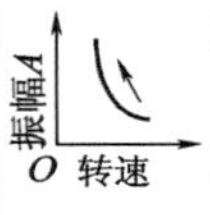	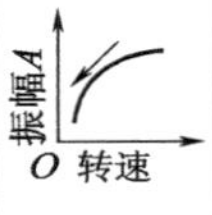	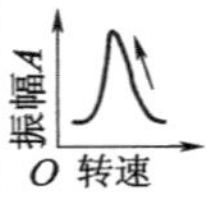	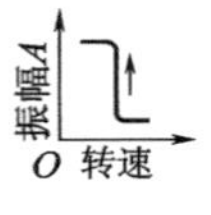	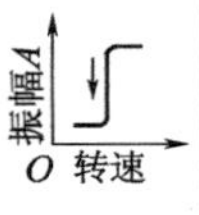
1	初始不平衡		100		峰值在临界转速					100	峰值在临界转速		
2	转子呈永久性弓形变形或缺掉一块叶片		100							100			
3	转子临时性弓形弯曲	30	60	5		5		30	5	50			10
4	机壳临时性变形	30	50	5		5	10	30	5	50		5	10
	机壳永久性变形	40	60					40		60			
5	基础变形	20	80					20		80			
6	密封摩擦	10	70			10	10	10		70		10	10
7	转子轴向摩擦	10	40	10		20	20	10		50		20	20
8	不对中	20	30	10		20	20	20		40		20	20
9	管道力	20	40			20	20	20		40		20	20
10	轴颈和轴承偏心	40	50	10				40	10	50			

续表

序号	振动原因		升速过程						降速过程					
			振幅不变	随转速增加	随转速下降	出现峰值	突然上升	突然下降	振幅不变	随转速增加	随转速下降	出现峰值	突然上升	突然下降
			振幅A / O 转速	振幅A / O 转速	振幅A / O 转速	振幅A / O 转速	振幅A / O 转速	振幅A / O 转速	振幅A / O 转速	振幅A / O 转速	振幅A / O 转速	振幅A / O 转速	振幅A / O 转速	振幅A / O 转速
11	轴承损坏		10	50	10		20	10	10	10	50		10	20
12	轴承和支承激励振动（如油膜涡动）			10			90				10			90
13	轴承在水平和垂直方向刚度不等			40		50	10				40	50		10
14	推力轴承损坏		20	50	10		10	10	20	10	50		10	10
15	部件装配过盈不足	轴承套过盈不足					90	10					10	90
		轴承与轴瓦之间过盈不足					90	10					10	90
		轴承与箱体之间过盈不足					90	10					10	90
		箱体与支座之间过盈不足					90	10					10	90
16	齿轮不精密或损坏		20	20	20	20	20	10	20	20	20	20	10	10
17	联轴器不精密或损坏		10	20		20	40	10	10		20	20	10	10
18	气体动力激励		20	20	20		30	10	20	20	20		10	30
19	转子和轴承系统临界			20		80					20	80		

续表

序号	振动原因	升速过程						降速过程					
		振幅不变	随转速增加	随转速下降	出现峰值	突然上升	突然下降	振幅不变	随转速增加	随转速下降	出现峰值	突然上升	突然下降
20	联轴器临界		20		80					20	80		
21	悬臂端临界		30		70					30	70		
22	结构共振：机壳等结构共振		20		80					20	80		
	结构共振：支承共振		20		80					20	80		
	结构共振：基础共振		20		80					20	80		
23	压力脉动	90	10，与扰动有关					90	10				
24	受电磁激励振动	90	10					90	10				
25	振动传递	90	10					90	10				
26	油封受激振动		30			70				50			50
27	次谐波共振		20		20	30	30		20	20	20	30	30
28	谐波共振	20	20		60			20		20	60		
29	摩擦诱发涡动					90	10					10	90
30	临界速度		20		80					20	80		
31	共振振动		20		80					20	80		
32	油膜涡动					100							100
33	油膜振荡					80	20					20	80
34	干摩擦涡动					80	20	80					20

续表

序号	振动原因	升速过程						降速过程					
		振幅不变	随转速增加	随转速下降	出现峰值	突然上升	突然下降	振幅不变	随转速增加	随转速下降	出现峰值	突然上升	突然下降
		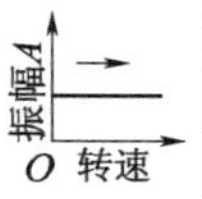	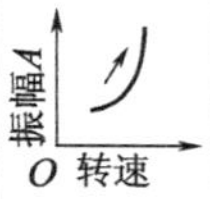	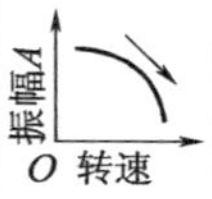	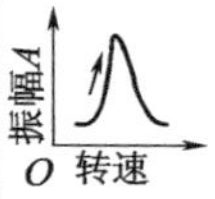	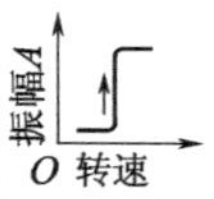	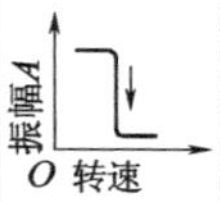	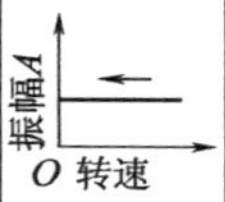	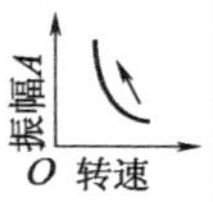	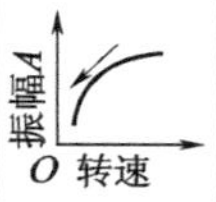	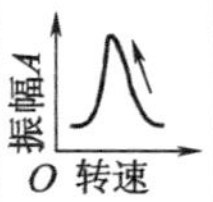	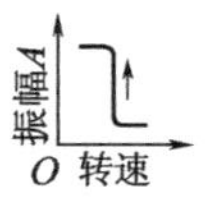	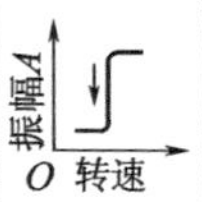
35	间隙诱发振动					80	20	20				20	60
36	扭转共振		20		30	30	20	20			30	20	30
37	瞬态扭转				50	30	20				50	30	20

表 5.3　旋转机械振动征兆变化的一般规律

序号	振动原因	主要振动频率											主要振动方向			主要振动位置					
		0%~40%工频	40%~50%工频	50%~100%工频	1×工频	2×工频	高阶工频	$\frac{1}{2}\times$工频	$\frac{1}{3}\times$工频	低阶工频	奇数频率	极高频率	垂直	水平	轴向	轴	轴承	壳体	基础	管道	联轴器
1	初始不平衡		—	—	90	5	5	—	—	—	—	—	40	50	10	90	10	—	—	—	—
2	转子呈永久性弓形变形或缺掉一块叶片	—	—	—	90	5	5	—	—	—	—	—	|	|	|	|	|	—	—	—	—
3	转子临时性弓形弯曲	—	—	—	90	5	5	—	—	—	—	—	|	|	|	|	|	—	—	—	—
4	机壳临时性变形	←	10	→	80	5	5	—	—	—	—	—	|	|	|	|	|	—	—	—	—
5	机壳永久性变形	←	10	→	80	5	5	—	—	—	—	—	|	|	| ↓	↓	—	—	—	—	—

续表

序号	振动原因	主要振动频率											主要振动方向			主要振动位置					
		0%~40%工频	40%~50%工频	50%~100%工频	1×工频	2×工频	高阶工频	$\frac{1}{2}$×工频	$\frac{1}{3}$×工频	低阶工频	奇数频率	极高频率	垂直	水平	轴向	轴	轴承	壳体	基础	管道	联轴器
6	基础变形	—	20	—	50	5	—	—	—	—	10	—	↓	↓	↓	40	30	10	10	10	—
7	密封摩擦	10	10	10	20	20	10	—	—	10	10	10	30	40	30	80	10	10	—	—	—
8	转子轴向摩擦	←	20	→	30	10	10	—	—	10	10	10	30	40	30	70	10	20	—	—	—
9	不对中	—	—	—	40	10	10	—	—	—	—	—	20	30	50	80	10	10	—	—	—
10	管道力	—	—	—	40	50	10	—	—	—	—	—	20	30	50	80	10	10	—	—	—
11	轴颈和轴承偏心	—	—	—	80	20	—	—	—	—	—		40	50	10	90	10	—	—	—	—
12	轴承损坏	20	→	→	40	20	—	—	—	—	—	20	30	40	30	70	20	10	—	—	—
13	轴承和支承激励振动（如油膜涡动）	10	70	—	—	—	—	10	10	—	—	—	40	50	10	50	20	20	10	—	—
14	轴承在水平和垂直方向刚度不等	—	—	—	—	80	20	—	—	—	—	—	40	50	10	40	30	30	—	—	—
15	推力轴承损坏	90	→	→	→	→	—	—	—	—	—	10	20	30	50	60	20	20	—	—	—
16	转子零件在轴上配合不紧	主要振动频率显示为第一临界或共振频率											40	50	10	60	20	20	—	—	—
		40	40	10	—	—	—	—	—	—	10	—									
17	轴瓦问题	90	→	—	—	—	—	—	—	—	10	—	40	50	10	80	10	10	—	—	—

续表

序号	振动原因	主要振动频率											主要振动方向			主要振动位置					
		0%~40%工频	40%~50%工频	50%~100%工频	1×工频	2×工频	高阶工频	$\frac{1}{2}$×工频	$\frac{1}{3}$×工频	低阶工频	奇数频率	极高频率	垂直	水平	轴向	轴	轴承	壳体	基础	管道	联轴器
18	轴承箱问题	90	→	—	—	—	—	—	—	—	10	—	40	50	10	70	20	10	—	—	—
19	机壳和支承问题	90	→	—	—	—	—	—	—	—	50	—	40	50	10	50	20	30	—	—	—
20	齿轮不精密	50	—	—	—	—	—	—	—	—	20	60	30	50	20	80	10	10	—	—	—
21	联轴器不精密或损坏	—	—	—	—	—	20	—	—	—	—	—	30	40	30	70	20	—	—	—	10
22	转子和轴承系统临界	10	20	10	20	30	10	—	—	—	—	—	40	50	10	70	30	—	—	—	—
23	联轴器临界	—	—	—	100	确信联轴器齿配合是紧密的							20	40	40	10	10	—	—	—	—
24	悬臂端临界	—	—	—	100	—	—	—	—	—	—	—	40	50	10	70	10	—	—	—	20
25	机壳结构共振	—	10	—	70	10	—	10	—	—	—	—	40	50	10	—	40	40	10	10	—
26	支承共振	—	10	—	70	10	—	10	—	—	—	—	40	50	10	—	20	50	20	10	—
27	基础共振	—	20	—	60	10	—	10	—	—	—	—	30	40	30	—	10	40	40	10	—
28	压力脉动	如果和共振结合，最容易出现故障									100	—	30	40	30	能激励涡动或共振		30	30	40	—
29	电激励振动	线频、多倍线频或差频											30	40	30			40	40	20	—
30	振动传递	—	—	—	—	—	—	—	—	—	90	—	30	40	30			40	40	20	—

续表

序号	振动原因	主要振动频率											主要振动方向			主要振动位置					
		0%~40%工频	40%~50%工频	50%~100%工频	1×工频	2×工频	高阶工频	$\frac{1}{2}$×工频	$\frac{1}{3}$×工频	低阶工频	奇数频率	极高频率	垂直	水平	轴向	轴	轴承	壳体	基础	管道	联轴器
31	阀件振动	—	—	—	—	—	—	—	—	—	—	100	30	40	30	—	—	80	10	10	—
32	次谐波共振	—	—	—	—	100	30	30			40	20	20	20	20	—	—	—	—	—	—
33	谐波共振	—	—	—	100	←	—	→	—	—	—	—	40	40	20	20	10	10	30	30	—
34	摩擦诱发涡动	80	10	10	—	—	—	—	—	—	—	—	40	50	10	80	20	—	—	—	—
35	临界速度	—	—	—	100	—	—	—	—	—	—	—	40	50	10	60	40	—	—	—	—
36	共振振动	—	—	—	100	—	—	—	—	—	—	—	40	50	20	20	10	20	30	20	—
37	油膜涡动	—	80	—	—	—	—	10	5	5	—	—	—	40	50	10	80	20	—	—	—
38	油膜振荡	—	100	—	—	—	—	—	—	—	—	—	40	50	10	20	20	20	20	20	—
39	干摩擦涡动	—	—	—	—	—	—	—	—	—	—	100	30	40	30	40	20	20	10	—	10
40	间隙诱发振动	10	0	10	—	—	—	—	—	—	—	—	40	50	10	70	10	10	—	—	10
41	扭转共振	—	10	—	40	20	20	—	—	—	—	—	—	—	扭转100	50	40	—	—	—	10
42	瞬态扭转	—	—	—	50	—	—	—	—	—	—	—	—	—	扭转100	50	40	—	—	—	10

习　　题

5-1　滚动轴承在工作状态下产生振动的机理是什么？正常振动和异常振动的产生机理有哪些不同？正常振动和异常振动的特点有哪些主要区别？

5-2　滚动轴承的典型故障有哪些？各种典型故障的特征频率与哪些因素有关？如何计算？

5-3　双转子航空发动机中介轴承各种典型故障的特征频率与一般轴承有什么不同？两转子同向旋转和反向旋转的典型故障特征频率如何计算？

5-4　滚动轴承故障的振动诊断有哪些常用方法？这些方法各适用于哪类故障的诊断？

5-5　齿轮在工作状态下产生振动的机理是什么？正常振动和异常振动的产生机理有哪些不同？正常振动和异常振动的特点有哪些主要区别？

5-6　齿轮有哪些典型故障？与这些典型故障对应的振动信号在时域和频域各有哪些特点？

5-7　齿轮故障的振动诊断有哪些常用方法？这些方法各适用于哪类故障的诊断？

5-8　齿轮的局部损伤和分布损伤激起的振动各有什么特点？这两类故障的诊断方法有什么不同？

5-9　转子系统在工作状态下产生振动的机理是什么？正常振动和异常振动的特点有哪些主要区别？

5-10　转子系统的典型故障有哪些？与这些典型故障对应的振动信号在时域和频域各有哪些特点？

5-11　转子系统故障的振动诊断有哪些常用方法？这些方法各适用于哪类故障的诊断？

5-12　试根据表 5.1~表 5.3，总结出航空发动机转子系统各主要典型故障的振动特征。

第6章
航空发动机性能状态监测和故障诊断

航空发动机状态监测和故障诊断的手段目前主要有三类：第一类为性能状态监测或称为气路参数分析技术，包括对气路通道的压力监测、温度监测、流量监测等；第二类为机械状态监测，包括振动监测、滑油监测等；第三类为无损探测，一般只做地面检测用，包括孔探仪检测、涡流检测和超声检测等。

6.1 发动机性能监测和故障诊断的目的和功能

航空发动机性能监测是保障航空发动机安全工作，实现视情维修、延长使用寿命的一种重要技术途径，也是提高飞行效率与经济效益的重要基础。航空发动机气路部件及相关子系统发生故障会导致发动机性能发生剧烈变化。如压气机发生故障会造成流量和发动机压比的变化，涡轮发生故障势必会降低膨胀效率。发动机部件出现故障将导致沿发动机气路的气动热力参数和发动机性能参数变化。因此，性能监测和故障诊断的目的就是利用实测的气动热力参数、性能参数和可调几何部件的位置来监测发动机的健康状况和性能衰退程度。而能反映发动机性能的气动热力参数、性能参数和可调几何部件的位置等参数统称为性能参数。

6.2 发动机测量参数选择与数据获取

6.2.1 基本测量参数

发动机性能参数的变化能够直接反映发动机的工作状态，确定其是否发生故障。但膨胀效率、流量和涡轮前燃气温度等许多性能参数很难直接获取，通常采用测量相关参数进行换算。能够直接测量并能够反映发动机性能的参数，如发动机典型截面的温度、压力、高低压转子转速、飞行马赫数和油门杆角度等通常称为测量参数。

实现性能监测所必需的基本测量参数如下：

(1) 气动热力学参数：马赫数、飞机高度、指示空速、大气温度、进口空气温度、排气温度、压气机出口总温及总压。

(2) 性能参数：转子转速（双转子发动机分为高压转子转速和低压转子转速）、发动机空气质量流量、燃油流量、推力、扭矩。

(3) 可调几何部件位置：油门杆角度、风扇和压气机可调静子叶片角度、喷管调节位置。

6.2.2　可扩展性能监测参数

除以上发动机性能监测所需的基本测量参数外，为了更好地实现对发动机状态评估与诊断，不同发动机公司会根据所生产发动机的结构、工作特点和故障诊断技术需求，扩展一些测量和监测参数，包括发动机各截面的总温、静压和总压，以及泵前燃油压力、喷嘴前燃油压力等。表 6.1 列出五种民用涡轮风扇发动机监测系统的发动机测量参数，这些系统是目前世界上广泛使用的监测系统。

表 6.1　典型系统的发动机测量参数

监测参数	ECM Ⅱ	ADEPT	TEAM Ⅲ	GEM	ACMS
低压转子转速	√	√	√	√	√
高压转子转速	√	√	√	√	√
燃油流量	√	√	√	√	√
油门角度	√	√	√	√	√
发动机压比	√		√		√
进口总温	√	√	√	√	√
进气总压			√		√
风扇进口静压				√	
低压压气机出口总温			√	√	
低压压气机出口总压			√	√	
高压压气机出口总温			√	√	
高压压气机出口总压			√	√	
高压涡轮出口总温			√	√	
高压涡轮出口总压				√	
低压涡轮出口总温	√	√	√	√	√
低压涡轮出口总压			√		√
风扇振动	√	√	√	√	√
高压压气机振动	√	√	√	√	√
高压涡轮振动				√	
低压涡轮振动				√	
滑油压力	√	√	√	√	√
滑油温度	√	√	√	√	√
点火信息				√	
反推装置位置				√	√
可调放气活门位置		√		√	√
可调静子叶片角度		√	√	√	√
高压涡轮机匣冷却活门位置				√	√
低压涡轮机匣冷却活门位置				√	√

6.2.3 性能监测参数数据获取方法

为了能够实时监控发动机的性能状态，一架飞机上会安装几十至上百个稳态与动态测量传感器。通过对这些传感器的实测数据进行记录与分析，监测发动机的状态。图 6.1 为美国 F-15 飞机试飞时其发动机、尾喷口、后机身和进气道所监测的性能参数，该飞机一共安装 353 个传感器。

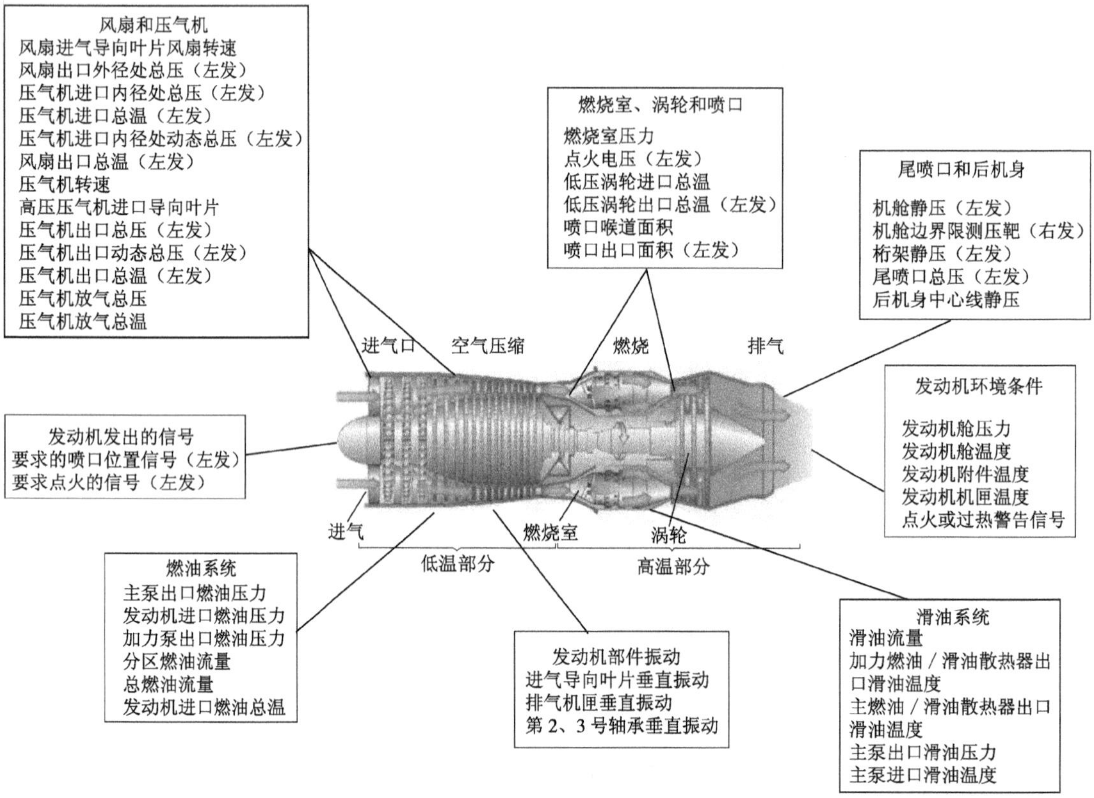

图 6.1　F-15 发动机参数监测位置

数据记录系统主要包括机载数据记录系统和地面数据记录系统。

机载数据记录系统：采用分频多路系统记录连续变化参数，并采用分时多路系统分布在飞机各部位，处理附近传感器信号，经过 A/D 转换传输到中央处理器，进行数据分析与记录。

地面数据记录系统：飞机搭载超短波遥测系统与地面遥测站建立数据通信，将飞机性能监测参数与飞行数据实时、高速地传回到地面接收设备。

为保证参数测量具有高重复性，应根据监测功能规定数据采集准则。

1. 稳定状态准则

利用飞机和发动机稳定状态数据进行监测和诊断的方法，如趋势分析、单元体性能分析等，必须使用满足表 6.2 所示的稳定状态准则，自动油门关闭且至少稳定工作 5 min 后记录数据。

表 6.2　稳定状态准则

参数	允许范围	参数	允许范围
设定功率状态的变化	*	发动机防冰	关闭
压力高度变化量	±30 m	机翼防冰	关闭
马赫数变化量	<±0.015	引气活门	稳定
大气总温变化量	<±1 ℃	空调装置	稳定
滚转姿态角	<±2°	液压负荷	稳定
垂直加速度	<±0.05 g	附件功率提取	稳定
注：表中“＊”表示若按 EPR 设定功率，EPR 变化的允许范围为±1%；若按转速设定功率，转速变化允许范围为±0.5%。			

2. 过渡状态准则

发动机从一个稳定状态过渡到另外一个稳定状态的过程称为过渡状态。飞机进行机动、空战、加速和起飞着陆都属于过渡状态。不同的过渡状态根据监测目的制定相应的采集准则。如在起飞状态采集的数据用于发动机排气温度裕度监测，通常选择飞机起飞过程中排气温度达到第一个峰值的时刻作为采集数据的状态准则。

6.3　性能监测参数基线确定

航空发动机性能基线是指新的或无故障发动机的名义工作线，使用中的发动机性能参数测量值会偏离性能基线形成一定的偏差，偏差值的大小及变化趋势能够反映出使用中发动机的性能状态。基线作为航空发动机最重要的性能之一，其数学模型的准确性对发动机性能监测具有重要影响。基线模型一般由发动机设计和制造部门编制。

6.3.1　基线模型建立方法

发动机性能基线的确定需要大量的数据作为支撑，数据的获取途径主要有两种。一种是利用同型号多台无故障发动机的多次飞行试验数据进行统计和综合；另一种是采用航空发动机数字仿真模型模拟计算。

飞机在飞行时其外界的环境参数是实时变化的，而发动机的气路参数测量值和基线值在同一状态下比较才有意义。通常，定义标准大气状态下的基线是标准的，在建立标准基线时，均将实测数据转化为标准状态下的数值构建基线方程。同样，判断发动机性能状态时，将发动机的测量数据也转化到标准状态下的数据再与标准状态下的基线上的数据进行比较获取偏差值。国际标准大气可以作为某些飞行仪表和飞机大部分性能数据的参照基础。标准大气在海平面上的数据如下所示：

$$\text{标准大气温度}\quad T_{bz}=288.15\ \text{K}(15\ ℃)$$

$$\text{标准大气压力}\quad p_{bz}=1.013\ 25\times10^5\ \text{Pa}$$

对于非标准的测量数据可以按照下列公式，将发动机的进气温度 T、压力 p、转速 n、推力 F、扭矩 M、质量流量 q、燃油消耗率 sfc 和功率 P 换算为标准大气条件下的值：

$$\begin{cases} p_{\rm hs}=p_{\rm cs}\dfrac{p_{\rm bz}}{p_0} & q_{\rm mahs}=q_{\rm macs}\dfrac{p_{\rm bz}}{p_0}\sqrt{\dfrac{T_0}{T_{\rm bz}}} \\ T_{\rm hs}=T_{\rm cs}\dfrac{T_{\rm bz}}{T_0} & q_{\rm mfhs}=q_{\rm mfcs}\dfrac{p_{\rm bz}}{p_0}\sqrt{\dfrac{T_{\rm bz}}{T_0}} \\ n_{\rm hs}=n_{\rm cs}\sqrt{\dfrac{T_{\rm bz}}{T_0}} & ({\rm sfc})_{\rm hs}=\dfrac{q_{\rm mfhs}}{F_{\rm hs}}=({\rm sfc})_{\rm cs}\sqrt{\dfrac{T_{\rm bz}}{T_0}} \\ F_{\rm hs}=F_{\rm cs}\dfrac{p_{\rm bz}}{p_0} & p_{\rm mfhs}=p_{\rm mfcs}\dfrac{p_{\rm bz}}{p_0}\sqrt{\dfrac{T_{\rm bz}}{T_0}} \\ M_{\rm hs}=M_{\rm cs}\dfrac{p_{\rm bz}}{p_0} & \end{cases} \tag{6.1}$$

式中，下标 hs 为换算值，cs 为测量值，0 为进口测量参数。

基线方程通常是指良好状态的发动机（一般为新发动机）在一定的飞行条件下，某个状态参数与发动机控制量之间的函数关系。对于一种型号的发动机，其机群的每个状态参数都对应一条基线，所有基线的总和就构成了该型号发动机的基线库。一般基线的性能参数选择排气温度 EGT、燃油流量 FF、低压转速 N_1 和高压转速 N_2。而不同生产厂家发动机的基线具有不同的控制量。RR 公司发动机的控制量采用发动机压比 EPR。GE 公司发动机的控制量采用低压转子转速 N_1。基线基准 $Y_{\rm bl}$ 可以表示为

$$Y_{\rm bl}=f(Ma,T,H,{\rm EPR}) \tag{6.2}$$

下面以 RR 公司的发动机为例，说明基线方程的建立过程。首先对采集得到的发动机性能参数和控制参数的原始数据进行误差处理和标准化（即将测量参数换算成标准大气条件下的参数）；然后，采用标准化之后的发动机状态测量值和 RR 发动机监测系统反馈的偏差值，反向计算出该状态的基线值，再对基线值序列进行回归分析确定出标准基线方程；最后用求得的基线方程求解各个状态偏差值，并与 RR 发动机监测系统反馈的偏差值进行对比。RR 发动机反馈偏差值计算公式：

$$\left.\begin{aligned} \Delta{\rm TGT}&={\rm TGT}_{\rm hs}-{\rm TGT}_{\rm bl} \\ \Delta{\rm FF}&=\frac{{\rm FF}_{\rm hs}-{\rm FF}_{\rm bl}}{{\rm FF}_{\rm bl}}\times100\% \\ \Delta N_1&=N_{\rm 1hs}-N_{\rm 1bl} \\ \Delta N_2&=N_{\rm 2hs}-N_{\rm 2bl} \\ \Delta N_3&=N_{\rm 3hs}-N_{\rm 3bl} \end{aligned}\right\} \tag{6.3}$$

式中，下标 bl 表示的基线值，Δ 表示偏差值。

上边公式可以改写为基线值的计算形式：

$$\left.\begin{aligned} {\rm TGT}_{\rm bl}&={\rm TGT}_{\rm hs}-\Delta{\rm TGT} \\ {\rm FF}_{\rm bl}&=\frac{{\rm FF}_{\rm hs}}{1+\Delta{\rm FF}} \\ N_{\rm 1bl}&=N_{\rm 1hs}-\Delta N_1 \\ N_{\rm 2bl}&=N_{\rm 2hs}-\Delta N_2 \\ N_{\rm 3bl}&=N_{\rm 3hs}-\Delta N_3 \end{aligned}\right\} \tag{6.4}$$

发动机实际工作过程中，偏差值和测量值是可以获取的，通过上述公式就可以计算出基线值。

6.3.2　参数偏差值修正

通过上一节可知，基线方程的建立取决于测量值的测量精度和偏差值的准确程度。式（6.2）为理想状态下的基线方程。实际工作中的偏差量可由式（6.5）计算：

$$\Delta y_C = y_{hs} - y_{bl} - \Delta y_0 \qquad (6.5)$$

式中　y_{hs}——测量参数的换算参数；

Δy_0——系统初始值，它是 EPR 的线性函数。

由于制造公差、安装影响、仪表系统误差等原因，即使是全新的无故障发动机也不可能完全与基线相符合。需要借助每一台具体发动机在正常工作时的测量值与基线值之差来消除上述各因素造成的影响。将求初始值 Δy_0 的过程称为初始化。Δy_0 通常是发动机在飞机上安装工作后，通过前 20 个航班的偏差值（$Y_{hs}-Y_{bl}$）经线性回归方法求得。当对发动机进行某些导致监测参数变化的维修工作时（例如更换仪表、气路清洗、可调几何机构调整等）必须重新初始化。图 6.2 给出影响偏差量的多种因素。

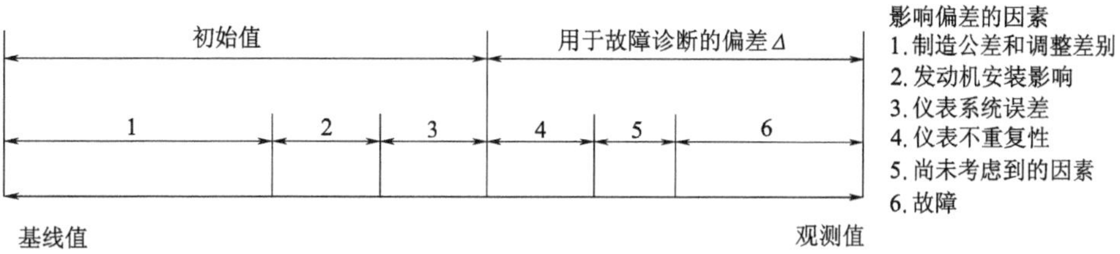

图 6.2　影响测量参数偏差量的因素

为提高故障诊断的准确程度，采用数据平滑和参数初始化的方法来排除不利因素的影响。因此，用于趋势分析和故障诊断的偏差量是经过平滑的偏差量，即

$$\Delta y_C = (y_{hs} - y_{bl})_{平滑} - \Delta y_0 \qquad (6.6)$$

随着智能优化算法的发展，基线方程的建立不仅仅局限于传统的回归分析算法，还可采用神经网络、支持向量机和随机森林等智能算法进行建立。发动机在实际过程中是一个高度非线性的系统，为提高模型建立的准确性，在基线方程建立过程中应对测量参数和偏差值进行必要的修正。

6.4　监测数据处理方法

航空发动机的原始状态数据由机载传感器直接测量获取，由于传感器异常等客观因素的存在，通过传感器测量的发动机性能数据可能存在误差。测量误差的存在是不可避免的，任何测定值都只能近似地反映被测量的真值。因此，在数据应用之前，需要对原始数据进行处理，以提高数据质量和可靠性。

6.4.1　测量数据预处理

传感器受到强烈的电磁干扰与外界环境温度、湿度的影响，可能会存在零点漂移、堵塞甚至失灵。传感器出现突发状况时，势必会给发动机监测系统中引入粗大误差。粗大误差的存在会严重歪曲测量结果的统计特性，使处理后误差增加，进而导致监测系统对发动机状态出现严重误判。因此，监测数据预处理主要是对粗大误差进行检查、剔除和校正。

预处理并判别粗大误差有多种方法和准则，例如 3σ 准则、罗曼诺夫斯基（Lomnaofski）准则、狄克松（Dixon）准则、格鲁布斯（Grubbs）准则等，其中 3σ 准则是常用的统计判断准则，罗曼诺夫斯基准则适用于数据较少的场合。

1. 3σ 准则

此准则先假设数据只包含随机误差进行处理，计算得到标准偏差，按一定概率确定一个区间，便可以认为凡超过这个区间的误差，就不属于随机误差而是粗大误差，含有该误差的数据应剔除。该方法仅局限于对正态或近似正态分布的样本数据处理。

用 3σ 准则判别时，先测发动机监测参数的值 x_i，并计算其平均值 $\bar{x}$ 代替真值，求得残差 $v_i = x_i - \bar{x}$。再以贝塞尔公式算得标准偏差的 3 倍为准，与各残差 v_i 比较，对某个可疑数据 x_d，若其残差 v_d 满足式（6.7），则为粗大误差，应剔除数据 x_d。

$$|v_d| = |x_d - \bar{x}| > 3\sigma \tag{6.7}$$

每经一次粗大误差的剔除，剩下数据要重新计算 σ 值，再以数值变小的新 σ 值为依据，进一步判别是否还存在粗大误差，直至无粗大误差为止。应该指出，3σ 准则是以状态参数测量数据充分大为前提的，当 $n \ll 10$ 时，用 3σ 准则剔除粗大误差是不可靠的。因此在测量次数较少的情况下，最好不要选用 3σ 准则，而用其他准则。

2. 罗曼诺夫斯基准则

当发动机监测数据采集次数较少时，用罗曼诺夫斯基准则较为合理，它按 t 分布的实际误差分布范围判别粗大误差。其特点是先剔除一个可疑的测量值，然后按 t 分布检验被剔除的测量值是否含有粗大误差。

设对某可调几何部件的位置参数多次等精度独立测量，测得 x_1，x_2，…，x_n。若认为测得值 x_d 为可疑数据，将其预剔除后计算平均值（计算时不包括 x_d）：

$$\bar{x} = \frac{1}{n-1} \sum_{i=1, i \neq d}^{n} x_i \tag{6.8}$$

并求得测量列的标准差估计量（计算时不包括 $v_d = x_d - \bar{x}$）

$$\sigma = \sqrt{\frac{\sum_{i=1}^{n-1} v_i^2}{n-2}} \tag{6.9}$$

根据测量次数 n 和选择的显著度 α，可查得 t 分布的检验系数 $K(n, \alpha)$。若有 $|x_d - \bar{x}| \geqslant K(n, \alpha)\sigma$，则数据 x_d 含有粗大误差，应剔除。

6.4.2 消除多项式趋势项

在监测过程中，传感器受发动机工作环境的干扰，往往会偏离基线，甚至偏离基线的大小还会随时间变化。偏离基线随时间变化的整个过程被称为信号的趋势项。趋势项直接影响监测数据的正确性，应该将其去除。常用的消除趋势项的方法是多项式最小二乘法。以下介绍该方法的原理。

某气动热力学参数的采样数据为 $\{x_k\}$ （$k=1,2,3,\cdots,n$），该参数为等时间间隔采样，采样时间间隔为 $\Delta t=1$，设一个多项式函数：

$$\hat{x}_k=a_0+a_1k+a_2k^2+\cdots+a_mk^m \quad (k=1,2,3,\cdots,n) \tag{6.10}$$

确定函数 $\hat{x}_k$ 的各项待定系数 a_j （$j=0,1,\cdots,m$），使得函数 $\hat{x}_k$ 与离散数据 x_k 的误差平方和为最小，即

$$E=\sum_{k=1}^{n}(\hat{x}_k-x_k)^2=\sum_{k=1}^{n}\left(\sum_{j=0}^{m}a_jk^j-x_k\right)^2 \tag{6.11}$$

满足 E 有极值的条件为

$$\frac{\partial E}{\partial a_i}=2\sum_{k=1}^{n}k^i\left(\sum_{j=0}^{m}a_jk^j-x_k\right)=0 \quad (i=0,1,2,\cdots,m) \tag{6.12}$$

依次取 E 对 a_i 求偏导，可以产生一个 $m+1$ 元线性方程组：

$$\sum_{k=1}^{n}\sum_{j=0}^{m}a_jk^{j+i}-\sum_{k=1}^{n}x_kk^i=0 \quad (i=0,1,2,\cdots,m) \tag{6.13}$$

解方程组，求出 $m+1$ 个待定系数 a_j （$j=0,1,2,\cdots,m$）。上面各式中，m 为设定的多项式阶次，其值的范围为 $0\leqslant j\leqslant m$。

当 $m=0$ 时求得的趋势项为常数，有

$$\sum_{k=1}^{n}a_0k^0-\sum_{k=1}^{n}x_kk^0=0 \tag{6.14}$$

解方程，得 $a_0=\dfrac{1}{n}\sum_{k=1}^{n}x_k$。

可以看出，当 $m=0$ 时求得的趋势项为该监测参数采样数据的算术平均值。消除常数趋势项的计算公式为

$$y_k=x_k-\hat{x}=x_k-a_0 \quad (k=1,2,3,\cdots,n) \tag{6.15}$$

当 $m=1$ 时为线性趋势项，有

$$\begin{cases}\displaystyle\sum_{k=1}^{n}a_0k^0+\sum_{k=1}^{n}a_1k-\sum_{k=1}^{n}x_kk^0=0\\ \displaystyle\sum_{k=1}^{n}a_0k+\sum_{k=1}^{n}a_1k^2-\sum_{k=1}^{n}x_kk=0\end{cases} \tag{6.16}$$

解方程组，得

$$\begin{cases}a_0=\dfrac{2(2n+1)\displaystyle\sum_{k=1}^{n}x_k-6\sum_{k=1}^{n}x_kk}{n(n-1)}\\ a_1=\dfrac{12\displaystyle\sum_{k=1}^{n}x_kk-6(n-1)\sum_{k=1}^{n}x_k}{n(n-1)(n+1)}\end{cases} \tag{6.17}$$

消除线性趋势项的计算公式为

$$y_k=x_k-\hat{x}_k=x_k-(a_0-a_1k) \quad (k=1,2,3,\cdots,n) \tag{6.18}$$

$m\geqslant 2$ 时为曲线趋势项，在发动信号监测数据处理中，通常取 $m=1\sim3$ 来对采样数据进行多项式趋势项消除的处理。

6.4.3 数据平滑

参数测量时由于混有随机干扰信号，用偏差量绘制出的趋势图有时分散度较大，难以呈现出参数变化的趋势，如图 6.3 所示。为略去随机误差以及人为错误的影响，改进趋势图的可读性，在进行趋势分析之前应对实际偏差量进行平滑处理。平滑处理可以消除信号的不规则趋势项，但有时会掩盖参数的真实突跃变化。因此，必须选用正确的平滑方法。特别值得注意的是当最后一个飞行记录的发动机参数发生突跃变化时，更应小心从事，因为这种突跃变化有可能是发动机突发故障的征兆。

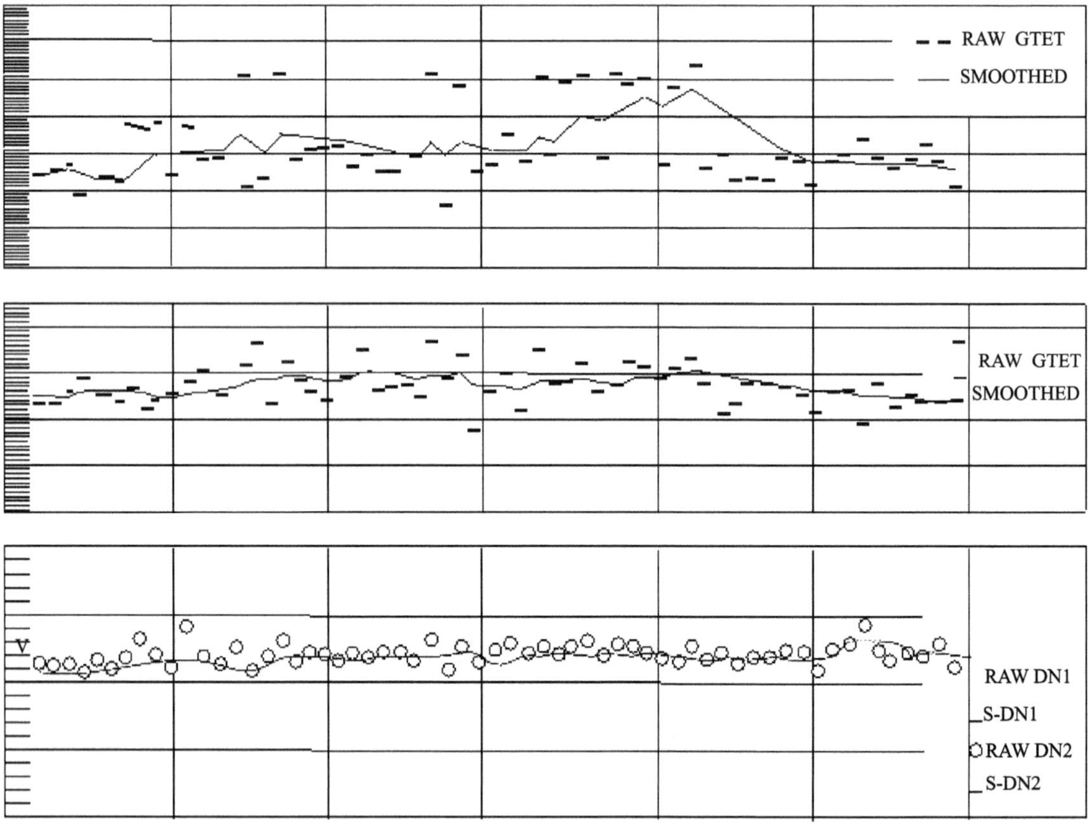

图 6.3 测量参数的分散度和参数平滑

以下介绍几种平滑处理的方法。

1. 平均法

平均法的基本计算公式为

$$y_i = \sum_{n=-N}^{N} h_n x_{i-n}, (i = 1,2,\cdots,m) \tag{6.19}$$

式中 x——监测参数的采样数据；

y——平滑处理后的结果；

m——采样点数；

$2N+1$——平均点数；

h——加权平均因子。若将式（6.19）看作一个滤波公式，h 还可称为滤波因子。

加权平均因子必须满足下式：

$$\sum_{n=-N}^{N} h_n = 1 \tag{6.20}$$

对于简单平均法 $h_n=1/(2N+1)$，$n=0$，1，2，…，N，即

$$y_i = \frac{1}{2N+1}\sum_{n=-N}^{N} x_{i-n} \tag{6.21}$$

若做五点加权平均，则 $N=2$，可取

$$\{h\}=(h_{-2},h_{-1},h_0,h_1,h_2)=\frac{1}{9\xi}(1,2,3,2,1) \tag{6.22}$$

利用最小二乘法原理对离散数据进行线性平滑的方法称为直线滑动平均法，$N=2$ 时，五点滑动平均的计算公式为

$$\left.\begin{aligned}
y_1 &= \frac{1}{5}(3x_1+2x_2+x_3-x_4)\\
y_2 &= \frac{1}{10}(4x_1+3x_2+2x_3+x_4)\\
&\cdots\\
y_i &= \frac{1}{5}(x_{i-2}+x_{i-1}+x_i+x_{i+1}+x_{i+2})\\
&\cdots\\
y_{m-1} &= \frac{1}{10}(x_{m-3}+2x_{m-2}+3x_{m-1}+4x_m)\\
y_m &= \frac{1}{5}(-x_{m-3}+x_{m-2}+2x_{m-1}+3x_m)
\end{aligned}\right\}(i=3,4,\cdots,m-2) \tag{6.23}$$

2. 五点三次平滑法

五点三次平滑法是利用最小二乘法原理对离散数据进行三次最小二乘多项式平滑的方法，五点三次平滑法计算公式为

$$\left.\begin{aligned}
y_1 &= \frac{1}{70}[69x_1+4(x_2+x_4)-6x_3-x_5]\\
y_2 &= \frac{1}{35}[2(x_1+x_5)+27x_2+12x_3-8x_4]\\
&\cdots\\
y_i &= \frac{1}{35}[-3(x_{i-2}+x_{i+2})+12(x_{i-1}+x_{i+1})+17x_i]\\
&\cdots\\
y_{m-1} &= \frac{1}{35}[2(x_{m-4}+x_m)-8x_{m-3}+12x_{m-2}+27x_{m-1}]\\
y_m &= \frac{1}{70}[-x_{m-4}+4(x_{m-3}+x_{m-1})x_{m-2}-6x_{m-2}+69x_m]
\end{aligned}\right\}(i=3,4,\cdots,m-2) \tag{6.24}$$

五点三次平滑法可以用作时域数据和频域信号的平滑处理。该处理方法对时域数据的作用主要是平滑掉混入信号的高频噪声。

3. 六点平滑法

六点平滑法是移动平滑方法之一。该方法取当前点及其前五个点共六个点进行平滑计算。平滑过程是将这六个点的原始值按大小排队，去掉最大的和最小的两个，余下的四个点取算术平均作为当前点的平滑值，即第 i 个点的平滑值为

$$y_i = \frac{\left[\sum_{k=0}^{5} x_{i-k} - x_{\max} - x_{\min}\right]}{4} \tag{6.25}$$

4. 指数平滑法

$$y_i = \alpha x_i + \alpha(1-\alpha)x_{i-1} + \alpha(1-\alpha)^2 y_{i-2} + \cdots + \alpha(1-\alpha)^t y_{i-t} \tag{6.26}$$

式中，α 为常数，$0<\alpha<1$，系数 α、$\alpha(1-\alpha)$、…、$\alpha(1-\alpha)^t$ 称为权值，所有权值之和等于1，并且权值按指数形式递减，这表示过去的时期离现在越远对当前点的影响越小。

为计算简化起见，可取一次指数平滑公式为

$$y_{i+1} = \alpha x_i + \alpha y_i \tag{6.27}$$

6.5 性能监测和故障诊断方法

航空发动机气路中的零部件、单元体发生故障时，受损部件的性能逐渐退化，导致气路中气流温度、压力、转子转速、流量等参数发生变化。因此，气路故障诊断的思路是利用可测量的气动热力参数，对测量参数进行处理，进而分析发动机性能状态参数，从而获取发动机的工作状况，实现故障的检测、诊断和分离。图 6.4 由右至左即表示气路故障诊断过程。本节介绍几种常用的性能监测和故障诊断方法，其中包括阈值诊断、参数对比、模型分析、趋势分析、指印图诊断等，可根据发动机的特点及使用需求进行选择使用。

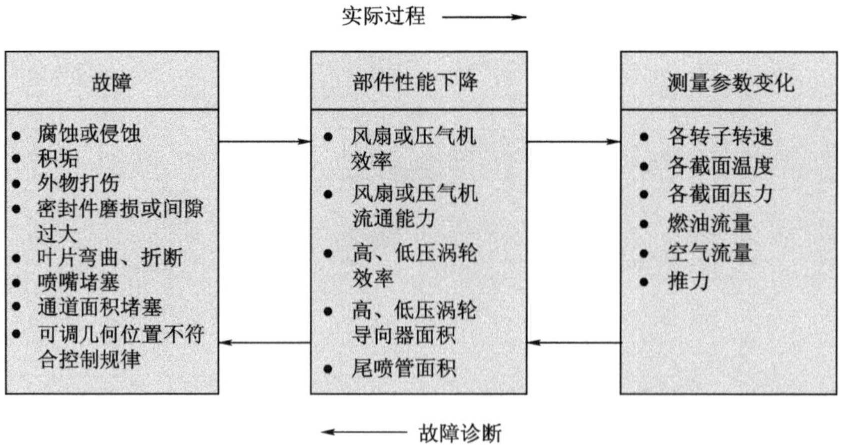

图 6.4 故障诊断原理图

6.5.1　阈值诊断法

阈值诊断法是发动机监测系统基本的诊断方法，因为其方法简单可靠，通常被应用到机载发动机监测系统中。该方法主要是通过发动机测量参数偏差量以及测量参数的导出量是否超出预先设置的阈值，来判断发动机是否健康，原理图如图 6.5 所示。通常，测量参数的偏差量超出阈值越大，发动机故障越严重。例如 GE 公司给出 CF6-80C2 发动机工作正常的阈值如下：

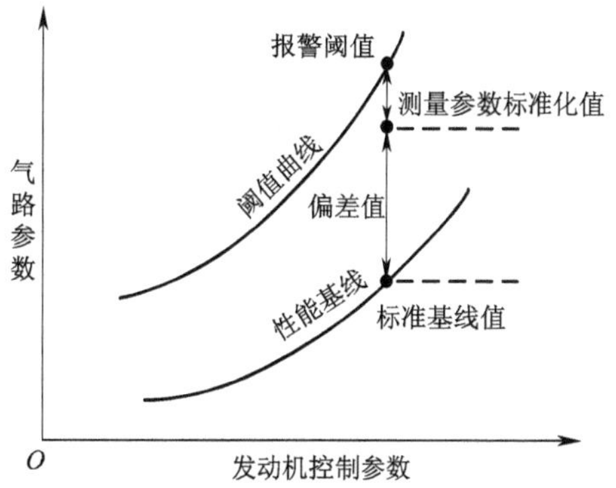

图 6.5　阈值诊断示意图

$$\Delta T_{T7} = \pm 10\ ℃$$

$$\Delta N_2 = \pm 0.5\%$$

$$\Delta W_F = \pm 2.0\%$$

$$\Delta T_{短舱} = \pm 20\ ℃$$

6.5.2　参数对比法

参数对比法是一种短期监测方法，适用于装有多台发动机的飞机。同一架飞机上安装的多台发动机一般不可能同时发生同一种故障，因此主要比较飞行中同一时刻记录的各台发动机的同名参数及其变化趋势。这种方法可以避免飞行条件、环境条件、热平衡、数据换算到标准状态等方面引起的误差，以快速发现发动机的异常。

图 6.6 给出一种参数对比方法，其特点是直接比较各台发动机同名实测参数之间的差异，称为分散度，而且将各台发动机参数修正到同一油门状态后再进行比较。下面给出一架飞机上安装 3 台发动机时的排气温度 EGT 分散度计算举例。改型发动机转速每增加 1%，EGT 增加 10 ℃。以 1#发动机为基准发动机，3 台发动机的实测 EGT 如表 6.3、表 6.4 所示。

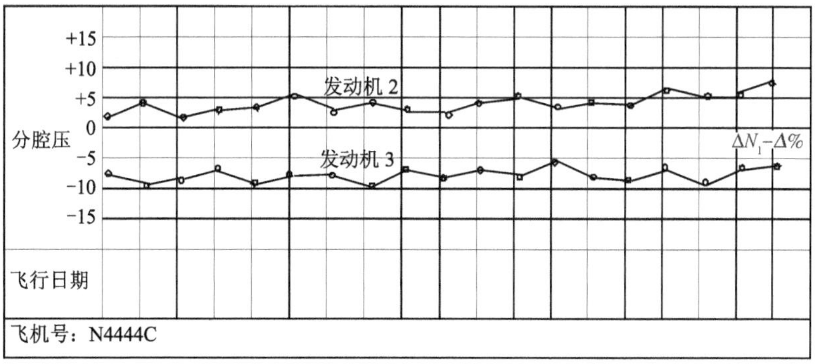

图 6.6　排气温度 EGT 分散度计算实例

表 6.3　发动机实测 EGT

发动机位置	1#	2#	3#
功率状态/%rpm	101.2	100.8	101.9
EGT/℃	670	673	668

表 6.4　分散度计算

相对基准发动机的 ΔEGT/℃	0	+3	-2
相对基准发动机的 Δrpm/%	0	-0.4	+0.7
因 Δrpm 的 EGT 修正/%	0	+4	-7
ΔEGT 分散度/℃	0	+7	-9

计算结果表明：2#发动机比 1#发动机高 7 ℃运转，而 3#比 1#发动机低 9 ℃运转。

6.5.3　模型分析法

建立发动机数学模型进行故障诊断是应用最早、发展较为成熟的故障诊断方法。模型分析方法发展至今分为线性模型分析法和非线性模型分析法。

1. 线性模型分析法

航空发动机结构复杂，性能参数众多，是典型的非线性系统。发动机温度、压力和推力等参数与压比、流量和各部件的效率之间不成比例关系。线性模型分析方法即是将参数间的非线性故障模型简化为线性数学模型。该模型一般以故障方程形式表示，故障方程的矩阵形式如式（6.28）所示

$$\delta \boldsymbol{y}=\boldsymbol{H}\delta \boldsymbol{x} \tag{6.28}$$

式中　$\boldsymbol{x}$——性能监测参数；

$\boldsymbol{y}$——直接测量参数；

$\boldsymbol{H}$——$\boldsymbol{H}=\dfrac{\partial}{\partial x_h}g(x_h,\ u)\mid_{x_h=x_h^{\mathrm{bl}}}$，为该工作点处的影响系数矩阵（偏导数矩阵），常数为小偏差表；u 是稳态工作点的条件参数，如大气条件、燃油流量等。

线性模型能够以较少的故障因子反映出众多复杂故障状态，具有概括能力强、应用范围广、精度和置信度高等优点。

2. 非线性模型分析法

线性模型可进行航空发动机众多故障隔离和故障辨别。但线性模型忽略了航空发动机的非线性特点，因此使得该模型在线性化的工作点附近诊断精度较高，在偏离该工作点时诊断精度较低。

稳态工况的非线性热力学模型为

$$\boldsymbol{y}=g(x_h,u)+\boldsymbol{e} \tag{6.29}$$

式中　x_h——性能监测参数；

$\boldsymbol{y}$——直接测量参数。

给定测量参数估计值 $\hat{x}_h$，得到模型输出 $\hat{\boldsymbol{y}}$，对测量和模型输出偏差的范数进行最小化，即可得到航空发动机监测参数估计值。

$$\delta\hat{x}_h=\arg\min_{x_h}\|\boldsymbol{y}-\hat{\boldsymbol{y}}\|=\arg\min_{x_h}\|\boldsymbol{y}-g(\hat{x}_h,u)\| \tag{6.30}$$

该方法的优点是基于非线性模型进行诊断，与线性模型相比，能更准确地反映发动机特性，使得诊断更加精确。缺点是当系统较复杂时，对模型的要求较高，并且当测量参数个数小于需要估计的健康参数的个数时，为欠定问题，需要进行特别处理。

线性模型分析法是把组成发动机模型的方程，如部件本身的气动热力方程、部件间的共同工作方程、部件特性等分别加以线性化，形成发动机的性能方程组。下面以一台单轴涡轮发动机为例，说明如何用线性模型分析法并进行故障诊断。表 6.5 给出某型发动机的小偏差表。该表可通过对线性模型的解析得到。

表 6.5　小偏差表

δx \ δy		T49C2	WF	N2C2	N1C2	P25C2	T25C2	T3C2	P3C2
单位	%	℃	%	%	%	%	℃	℃	%
HPC 性能损失	−2.0	12.00	1.60	0.00	0.00	1.66	1.41	7.31	−0.34
HPT 性能损失	−2.0	30.00	2.60	−0.90	0.00	2.59	2.28	−8.05	−2.52
2.5 放气门打开	14.77	44.00	7.30	2.70	0.70	−15.36	−12.61	12.77	0.05
Fan 出口面积变化	1.01	−1.00	−0.20	0.00	0.30	0.68	0.73	−0.15	0.02
主喷口面积变化	2.02	1.24	2.81	0.34	1.29	2.14	2.64	5.23	−0.01
LPC 性能损失	−2.0	8.00	1.30	0.40	0.30	−2.35	−0.22	5.23	−0.01
LPT 性能损失	−2.0	−2.00	−2.10	0.70	−1.70	−6.80	−6.90	2.84	−0.22
Fan 性能损失	−2.0	−2.00	−0.40	−0.10	0.40	3.99	3.91	3.15	0.05
1 个 2.9 放气门打开	6.74	35.00	7.10	1.50	0.40	−4.58	−4.27	−4.04	−0.13
主动间隙控制故障	−1.86	18.00	2.10	−1.50	1.10	2.14	1.86	−4.38	−1.11
2.5 放气门漏气	2.0	6.15	0.99	0.31	0.01	−2.08	−1.71	1.73	0.01
2.9 放气门漏气	2.0	8.43	2.12	0.58	0.12	−1.36	1.27	−1.20	−0.04
1 个 2.9 放气门打开	15.45	86.00	16.20	5.30	0.80	−10.51	−9.79	−9.27	−0.31
LPC 静叶片调节系统故障	−6.0	−3.00	−1.00	2.00	0.00	−0.51	−0.54	2.05	0.54

故障诊断时，已知测量参数向量 $\boldsymbol{y}$，计算出测量参数变化量向量 $\delta\boldsymbol{y}$，求部件性能参数变化量向量 $\delta\boldsymbol{x}$，即求解

$$\delta\boldsymbol{x}=\boldsymbol{H}^{-1}\delta\boldsymbol{y}=\boldsymbol{C}\delta\boldsymbol{y}$$

式中，矩阵 $\boldsymbol{C}=\boldsymbol{H}^{-1}$，称为故障矩阵。

根据求得的 $\delta\boldsymbol{x}$，得到各部件的性能参数变化量，部件性能恶化过多的部件，就是有故障的部件。这样可将故障定位到部件，对于单元体结构的发动机，则可将故障定位到单元体。

假设：地面试车条件：$V=0$、大气温度 T_0 和压力保持不变，即 $\delta T_0=\delta p_0=\delta T_1^*=\delta p_1^*=0$；

$\delta qm \approx \delta qmg$；$\delta\sigma_i = \delta\sigma_b = \sigma\eta_b = \delta\sigma_{CA} = \delta A_9 = \delta\eta_m = 0$；$C_P$，$k$，$C'_P$，$k'$为常数；涡轮导向器和喷管处于超临界状态，即其出口的 $\lambda_{ca} = \lambda_9 = 1.0$。式中，$\delta$ 表示相对变化量，如 $\delta qm = dqm/qm$。

(1) 压气机和涡轮功相等，即 $W_K = W_T\eta_m$，此式可表示为

$$C_P T_1^* \left(\pi_K^{\frac{k-1}{k}} - 1\right)/\eta_K = C'_P T_3^* \left(1 - \frac{1}{\pi_T^{\frac{k'-1}{k'}}}\right)\eta_T\eta_m \tag{6.31}$$

两边取对数，得

$$\ln C_P + \ln T_1^* + \ln\left(\pi_K^{\frac{k-1}{k}} - 1\right) - \ln\eta_K = \ln C'_P + \ln T_3^* + \ln\left(1 - \frac{1}{\pi_T^{\frac{k'-1}{k'}}}\right) + \ln\eta_T + \ln\eta_m$$

两边微分并代入假设条件，可得

$$\frac{d\left(\pi_K^{\frac{k-1}{k}} - 1\right)}{\pi_K^{\frac{k-1}{k}} - 1} - \frac{d\eta_K}{\eta_K} = \frac{dT_3^*}{T_3^*} + \frac{d\left(1 - \frac{1}{\pi_T^{\frac{k'-1}{k'}}}\right)}{1 - \frac{1}{\pi_T^{\frac{k'-1}{k'}}}} + \frac{d\eta_T}{\eta_T}$$

化简上式中的关系复杂式项，可得

$$\frac{d\left(\pi_K^{\frac{k-1}{k}} - 1\right)}{\pi_K^{\frac{k-1}{k}} - 1} = \frac{k-1}{k}\frac{\pi_K^{\frac{k-1}{k}}}{\pi_K^{\frac{k-1}{k}} - 1}\frac{d\pi_K}{\pi_K} = K_1\delta\pi_K$$

$$\frac{d\left(1 - \frac{1}{\pi_T^{\frac{k'-1}{k'}}}\right)}{1 - \frac{1}{\pi_T^{\frac{k'-1}{k'}}}} = \frac{k'-1}{k'}\frac{1}{\frac{1}{\pi_T^{\frac{k'-1}{k'}}} - 1}\frac{d\pi_T}{\pi_T} = K_3\delta\pi_T$$

令 $\delta\eta_K = d\eta_K/\eta_K$，$\delta T_3^* = dT_3^*/T_3^*$，$\delta\eta_T = d\eta_T/\eta_T$，则得

$$K_1\delta\pi_K - \delta\eta_K = \delta T_3^* + K_3\delta\pi_T + \delta\eta_T \tag{6.32}$$

(2) 沿流路压力平衡，即 $p_9^* = p_0\sigma_i\pi_K\sigma_b\sigma_N/\pi_T$，令 $\pi_N = p_9^*/p_0$，可得

$$\delta\pi_N = \delta\pi_K - \delta\pi_T \tag{6.33}$$

(3) 压气机压缩过程，即

$$T_2^* - T_1^* = T_1^*\left(\pi_K^{\frac{k-1}{k}} - 1\right)/\eta_K$$

两边取对数再微分，可得

$$\frac{d(T_2^* - T_1^*)}{(T_2^* - T_1^*)} = \frac{dT_1^*}{T_1^*} + \frac{d\left(\pi_K^{\frac{k-1}{k}} - 1\right)}{\pi_K^{\frac{k-1}{k}} - 1} - \frac{d\eta_K}{\eta_K}$$

由于 $\delta T_1^* = 0$，$d\left(\pi_K^{\frac{k-1}{k}} - 1\right)/\left(\pi_K^{\frac{k-1}{k}} - 1\right) = K_1\delta\pi_K$，上式化简并整理后可得

$$\delta T_2^* = K_1K_2\delta\pi_K - K_2\delta\eta_K \tag{6.34}$$

式中，$K_2 = \frac{T_2^* - T_1^*}{T_2^*}$。

（4）涡轮膨胀过程：

$$(T_3^* - T_4^*) = T_3^* \left(1 - \frac{1}{\pi_T^{\frac{k'-1}{k'}}}\right)\eta_T$$

线性化处理后可得

$$\delta T_4^* = \delta T_3^* - K_3 K_4 \delta\pi_T - K_4 \delta\eta_T \tag{6.35}$$

式中，$K_4 = \dfrac{T_3^* - T_4^*}{T_4^*}$。

（5）压气机进口和涡轮导向器出口界面流量连续：

$$qm \approx K' \frac{p_1^* \pi_K \sigma_b \sigma_{CA} A_{CA} q(\lambda_{ca})}{\sqrt{T_3^*}}$$

由假设可知：K' 为常数，$\delta p_1^* = \delta\sigma_b = \delta\sigma_{CA} = 0$，$\lambda_{ca} = 1.0$，则 $q(\lambda_{ca}) = 1.0$，在此条件下：

$$\delta qm = \sigma\pi_K + \delta A_{CA} - 0.5\delta T_3^* \tag{6.36}$$

（6）涡轮导向器出口截面和喷管出口截面流量连续，$qm_{CA} = qm_9$，即

$$K' \frac{p_3^* \sigma_b \sigma_{CA} A_{CA} \pi_K q(\lambda_{ca})}{\sqrt{T_3^*}} = K' \frac{p_4^* \sigma_{NA} A_9 q(\lambda_9)}{\sqrt{T_4^*}}$$

考虑上述假设，线性化处理后可得

$$\delta\pi_T + \delta A_{CA} - 0.5\delta T_3^* = \delta q(\lambda_9) - 0.5\delta T_3^*$$

主喷管超临界条件下，$\lambda_9 = 1.0$，$q(\lambda_9) = 1.0$，则上式可写成

$$\delta\pi_T + \delta A_{CA} - 0.5\delta T_3^* = -0.5\delta T_4^* \tag{6.37}$$

主喷管亚临界条件下，$\lambda_9 < 1.0$，λ_9 大小取决于喷管压比 π_N（$= p_9^*/p_0$），用 π_N 表示的公式可写成：

$$\delta\pi_T + \delta A_{CA} - 0.5\delta T_3^* = K_6 \delta\pi_N - 0.5\delta T_3^*$$

式中，$K_6 = \dfrac{K'+1}{2K'}\left(\dfrac{1}{\lambda_9^2} - 1\right)$。

（7）燃烧室热平衡：

$$qm_f = qm\ \overline{C}_P (T_3^* - T_2^*) / Hu\eta_b$$

式中，$\overline{C}_P$ 为燃烧室平均定压比热。假设 $\overline{C}_P$、Hu、η_b 不变，则线性化处理后可得

$$\delta qm_f = \delta qm + K_5 \delta T_3^* - (K_5 - 1)\delta T_2^* \tag{6.38}$$

式中，$K_5 = \dfrac{T_3^* - T_2^*}{T_2^*}$。

（8）推力。

在 $V=0$ 时，推力可用下式表示：

$$F = p_0 A_9 [\pi_N f(\lambda_9) - 1]$$

在喷管超临界条件下，$\lambda_9 = 1.0$，$f(\lambda_9) = 1.259$，若 p_0、A_9 为常数，则直接对此式微分可得

$$\mathrm{d}F=\frac{\mathrm{d}F}{f}=\frac{f(\lambda_9)\pi_N}{f(\lambda_9)\pi_N-1}\frac{\mathrm{d}\pi_N}{\pi_N}=K_7\delta\pi_N \tag{6.39}$$

式中，$K_7=\dfrac{f(\lambda_9)\ \pi_N}{f(\lambda_9)\ \pi_N-1}$。

（9）压气机特性。

发动机工作状态改变时，转速改变，发动机工作点沿工作线移动；若发动机某些几何尺寸变化，如 A_{CA}变化，则工作点将偏离工作线，如图 6.7 所示。所以工作点的变化可描述为 0→1 和 1→2。因此，发动机流量的变化 δqm 可表示为 $\delta qm=\delta qm'+\delta qm''$，$\delta qm'$对应沿工作线的变化（0→1）；$\delta qm''$对应沿等转速线的变化（1→2），压气机效率 $\delta\eta_K$ 也可表示为类似的形式。若用转速 n 和压气机增压比 π_K 的变化量（δn 和 $\delta\pi_K$）来度量工作点沿 0→1 和 1→2 的位移量，则 δqm 和 $\delta\eta_K$ 可写成以下线性方程：

$$\delta qm=K_m\delta n+K_{10}\delta\pi_K \tag{6.40}$$

$$\delta\pi_K=K_{11}\delta\pi_K-K_n\delta n \tag{6.41}$$

式中，$K_m=(K'_{10}-K_{10})K_{12}, K_n=(K'_{11}-K_{11})K_{12}$，

$$K_{10}=\left(\frac{\delta qm}{\delta\pi_K}\right)_{n=\mathrm{const}}, K'_{10}=\left(\frac{\delta qm}{\delta\pi_K}\right)_{沿工作线},$$

$$K_{11}=\left(\frac{\delta\eta_K}{\delta\pi_K}\right)_{n=\mathrm{const}}, K'_{11}=\left(\frac{\delta\eta_K}{\delta\pi_K}\right)_{沿工作线},$$

$$K_{12}=\left(\frac{\delta\eta_K}{\delta n}\right)_{沿工作线}$$

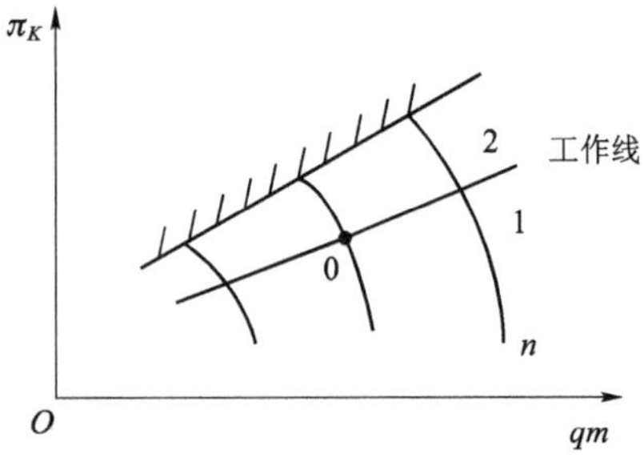

图 6.7　压气机性能工作线

整理上述 10 个线性方程，可得到描述单轴涡喷发动机工作参数之间关系的线性方程组。对于一台 $T_3^*=1\ 100$ K、$\pi_K=12$ 的发动机，计算求出发动机在最大状态工作时的 qm、T_2^*、T_3^*、π_K、T_4^*、π_N 等参数，代入系数计算公式，求得：

$$K_1=0.56, K_2=0.55, K_3=0.57, K_4=0.385, K_5=2.4, K_6=0.0, K_7=1.47,$$

$$K_{10}=-0.5, K_{11}=0.16, K_m=4.39, K_n=0.29$$

表 6.6 整理了式（6.31）~式（6.41）的各项系数。将各项的变量名列第 1 行。对于公式中未出现的变量名，令其系数为零。在这 10 个方程中，有 13 个变量，因此必须已知 3 个变量方可求解，这表示起码要测得 3 个参数。若选择转速 n、燃油流量 qm_f、排气温度 T_4^* 为测量参数，则已知参数为 δn、δqm_f、δT_4^*。在表 6.6 中将已知项放在右边，待求项放在左边。

表 6.6　参数系数表

δqm	$\delta\pi_K$	$\delta\pi_T$	$\delta\pi_N$	δT_2^*	δT_3^*	δF	δA_{CA}	$\delta\eta_K$	$\delta\eta_T$	δn	δqm_f	δT_4^*
0	0.56	−0.57	0	0	−1	0	0	−1	−1	0	0	0
0	1	−1	−1	0	0	0	0	0	0	0	0	0
0	−0.308	0	0	1	0	0	0	0.55	0	0	0	0
0	0	−0.22	0	0	1	0	0	0	−0.385	0	0	1

续表

δqm	$\delta\pi_K$	$\delta\pi_T$	$\delta\pi_N$	δT_2^*	δT_3^*	δF	δA_{CA}	$\delta\eta_K$	$\delta\eta_T$		δn	δqm_f	δT_4^*
1	−1	0	0	0	0.5	0	−1	0	0		0	0	0
0	0	1	0	0	−0.5	0	1	0	0		0	0	−0.5
1	0	0	0	−1.4	2.4	0	0	0	0		0	1	0
0	0	0	−1.47	0	0	1	0	0	0		0	0	0
1	0.5	0	0	0	0	0	0	0	0		4.39	0	0
0	−0.16	0	0	0	0	0	0	1	0		−0.29	0	0

表 6.6 所示的内容可以用矩阵表示，即 $\boldsymbol{AX}=\boldsymbol{BY}$，$\boldsymbol{A}$（10×10）和 $\boldsymbol{B}$（10×3）为系数矩阵，向量 $\boldsymbol{Y}$ 是测量参数偏差，向量 $\boldsymbol{X}$ 是待求的部件性能参数、发动机性能或几何参数的变化量。故障诊断是求 $\boldsymbol{X}$，即

$$\boldsymbol{X}=\boldsymbol{A}^{-1}\boldsymbol{BY}=\boldsymbol{CY} \tag{6.42}$$

式中，$\boldsymbol{C}=\boldsymbol{A}^{-1}\boldsymbol{B}$，称为故障矩阵。若选用不同的测量参数，可以得到不同的 $\boldsymbol{C}$ 矩阵。

利用上述线性方程组，选择 n、qm_f、T_4^* 为测量参数，则 $\boldsymbol{C}$ 矩阵如表 6.7 所示。

表 6.7　故障矩阵

参数	δn	δqm_f	δT_4^*
δqm	0.37	0.92	−1.60
$\delta\pi_K$	8.03	−1.85	3.19
$\delta\pi_T$	7.66	−2.77	4.28
$\delta\pi_N$	0.37	0.92	−1.09
δT_2^*	−1.93	0.41	−0.70
δT_3^*	0.99	−0.21	1.08
δF	0.54	1.35	−1.60
δA_{CA}	−7.16	2.66	−4.24
$\delta\eta_K$	0.99	−0.30	0.51
$\delta\eta_T$	−1.81	1.04	−2.24

若在试车时保持发动机转速不变，即 $\delta n=0$，再选用不同的测量参数，可以得到不同的故障矩阵 $\boldsymbol{C}$，如表 6.8～表 6.10 所示（表中只列出部分参数）。这些矩阵来自同一线性方程组，只是测量参数不同，称为平行矩阵。

表 6.8 $(\delta n=0)$

参数	δqm_{f}	δT_4^*
$\delta\eta_K$	-0.30	0.51
$\delta\eta_T$	1.04	-2.24
δA_{CA}	2.66	-4.24
$\delta\pi_K$	-1.85	3.19
δT_3^*	-0.21	1.08
δF	1.35	-1.60

表 6.9 $(\delta n=0)$

参数	δp_2^*	δT_4^*
$\delta\eta_K$	0.16	0.0
$\delta\eta_T$	-0.57	-0.44
δA_{CA}	-1.45	0.36
δT_3^*	0.11	0.72
δF	-0.73	0.73
δqm_f	-0.54	1.73

表 6.10 $(\delta n=0)$

参数	δp_4^*	δT_4^*
$\delta\eta_K$	-0.32	0.16
$\delta\eta_T$	1.13	-1.00
δA_{CA}	2.89	-1.09
δT_3^*	-0.22	0.83
δF	1.47	0.0
δqm_f	1.08	1.18

若测得发动机的 $\delta T_4^*=1.73$、$\delta qm_f=2.75$、$\delta p_2^*=\delta\pi_K=0.43$、$\delta T_4^*=\delta\pi_N=0.65$，将测量参数偏差分别利用表 6.8～表 6.10 的系数计算出 $\delta\eta_K$、$\delta\eta_T$、δA_{CA}、$\delta\pi_K$、δT_3^*、δF、δqm_f 等参数，结果见表 6.11（表中只列出部分计算结果）。由表 6.11 可知：$\delta\eta_T$ 下降约 1%，说明涡轮部件有故障。若单独使用表 6.8，或表 6.19，或表 6.10，也可以进行诊断。如果多测几个测量参数，如上例有 4 个，超出所需要的最少测量参数数目，则可以平行地进行多组计算，得出多组结果。利用这些结果，可以检查数学模型质量，或检查参数测量的正确性。例如，利用表 6.8 可算出 $\delta\pi_K$，由于假设 $\delta p_1^*=0$，所以 $\delta p_2^*=\sigma\pi_K$，由此得到 $\delta p_{2计算}^*$。比较 $\delta p_{2测量}^*$ 和 $\delta p_{2计算}^*$，若两者差别很大，则说明测量的 p_2^* 有问题，或测量的 T_4^* 或 qm_f 有问题。再利用表 6.9 和表 6.10 可以判断哪个参数有问题。

表 6.11 平行矩阵汇总表

参数	表 6.8	表 6.9	表 6.10
$\delta\eta_K$	0.057	0.070	0.070
$\delta\eta_T$	-1.015	-1.006	-0.996
δA_{CA}	-0.020	0.0	0.007

对于双轴发动机，方程数目要增加，测得参数也需要增加。在上述方程中没有包括燃烧室总压损失的变化 $\delta\sigma_{\mathrm{b}}$ 和喷管面积的变化 δA_9，如果需要诊断与它们有关的故障，则在建立线性方程组时应写入相关的方程式，并增加测量参数。

6.5.4 趋势分析法

趋势分析法是发动机性能监测中普遍采用的一种简单易行的方法。其基本思想是利用测量的气路主要截面的压力、温度、转子转速、燃油流量和可调几何位置等参数来分析、判断与发动机气路有关的单元体和子系统的技术状态是否完好，并隔离故障到这些单元体和子系统。其方法是利用测量参数的偏差量，包括未平滑和平滑的偏差量，绘成偏差量随时间变化的趋势图，趋势分析过程如图 6.8 所示。实践证明，通过趋势分析可以检测出引气损失、可调整流叶片失灵、机匣损坏、涡轮叶和涡轮导向叶片的密封失效等故障。

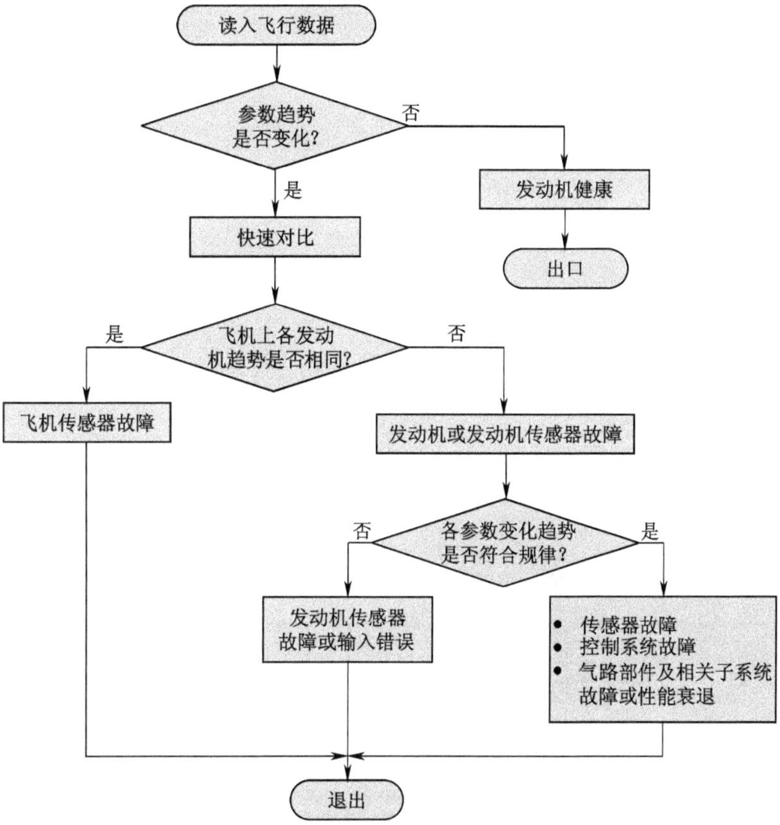

图 6.8　趋势分析流程图

图 6.9 是 JT8D 发动机的趋势图，上部是平滑偏差量的趋势，可以明显看出参数的变化趋势，经检查该发动机第一级涡轮叶片叶尖间隙出现故障；下部是 10 个航班的未平滑偏差量，用来监测突变故障。趋势图上绘有低压转子转速（N_1）、高压转子转速（N_2）、发动机排气温度（EGT）和燃油流量（FF）。同时也列出维修代码，以便在分析趋势变化时考虑所维修工作的影响。

趋势分析还包括趋势的变化率和突越检查、各种经验值的检查，同一架飞机上的各台发动机趋势对比和分析等。借助于趋势图，可以进行以下分析工作：

（1）每个监测参数的偏差同极限值相比检查有无超限情况。

（2）根据各监测参数的不同变化趋势，可以判断引起变化的可能原因，为故障隔离提供咨询。

（3）隔离部分指示系统故障。

（4）根据各监测参数的变化趋势，对未来飞行中各参数的大小进行趋势预报。

对某 JT9D 发动机的性能趋势研究时，每天把发动机的各种参数收集起来并计算与标准发动机数据的偏差，然后把这些新数据同以前的资料相比较，按时间先后顺序绘制趋势图。部分参数如图 6.10 所示。从趋势图中可以看出，第一级涡轮叶片在 7 月 13 日出现故障，首先被分析出来，到 7 月 16 日后趋势数据显示发动机的振动数据突然增加。同时，7 月 16 日前后，低压转子转速 N_1没有明显的变化，高压转子转速 N_2降低了 0.7%，而排气温度 EGT

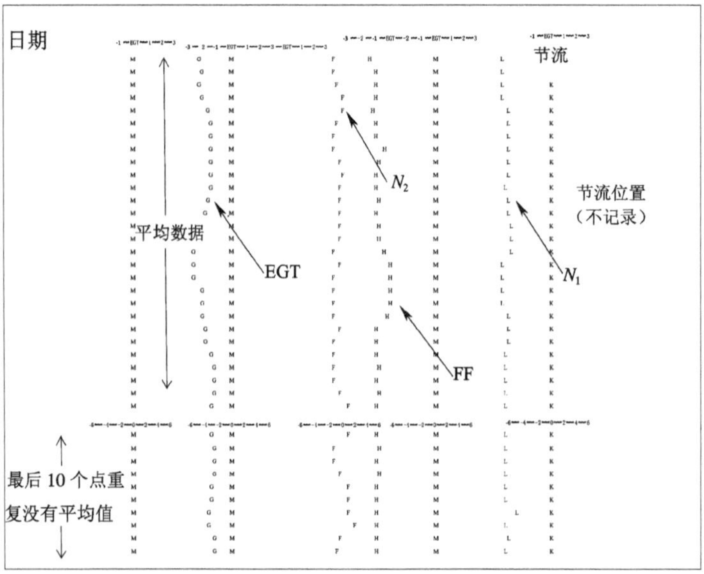

图 6.9　第一级涡轮叶片叶尖间隙过大故障的趋势图

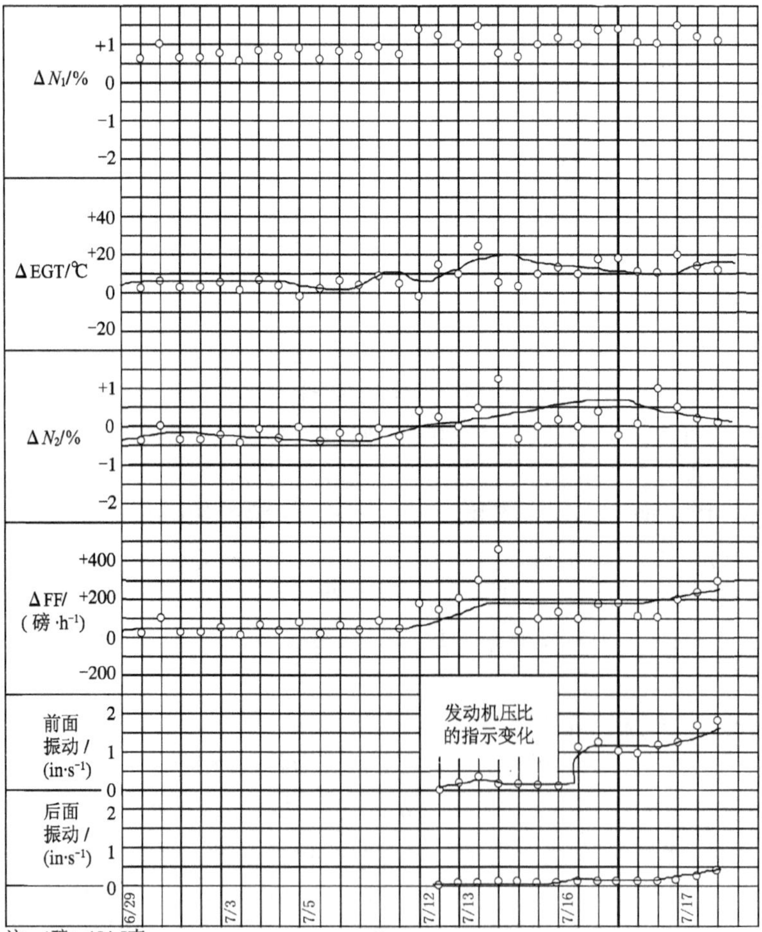

注：1磅≈454.5克。

图 6.10　给出趋势解释的流程图

升高了 20 ℃，燃油流量增加了 200 磅/h，振动速度增加到 1.5 in/s 左右。说明发动机结构出现了异常，检修时利用孔探仪检查发现，由于叶片的固定铆钉失效造成第一级涡轮叶片发生故障。

趋势图分析有以下不足：

（1）数据采集的要求较高，不但需要稳定的飞行状态，而且要求每台发动机的测量条件也必须稳定。如果更换了测量系统，甚至将发动机更换到不同的飞机上或同一架飞机的不同位置，均可能引起趋向曲线的异常。

（2）多数情况下只能发现发动机的异常，无法确定故障原因。

（3）对发动机的许多故障不够灵敏。

尽管有以上不足，但时间证明趋向分析法仍是一种简单、有效、经济、实用的状态监控方法。

6.5.5　指印图诊断法

指印图诊断法是建立在对航空发动机的状态监控、趋势分析以及可靠性基础上的一种故障分析方法。它的基本原理是根据以往大量的故障现象以及发生故障时发动机参数的变化，总结出有规律的典型故障样板，将发动机的性能参数变化情况与故障样板相对照，来判定该发动机的状态，再利用其他手段进行故障隔离和定位。

航空发动机在一定飞行条件下（如地面操作、巡航、爬升、降落等）和一定的压比下，都有一组与之相对应的发动机特性参数，例如高压转子转速、低压转子转速、排气温度、燃油流量等。当发动机出现故障时，状态参数相对于发动机正常特性会产生偏差。同一故障状态下，各个参数的偏移方向和变化量各不相同，将其绘制成样条图，则形同手掌的五指参差不齐，所以叫指印图。每一种故障状态都有一组状态参数偏移量与之对应，虽然每次发生同一类故障时，状态参数的偏差量不可能精确相等，但其统计量（均值）具有稳定性。大量经验故障数据经过统计分析可以得到相对稳定的模板，不同的故障对应不同的模板可以作为故障诊断的依据。图 6.11 为某 JT9D-7R4 发动机指印图。

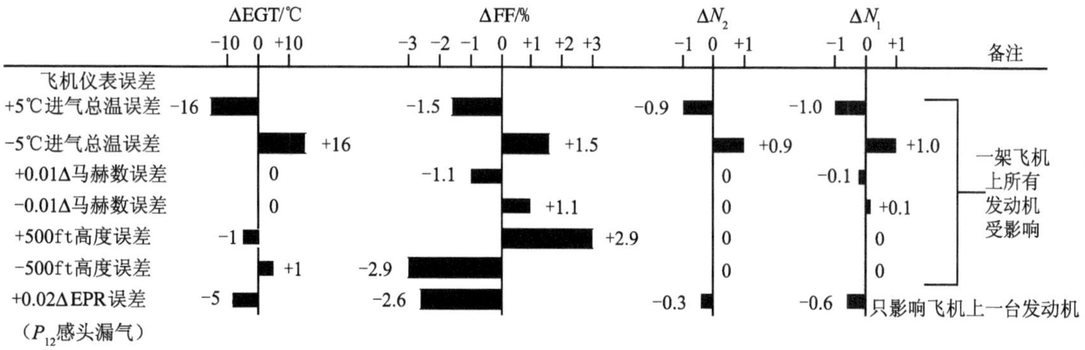

图 6.11　JT9D-7R4 发动机指印图

利用指印图故障诊断需要大量的技术支持，包括有效的状态监控手段、准确的性能参数数据、趋势图分析技术的支持和大量的准确的故障样本。首先，需要通过对发动机的状态监视录取发动机的性能参数数据，再通过性能分析技术分析发动机性能变化趋势；故障样本是在对以往发动机故障诊断的经验总结和大量故障数据（故障样本）统计分析的基础上建立起来的；故障样本的准确性是保证诊断正确性的基本条件。

指印图有地面操作性能指印图及爬升和操作性能指印图两种类型。性能指印图的功能是使维护人员通过它来分析对比其他发动机性能参数的偏移量，以判断发动机是否有故障。性能参数的偏移量是通过待检故障发动机和在通常工况下正常工作发动机的参数相比较来决定的。要求的通常工况，即：油门杆恒定或发动机压比固定。前者在发动机参数突然偏移时使用，后者当发动机逐渐偏移或当一个参数偏移后油门杆已被校正时使用。指印图中用到的性能参数主要有：发动机压比（EPR）、低压转子转速（N_1）、高压转子转速（N_2）、发动机排气温度（EGT）和燃油流量（FF）。性能参数的数值与发动机压比水平有关，其中压比1.3为低压比水平，1.4为中压比水平，1.5为高压比水平。选择固定压比工况时，也可以将压比固定在任意压比水平。

因为性能参数的数值与发动机压比水平有关，所以发动机的性能指印图一般是在固定压比条件下给出的。当排气温度（EGT）、低压转子转速（N_1）、高压转子转速（N_2）或油门杆位置限制发动机操作时，发动机的压比与指印图要求的固定值可能不同，这就需要对测试的参数数据进行标准化。调整发动机的数据，使之与固定压比条件下正常操作的发动机的参数相当。

标准化过程中主要的两步如下：

（1）提取特性参数数据。可以使用故障发动机在故障发生之前正常运行时提取的数据，也可以使用从飞机上另一台发动机提取的数据。

（2）参数标准化计算：

$$\text{标准化的参数}=\text{实际参数}+\frac{\Delta \text{EPR}}{0.01}\times\text{标准化因子}$$

式中，标准化因子如表6.12所示。

表6.12 标准化因子

参数	标准化因子	
	起飞	爬升/巡航
	地面操作 $Ma=0.0\sim0.2$	高度25 000~35 000 ft $Ma=0.8$以上
N_1/%	0.60	0.35
N_2/%	0.19	0.13
EGT/℃	3.0	1.7
FF/（$\text{kg}\cdot\text{h}^{-1}$）	136.08	7 433.57

6.5.6 测量数据的有效性检查

对采集和记录的飞行数据进行有效性检查是十分必要的。因为有时发动机测量参数发生很大变化并非发动机本体故障造成的，而是由测量系统故障或人为因素引起的。无效的数据导致虚警或漏报，使故障诊断失去意义。测量系统故障还有可能导致发动机损坏。例如风扇进口导流叶片角度调节大多与进口总温成一定函数关系，进口总温测量不正确会使角度调节错误而引起风扇喘振。利用数据有效性检查可将测量故障和发动机本体故障区分开，及时指导正确排故。

习　　题

6-1　发动机进行性能监测和故障诊断的种类有哪些？

6-2　发动机基本的测量和监测参数有哪些？

6-3　简述性能状态监测基线方程建立的方法。

6-4　概述数据平滑的方法，并说明其特点。

6-5　简述线性模型分析方法的优缺点。

6-6　简要阐述趋势分析方法分析的过程。

6-7　说明指印图诊断法与趋势分析法的关系。

第7章

航空发动机机械状态监测和故障诊断

7.1 航空发动机振动监测和故障诊断

航空发动机振动监测和故障诊断主要用于识别发动机结构系统，特别是转子系统的机械状态和故障。通常认为，振动信息所包含的结构系统的机械状态信息最丰富（包含幅值、频率和相位等多种信息），最能反映结构系统的机械状态。

7.1.1 航空发动机振动的特点与测量

发动机的振动是其结构受到激振力作用后的反映。通常，在发动机结构上同时作用有多种不同类型的力，发动机反映出的振动特性取决于激振力特性、强度、作用部位及作用方式，也取决于发动机作为振动系统的动力特性。安装在飞机或地面台架上的发动机是非常复杂的振动系统，无论用解析法还是试验法，要彻底研究它的振动特性都是十分困难的。

对于实际的航空发动机，由于结构形式和试验条件的限制，往往只能通过监测机匣的绝对振动来进行整机振动监控，这与地面高速旋转机械（如压气机、压缩机、燃气轮机等）的振动监控有很大的不同，后者主要是位移传感器直接监视转子的轴向、水平和垂直方向的相对振动位移。而且航空发动机的安装刚性与地面机械相比较要小得多。发动机机匣振动特性具有以下几个特点。

（1）压气机或是涡轮转子，它们作用在支承上的力的大小是不相等的，这样机匣前后部的运动轨迹和半径也就不一定相等。

（2）发动机安装节的各向刚性不一致。各段机匣的运动轨迹不会是圆，可简单地设想为椭圆；而且各段机匣的椭圆的长短轴的大小和方向均可能不相同。

（3）机匣本身不是一个刚体，而是具有分布质量与分布刚性的弹性体，机匣各部分的连接刚性有很大的不同，故在机匣的各个位置上，其振动情况不可能相同。

根据发动机结构特点的分析研究，一般认为承力机匣的振动代表了发动机总的振动状况，转子的不平衡度产生的激振力是引起发动机振动的主要振源。测量发动机的总振动，根据监控的要求（主要针对监控的对象，如风扇、压气机、涡轮和附件传动装置等），一般规定的测量点为：发动机相应的安装节处、转子的支承平面内（如果它与安装节不在同一平面内）或承力件之间的对接面上。关于测量点的位置及测量方向都要通过试验来选择，测量点的振动不一定要最大，但必须是最具代表性、最紧密、稳定地和激振力相联系的，能最正确地确定发动机的振动能量的。以后所有涉及发动机的振动，均应理解为发动机在规定测量点的振动。

典型的燃气涡轮发动机的转子转速处于中频范围，适于振动速度作为振动显示和监控的参数。不论发动机的尺寸、转速如何，它们的主要频率分量的振动速度基本上为同一数量级，一般都在 20~70 m/s 范围内，故便于给出一个统一的振动限制值和标准，因为振动动能直接正比于质量与振动速度的平方，而总的振动能量基本集中在发动机的主要质量上，承力机匣的振动正是主要质量的振动。一般情况下，承力机匣的振动速度反映了发动机的总振动能量，振动速度的有效值正比于振动能量。从结构可靠性观点看，振动引起的疲劳破坏及疲劳寿命损耗是影响可靠性的重要因素，而振动速度最能反映结构的应力水平，即反映了结构的疲劳损伤情况。

在我国的涡喷、涡扇发动机通用规范（GJB-241）中对发动机振动测量作了以下规定：采用压电加速度计，输出与振动加速度成正比的电荷量；测振部位为压气机、涡轮和附件齿轮机匣以及发动机的主轴承座；对振动信号进行频谱分析，分析频带为 5~10 kHz；以振动速度为监控参数。

7.1.2　航空发动机主要振源分析

激起航空发动机振动的原因很多。按所激起的振动本身的性质可分为强迫振动与自激振动等；按激振源的物理性质可分为机械激振、气动与流体动力激振、声学激振等；按激振源与发动机零部件工作状态的关系可分为与转速有关的振源和与转速无关的振源。

与转速有关的振源有转子源、螺桨源、风扇与叶片源以及齿轮源、轴承源等；与转速无关的振源有压气机喘振、振荡燃烧、机匣局部共振等。这种划分方法清楚地指出了振动原因，把振动直接和振源联系起来，在振动监控与诊断中对故障的定位很有用，所以，一般都采用这种分类方法。

1. 转子激振源

转子的转动是航空发动机这类高速旋转机械中最基本、最重要的激振源，转子激振源的根源主要有两个，即转子不平衡和支承不对中。

转子源激起的振动，由于与转速有关，用转速跟踪方法很容易辨识出来。而且由于转速范围的限制，其基频大多在 200~300 Hz 内，属低频振动。

1）转子不平衡和转子的临界转速

由于结构、材料、加工和装配工艺等因素的限制，航空发动机的压气机和涡轮转子均不可避免地存在不平衡量。发动机在总装前，所有转子均在平衡机上进行过静、动平衡试验，对于小型发动机有的仅允许不大于 1 g · cm 的不平衡量，一般发动机转子的不平衡量限制在 10 g · cm 左右，大型发动机可能会大一些。

发动机在使用过程中，在高速、高温、高载荷作用下，由于转子零部件连接刚性变化、变形、摩擦、磨损等也可能使不平衡量产生很大的变化（可能达到原来数值的数十倍、数百倍）。转子旋转时不平衡量将产生很大的不平衡力和不平衡力矩，在不平衡力的作用下，发动机机匣的每个点在垂直于旋转轴的平面内做轨迹近似为椭圆形运动，机匣上每个点沿径向和切向的运动则是以转子的旋转频率按简谐规律变化；不平衡力矩则导致机匣围绕转子的旋转轴做“回转”振动，但机匣上每个点沿径向和切向仍是以转子旋转频率作简谐振动。由于发动机机匣刚性和安装刚性的不均匀性，可以激起二阶谐波。实践证明，转子的不平衡是造成发动机振动的主要原因，据某修理厂统计，其发动机振动大的故障有 78% 是用重新平衡或串装转子来排除的。

理论上，如果不考虑阻尼的存在，出现临界转速时轴的挠度和不平衡力将无限地增加（事实上由于有阻尼存在，挠度和不平衡力均为有限值），相应地发动机机匣的振动也将剧烈增大。在发动机设计阶段必须保证工作转速不在临界转速的范围内，但依据不同的转子结构要求，其主要的工作转速可以低于或高于临界转速。由于发动机的高压转子是短而粗的结构，支承刚性也比较高，所以高压转子通常是刚性转子，而低压转子是长而细的结构，支承刚性也比较低，所以低压转子通常是柔性转子，当然也不能一概而论。由此可知，刚性转子没有临界转速的问题（它也有临界转速），而柔性转子必须防止发动机在其临界转速范围内长时间停留，当工作转速为临界转速的两倍时，还可能出现谐波振动，这时振动有两个成分，其频率各为转子的基频和 1/2 阶谐波的频率。

美国惠普公司统计其生产的发动机的大多数超限振动来自低压转子，约占 92%，而高压转子的超限振动只占 8% 左右；涡喷 7 系列发动机的情况与之类似。

2）支承不对中

支承不对中是指转子已制成的几何轴心和机匣的几何轴心不在一条直线上，或当转子具有 3 个以上的支点时，各支点的中心不在一条直线上（或称为转子的多个支点不同轴）。后一种情况在地面汽轮机上是很常见的。从发动机的结构特点可以看出，转子—支承—机匣不同心的情况下在很多时候是无法避免的，其有两种典型的状态，即弯曲轴绕同心机匣旋转、直轴绕不同心机匣旋转。前者激起的振动一般与转速同频，而后者则会激起转速的两倍频振动。

2. 气动激振源

气动激振力也是燃气涡轮发动机最基本、最主要的激振源。其中，一类气动力的产生和转子的运动无关，如压气机喘振和旋转失效；另一类气动力则是由于转子的运动而引起的，篦齿密封装置的气弹效应和涡轮叶间隙的气弹效应等，这些力是高速的叶轮及密封装置旋转件与静子间的小间隙处气弹效应引起的。前一类气动力使发动机发生受迫振动，后一类则使发动机发生自激振动。气体激振力的能量很大，因为它的能源来源于高温、高压和高速的气流，一旦发生，其振动总能量往往大于转子源的能量，所以危害也很大。

由于气流的高速流动和燃油的剧烈燃烧，在发动机正常工作的过程中始终存在一个频率在 1 000~2 000 Hz 范围内的比较稳定的频率连续的激振源，其频率不是转子旋转转速的整数倍，振动的能量总和往往大于转子源的能量。

1）旋转失速

当转速一定而空气流量减小到一定程度后，压气机将出现不稳定流动现象，这时产生了一个或几个流过叶片的气流分离区，这些分离区的旋转方向一致，但转动角速度低于转子转速。旋转失速区相对机匣运动引起机匣上承受压力脉动，从而导致机匣的低频振动。

在旋转失速时，机匣的振动频率为

$$f=m(0.3\sim0.5)\frac{n}{60} \tag{7.1}$$

式中 n——转子的转速；

m——失速区的个数；

f——和转子旋转频率没有固定关系，通常要由试验来确定。

这种旋转失速的出现，预示了发动机产生喘振的可能，因此及时、准确地确定旋转失速可以用来诊断和预告喘振的发生。

2）喘振

压气机喘振是气流沿压气机轴线方向发生的超低频率、超高振幅的气流振荡现象，这种气流振荡一旦发生将是发动机上最强烈的激振源，具有较强的破坏性。

3）振荡燃烧

振荡燃烧是由燃烧过程和声学振动互相作用产生的，它的频率正比于音速而反比于振动波经过的长度。其振动频率总的范围为 50~5 000 Hz，沿发动机纵向振动的频率最低，径向振动的频率最高。振荡燃烧时激起的振幅值取决于声学振动的强弱和发动机的振动特性，振动的强弱程度随着频率的增大而减小，因为大部分振动能量不被反射而从开口端随气流流走了。这种振动的组成是复杂的，它所有分量的幅值都是极不稳定的。在不利条件下，它振动的强烈程度可能超过转子源振动的强烈程度。

3. 叶片激起的振动

风扇、压气机等叶片除了由于气流尾流、旋转失速和颤振等出现它们自身的强迫振动或自激振动外，也会激起发动机的振动，其频率成分主要是它们的通过频率（叶片数目与转速的乘积）和通过频率的倍频，即 $f=iZn/60$（$i=1, 2, 3, \cdots$），Z 为叶片的数目，n 为风扇、压气机每分钟的转速。

由于发动机上薄壁结构和大功率风扇的采用（最大的叶片长度已经超过了 1 m），叶片振动激起的机匣的振动已不容忽视。因此对于涡扇发动机，风扇叶片是发动机重要的高频激振源，尤其对于大涵道比涡扇发动机更是这样。图 7.1 是某型发动机两级风扇激起的振动频谱，其中扇叶片数为 25 和 30 片，转速为 6 000 r/min（100 Hz）。图中横坐标为谐波次数，基频为 100 Hz，是由转子不平衡质量造成的。频率为 45 Hz 的谐波是气流旋转失速造成的。其余的高阶谐波，则是由于风扇叶片振动激起的机匣振动。而压气机和涡轮叶片激起的更高频率的振动，通常能量较小，不予考虑。

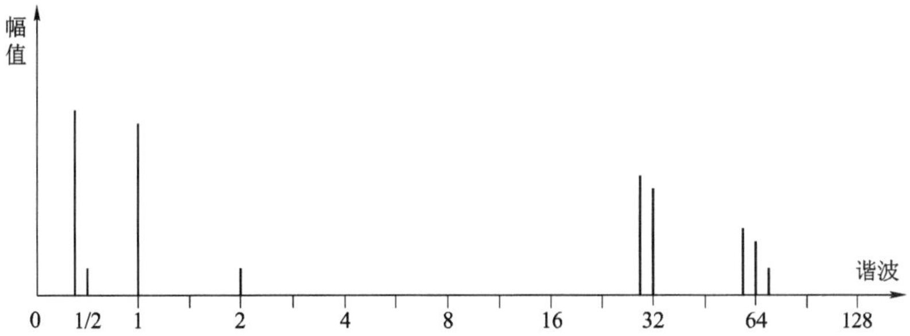

图 7.1　发动机振动监测系统

4. 噪声激振

发动机产生的噪声通过声学激振，也能激起机匣的振动。其主要噪声源是燃气流、螺桨、风扇。排气噪声是排气气流和周围空气紊流掺合而造成的，一般噪声的频谱是连续的。

5. 轴承激振源

轴承也是发动机振动的激振源，滚动轴承的各个元件的几何不精确度、外环弹性变形和滚动体上载荷分布不均匀造成的可变的柔度以及保持架在油隙内的活动等均是产生轴承振动的原因。

6. 齿轮激振源

通常发动机附件传动齿轮箱、涡桨和涡轴发动机的加速器产生的振动不大，特点是频率范围很宽、频谱密集。产生这些振动的原因是齿轮传动的运动误差、齿轮的不均匀度、啮合齿轮在载荷作用下的变形，该振动随传动载荷的转速增大而增大，其频率等于齿轮齿数与旋转速度的乘积及其整数倍，即$f=inz/60$，($i=1$，2，…)，z为齿轮齿数，n为齿轮转速。只有共振或其他较大振动时，才会造成严重故障。

7.1.3 航空发动机振动监测与故障诊断系统的组成

一个完整的发动机振动监测（Engine Vibration Monitoring，EVM）系统包括用于监测和分析发动机振动的全部设备、数据及程序等。一般分为机载监测系统和地面站两大部分，如图7.2所示，通常具有告警、趋势分析、响应特性分析、频谱分析和本机平衡等功能。

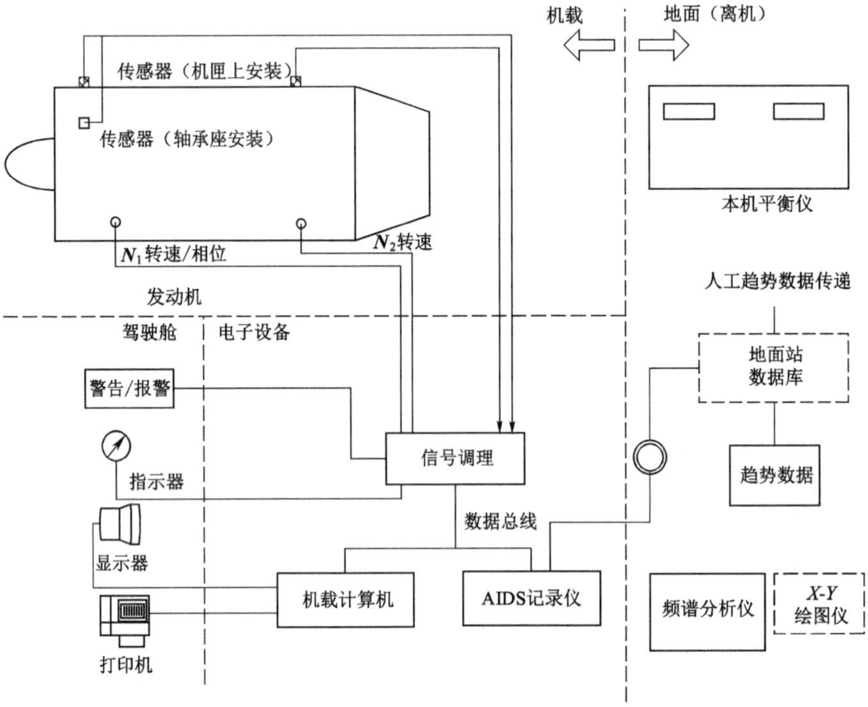

图7.2 发动机振动监测系统

1. 振动监测系统的监测和诊断功能

1）告警功能

告警功能给机组提供事件或AVM（Airborne Vibration Monitoring，机载振动监测）系统状况恶化的警告，最主要的告警功能是振动超限警告。

2）趋势分析功能

考察振动数据的变化趋势及趋势的变化速率，并据以发现潜在的故障。更完善的系统还具有预测、预报功能，甚至具有故障识别和决策的功能。

3）响应特性分析

测量和记录每台发动机各振动传感器位置在整个飞行过程中的加速、减速及稳态过程的振动响应曲线。利用与转子系统动力响应特性曲线或与典型故障的响应曲线进行对比，实施故障诊断。

4）频谱分析功能

频谱分析是把复杂的时间历程波形，经傅里叶变换分解为若干单一的谐波分量来研究，利用信号的频率、幅值和相位信息，进行发动机故障诊断。

5）本机平衡功能

现代民用发动机 AVM 系统可以提供振动的振幅和相位信号，因而在必要时可以在试车台或停机坪对低压转子（风扇）进行原位平衡。这也是提高发动机性能、改善维修性的重要措施之一。

2. 振动监测系统的组成

1）机载振动监测（AVM）系统

机载监测系统一般包括测量压力、温度、转速、振动等各种参数的传感器、信号调节器、数据采集系统、数据传输和记录装置、数据处理系统以及告警、简单打印处理装置等。常用的系统如飞机综合数据系统（AIDS）、发动机指示和机组告警系统（AVMS）等。

典型的机载 AVM 系统由加速度传感器、信号调节器、信号的显示终端和记录仪、屏蔽可靠的传输通道等组成。其中，信号调节器是系统的核心，其作用是对振动信号进行电荷放大、滤波、积分、A/D 转换等处理，如图 7.3 所示。

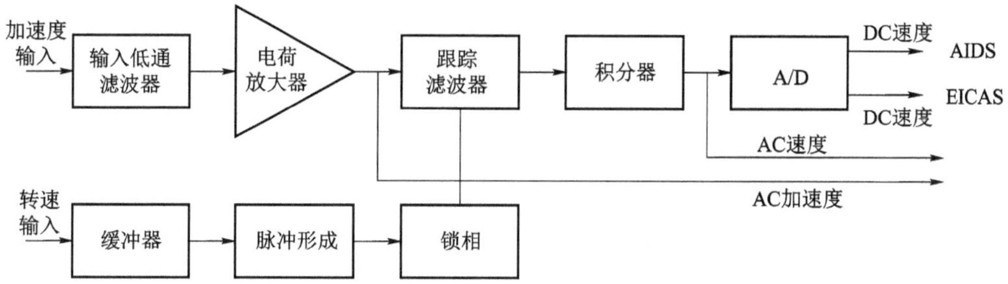

图 7.3　典型的 AVM 系统框图

一些典型的民用和军用发动机使用机载振动监测（AVM）系统，如表 7.1 所示。

表 7.1　航空发动机 AVM 系统简表

发动机制造商	发动机（飞机）	加速度计的位置（数目）	信号处理
美国 GE	CF6-50（DC10，A300，B747）	风扇轴承（1）、涡轮（1）	带宽
法国 CFMI 公司	CF6-80（A310，B747，B767）	风扇轴承（1）、涡轮（1）	跟踪滤波，风扇修正平衡
	CFM56-3（B737）	风扇轴承（1）、涡轮（1）	跟踪滤波，风扇修正平衡
	CFM56-5（A320，A340）	风扇轴承（1）、涡轮（1）	跟踪滤波，风扇修正平衡
美国普惠公司	JT8D（B747，B767）	风扇机匣（1）、涡轮（1）	带宽（跟踪）滤波
	JT9D-7J（B747）	风扇机匣（1）、风扇轴承（2）	带宽（跟踪）滤波
	JT9D-7RE4（B767，A310）	风扇机匣（1）、风扇轴承（2）	带宽（跟踪）滤波
	PW4000（B767，B747，A310）	风扇机匣（1）、风扇轴承（2）	带宽，跟踪滤波

续表

发动机制造商	发动机（飞机）	加速度计的位置（数目）	信号处理
英国罗罗公司	RB211-524（B747）	压气机机匣（2）	带宽，跟踪滤波
	RB211-525（B757）	压气机中介机匣（1）	带宽，跟踪滤波
	V2500（A320）	压气机中介机匣（1）	跟踪滤波，风扇修正平衡

2）地面站

地面设备主要由传输设备、译码或数据处理设备、地面维修站、计算中心以及相应的状态监测和故障诊断的软件系统构成。

数据采集系统将传感器感受到的信号按规定顺序和时间采集并传送给机载记录装置，其中一部分参数可在飞机上进行简单处理。当出现故障时，可将故障显示给驾驶员或用灯光或音响告警。全部记录的信息将在地面站的中心计算机上进一步细致地处理。在地面站，通过专门的数据传输装置和接口，输入到中心计算机，可以采用手工方式、计算机辅助方式或自动方式，并调用状态监测与故障诊断软件系统，对数据进行处理，最后输出发动机技术报告、趋势图、快速故障显示并进行数据压缩、存储，提出维修建议等。

7.1.4 航空发动机振动故障诊断实例

1. AN-24 涡轮螺旋桨发动机振动故障诊断

1）诊断目的和对象

AN-24 涡轮螺旋桨发动机是从苏联引进 AN-24 型 50 座级支线运输机的动力装置，是我国小型机场短程服务和公务的主要机种。该发动机在使用过程中和在试车台上多次发生振动加速度值及变化范围超过规定标准的故障，由于这种振动超差常常迫使发动机提前更换维修，甚至被迫空中顺桨停车，影响航线正常飞行，造成严重的经济损失和危及机组和乘客的人身安全。

2）诊断方法及分析

对 6 台发动机，特别对其中的 4322073 号发动机，进行了 9 次振动信号采集、分析和排故。图 7.4 是振动测点布置，测振点共有 7 个，其中 1 号为减速器水平方向，2 号为减速器垂直方向，3 号为进气机匣，4 号为压气机后安装边水平方向，5 号为燃烧室（外壳体）垂直方向，6 号为燃烧室水平方向，7 号为涡轮机匣水平方向。使用加速度传感器测振，经过电荷放大器增益后由磁带记录仪记录振动信号，再由双通道 FFT 分析仪进行分析。

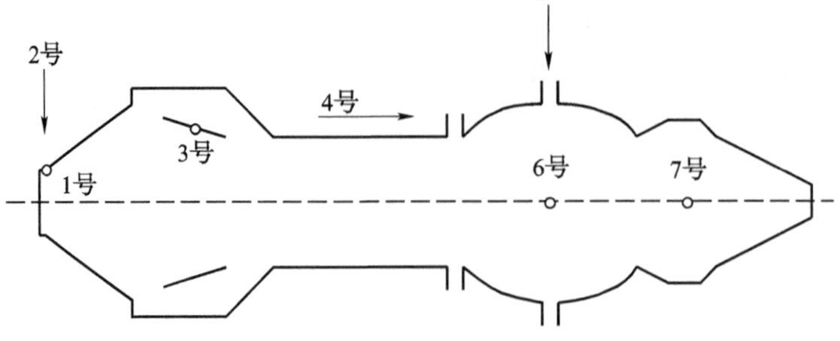

图 7.4 AN-24 发动机振动测点布置示意图

（1）故障发动机与标准发动机振动比较。

在试车台上先后对新发动机（标准发动机）47542004 号和故障机 4322073 号录取了振动信号，在 7T08 信号处理机上进行分析，图 7.5 表示油门角在 18°工况下，3 号测点和 6 号测点的振动频谱。注意，49.8 Hz 为市电频率。

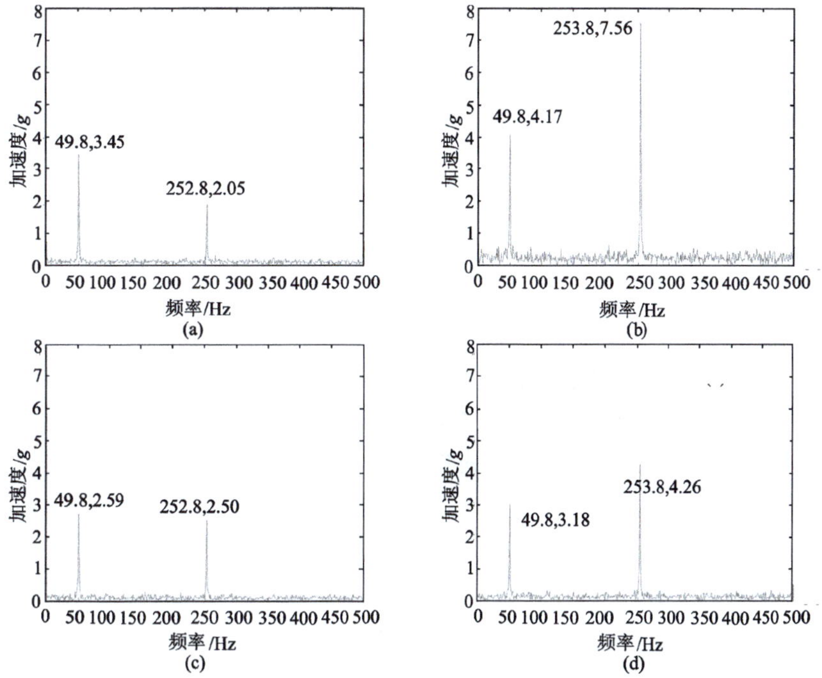

图 7.5　标准发动机和故障发动机的功率谱比较

（a）标准发动机 3 号测点；（b）故障发动机 3 号测点；

（c）标准发动机 6 号测点；（d）故障发动机 6 号测点

根据故障机的振动频谱，在转子转速频率为 253.8 Hz 处有一突出峰值，说明振动信号的主要成分是与发动机转子转速相一致的振动。一般情况下，转子不平衡是主要原因，因此，初步确认转子不平衡是主要原因，首先着眼于转子平衡问题。

（2）提高转子平衡精度。

轴向安装的 AN-24 发动机涡轮转子，经动平衡后要拆开，再逐级装配到发动机上，这样，原来平衡好的转子在装配时可能使平衡遭到破坏。为此，提出对发动机进行整机平衡。利用三圆法对 4222126 及 4322073 号两台发动机在试车台上进行整机平衡，结果前者的振幅由 2.6 g 下降到 0.6 g，后者的振幅由 4.4 g 下降到 0.6 g，表示平衡效果良好（均以 6 号测点为准）。

（3）进一步试验研究。

首先在台架上用锤击法对发动机进行激振试验，在 7T08 信号处理机上作传递函数分析，并没有发现与发动机转速频率明显不合拍的结构固有频率分量。对经过三圆法平衡后的 4322073 号发动机从台架上吊下，拆出涡轮转子做动平衡试验，发现涡轮转子不平衡量竟达 397.7 g · cm，远远超过 10 g · cm 的标准。7 号测点（发动机内部涡轮轴承附近）耐高温。传感器测得的振动值很大，高达 7.5 g。在发动机分解时发现涡轮轴处的石墨封严环脱落并磨出很深的槽，进而分析 6 号、7 号测点的振动信号，得到以下结果。

① 6号测点振动比台架试车时大，其原因是试车时石墨封严损坏并与封严篦齿相摩擦，造成一个不平衡激振力，但在台架上进行整机平衡时被平衡掉，是一种不正常的“平衡”。

② 7号测点振动过大，说明涡轮转子在台架上进行整机平衡时所加配重过大，实际上是增加转子的不平衡来抵消转子故障导致的不平衡量，所以过多配重是不合理的。

③ 7号、6号测点的振动频谱结构基本相同，主频处都有明显峰值，说明两测点的振动都是由转子的振动引起的。

④ 互相关分析表明，7号测点信号超前6号测点信号，进一步证明振源就是转子。

（4）跟踪监测。

再次对4322073号发动机分解，发现内锥筒破坏，更换后对发动机进行严格动平衡试验，安装到AN24488号飞机上，做了500 h振动信号跟踪测试。在0 h、350 h和500 h分别作了振动频谱分析和瀑布图分析，看到发动机振动值在1.17～1.70 g之间，主频率254 Hz分量均在1.04～1.21 g范围内，均没有再出现振动超差，故障消除。

（5）诊断结论。

采用FFT为基础的频谱分析方法，对AN-24航空发动机的振动监控和故障诊断可以得出以下结论：一是振动超差一般与发动机转子平衡有关；二是分析振动超差故障时，应仔细分析不平衡原因；三是采用三圆法平衡对发动机作整机平衡时，应避免加过多的配重，应着重提高各部件的平衡精度和装配精度，并严格执行装配工艺规程。通过振动监控与诊断，降低了发动机的振动故障，使AN-24发动机1 000 h振动故障率由1982年的0.115降低到1986年的0.017，1987年降为零。每年获得129.5万元的经济效益，并保证了航线飞行安全。

2. 某型双转子涡轮喷气发动机振动故障诊断

1）诊断目的和对象

某型国产的双转子涡轮喷气发动机经常出现振动过大的故障，据飞行员反映，故障发生时，握油门杆的手都感到发麻。通过对整台发动机的试验研究和理论分析，发现发动机存在着1/2阶分谐波振动，其幅值有时大于一阶谐波幅值。

2）诊断方法及分析

通过试验研究，需要确定激起发动机振动过大的振源是什么，是机械力激振还是声音引起的谐波；振动过大是否与该型发动机的结构有关，其他同类型的发动机是否也有相同的振动特征。

（1）在试车台上按常规采集发动机振动信号。

试验是在慢车、88%、90%、93%、96%及100%等6个转速情况下，采用各种测试系统进行常规测试。测试的框图如图7.6所示。图中，水Ⅰ为传感器置于压气机机匣水平位置，水Ⅱ为传感器置于涡轮外环水平位置时测量发动机的水平振动。

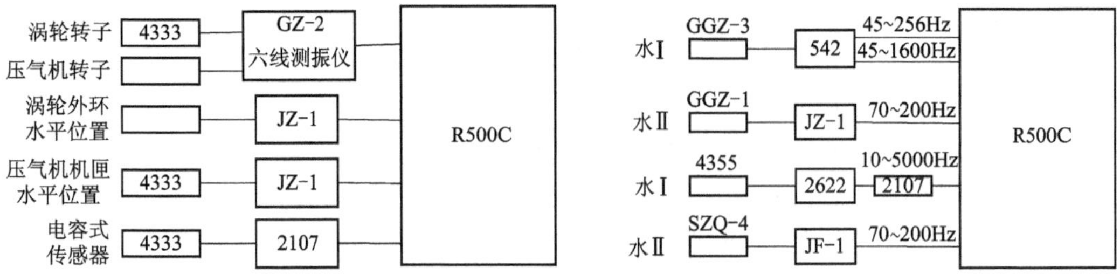

图7.6 测试系统框图

（2）声振试验。

噪声会引起各构件的振动。为了确定发动机的排气、齿轮等噪声对发动机振动的影响，做了声振试验。

（3）在试车台上按常规录取同类型结构发动机的振动信号。

按上述方法对同类型结构但为单转子的航空燃气涡轮喷气发动机进行测振，以便确定结构对发动机特征的影响。

（4）信号分析及试验研究的分析结果。

发动机的振动可视为平稳的、各态历经的随机振动。在模拟、数字信号分析仪上对发动机的振动信号进行了分析，分析结果如下。

① 自功率谱分析结果：由图 7.7（a）所示的自功率谱密度可见，频谱成分丰富（70~200 Hz），若其频带上限往下移，下限往上移，对发动机振动总量影响极大。该发动机的转速 $n_1/n_2=185/190$。

② 由图 7.7（b）所示的噪声和发动机振动响应间的频率响应函数可见，发动机的振动与其噪声有关，频率成分极为丰富。

③ 由图 7.7（c）所示的功率谱密度可见，存在较大振幅的 1/2 阶次谐波振动。

④ 由图 7.7（d）所示的同类型结构（单转子）发动机振动信号的自功率谱密度图可见，单转子的同类型结构发动机振动也存在 1/2 阶次谐波振动。

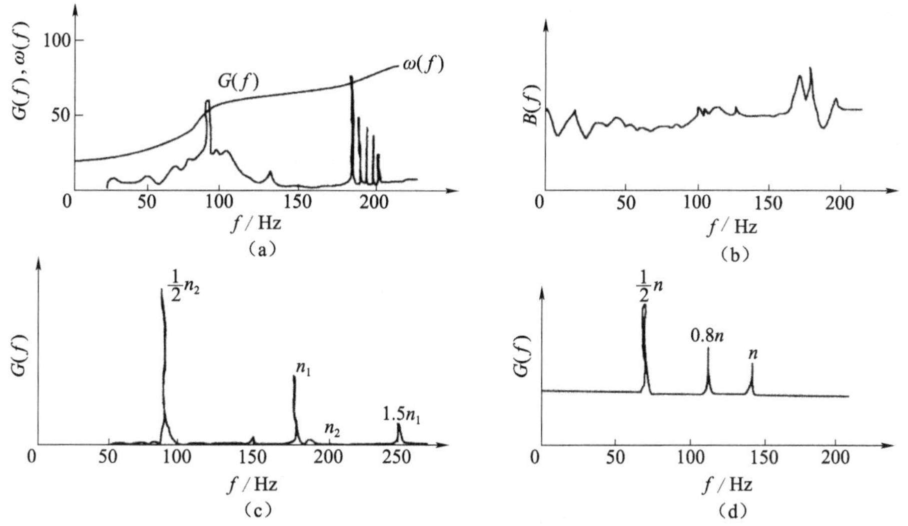

图 7.7 自功率谱分析结果

由试验研究可见，振动总量较大的发动机振动往往存在 1/2 阶次谐波振动，其值往往比一次谐波还大，是一种非线性的自激振动，所以引起振动过量的主要源是转子的自激振动。引起自激振动的原因主要有叶片间隙的周向变化、套齿内摩擦、支承刚度的非线性等。

3. 某型国产双转子涡轮风扇发动机振动故障诊断

1）诊断目的和对象

某型国产双转子、双涵道混合加力式涡轮风扇发动机，在台架试车时发现部分发动机整机振动超限，严重制约其研制、生产与使用。故对其进行整机振动故障诊断有着重要的意义。

2）诊断方法及分析

(1) 整机振动试车测点的选取。

为了能够表征发动机的真实振动状态，测点的选择必须具有代表性。根据发动机实际情况，选择了某型航空发动机的6个典型截面的垂直和水平方向作为振动测点，如图7.8所示。

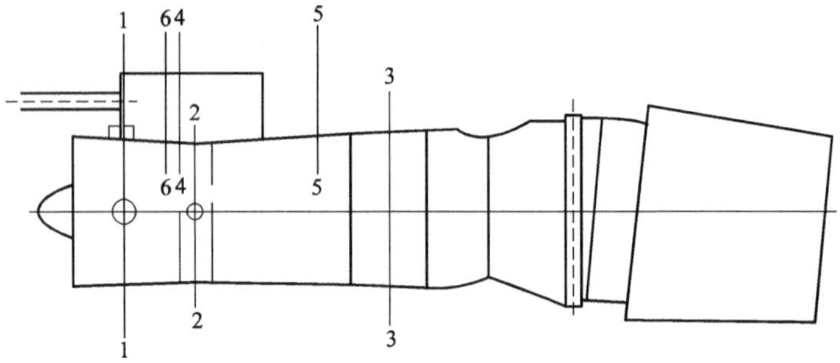

图7.8 被测航空发动机典型截面的位置示意图

发动机前机匣、中介机匣和后机匣的振动需重点关注，因为它们分别对应于发动机转子的3个主支承，最能体现发动机转子工作时的振动状态。前、中、后3个主机匣传感器的安装参见图7.9。

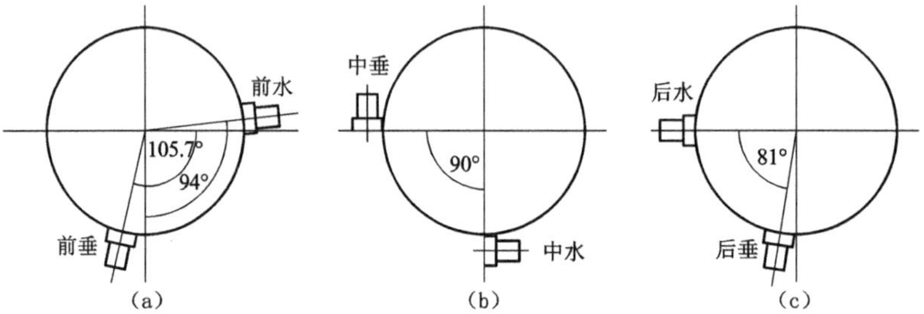

图7.9 传感器的安装位置

(a) 前机匣传感器位置；(b) 中机匣传感器位置；(c) 后机匣传感器位置

发动机前机匣和后机匣的水平传感器和垂直传感器分别在轴的水平高度和轴正下方安装；而中机匣却是水平方向传感器在轴正下方水平安装，垂直方向在轴的水平高度垂直安装，这是和前、后机匣不同的。上水测点是在前中机匣之间上部的减速器上水平安装；涡轮起动机位于中机匣上部，涡水和涡垂就安装在上面。

前机匣测点的位置取决于前轴承的位置，这样就能更好地监测低压转子和前轴承的情况，后机匣测点需要监测涡轮的振动情况，就需要用一个顶杆抵在内涵机匣上，传感器和顶杆连接在一起，以便把内涵机匣的振动信号有效地传递出来。

中介机匣的水平测点传感器的安装必须和机载传感器保持一致，而机载传感器的安装需要考虑两个问题：① 尽量减小安装尺寸，节省空间；② 只关注整机振动，而不考虑机匣本身的径向变形。因为机匣本身的径向变形并不在机载传感器的整机振动测量之列，而且机匣不容易产生周向变形和扭转振动。所以把中介机匣的水平测点安装在轴的正下方，就可以解决上述两个问题。

(2) 传感器的选取。

航空发动机台架试车振动测量中常用两种传感器，即压电式加速度传感器、磁电式速度传感器。

压电式加速度传感器是一种自发电式传感器。常与电荷放大器或高阻抗电压放大器配套使用，在发动机振动测量中获得广泛的应用，压电式加速度传感器的频率范围为0.2 Hz~10 kHz。

磁电式速度传感器、电动式速度传感器主要由线圈和磁铁构成。主要特点是：低阻抗输出、干扰噪声小、输出电压较高（在低频范围）、灵敏度高、受温度及湿度影响小、受磁场影响大、稳定性较差、寿命短、结构尺寸和质量大等。磁电式速度传感器的频率范围一般为 10~500 Hz。

根据传感器的不同特性，航空发动机台架试车振动测量选择的典型截面测点对应的传感器的类型如表 7.2 所示。该振动测量中，选用的压电式加速度传感器的频率范围是 1 ~ 10 000 Hz，磁电式速度传感器的频率范围是 10 ~ 1 000 Hz。为了叙述方便，对发动机各个测点简称为前水、前垂、中水、中垂、后水、后垂、外水、外垂、上水、上垂、涡水，涡垂。

表 7.2　某型航空发动机振动测量的典型截面测点和选用的传感器

截面	测点位置	测点简称	选用传感器类型
1—1	穿过风扇机匣前支点	前水，前垂	速度传感器
2—2	穿过中介机匣	中水，中垂	速度传感器
3—3	穿过低压涡轮支点	后水，后垂	速度传感器
4—4	外置附件机匣	外水，外垂	速度传感器
5—5	减速器	上水	加速度传感器
6—6	涡轮起动机	涡水，涡垂	速度传感器

（3）振动测试系统。

发动机试车振动测试系统如图 7.10 所示，所用仪器与设备如下。

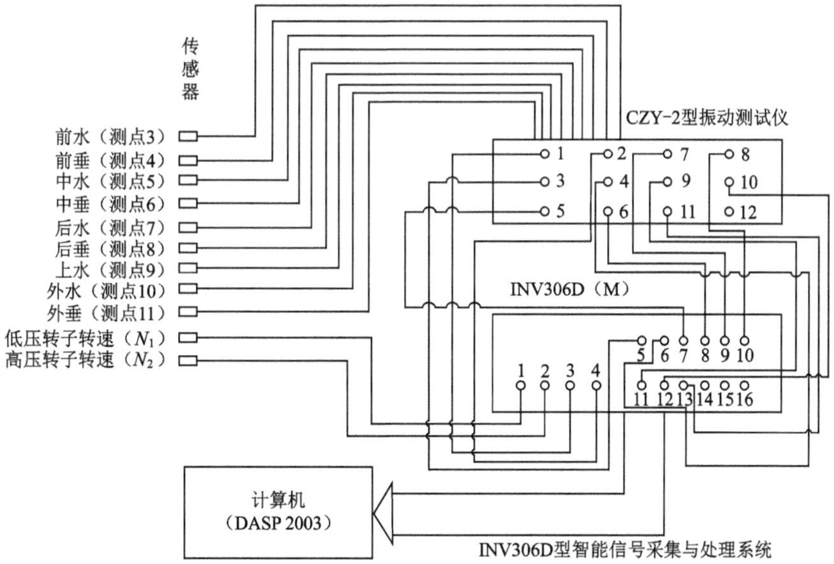

图 7.10　发动机振动测量系统

① 速度振动传感器 8 个和加速度振动传感器 1 个。

② 转速跟踪仪。

③ CZY-2 型振动测试仪。

④ 电荷放大器。

⑤ INV306D 型智能信号采集与处理系统。

(4) 某台发动机振动故障分析。

① 全加力状态信号分析。

该台发动机在全加力工作状态下，高、低压转子转频分别为 225.4 Hz、169.6 Hz。该状态下，中垂测点振动有效值为 40.052 mm/s，出现了严重振动超标现象，超出最大振动限值的 33.5%，中水测点振动有效值为 34.851 6 mm/s，超出最大振动限值的 16.2%。前水、前垂、后水、后垂测点振动有效值分别为 29.072 9 mm/s、36.856 1 mm/s、24.540 1 mm/s、30.804 4 mm/s，没有出现振动超标现象。

发动机全加力状态中垂测点时域波形如图 7.11 所示，振动十分强烈，有尖刺，说明信号被高频信号干扰，整体呈现正弦波形，说明该振动信号被低频信号调制，对该信号进行傅里叶变换后作出的频谱图如图 7.12 所示，可以看到，低频处有 3 个峰值，振动幅值如表 7.3 所示，在高低压转频处振动峰值不大。图中还出现了 $2\omega_1 \approx 338.2$ Hz 的频率，在该频率附近存在该频率与低频 25 Hz 的组合频率，$3\omega_2 \approx 675.3$ Hz、$\omega_1+3\omega_2 \approx 845.9$ Hz 的倍频和组合频率。

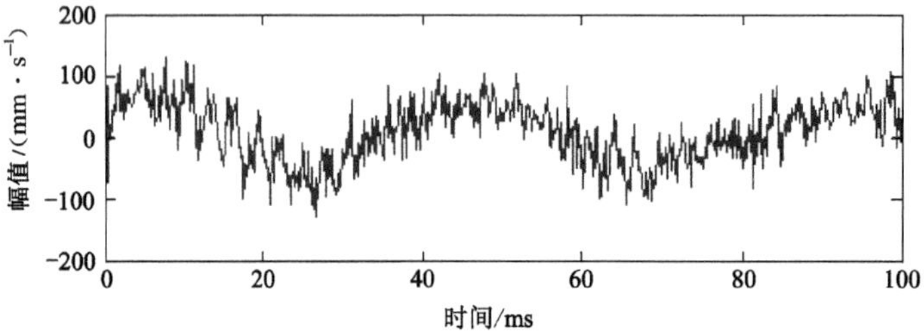

图 7.11　发动机全加力状态中垂测点时域波形

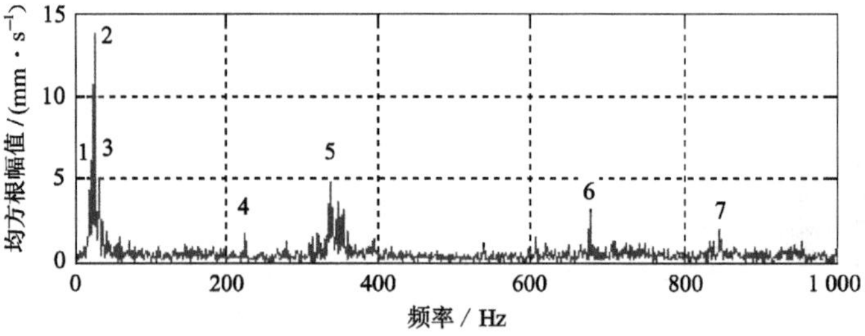

图 7.12　发动机全加力状态中垂测点频谱

表 7.3　发动机全加力状态中垂测点信号频谱图部分数据

序号	频率/Hz	幅值/(mm·s^{-1})
1	19.95	6.074
2	24.94	13.7
3	31.92	4.916
4	225.4	1.26
5	338.2	4.735
6	675.3	3.165
7	845.9	1.999

由于谱图中最高的峰值相对振动有效值小很多，所以对这两个平稳信号进行三维谱分析，如图 7.13 所示，发现低频信号的幅值都是随时间大幅度波动。中介机匣是发动机的主要承力部件，并将低压压气机出口的空气分为内外涵两股，这个低频信号很可能是由于密封和间隙动力失稳的气体力引起的，当流入气体量大于流出的气体量时，气体积聚、压力升高就会形成激振力。由于转子转动，气体流出变化的速度大于流入变化的速度，就会形成流出气体量大于流入气体量的状态，压力下降，形成相反方向的激振力，压力变化并不是与转子转动位移同步变化，而是滞后于转子转动位移，因而会出现幅值时大时小的不稳定现象。排除故障可从气流通道进行，判断是密封和间隙问题还是气流通道有杂物。

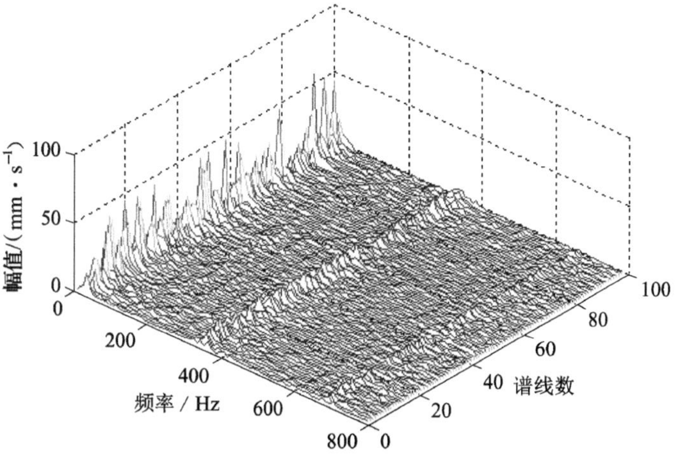

图 7.13　发动机全加力状态中垂测点三维谱阵

发动机中水测点振动的时域波形如图 7.14 所示，出现 M 形波，重复性较好。对中水测点振动信号进行傅里叶变换得到频谱图如图 7.15 所示，可以看到振动能量集中在高压转频 225.4 Hz，幅值为 22.09 mm/s，在 $\omega_1+2\omega_2\approx619.5$ Hz 处具有振动峰值，幅值为 11.82 mm/s，在低压转频 169.6 Hz 处幅值不大，在 537.7 Hz 处振动幅值很小，为 2.815 mm/s，为中央锥齿轮的 2 倍频。

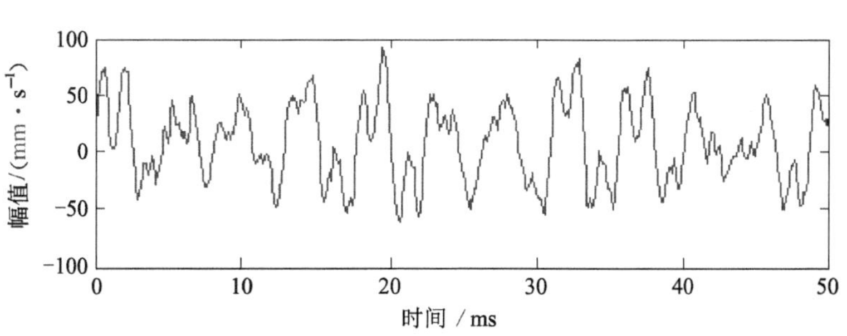

图 7.14　发动机全加力状态中水测点时域波形

前水、前垂测点振动时域波形如图 7.16 和图 7.17 所示，可以看到，前水测点振动波形较光滑，有削波现象存在，前垂测点波形有尖刺。

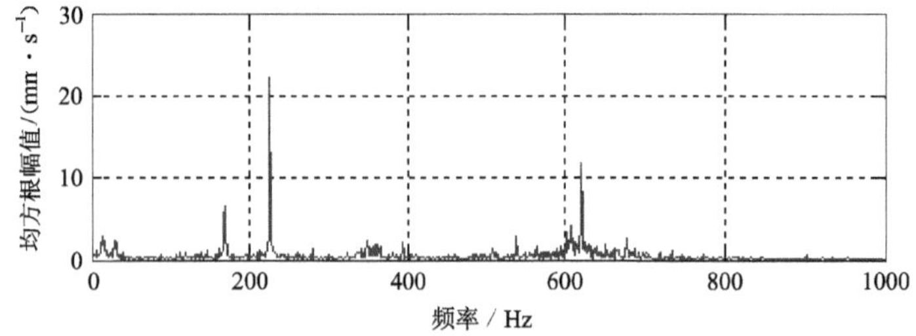

图 7.15　发动机全加力状态中水测点频谱图

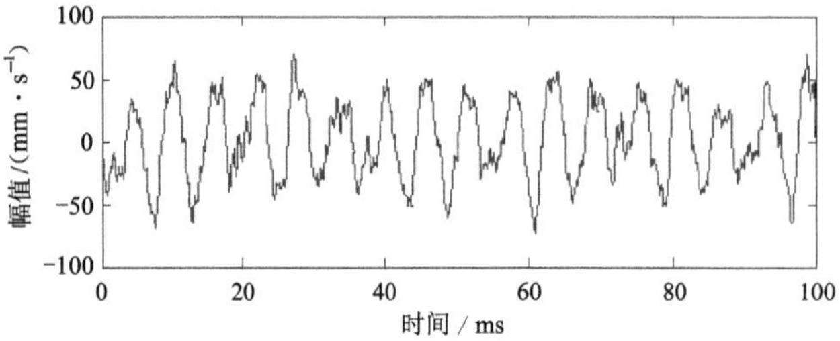

图 7.16　发动机全加力状态前水测点时域波形

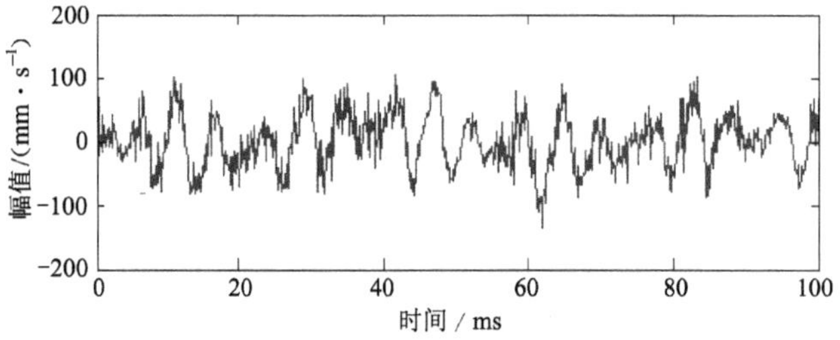

图 7.17　发动机全加力状态前垂测点时域波形

前水、前垂测点振动频谱如图 7.18 所示，前水测点振动能量主要集中在低压转子转频，并存在 $2\omega_2-\omega_1\approx281.3$ Hz、$\omega_1+\omega_2\approx394$ Hz、$3\omega_1\approx506$ Hz、$2\omega_1+\omega_2\approx562.5$ Hz、$\omega_1+2\omega_2\approx619.5$ Hz 的和差频率和倍频。前垂测点振动能量集中在高、低压转子转频，同时存在 $2\omega_1\approx338.2$ Hz、$\omega_1+\omega_2\approx394$ Hz、$2\omega_2\approx449.9$ Hz、$3\omega_1\approx506$ Hz、$2\omega_1+\omega_2\approx562.6$ Hz 的组合频率和倍频成分。

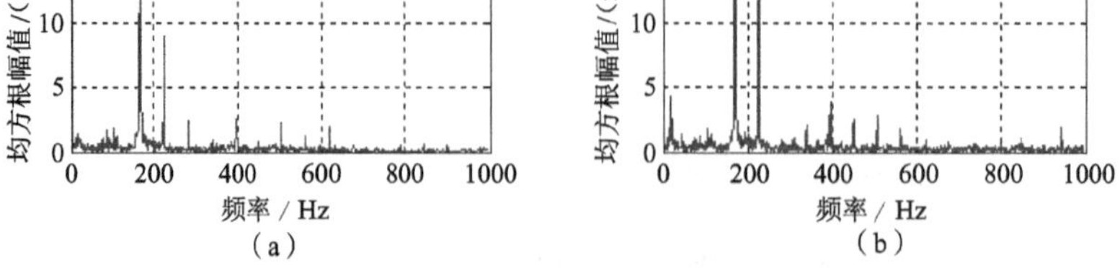

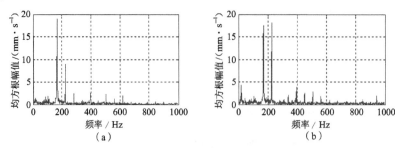

图 7.18　发动机全加力状态前水、前垂测点振动频谱

(a) 前水测点振动频谱；(b) 前垂测点振动频谱

后水、后垂测点的振动能量都集中在高压转子转频，其他的频率成分都不明显，如图 7.19 所示。

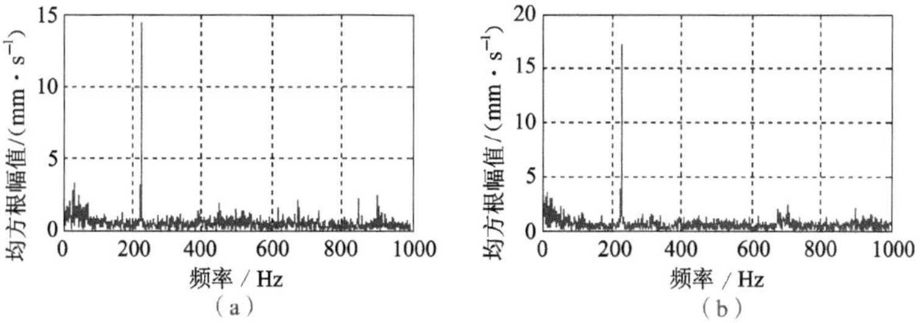

图 7.19　发动机全加力状态后水、后垂测点振动频谱

(a) 后水测点振动频谱；(b) 后垂测点振动频谱

发动机最大状态下信号的频谱图与全加力状态的信号频谱图相似，都是低频成分为振动的主要分量。两种状态下，组合频率的幅值基本没有变化，低频幅值变化较大。

② 过渡态振动信号分析。

发动机慢车到最大加速过程大约为 6 s，对发动机过渡态振动信号进行分析，是研究发动机整机振动性能及故障诊断不可缺少的一项工作。发动机慢车到最大状态中垂测点振动三谱阵图如图 7.20 所示，在 0.501 248 s×20 = 10.02 s 处，低频信号幅值突然增大，而此时高压转子转频约为 200 Hz，约为一阶临界转速的 2 倍，密封或间隙动力失稳产生的气体激振力对工作转速达到某阈值（一般为工作转速大于或等于一阶临界转速的 2 倍）时，振动强烈。更加确定了发动机中垂测点振动过大是由于密封和间隙动力失稳的气体力引起的。

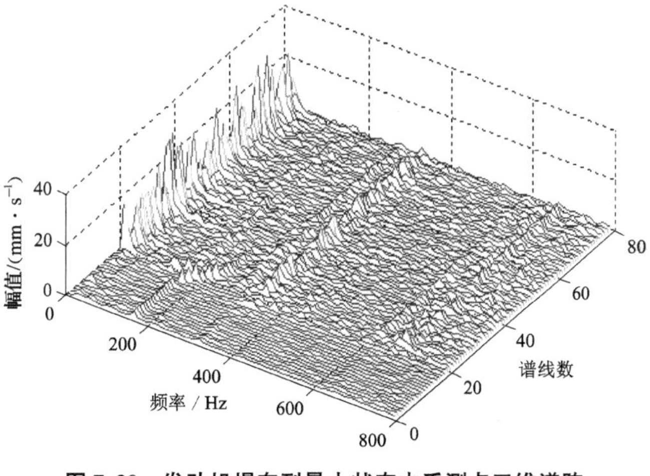

图 7.20　发动机慢车到最大状态中垂测点三维谱阵

发动机在慢车到最大状态试车时，前水、前垂、中垂、后水和后垂测点振动有异常现象发生，而后水测点振动时域信号更加明显，如图 7.21 所示。

从图 7.21 中可以看到，发动机后水测点振动幅值随时间的变化趋势，在开始加速时幅值有明显的突变，随后振动稳定增大，加速到最大状态时，保持在一定范围内振动。该信号的三维谱阵如图 7.22 所示，出现了 380 Hz 的异常振动频率，为 $\omega_1+2\omega_2\approx 380$ Hz 的组合频率。出现这种现象可能是由于发动机转子的转动频率增加，激起的不平衡振动加剧。

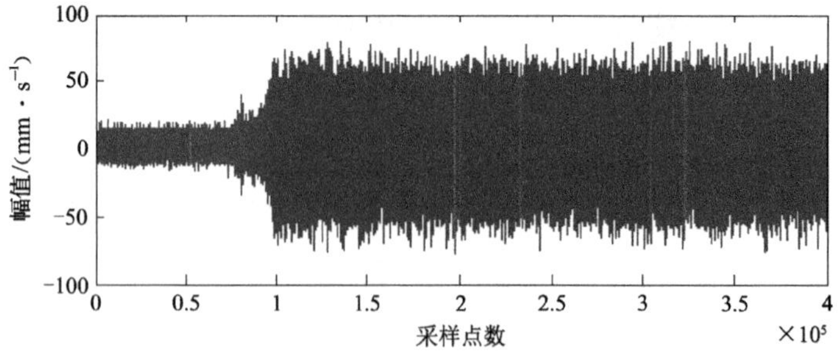

图 7.21　发动机慢车到最大状态后水测点时域波形

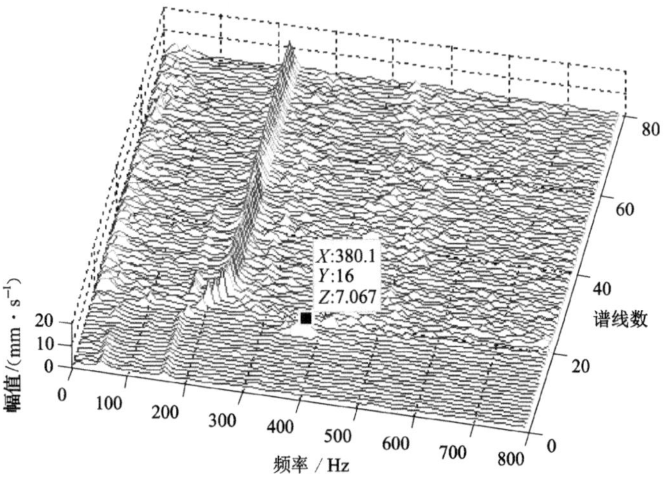

图 7.22　发动机慢车到最大状态后水测点三维谱阵

对后水测点的振动信号进行 7 层 db_{10} 小波分解，分解后的第 1~4 层细节信号如图 7.23 所示，第 5~7 层细节信号和第 7 层逼近信号如图 7.24 所示。

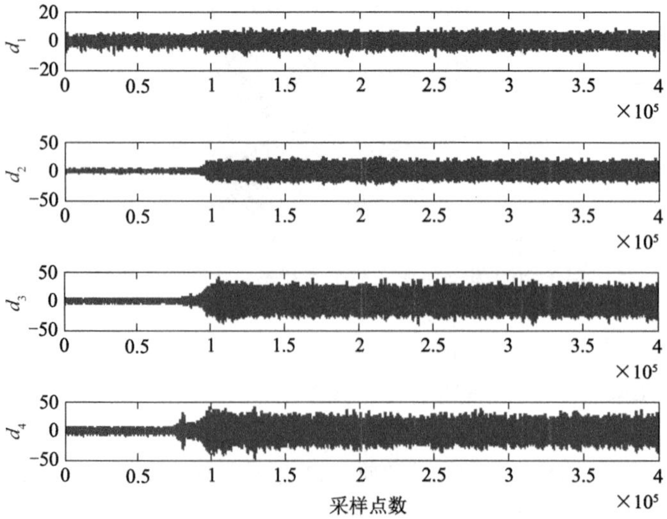

图 7.23　发动机启动到慢车状态后水测点第 1~4 层细节信号

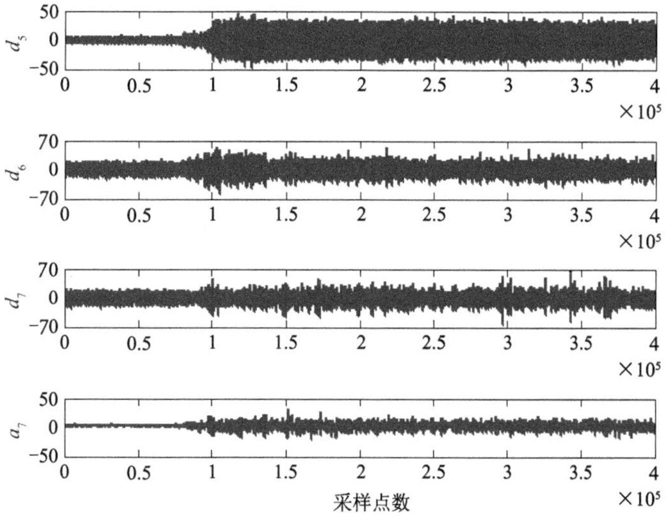

图 7.24　发动机慢车到最大状态后水测点第 5~7 层细节信号和第 7 层逼近信号

如图 7.23 所示，在第 4 层细节信号中，约 0.000 097 9 s×81 000≈7.9 s，有明显的冲击信号，放大后如图 7.25 所示，频率约为 1/(0.000 097 9 s×27) ≈378 Hz，与三维谱中出现的异常频率相吻合。图 7.24 中第 7 层逼近信号清晰地反映了在信号低频段幅值的突变。说明小波分析方法对信号突变的检测作用很明显。第 6 层细节信号小波分析的频段为 78~156 Hz，显示发动机低压转子随着转速增加振幅有增大的趋势。

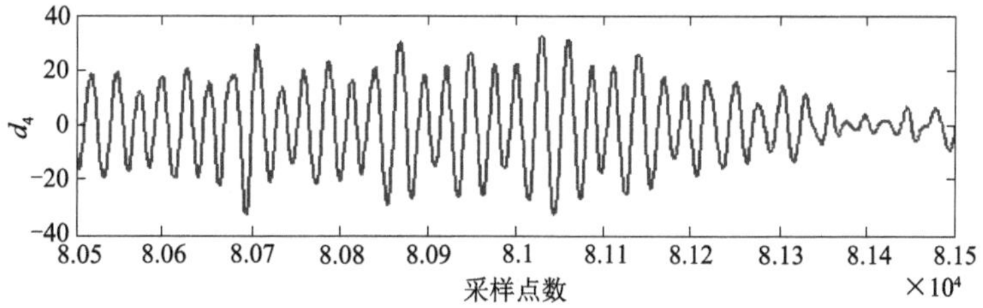

图 7.25　第 4 层细节信号部分放大图

7.2　航空发动机滑油监测和故障诊断

7.2.1　滑油监测和故障诊断的目的与要求

滑油系统监测与分析是预报与监控航空发动机健康状态的有效手段，是保证飞行安全的重要措施之一，是开展视情维修的重要保证。由于该技术的应用具有较大的安全和经济意义，已受到航空行业的高度重视。滑油系统监测与故障诊断的作用在于：一方面应能监测滑油系统本身，保证其工作正常、可靠；另一方面需要通过对滑油系统的监测实现对发动机工作进行监测与故障诊断。

滑油系统本身常见的故障有滑油消耗过大、漏油供油量不足、管路堵塞、通气系统堵塞、滑油泵不工作等。通常通过滑油温度、滑油压力、滑油量等监测参数来监测滑油系统的工作。应用屑末分析、滑油光谱分析和滑油铁谱分析等手段，根据屑末的大小、含量、成分等可以监测和判断轴承、齿轮、封严装置等发动机重要零组件的工作及潜在的故障。有时通过某些滑油系统监测参数也能监视上述零组件的工作。经验表明，滑油温度是很敏感的参数，滑油温度过高，往往预示着轴承（或齿轮）潜在的故障。又如，滑油消耗量过大，有时可能是转子不平衡引起封严装置失效的征兆。

滑油监测系统包括 4 个方面的内容：滑油系统工作状态监测；滑油屑末监测；滑油光谱分析；滑油铁谱分析。

7.2.2 滑油系统工作状态监测

利用滑油系统工作参数来监测滑油系统本身，以保证其正常工作，同时它也反映出发动机的健康状况。监测参数应包括滑油压力、滑油温度、滑油量和滑油消耗量以及油滤旁路指示或滑油滤压差。

1. 滑油压力

造成滑油压力增高的原因可能有滑油喷嘴堵塞、油滤堵塞或调压器工作不正常，滑油泄漏、油管破裂、油泵故障、油面太低、调压活门工作不正常则可能造成滑油压力降低。

滑油压力由装在润滑系统高压油路中的压力传感器进行连续监测，这些传感器与飞机座舱的仪表相连，进行座舱显示，另一方面可进行记录并在超限时告警，实现机载监视。

2. 滑油温度

滑油温度同其他滑油系统监测参数一起，可指出发动机子系统的故障。探测油温的传感器有两种安装位置，若安装在回油端，则能检测轴承的严重损坏或热端封严泄漏；若安装在滑油散热器的下游，当散热器堵塞时会导致超温指示。机载系统需监视油温超限。

3. 滑油量

监测滑油量和滑油加油量可以得到有关滑油消耗量过高及滑油泄漏的信息，或者得到由于燃油/滑油散热器损坏而在滑油中出现燃油污染的信息。为了在飞行前和飞行后检查滑油量，应在滑油箱中装有观测标尺或简单的深度尺。最好安装油量传感器，从而可在驾驶舱或在维修指示板上读出。

4. 油滤旁路指示器

如果滑油滤堵塞会引起滑油供油不足，所以发动机的油滤应设有旁路活门，使它们在压差升高时能打开，这时通过机械式或电子式旁路指示器在外部指示这种状态。如果发动机是在油滤打开旁路的情况下工作，接触滑油的零组件可能被循环的屑末所损伤。

以上这 4 个机上滑油系统工作监测参数都是必需的，而在地面可用这 4 个监测参数做趋势分析，进行长期监测。

7.2.3 滑油屑末监测

滑油除起润滑和冷却作用外，它还作为屑末的运输介质。发动机滑油屑末监测的最主要任务就是及时发现由于滚动和滑动表面产生的磨损屑末，判断摩擦件的健康状态，并避免造成严重的发动机二次损伤。

屑末分析应定期进行，也可根据油滤堵塞指示、振动值以及光谱分析定期分析结果，随时进行屑末分析。

由磁性堵头和粗、细油滤分别收集屑末，既使滑油过滤，使碎片不进入循环油路中而不致损坏油泵，又便于探测和隔离故障。通常屑末收集器用以探测因零件疲劳损坏或冲击掉块而产生的金属碎片或非金属屑末。利用屑末收集和分析，能为尽早发现故障提供可靠信息，是一种简便、有效的监视和诊断手段。

1. 机载屑末监测

机载屑末监测技术是以传感器或屑末收集器为基础，它们固定地装在发动机的滑油系统中，对所收集到的屑末在地面上做分析。

常用的磁性屑末收集器（俗称磁堵）通常装在回油路中，也可装在附件或传动齿轮箱中。如果位于油箱油面以下，应设有自关闭活门，以便在检查磁堵时不需要排掉滑油。采用高可靠性的快卸自锁装置的磁性屑末收集器，装拆时既不需要专用工具，也不需要锁丝。它的最佳安装位置要满足可达性要求，在有故障征兆时，又可方便地进行检查。当屑末收集器作为主要的故障检测器时，一般情况下检查周期为 20~25 h。

座舱显示的电屑末检测器是具有连续显示功能的磁性屑末收集器。电屑末检测器感应电极的连通，既可能是由较少的大屑末、也可能是由较多的小屑末造成的。

滤网型全流量屑末收集器可过滤全部流过的回油，这种收集器对屑末的检测效率非常高，检测故障的能力也强。

磁性屑末收集器对于检测产生含有大块磁性屑末（100 μm）的故障模式是最有效的，如轴承、齿轮、泵等元件的表面疲劳剥落等。也可有效地检测出轴承打滑、齿轮和泵划伤、花键磨损等产生的较小屑末。电屑末检测器可实现机载时时监视，但缺点是屑末不易清除、没有趋势分析能力、虚警率较高。

为了提高屑末捕捉效率，可使用全流量屑末监视方法和使屑末从滑油中分离的方法。为了对接触滑油的发动机部件和轴承部件进行故障隔离，需要在多处安装传感器。例如，对一个“主−从”系统的组合方案，可在主回油路上安装一个高性能的全流量屑末监视器（主），在各个轴承回油路和附件齿轮箱中安装磁性屑末收集器（从）。

在地面对所收集屑末进行分析时，首先对屑末进行分类，用磁铁将屑末分成非磁性的及磁性的，两者又可各分为金属的及非金属的，然后利用这 4 种屑末的属性判断产生屑末的来源。

2. 地面屑末监测

1）滑油光谱分析

滑油光谱分析法是利用滑油中各种元素的原子发射光谱或吸收光谱的不同，来分析滑油中磨粒的化学成分和含量，判断机件磨损的部位和磨损严重程度，确定相应零件的磨损状态，进而对设备故障进行诊断。光谱分析法比较适合于分析油液中有色金属磨损产物。根据光谱分析仪的工作原理不同，又可分成原子发射光谱分析、原子吸收光谱分析、X 射线荧光光谱分析以及红外光谱分析等。

（1）原子发射光谱分析法。

根据原子物理学理论，物质的原子是由原子核和在一定轨道上绕核旋转的核外电子组成的。当外来能量加到原子上时（如用高压电弧激发），核外电子将吸收能量并发生能级跃迁（低能级跃迁到高能级的轨道上）。此时，原子的能量状态是不稳定的，电子总会自动地从

高能级跃迁回原始能级，同时发射光子把它所吸收的能量辐射出去，所辐射的能量与光子的频率成正比关系，即

$$E=h\gamma \tag{7.2}$$

式中 h——普朗克常数；

γ——光电子频率。

由于不同元素原子核外电子轨道所具有的能级不同，因此受激发后放出的光辐射都具有与该元素相对应的特征波长。发射光谱仪就是利用这个原理，采用各种激发源使被分析物质的原子处于激发态（一般是以 15 000 V 高压产生的电火花直接激发油液中的金属元素），使之发射出供进行光谱分析的表征辐射，此辐射经光栅或棱镜分光系统进行分光后，便形成了所含元素各自的特征光谱（即受激发后的辐射线是按频率分开的），并按波长顺序在聚焦处排列，通过各自的光电探测器在聚焦处对其特征光谱能量进行接收和放大，最后送入数据处理系统进行处理并输出分析结果。也可将感光胶片置于聚焦处使其感光，然后根据感光胶片上的各对应部位的感光强度（黑白程度）判断各元素的含量。总之，发射光谱分析法接收的是磨粒元素原子激发态的发射光谱，根据不同波长上的谱线就能知道都有些什么元素，根据谱线的强弱判断出每种元素的含量。

图 7.26 所示为原子发射光谱分析法原理结构示意图，主要由激发室、光偏转装置、接收装置和电子处理装置组成。被分析的油样在激发室的分析间隙中（石墨棒及石墨圆盘电极之间）受到激发时，油样发射的光由光导纤维引至入射狭缝，由狭缝出来的光变为狭窄的带状；

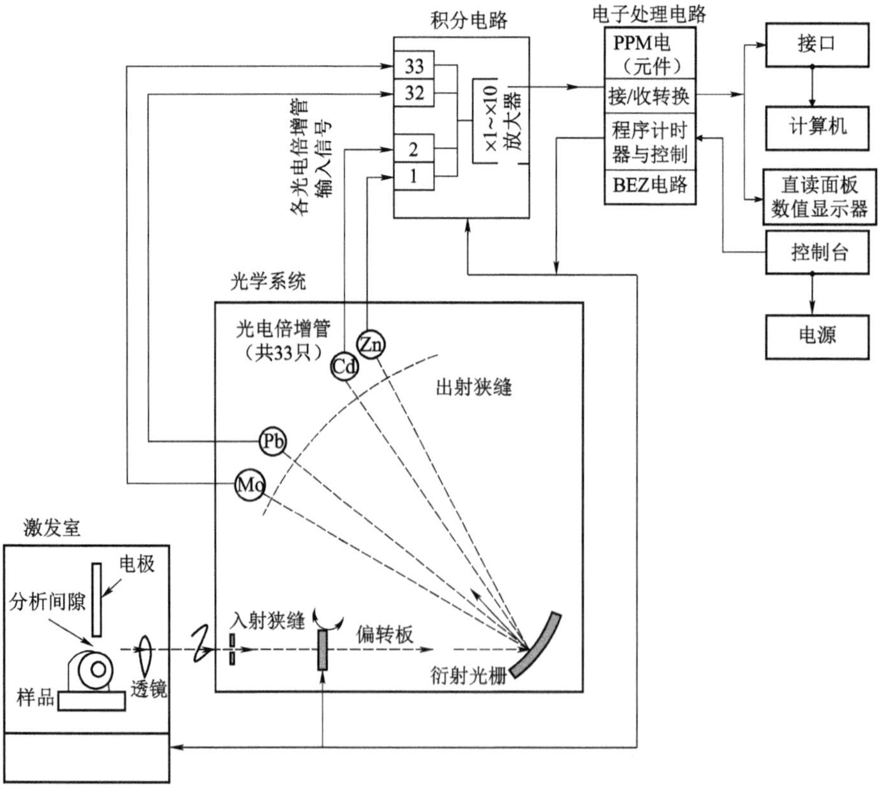

图 7.26 原子发射光谱分析法示意图

光线到达光栅后被分为各种不同波长的谱线，在聚焦曲面上的出射狭缝处被分为对应于各元素的谱线；再利用偏转板的定期往返转动来动态扣除光谱背景。每个狭缝后面设置一个光电倍增管，以便将光能变为电能；在每次燃烧中将这一电流按准确的时间间隔积分（求和），就形成了与光电管接收的光量成正比的电压；通过读出电路将此电压转换为数值，再将所测的结果与计算机中存储的校正曲线数据进行对比，便可算出元素的浓度；最后，将整个分析结果在计算机屏幕上显示或用打印机打出。该光谱仪分析速度快，在 40 s 内便可得出 20 种元素的测量结果。

每个通道由各自的狭缝、光电倍增管及积分电路组成，一般来说，每个元素对应一个通道，并用一个数字表示。当多元素油料分析仪（MOA）运行时，用的是代表通道的数字而不是元素的名字或符号。

（2）原子吸收光谱分析法。

原子吸收光谱分析又称为原子吸收分光光度分析法，简称原子吸收分析。其基本原理：将一束特定的入射强度为 I_0 的入射光，投射到被测元素的基态原子蒸气中，部分入射光将被蒸气吸收，未吸收部分的光则透射过去，被测元素原子蒸气浓度越大，对光的吸收量就越多，其透射部分也就越少；若接收到的光越少，即被元素吸收的能量越多，则表明油样中该元素的浓度越大。于是根据样品中被测元素浓度 N、入射光强 I_0 及透射光强 I 三者之间存在的一定关系，并把它与被测元素已知浓度的标准溶液对光的吸收作比较，就可求得试样中被测元素的含量。利用每种元素原子吸收的光谱波长不同，就可确定油样中各种金属元素。

图 7.27 所示为原子吸收光谱分析装置示意图，主要由光源、原子化系统、分光系统、接收放大系统和读数系统 5 个部分组成。

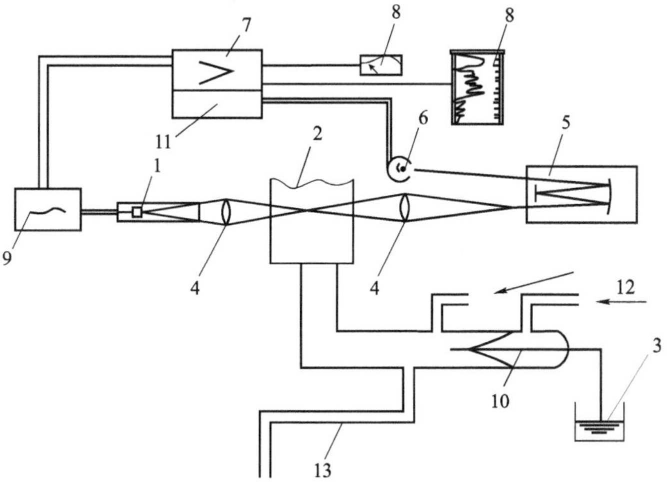

图 7.27　原子吸收光谱分析装置示意图

1—空心阴极管；2—火焰；3—分析油液；4—凸透镜；5—分光系统；
6—光电倍增管；7—检波放大器；8—读数记录系统；9—调制电源；
10—雾化器；11—光电倍增管电源；12—空气和助燃气；13—排废管

① 光源。原子吸收所使用的锐线光源主要由空心阴极灯供给。它是由被测元素的纯金属制成的一个空心阴极，低压密封在一个圆柱形的玻璃筒内，其中充有约 2 mm 汞柱的惰性

气体（一般为氖或氩）。当给它提供适当电流时，就可产生被原子吸收分析所需要的锐线光源。

② 原子化系统。原子化系统的作用是将油样中的被测元素转化为不化合、不激发、不电离、不缔合的自由基态原子。常用的原子化系统有两大类，即火焰原子化系统与非火焰原子化系统。火焰原子化系统包括雾化器和燃烧器两部分。雾化器将油样溶液转化为直径为5~50 μm的细雾，以便它在燃烧器上端的火焰中迅速蒸干、熔融、气化、解离。燃烧器是使燃料及助燃气发生燃烧的器具，燃烧时所产生的2 000~3 500 K高温，提供雾滴蒸干、熔融、气化及分子解离所需的能量。通常使用的燃烧气体为乙炔-空气、乙炔-氧化亚氮等。常用的非火焰原子化系统有石墨炉和金属丹，它们都是借助强大电流产生热量使被测样品原子化。非火焰原子化系统可使分析灵敏度大大提高。

③ 分光系统。由棱镜或光栅组成，它将火焰光线或其他非吸收光线分离出去，使它不被接收器接收和放大，只保留发射后而未完全吸收的那部分光线。

④ 接收放大系统。接收放大系统主要由接收器——光电倍增管与检波放大器两部分组成。光电倍增管接收要测的特定光信号，并将其转变为电信号，以便利用电子线路进行放大。检波放大器的作用有两个：一是把要测的信号放大；二是把被光电倍增管接收的非被测信号检除掉。在原子吸收分析仪器中，一般使用同步（或称调频）检波放大技术进行。同步检波放大就是使空心阴极灯发射信号的频率与检波放大器动作频率由同一个被调制的电源供电，使检波放大器只能接收并放大与空心阴极灯相同的被调制信号，那些非被调制的信号都被检除。

⑤ 读数系统。经过接收放大的信号，通常用表头、记录器、数字显示或电传打字等把它显示或记录下来。此外，为了提高分析的准确性和自动化程度，分析装置还配有许多辅助设备。例如，为了消除光源的不稳定性，设置了双光束外光路；为了消除背景的影响，设置了氘灯和背景；为了自动进行分析，设置了自动送样、数字打印等。

一般说来，一种元素灯只能用于测定油样中该元素的含量。因此，要测定油样中各种元素的含量，就需要各种不同的元素灯。近年来，已研制出了多元素灯。原子吸收光谱法的优点是灵敏度高、选择性强、分析准确、迅速简便，能有效地预防设备事故，是实现状态维修的有力手段。其缺点是每测定一种特定元素，需要配有该元素的元素灯光源以及对较大尺寸的磨粒不能很好的原子化等。

2）滑油铁谱分析

铁谱分析法是20世纪70年代初发展起来的一种流体污染物分析技术，1970年由美国麻省理工学院（MIT）的W. W. Seifert教授和福克斯波洛（FOXBORO）公司的V. C. Westcott首先提出铁谱技术的原理，并研制成功了世界上第一台铁谱仪。目前被广泛应用于航空及地面设备的滑油油样分析，是一种很有发展前途的油样分析方法。

铁谱分析就是利用铁谱仪（Ferrograph）从润滑油试样中，分离检测出磨屑和碎屑，根据磨屑的大小及分布情况分析和判断运动副表面的磨损类型、磨损程度和磨损部位的技术。分析过程包括定性分析和定量分析。定性分析是利用双色显微镜特有的性能，借助其透射光、反射光、偏振光等不同照明形式和各种滤色片来观察沉积在玻璃基片上排列有序的磨粒。依据磨粒的形态特征、表面颜色、光学特性、尺寸大小及其分布等，分析机器的工作状态、磨损类型、磨损程度，并通过分析磨粒来源来推断机器的磨损部位。定量分析是依据分析式铁谱仪给出的油样中大、小磨粒的数量值，或磨粒覆盖面积的百分比和直读式铁谱仪给出的油样中大、小磨粒读数值，或大、小磨粒的百分比与浓度值，绘出铁谱参数曲线，以判断机器磨损发展的进程和趋势。

（1）铁谱分析仪。

进行铁谱分析的基本工具是铁谱分析仪。根据测取标志的磨损状态变化信息的不同，铁谱仪一般可分为分析式、直读式和在线式 3 种基本类型。

分析式铁谱仪主要由制谱仪、光密度读数器以及双色显微镜等成套测试系统组成，其中制谱仪又由微量泵、永久磁铁和玻璃基片等组成，其基本工作原理如图 7.28 所示。

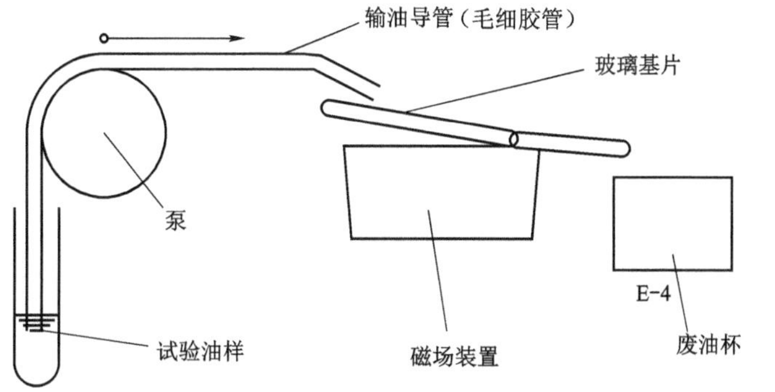

图 7.28　分析式铁谱仪的基本工作原理

毛细胶管在压轮的作用下，在其前部形成负压区，将试样从试管中抽出，流出至玻璃基片上。在玻璃基片下面有一高强度、高梯度的磁铁，油样中的铁磁性颗粒随油样沿基片往下流的过程中，在重力、浮力以及磁力的综合作用下而有规律地沉积在基片上，由于磁力线与油液流动方向垂直，所以磨屑在基片上排列成与流动方向垂直的链状谱。当试管中的油样全部被抽出后，经固化和清洗后再小心地将玻璃基片从制谱仪上取出，便可制成铁谱图片。制作好的谱片可拿到铁谱显微镜或扫描电子显微镜上进行形貌和成分的观察，进行光密度测量，以判断磨损程度。传统的光密度测试方法是测离出口 50 mm 和 55 mm 两处的光密度读数，分别作为小颗粒（A_S）和大颗粒（A_L）的读数，并以 A_S 和 A_L 为基础，对谱片进行各种定量计算。

铁谱显微镜是分析式铁谱仪的专用分析仪器。它由双色显微镜和铁谱片读数器组成。在双色显微镜下可以观察到铁谱片上沉淀磨粒的形态，有利于分析其成分，测量其尺寸。铁谱片读数器上可以分别测出大磨粒（大于 5 μm）和小磨粒（1~2 μm）的覆盖面积的百分比 A_L 和 A_S，由此得出油样磨粒的分布。总之，分析式铁谱仪可给出铁谱片上所选定位置的磨粒覆盖面积的百分数。一般选择磨损严重指标 I_S 作为机械磨损状态的监测指标，即

$$I_S=(A_L+A_S)(A_L-A_S)=A_L^2-A_S^2 \tag{7.3}$$

分析式铁谱仪的特点：① 提供的信息较丰富，不仅可以提供关于磨损的信息，而且通过对磨屑形貌及其成分的观察，提供磨损发生机理和发生部位的信息，常用作油样的精密分析；② 制成的谱片可长期保存，供以后观察分析使用；③ 制谱过程较慢，制成一个完整谱片约需半个小时，且制谱操作要求较严格，一般只能在实验室进行。

直读式铁谱仪是在分析式铁谱仪的基础上研制的。主要由光伏探测器、磁场装置、光导纤维、光源、接油杯、放大电路、数显装置、沉淀管等组成。

油样在虹吸作用下流经位于磁铁上方的玻璃管，玻璃管中铁磁性磨粒在磁力、重力及黏滞力的作用下，依其粒度顺序沉淀、排列在管壁的不同位置。因为磨粒在玻璃管中的沉降速度取决于磨粒本身的尺寸、形状、密度和磁化率，以及滑油的黏度、密度和磁化率等许多因素，当其他因素给定时，磨粒的沉降速度与其尺寸的平方成正比，同时还与磨粒进入磁场后离管底的高度有关，所以一般情况下大磨粒先沉降而小磨粒后沉降。光源经双头光纤，将光线引至磨粒沉淀处的固定测点上，借助光线的变化，光敏传感器接收到的光强改变量与铁磁性颗粒的挡光面积成正比，在一定条件下，挡光面积又与磨屑体积之间有某种较稳定的对应关系，即光敏传感器的输出与磨屑的体积有关，可表示为

$$U_{\mathrm{out}}=f(V) \tag{7.4}$$

式中　V——磨屑体积；

U_{out}——光敏传感器的输出电压。

这样，通过测量光敏传感器的输出电压的变化即可知道油样中铁磁性颗粒的体积。直读式铁谱仪的性能特点为：① 结构简单，价格便宜（约为分析式铁谱仪的1/4）；② 制谱和读谱合二为一，分析过程简便快捷；③ 读数稳定性、重复性差，随机因素干扰影响较大，并且只能提供磨屑体积的信息，不能提供关于磨屑形貌、磨屑来源的信息，信息量有限，常用作油样的快速分析和初步诊断。

分析式和直读式铁谱仪都要先从机器中采集油样，然后送到实验室由专业人员进行分析。而在线式铁谱仪则直接安装在机器上，可实时显示滑油中的磨粒浓度，以监测机器的工况，进行早期故障预报。

在线式铁谱仪由探测器和分析器两部分组成。探测器并联安装在被监测的机械设备润滑油循环系统的油路上，分析器则安装在离机器有一定距离的控制室内。探测器由高梯度的磁场装置、沉淀管、流量控制器和表面感应电容传感器等组成。当探测器接通油路后，润滑油流经沉淀管时，油中磨粒在高梯度磁场的作用下沉积到沉淀管的内表面，表面感应电容传感器测量出大磨粒浓度 L 和小磨粒浓度 S 两个值，分析器绘出相应的大、小磨粒浓度及磨粒尺寸分布状况。由于滑油是连续流过探测器的，所以磨粒的沉积量与滑油流过的总量有关，当达到预先设定的磨粒浓度值时，流量自动切断，一次测量便告结束。沉淀管被自动冲洗后再开始下一个测量循环。每个测量循环的持续时间可从 30 s 到 30 min 自动变化，这取决于滑油中的磨粒浓度。磨粒浓度读数值是根据沉积量与润滑油流过沉淀管的总油量之比确定的。在线式铁谱仪一般有两种磨粒浓度读数范围：粗读数值为 $0\sim1\,000\times10^{-6}$，它用于高磨损率的情况；精读数值为 $0\sim100\times10^{-6}$，用于低磨损率的情况。分析器具有逻辑运算功能，可以运算、存储和显示测量结果。当磨粒浓度超过预定值时，自动报警或停机。每个测量循环完成后，数据记录存储单元将被最新的数据更新。需要说明的是，该仪器随主机安装，不必由人工采集油样，保证了检测的实时性。在线式铁谱仪主要适用于大型设备的状态监测的故障诊断。

（2）滑油取样。

由于油液中磨粒浓度会达到动态平衡，因而在达到动态平衡后的一段时间内，用相同方法取出的油样将含有相同数量的磨损。如果取样方式不得当，磨损浓度及其粒度分布也会发生显著变化，可能对机械状态做出错误的判断。由于磨粒的产生率和磨粒的损失机理都影响滑油中磨粒浓度的平衡值，因而对于分析用油液的取样建议如下。

① 如果在系统正工作时取样，最理想的情况是在已知工作状态下进行。若在油箱中取

样，在系统处于运转时取出油样是最合适的。如果无法在系统运转时取样，则应在停机后尽快地取出油样。

② 如果是在停机后取样，则必须考虑磨粒的沉降速度和取样点的位置。由于磨粒的沉降速度随着停机后时间的延长，取样管插入油面的深度应适当增加。通常，应在停机后 2 h 内取样，以避免有漏失小磨粒的可能性。

③ 系统的不同部位将具有不同的磨粒浓度，因而应从系统的固定部位取样。在管路中取样时，要得到最富有代表性油样的取样方法，是从通过所有磨损零件后滑油流过的回油管内，且在油滤之前取出油样。显然，这种取样方法必须是在正在运转中的发动机上进行：若系统中油管粗、流速慢，应避免从管子底部取样。

④ 采样周期应根据机器摩擦副的特性、机器的使用情况以及用户对故障早期预报准确度的要求而定。通常，对新的或刚大修后的发动机，应增加取样频率，以判断磨合是否已结束。而对处于正常磨损期内的发动机，系统取样时间间隔为 50 h，对航空液压系统取样间隔也为 50 h。所采油样必须有完整的记录，包括采样日期、大修后的小时数、换油后的小时数和上一次采样后的加油量，以及其他有关机器工作的信息（如左、右发）。

润滑系统中的油滤能改变滑油中磨粒的分布。首先，油滤降低了油液内磨粒的浓度，在有油滤的润滑系统中，存留的磨粒平均要比无油滤系统中的磨粒更新；其次，油滤能有效地排除大磨粒，降低大磨粒的浓度。如果油样取自油滤之前，则油样中含有大量大磨粒，使其产生率偏高，这将有助于探测严重磨损。如果油样是在油滤后取出，严重磨损的探测将受到妨碍。由于大磨粒对采用铁谱分析法进行早期故障预报极为重要，所以应尽可能在油路中油滤之前取样。

取样工具一般为抽样泵、抽油附件、油样瓶、抽油管等。

空军针对油液采样工作规定，采样工作要有专人负责：采样时瓶口不得接触放油嘴；专用采样瓶（即净化瓶）不得随意开启或堆放；采样应避开灰尘（风沙和雨雪）不良环境；采样时手指不得触摸瓶口（不得戴手套）；采样瓶只在采样时方可开启，采样后应立即盖紧；采样后应做好记录（机号、机种、采样部位、油样牌号、单位和日期等）；测试前应用力摇匀油样至少 1 min；取样时间间隔为（25±5）h；取样位置在油箱加油口；采用真空取样器；真空取样器的塑料管为一次性使用等。

针对 AJI-31Φ 发动机滑油采样，空军规定，每飞行日或试车后取样一次；发动机每工作 25 h、50 h、100 h 专项检查时采样一次；对使用时间超过 190 h 的第 22 批发动机每飞行 4~5 h，要增加一次光谱分析；新机或刚翻修过的 AJI-31Φ 发动机首次试车（试飞）后应取滑油样进行光谱分析；发动机装机工作 10 h 以内，每个飞行日结束后进行一次滑油分析；发动机装机工作（17±1）h 时，进行一次滑油光谱分析等。

（3）磨损状态定性分析。

不同的磨损机理，产生尺寸范围不同、几何形状各异的磨粒。因此，磨粒的几何形态和尺寸分布可以用来识别摩擦表面的磨损类型和磨损程度，以确定机件磨损过程。表征磨粒几何形态的形状因子和磨粒的尺寸分布，可采用铁谱片的图像分析法来获得。

铁谱片的图像分析是在图像分析仪上完成的。图像分析仪是利用光学显微镜从铁谱片上采集磨粒图像，并通过显微镜顶部的摄像扫描器与视频模数转换单元，将图像的数字信号送入微处理机，利用软件程序对磨粒的面积、周长、垂直或水平截距以及基准尺寸宽度内的磨粒数量等参数进行分析；也可以将这些参数输入磁盘，利用专门编制的软件程序在其他计算机上计算出各种磨损参数，并利用图形直接显示结果。

在图像分析中，需要区别正常磨损微粒、严重磨损微粒、剥块状磨粒和层状磨粒等各类磨粒，一般定性地从粒度和形状来判断磨粒是属于哪一类。表 7.4 列出各类磨粒间的主要差别，表中的形状因子是磨粒的长轴尺寸与最小方向尺寸之比，即“长度与厚度之比”。长度可用显微目镜测微尺测定；厚度则可以根据分别聚焦在磨粒顶面和铁谱片表面时，工作台移动的距离来确定。

表 7.4　不同磨粒状态下形成磨粒在显微镜下的形态

磨粒种类	粒度（长轴方向）/μm	形状因子（长轴尺寸：厚度）
正常磨损磨粒	长轴尺寸<15	10：1
	长轴尺寸<5	不考虑形状因子
严重磨损磨粒	长轴尺寸>15	>5：1 但<30：1
剥块	长轴尺寸>5	<5：1
层状磨粒	长轴尺寸>15	>30：1

（4）磨损状态定量分析。

反映摩擦表面磨损状态的两个定量信息是油液中磨粒的浓度和尺寸分布。磨粒浓度是指在油样中，大、小磨粒数量之和与油样量（单位为 mL）之比，用铁谱片上磨粒的覆盖面积来表示；磨粒尺寸分布是指在油样中，大、小磨粒数量之差或此差值与和值之比，即大磨粒所占的数量比，在铁谱片上沿长度不同的位置，磨粒覆盖面积值的变化即给出了磨粒的尺寸分布。

从摩擦学可知，所有非正常磨损的出现，均会导致磨粒浓度的增加，即磨损速度的加快；而大部分失效磨损会迅速地改变磨粒的尺寸分布，使大粒度的比例急剧增加，表现出严重磨损。

磨损状态定量分析中定量参数与磨损指标很多。一般说来，主要有分析式铁谱仪从铁谱片上测得的入口区磨粒覆盖面积百分数 A_L 和 50 mm 处的覆盖面积百分数 A_S，A_L 和 A_S 分别代表油样中大、小磨粒的数量；直读式铁谱仪给出相应于油样中的大磨粒读数 A_S 和小磨粒读数 D_S；而在线式铁谱仪则直接给出磨粒浓度 W 和大磨粒百分比 P。

直读式铁谱仪测取的定量参数是光密度值 D_i，即

$$D_i = \lg \frac{I_0}{I_P} \tag{7.5}$$

式中　I_0——透穿过透明玻璃基片的一束光线的亮度；

I_P——透穿过有磨损沉淀层的同一束光线的亮度。

分析式铁谱仪的定量参数是覆盖面积百分比 A_i，即

$$A_i = \frac{A_p}{A_o} = 1 - 10^{D_i} \tag{7.6}$$

式中　A_p——光密度计测量孔的孔径面积；

A_o——沉积在铁谱片上不透明磨粒对光密度计测量孔的覆盖面积。

3 个主要的磨损指标分别如下。

① 磨损烈度指数。如果用大磨粒读数与小磨粒读数之和表示油样中的磨粒量，而用两个读数之差表示尺寸分布，则两项之积定义为磨损烈度指数。

对于分析式铁谱仪，有

$$I_A=(A_L+A_S)(A_L-A_S)=A_L^2-A_S^2 \tag{7.7}$$

对于直读式铁谱仪有

$$I_D=(D_L+D_S)(D_L-D_S)=D_L^2-D_S^2 \tag{7.8}$$

② 磨粒量累积值和尺寸分布累积值。每一个新读数与以前全部读数的总和就可以得到累积值曲线。

对于分析式铁谱仪有 $\sum(A_L+A_S)$ 和 $\sum(A_L-A_S)$；对直读式铁谱仪有 $\sum(D_L+D_S)$ 和 $\sum(D_L-D_S)$。

如果读数值不变，在曲线标点间隔一致情况下，得到两条直线，正常运转的机器将产生两条彼此分开的直线；状况恶化的机器将使两条曲线的斜率均变大，并逐渐靠近。

③ 磨粒浓度和大磨粒百分比。它们为

$$W=\frac{D_L+D_S}{N} \tag{7.9}$$

$$P=\frac{D_L}{D_L+D_S}\times 100\% \tag{7.10}$$

式中　W——磨粒浓度；

N——油样毫升数；

P——大磨粒在磨粒总量中的百分数。

W 和 P 既适用于在线式铁谱仪，也适用于直读式铁谱仪。监测时，先建立正常运转限度内的 W 和 P 的基准线作为比较标准，如果 W 或 P 升高，则表明非正常磨损出现。

上述指标主要用于设备状态监控的磨损失效的早期预报。

7.2.4　滑油理化性能监测

滑油的黏度、水分、氧化性等参数指标反映了滑油本身的性能，对这些参数进行监测与分析称为滑油的理化性能监测与分析。其目的：① 随机监控滑油理化指标的变化情况，确定最经济有效的换油周期，减少磨损故障的发生；② 根据监控结果，对滑油的衰减特性、衰变规律和衰变机理作进一步分析，从而提高滑油使用的科学性、有效性。

1. 黏度

黏度是指当滑油受到外力作用而产生移动时，分子间产生运动阻力的大小。这种阻力通常以内摩擦力的形式出现。黏度大的滑油流动性较差，但形成的油膜强度大，承载能力强；黏度小的滑油流动性好，容易流到间隙小的摩擦面之间，但在载荷比较大时滑油油膜容易受到破坏，从而使摩擦表面产生直接磨损。

根据黏度的不同度量形式，可分为绝对黏度、运动黏度和相对黏度。

测量黏度的方法根据其测量原理，可分为 3 类，即旋转式黏度计、落体式黏度计和毛细管式黏度计。

造成滑油黏度变化的主要原因包括滑油的污染、氧化、水分、温度等。通常滑油的黏度增加不超过 35%，降低不超过 25%。

2. 酸值

酸值是指滑油中酸性物质含量的大小，其数值是指中和 1 g 滑油中酸性物质所消耗的氢氧化钾的毫克数。因此，酸值大小用来衡量滑油使用过程中被氧化变质的程度。酸值越大，说明其有机酸含量越高，对机械零件造成腐蚀的可能性就越大。当滑油中水分指标同时比较高时，腐蚀作用就很明显，酸值大到一定程度就应该换油。

酸值分为强酸值和弱酸值两种，通常所说的酸值是这两种酸值的合并。造成酸值变化的主要原因包括滑油使用错误、滑油使用时间过长、温度过高等。

3. 碱值

碱值是指滑油中碱性物质含量的大小，其数值是指中和 1 g 滑油中碱性物质所消耗的高氯酸的毫克数。碱值分为强碱值和弱碱值两种，通常所说的碱值是这两种碱值的平均值。造成碱值变化的主要原因包括滑油微生物含量、滑油外侵物质的构成等。

4. 闪点

当滑油油温达到一定温度时，滑油蒸气和周围空气的混合气与火源接触，会发生着火的现象。在规定条件下，发生着火的最低温度称为滑油的闪点。闪点反映了滑油挥发性大小，是滑油存储、运输和使用的安全性的重要指标。闪点在 45 ℃以下为易燃品，如汽油的闪点为-60 ℃～-50 ℃，煤油闪点为 40 ℃，均为易燃品；闪点在 45 ℃以上为可燃品，如滑油。

闪点低的滑油挥发性高，容易着火，同时也会造成工作过程中的蒸发损失。

测量闪点的方法有开口杯法和闭口杯法两种。同样的滑油使用不同的方法测出的闪点有差异，一般开口杯法所测的闪点比闭口杯法测得的闪点高。

5. 水分

水分表示滑油中含水量的多少，用质量百分数表示。通常滑油中的水分呈 3 种状态，即游离水、乳化水和溶解水。

滑油中的水分会破坏滑油膜，使润滑效果变差，加速滑油中有机酸的腐蚀作用，同时水分还会造成零件的腐蚀，也会导致滑油中的添加剂失效，也会使滑油的低温流动性变差，造成管路堵塞，影响滑油的循环流动。

6. 机械杂质

机械杂质是指存在于滑油中不溶于汽油、乙醇等溶剂的沉积物或悬浮物，其主要成分为沙石和金属磨屑。

机械杂质主要来源于滑油在加工、存储、使用和运输过程中混入的外来物，如灰尘、沙粒、金属氧化物等。机械杂质的存在将加速设备的磨损过程，也会造成管路、喷油嘴和油滤的堵塞。

7. 抗氧化安定性

滑油在正常使用过程中，在温度升高和氧气、金属等环境因素的影响下，会逐渐氧化变质。把滑油在加热和在金属催化作用下抵抗变质的能力称为滑油的抗氧化安定性。

滑油的抗氧化安定性主要取决于它的化学组成，并与使用条件如温度、氧气量、接触金属类型、接触面积、氧化时间等有关。抗氧化性能差的滑油，在使用时容易变质，生成的酸性物质增多，会加速零件的腐蚀。

除了上述介绍的滑油理化指标之外，还有其他一些指标，如起泡性能、封闭氧化性、封闭热安定性、沉积性能、承载性能、磨损性能、剩余寿命评定等。

表 7.5 中列出滑油在使用中一些常用理化指标的变化情况。表 7.6 中列出一些常用的理化指标的测试方法。表 7.7 中列出一些常用的理化指标与其现场检测仪器的对照。

表 7.5　滑油在使用中理化指标的变化

分类	上升因素	下降因素	说明
黏度	高温氧化、异物污染	燃料稀释、添加剂消耗	
酸值	烃类氧化、含硫燃料燃烧产物污染	高酸值添加剂消耗	使用中会上升
闪点	轻组分蒸发	燃料稀释	
碱值		中和酸性物质消耗	使用中会下降
金属元素	磨损碎屑、外界污染	添加剂消耗	使用中会上升

表 7.6　滑油理化指标测试方法

测试方法	可确定的油液理化指标
戊烷不溶物试验	不溶物含量
黏度试验	黏度
Karl Fischer 试剂试验	水含量
总酸值/总碱值试验	总酸值、总碱值
相对密度试验、闪点试验	闪点
红外分析试验	抗氧化安定性、硝化深度、硫酸盐、磨损性能、燃料水平、积炭水平等

表 7.7　检测仪器及其检测的滑油理化指标对照

仪器名称	测试的理化指标	仪器特点	典型仪器
油料测试仪器工具箱	黏度、总碱值、总酸值、污染度、水分、氧化性能、积炭等	便携式、半定量测试	美国超谱公司 PAI
振荡球黏度计	黏度	操作简单、速度快	
抗氧化剂测定仪	油液剩余寿命	便携式、可进行趋势分析	RULER
滑油积炭浓度红外测量计	积炭浓度	速度快、使用简单	
红外分析光谱仪	水分、积炭、氧化性、硝化、硫酸化等	便携式、测试理化性能参数多、灵敏度高、自动标定	NDIR
颗粒计数计	污染度	可设定颗粒尺寸，准确性高、便携式、操作容易	德国帕玛斯颗粒计数计
污染度监测仪	污染度	便携式、精确度高、操作简单、可进行趋势分析	美国 DIAGNETICS 污染检测仪

习　题

7-1　请简述航空发动机的主要激振源及其特点。

7-2　请简述典型航空发动机振动监测与故障诊断系统的组成。

7-3　航空发动机主要振源有哪些?

7-4　频谱分析技术的关键是什么?

7-5　滑油系统本身常见的故障有哪些?

7-6　请简述油样分析方法的分类及其应用范围。

7-7　请简述油样铁谱分析的基本原理及其优、缺点。

7-8　请简述油样光谱分析的基本原理及其优、缺点。

第8章
无损检测技术及其应用

8.1 无损检测技术概述

无损检测（NDT）是以不改变被测对象的状态和使用性能为前提，应用物理和化学理论，对各种工程材料、零部件和产品进行有效的检验和测试，借以评价它们的完整性、连续性、安全可靠性及力学、物理性能等。

目前，在无损检测技术中广泛利用的材料物理性质有：材料在射线辐射下呈现的性质；材料在弹性波作用下呈现的性质；材料的电学性质、磁学性质、热学性质以及表面能量的性质等。无损检测技术是利用内部组织和结构异常时引起物理量变化的原理，反过来用物理量的变化来推断材料内部组织和结构的异常。无损检测技术主要检测材料和构件的宏观缺陷，其所表征的是材料和构件中宏观组织结构的特点，对于微观缺陷的检测，一般来说是很困难的。

目前，应用于航空发动机维修最为常用的无损检测方法主要包括以下几个。

- 磁粉检测（PT）。
- 渗透检测（MT）。
- 涡流检测（ET）。
- 超声检测（UT）。
- 射线检测（RT）。

前3种方法主要是针对被检物的表面及近表面的缺陷，后两种主要是针对被检物内部的缺陷。同时，声发射检测、红外检测、激光全息无损检测、声振检测法及微波无损检测等无损检测新方法也逐渐得到了广泛的应用。

无损检测的特点如下。

（1）无损检测不会对构件造成任何损伤。

（2）无损检测为查找缺陷提供了一种有效方法。

（3）无损检测能够对产品质量实现监控。

（4）无损检测能防止因产品失效引起的灾难性后果。

（5）无损检测具有广阔的应用范围。

无损检测的结果必须与一定数量的破坏性检测结果相比较后，才能对无损检测的方法和结果做出合理的评价；否则是没有根据的。

无损检测应该在对材料力学性能或工件的质量有影响的每一道工序之后进行。例如，焊缝的检测，当考虑到热处理所引起的质量变化时，必须在热处理之前和之后分别进行无损检测。以高强度钢焊缝为例，它的裂纹是在焊接后几小时后才开始发生，而后逐步扩大，因此如果焊接后过早的检查，则检查后还会发生很多裂纹，所以通常至少要放一昼夜后再作检查。

无损检测结果的可靠性与被检工件的材质、形状、组成、表面形状、所采用物理量的性质以及被检工件异常部位的状态、形态和检测装置的特性等关系很大。为了进一步提高无损检测结果的可靠性，必须选择适合于异常部位的检测方法和检测规范，需要预计被检工件异常部位的性质，然后确定最适当的检测方法和能够发挥检测方法最大能力的检测规范。

在航空发动机的使用过程中，无损检测的主要任务是保证航空发动机的结构完整性。除了要对发动机使用手册中规定的内容进行检测外，在特殊情况下还要对发动机的特殊部位和区域进行检测。

8.1.1 发动机延寿工作中的无损检测

在老龄发动机的延寿工作中，无损检测发挥着重要的作用。在延寿发动机的无损检测方面应注意以下几点。

（1）发动机所有区域都要检测。

（2）检测以日历间隔为基础。

（3）腐蚀分为轻微、严重和最严重三类，确认后采取不同措施。

老龄发动机一般都有自己的探伤工艺，关键在于应对每一机型重新制定一“附件检测文件”，在原有的探伤工艺中补充一些检测项目，以发现一些不可预见的疲劳损伤。我国已在某大修机的延寿工作中采用了无损检测技术。

8.1.2 新机新材料的无损检测

各种新型飞机和发动机大量使用新材料，特别是钛合金和复合材料。对于钛合金和复合材料使用常规的超声波探伤方法都不很合适。对于复合材料，基本要求是能够大面积检测其脱黏、分层及性能退化等。因此，非接触式检测技术更能发挥作用。目前，空气耦合超声波检测、激光超声和红外成像等技术在现场和外场检测中已被广泛应用。研制出在维修时能有效实施大面积检测的无损检测方法，是另一应当重视的任务。某型航空发动机在工作到125 h时要进行二级涡轮叶片的涡流探伤，以往的方法是利用涡流探伤仪逐片进行探伤，工作效率比较低。阵列涡流检测技术对于检测涡流叶片根部裂纹具有极佳应用前景。全波形记录也是一种重要的检测方法，存储的超声波形可用于扫查后分析，它对航空发动机重要部件的全寿命检测也可起到重要作用。

8.2 超声检测

超声检测是工业上无损检测的方法之一。超声波进入物体遇到缺陷时，一部分声波会产生反射，发射和接收器可对反射波进行分析，就能异常精确地测出缺陷来，并且能显示内部缺陷的位置和大小、测定材料厚度等。超声检测具有穿透能力好、检测灵敏度高、能对缺陷定位和定量以及检测仪器携带方便等优点。

超声检测通常用于锻件、焊缝及铸件等的检测。可发现工件内部较小的裂纹、夹渣、缩孔、未焊透等缺陷。被探测物要求形状较简单，并有一定的表面光洁度。为了成批地快速检查管材、棒材、钢板等型材，可采用配备有机械传送、自动报警、标记和分选装置的超声探伤系统。除探伤外，超声波还可用于测定材料的厚度，使用较广泛的是数字式超声测厚仪，其原理与脉冲回波探伤法相同，可用来测定化工管道、船体钢板等易腐蚀物件的厚度。利用测定超声波在材料中的声速、衰减或共振频率可测定金属材料的晶粒度、弹性模量（见拉伸试验）、硬度、内应力、钢的淬硬层深度、球墨铸铁的球化程度等。此外，穿透式超声法在检验纤维增强塑料和蜂窝结构材料方面的应用也已日益广泛。超声全息成像技术也在某些方面得到应用。超声波探伤在航空发动机的故障诊断中起着重要的作用。

8.2.1　超声检测原理

超声波是频率高于 20 kHz 的机械波。在超声探伤中常用的频率为 0.5～10 MHz。这种机械波在材料中能以一定的速度和方向传播，遇到声阻抗不同的异质界面（如缺陷或被测物件的底面等）就会产生反射。这种反射现象可被用来进行超声波探伤，最常用的是脉冲回波探伤法。探伤时，脉冲振荡器发出的电压加在探头上（用压电陶瓷或石英晶片制成的探测元件），探头发出的超声波脉冲通过声耦合介质（如机油或水等）进入材料并在其中传播，遇到缺陷后，部分反射能量沿原途径返回探头，探头又将其转变为电脉冲，经仪器放大而显示在示波管的荧光屏上。根据缺陷反射波在荧光屏上的位置和幅度（与参考试块中人工缺陷的反射波幅度作比较），即可测定缺陷的位置和大致尺寸。除回波法外，还有用另一探头在工件另一侧接收信号的穿透法。利用超声法检测材料的物理特性时，还经常利用超声波在工件中的声速、衰减和共振等特性。

超声波是一种弹性波，弹性波是依靠弹性介质中的质点而传播的机械振动。它的产生要具备两个条件：一有做机械振动的声源；二有能传播机械波的弹性介质。超声波波长很短，具有方向性好、能量高、穿透力强等特点。无损检测中使用的波长为毫米数量级。超声波像光波一样具有良好的方向性，可以定向发射，在被检材料中发现缺陷。超声波能量高，频率高于声波，能量远大于声波的能量。超声波探伤中利用了几何声学的一些特点，如在介质中直线传播，遇界面产生反射、折射和波形转换等。

超声检测的原理是利用超声波在介质中传播的特点。当超声波在介质中传播时，在不同性质的介面将发生反射、折射和复杂的波型转换，使超声波被吸收和散射，检测、分析反射信号或透射信号即可实现对缺陷的检测。目前使用最多的是脉冲反射超声探伤技术。当缺陷的延伸面垂直于超声波束时，最利于超声检验。因此，检验结果与检验时的操作密切相关。

8.2.2　超声检测仪器与探头的选择

超声检测仪器的选择应从探伤对象的材料和缺陷存在的状况来考虑，选择最合适的探头，因为探头的性能是检测缺陷的关键，而探伤装置本身应使探头的性能获得充分发挥。在考虑探伤操作要求的同时要决定是否需要自动化，同时考虑选择试块、辅助工具和耦合剂等。超声波探伤仪种类繁多，下面主要介绍 B 型探伤仪。B 型探伤仪原理框图如

图 8.1 所示。

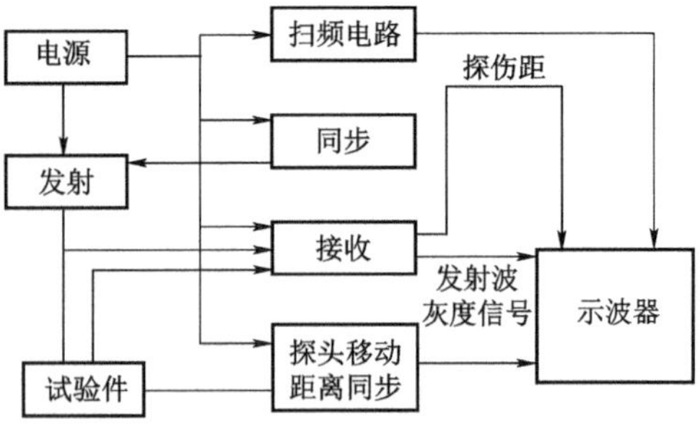

图 8.1　B 型显示探伤仪原理框图

B 型探伤仪主要由同步、发射、扫描、放大、显示和机械连接等部分组成。同步信号触发发射电路使换能器发射出超声波，同时还激发 Y 轴扫描电路，将锯齿波电压加到示波管的 Y 轴偏转板上。随换能器位置变化的直流电压加到 X 轴偏转板上。换能器接收到回波信号经放大电路放大后，加到示波管的栅极，进行扫描宽度调制。示波管的荧光屏是由长余辉磷光物质组成的，在电子束停止射落到屏上好久之后仍能继续发光；这样当换能器在试件上沿一直线移动时，在屏上可展示出沿换能器扫描线所取的横截面上、前表面、后表面即内部反射面的位置取向和深度。

目前应用最广、数量最多的超声波探头是以压电效应为原理的超声换能器，它将来自发射电路的电脉冲加到压电晶片上，变成同频率的机械振动，从而向被测对象发射出超声波；同时它又将声场中反射回来的声信号转换成电信号，送入接收放大电路，变为可供在荧光屏上观察或判断的检测信号。探头的主要性能指标除频率外，还有检测灵敏度和分辨力。检测灵敏度是指探头与探伤仪配合起来，在最大深度上发现最小缺陷的能力，它与探头的换能性能有关，辐射频率高、接收灵敏度高的探头，检测灵敏度也高。检测分辨力可分为横向分辨力和纵向分辨力，纵向分辨力指沿声波传播方向，对两个相邻缺陷的分辨能力，脉冲越宽，频率越高，分辨力越高；横向分辨力指在声波传播方向上对两个并排缺陷的分辨能力，探头发出的声束越窄，频率越高，则横向分辨力越高。

8.2.3　超声检测的优点和局限性

1. 优点

（1）超声强度足够低，最大作用应力远低于弹性极限。

（2）可用于金属、非金属、复合材料制件的无损评价。

（3）仅需从一侧接近试件。

（4）设备轻便，对人体及环境无害，可作现场检测。

（5）穿透能力较大，如在钢中的有效探测深度可达 1 m 以上。

（6）对平面型缺陷如裂纹、夹层等，探伤灵敏度较高，并可测定缺陷的深度和相对大小。

（7）设备轻便，操作安全，易于实现自动化检验。

2. 局限性

（1）对材料及制件缺陷作精确的定性、定量表征仍须作深入研究。

（2）不易检查形状复杂的工件，要求被检查表面有一定的光洁度，并需有耦合剂充填满探头和被检查表面之间的空隙，以保证充分的声耦合。

（3）对于有些粗晶粒的铸件和焊缝，因易产生杂乱反射波而较难应用。

（4）超声检测还要求有一定经验的检验人员来进行操作和判断检测结果。

8.2.4　超声检测在航空发动机维修中的应用

1. 某型航空发动机一级压气机叶片的检查

图 8.2 所示为某型发动机压气机叶片。首先用擦布将叶片表面擦拭干净，然后将探头放在叶片进气边的叶尖上，保持良好的耦合，进行逐片检查。在检查过程中，注意始终保持底波达到饱和高度。如果在刻度线上“7”到“9”的范围内出现波形，叶片表面无其他缺陷，便可判为裂纹波。最后用磁粉法或渗透法予以验证。

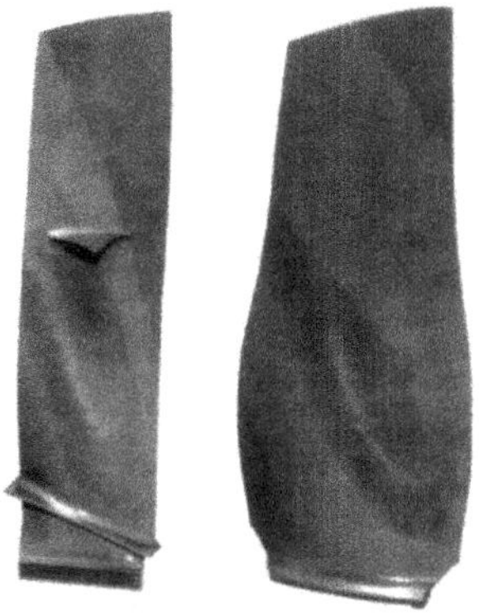

图 8.2　某型航空发动机的压气机叶片

2. 某型航空发动机放气带的检查

某型航空发动机的放气带主要用于发动机防喘振，发动机转速在 9 200 r/min 以下时，放气带打开，转速在 9 200 r/min 以上时，放气带关闭。放气带位置如图 8.3 所示。

图 8.3　某型航空发动机放气带位置

探测时，把探头从发动机舱盖后部、机身 20 框与发动机夹缝处伸进去，让探头恰好落在放气带第 7 号螺钉固定点上，使超声波波束指向放气带下部，并保证探头与放气带之间耦合良好。然后，将探头从放气带的一边缓慢移动到另一边。在检查过程中，注意观察荧光屏是否有缺陷波存在。根据缺陷波在刻度线上的位置，判定什么位置存在裂纹。最后用磁粉法予以验证。

3. 航空发动机压气机叶片超声波检测信号的小波分析

小波，顾名思义，就是小的波形。与傅里叶变换相比，小波变换是时间（空间）频率的局部化分析，它通过伸缩平移运算对信号（函数）逐步进行多尺度细化，最终达到高频处时间细分，低频处频率细分，能自动适应时频信号分析的要求，从而可聚焦到信号的任意细节，解决了傅里叶变换的困难问题，成为继傅里叶变换以来在科学方法上的重大突破。有人把小波变换称为“数学显微镜”。

超声检测回波信号是非稳态信号，具有时变特性，而缺陷信号是突变信号。超声检测回波信号常常伴随各式各样的干扰波，微小缺陷的回波信号微弱，易被噪声湮没。目前应用的以傅里叶变换为基础的信号处理技术不具有时频局部化特性，难以有效提取超声检测缺陷的特征信号。而小波的“变焦距”特性使得小波分析在时域和频域中都具有良好的分析能力，是一种理想的分析非稳态信号的方法，适于对超声脉冲回波信号的分析。但小波分析中所用到的小波函数具有不唯一性，应用不同小波基分析同一个问题会产生不同的结果，缺乏可比性和规范性，给超声检测信号的分析带来困难。袁英民从工程应用背景分析了小波基的各种特性，根据超声检测回波信号的特点，采用4种不同的小波函数，对某型航空压气机叶片超声检测信号进行分析处理。研究表明，sym4小波是一种较为理想的用于处理航空发动机叶片超声检测信号的分析方法，并验证了处理超声检测信号的小波基的一般选取原则。

4. 航空发动机涡轮叶片相控阵超声检测

涡轮的任务是将热燃气的能量转换成机械能为驱动压气机和附件提供功率。在涡轮螺旋桨和涡轮轴发动机中它还为螺旋桨和旋翼提供轴功率。涡轮的工作是从燃烧室出来的燃气中吸收能量，并将其膨胀到较低的压力和温度，产生扭矩。航空发动机的涡轮叶片裂纹是危害飞行安全的重要因素，即使是微小的裂纹对飞机都可能造成无法挽回的后果。为了飞机的飞行安全必须寻找有效的检测手段，及时检测出飞机存在的危险因素。

随着工业对无损检测技术要求的不断提高，相控阵超声检测技术以其常规超声检测技术所无法比拟的优势而逐渐被广泛关注。与传统的超声检测技术相比，相控阵超声检测技术采用电子方法控制声束聚焦和扫描，可以在不移动或少移动探头的情况下进行快捷的扫查来提高检测速度；具有良好的声束可达性，能对复杂几何形状的工件进行探查；通过优化控制焦点尺寸、焦区深度和声束方向，可使检测分辨率、信噪比和灵敏度等性能得到提高。江文文针对航空发动机涡轮叶片裂纹准确检测难的现象，比较了传统超声波无损检测和相控阵超声检测的方法，通过试验证明了相控阵超声检测具有超越传统超声波检测方式的优势：① 能够选择合适的波束角度及聚焦深度，完成复杂几何形状工件的全面扫描检查；② 可以多角度多波束，非常快速全面地覆盖工件要测部分，检测结果更加客观可信。

某航空发动机涡轮叶片4件，相控阵超声检测方式如图8.4所示。直探头位于被测试件上表面，相控阵超声波通过电子的方式控制超声波入射角度，使探头发出波束对特定的扫描区域进行扫描。相控阵超声检测采用阵列传感器形式，共有16个阵元，每个阵元宽度是1 mm，长度是10 mm，间距为0.5 mm。传感器的中心工作频率为5 MHz。采用直探头横波形式，扫查类型是扇形，扫查范围为35°~75°。扫查分辨力为0.5。

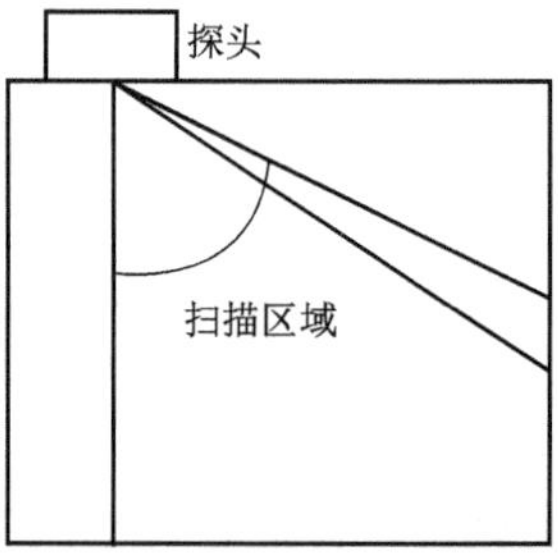

图8.4　相控阵超声检测方式

8.3　涡流检测

涡流检测是以电磁感应为基础的无损检测技术，只适用于导电材料，因此主要应用于金属材料和少数非金属材料（石磨、碳纤维复合材料）的无损检测。

1897年，Hughes利用感生电流的方法对不同金属和合金进行的判断试验，揭示了利用涡流对导体材料进行检测的可能性。自20世纪70年代以来，电子技术及计算机技术和信息理论的高速发展，为无损检测技术的发展奠定了基础。我国自20世纪60年代开始涡流检测的研究工作，并先后研制成功了一系列检测系统。这些设备在我国的航空航天、冶金、机械、电力、化工、核能等领域中发挥着越来越重要的作用。

8.3.1 涡流检测原理

根据电磁感应原理，导电材料在交变磁场作用下将产生涡流，导电材料的表面层和近表面层的缺陷影响所产生涡流的大小和分布，涡流的反作用又使检测线圈的阻抗发生变化。因此，通过检测线圈阻抗的变化，就可以得到被检材料有无缺陷的结论。涡流和涡流磁场包含了金属工件的电导率、磁导率、裂纹缺陷等信息。因此，只要从线圈中检测出有关信息，如从电导率的差别，就能得到纯金属的杂质含量、时效铝合金的热处理状态等信息，这是利用涡流方法检测金属材质的基本原理。

交变的感生涡流渗入被检材料或工件的深度与其涡流频率的 1/2 次幂成正比。鉴于常规涡流检测使用的频率较高（数倍到数兆赫兹），渗入深度通常较浅，因此一般来说涡流检测是一种检测表面或近表面的无损检测方法。

8.3.2 涡流检测的优点和局限性

1. 优点

(1) 不需要耦合剂，与试件既可接触也可不接触。

(2) 对管、棒、线材易于实现自动化。

(3) 能在高温、高速下进行检测。

(4) 能进行多种测量，并能对疲劳裂纹进行监控。

(5) 工艺简单，操作容易，检测速度快。

2. 局限性

(1) 只适合导电材料表面和近表面的检测。

(2) 难以判断缺陷的种类、形状和大小。

(3) 干扰因素较多，需要特殊的信号处理技术。

(4) 对于形状复杂的零件进行全面检查时，检查效率低。

8.3.3 涡流检测技术可检测的主要项目

对工件中涡流产生影响的主要因素有电导率、磁导率、缺陷、工件的形状与尺寸以及线圈与工件之间的距离等。涡流检测技术可以检测的项目分为探伤、材质试验和尺寸检查 3 大类。

(1) 探伤主要是对金属试件材料的不连续性进行检测，典型应用包括：管、棒、线、板材的探伤；疲劳裂纹的监视，如发动机涡轮叶片、压气机叶片、轮盘、起落架轮毂的裂纹监视；飞机维护及管道系统的维护检查；机制件的探伤。

(2) 材质试验主要是对材料电导率 σ 和磁导率 μ 的检验，典型应用包括：测试金属试件的电磁参数；金属热处理状态的鉴别；金属材料的分选；金属成分含量、杂质含量的鉴别。

(3) 尺寸检查即厚度及位移等的测量，主要是检测提离效应、厚度效应、充填效应。典型应用包括金属试件上涂、镀等膜层测量；板材测厚；位移、振动测量；液面位置、压力等的监测；试件尺寸、形位测量。

8.3.4 涡流的趋肤效应和渗透深度

当交变电流通过导体时，分布在导体横截面上的电流密度是不均匀的，即表层电流强度最大，越靠近截面的中心电流密度越小，这一现象即趋肤效应。将涡流密度衰减为其表面密度的 36.8%时对应的深度定义为透入深度，其数学表达式为

$$d=\frac{503}{\sqrt{f\mu_r\gamma}}\quad(\mathrm{m})\tag{8.1}$$

式中 d——透入深度，m；

f——交变电流的频率，Hz；

μ_r——材料的磁导率，H/m；

γ——材料的电导率，S/m；

由式（8.1）可知，f、μ_r 和 γ 越大，则 d 越小，即工件表面处涡流密度最大，它的检测灵敏度最高；离工件表面越深，涡流密度越小，检测灵敏度越低。因此，应根据检测深度要求，合理地选择涡流检测频率。

8.3.5 涡流检测仪器

涡流检测仪器主要由振荡器、测量系统、分析系统、记录器、显示器和自动分选装置组成，如图 8.5 所示。

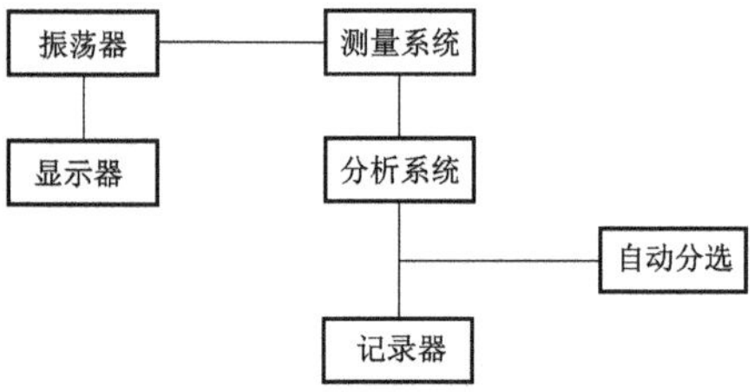

图 8.5 涡流检测仪器组成框图

振荡器是一个正弦信号发生器，主要用来激励测量系统，同时它输出的正弦电压也作为参考相位。测量系统包括探头和测量电路。分析系统的作用是把有用信号从干扰信号中分离出来，或者是把几种有用的信号相互分开。显示器通常为示波器，用来显示测量系统的平衡状态，显示探头线圈阻抗的变化和缺陷的波形。记录器记录测试结果，以及和标准样品的记录进行比较，判定工件是否合格。自动分选装置对被检工件进行分类，在工件上对发现缺陷的部位进行喷漆标记。

下面介绍涡流检测在航空发动机维修中的应用。

1. 某型航空发动机二级涡轮叶片的涡流探伤

某型航空发动机使用中由于二级涡轮盘榫齿裂纹、断裂导致叶片甩出，击穿机匣，曾发生多起等级事故。

例如，1972 年 10 月，1305188 号发动机工作了 95 h35 min，地面开车时，有 6 片涡轮叶片飞出，飞机被击穿，造成三等事故。

为了避免此类故障再次发生，空装部下发技术通报要求该型发动机工作到 125 h，须利用涡流探伤仪对二级涡轮叶片榫齿进行探伤。

探伤所需设备为 WT-5 型涡流探伤仪（或同类型仪器）。参考试件为有自然裂纹的发动机二级涡轮叶片。将二级涡轮叶片从发动机上分解下来，用汽油清洗干净，并用高压空气吹干，如图 8.6 所示。

探伤步骤如下：

先对仪器进行标定，然后将探头的感应点放在被检叶片的第一榫槽内，并使探头从榫槽的一端匀速地移动到另一端，在移动中注意探头轴线与被检表面保持垂直，对探头的压力要均匀，用力不宜过大，只要轻轻接触即可。探头移到槽的端头边缘时，发生报警现象，是边缘效应引起的干扰信号。当探头移到中间部位（距边缘 6 mm 以上），如电表指针发生突然正偏转，则可能是裂纹信号。用涡流法检查出来的有裂纹的叶片，应再用渗透法验证。

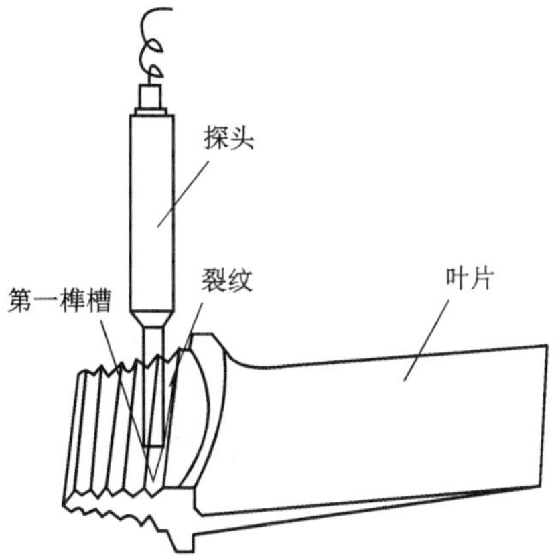

图 8.6　某型航空发动机二级涡轮叶片的涡流探伤

注意事项如下：

（1）如多台发动机同时检查，应注意叶片不可串台。

（2）探伤时要特别小心，防止叶片掉在地上。

（3）应定期校正仪器。

2. 某型航空发动机涡轮盘疲劳裂纹的监视

在容易产生疲劳裂纹的涡轮盘叶根附近放置涡流探头，一旦旋转工作的涡轮盘在叶根附近出现疲劳裂纹，涡流探伤仪上便会指示，及时发现试件上产生的缺陷，如图 8.7 所示。

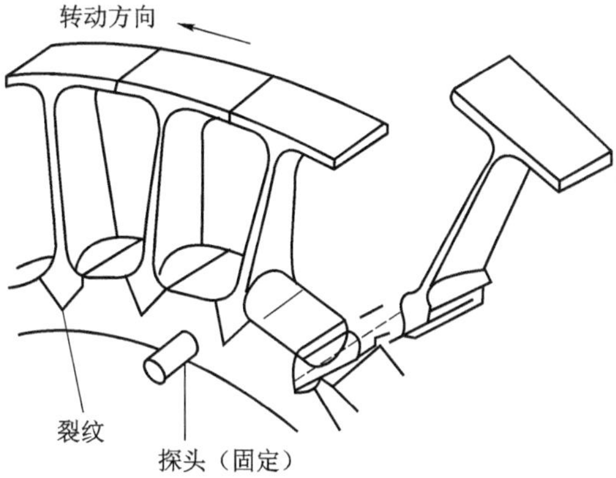

图 8.7　某型航空发动机涡轮盘疲劳裂纹的监视

3. 某型航空发动机篦齿盘裂纹的原位涡流检测

某型航空发动机篦齿盘是压气机上的一个重要部件，文献［5］给出了其照片，如图 8.8 所示。篦齿盘外圆周上有 32 个均压孔，图中白色区域的均压孔上已经产生了裂纹缺陷。篦齿盘在工作状态下会受到弯曲振动应力，均压孔为应力集中的地方，其两侧容易产生很细窄的疲劳裂纹。裂纹起始于篦齿盘的端面均压孔，深度由浅逐渐加深至裂透，长度也逐渐加长，如果继续发展就会导致篦齿盘破裂。

图 8.9 所示为其中某一个均压孔产生裂纹的局部放大图，箭头所指的即为均压孔边产生的裂纹缺陷。涡流检测对这种细窄形裂纹具有很高的检出灵敏度。

图 8.8　某型航空发动机压气机篦齿盘

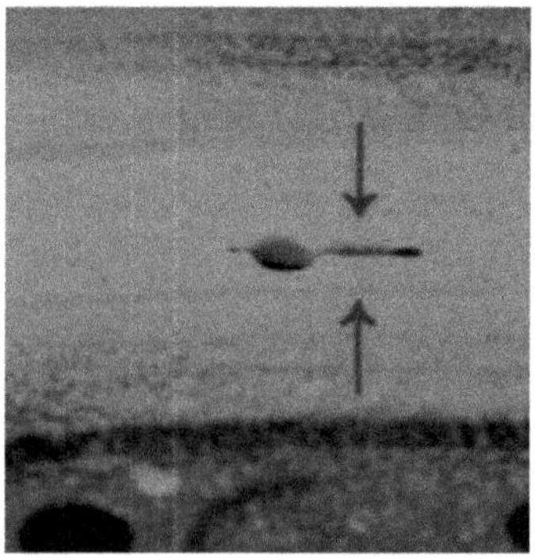

图 8.9　孔边裂纹局部放大图

采用涡流检测法对篦齿盘均压孔进行原位无损检测，在试验中根据篦齿盘的材料和均压孔裂纹缺陷的特性，取正弦激励的频率为 400 kHz。当涡流探头插入篦齿盘标准试件的均压孔中，根据检测信号的幅度变化情况判断是否有裂纹缺陷。图 8.10 所示为均压孔边没有裂纹时的检测信号“时间-幅度”波形，而图 8.11 所示为均压孔边有裂纹时检测信号的“时间-幅度”波形。从图 8.10 中可以看出，如果均压孔边没有裂纹，则检测信号的幅度几乎不发生变化，如果均压孔边出现裂纹，则检测信号的幅度发生明显变化，因此采用幅度鉴别法可以自动判断有无裂纹缺陷。

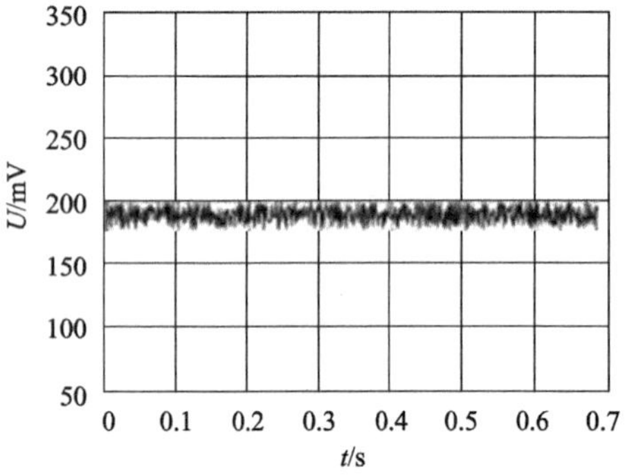

图 8.10　没有裂纹时的波形

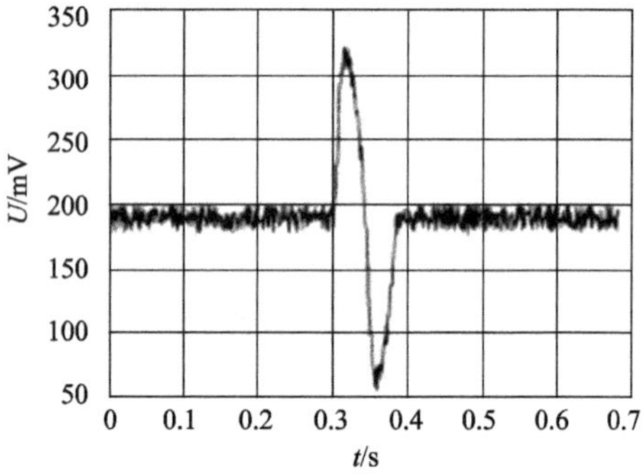

图 8.11　有一个裂纹时的波形

8.4　磁粉检测

8.4.1　磁粉检测原理

磁粉检测是利用磁现象来检测铁磁材料工件表面及近表面缺陷的一种无损检测方法。磁粉检测方法是霍克于 1922 年提出的，他在磨削钢制工件时，发现被磨削下来的铁屑经常在工件上形成一定的磁痕，磁痕的形状总是与工件上的裂纹形状保持一致，于是他提出了利用这一现象检验工件表面裂纹的构想。目前，磁粉检测技术得到了广泛的研究，各种磁化方法、检验方法得到了开拓发展；磁粉检测的应用遍及工业领域，如机械、航空、航天、化工、石油、造船、冶金、铁路等行业。

其基本原理：当工件被磁化时，若工件表面及近表面存在裂纹等缺陷，就会在缺陷部位形成泄漏磁场（漏磁场），泄漏磁场将吸附、聚集检测过程中施加的磁粉，形成磁痕，从而提供缺陷显示，如图 8.12 所示。

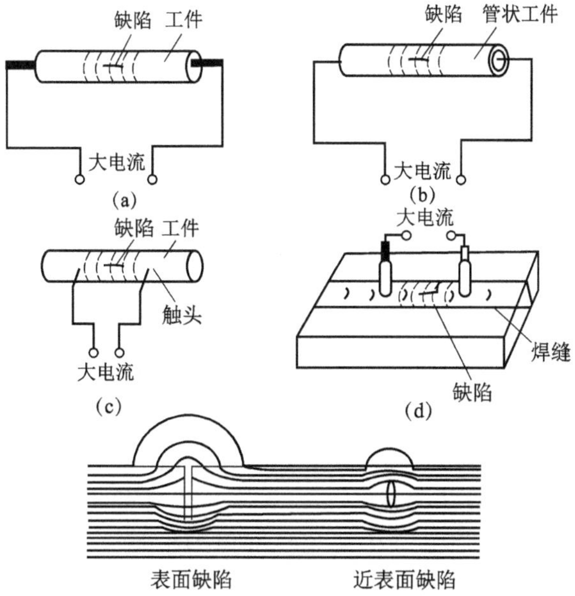

图 8.12　磁粉检测原理

8.4.2　磁粉检测的优点和局限性

1. 优点

（1）显示直观。磁粉直接附着在缺陷位置上形成磁痕，能直观地显示缺陷的位置、大小。

（2）检测灵敏度高。可检测的最小缺陷宽度可达 0.1 μm。

（3）适应性好。

（4）效率高、成本低。

2. 局限性

（1）只适用于检测铁磁性金属材料（如碳钢、合金结构钢）。

（2）只能检测工件表面或近表面缺陷，不能检出内部缺陷。

（3）难以定量缺陷的深度。

（4）通常都用目视法检查缺陷，磁痕的判断和解释需要有一定的技术经验和素质。

8.4.3　磁粉检测在航空维修中的应用

1. 某型发动机叶片的磁粉检测

用煤油将叶片清洗干净，将探伤仪两个卡头分别放在裂纹两侧，让磁力线垂直穿过裂纹。按压手柄上的开关，以接通电源，对叶片进行充磁。叶片充磁的同时，在卡头中间浇注磁悬液。仔细观察被检测部位（必要时用放大镜）。如有线状磁粉聚集，形成峰状，并有尖锐的尾巴者则为裂纹。将探伤仪手柄的开关按下，使仪器在检查部位由近至远地多次拿开，方可将剩磁退掉。

2. 磁粉探伤橡胶铸型法（MT-RC 法）在飞机维修中的应用

磁橡胶探伤法可用来解决飞机上难以直接观察到的部位的磁粉探伤问题，该方法是将磁粉与掺有催化剂的室温硫化液体硅橡胶混合成悬浮液，浇注在已经磁化了的部件表面，在橡胶内的磁粉由于部件缺陷上的漏磁场作用而被吸附和积聚，橡胶充分硫化后凝固，最后取出凝固了的橡胶铸件，在白光下观察有无缺陷。这种探伤方法固化时间需要 6 h 左右。

中航工业 621 所在磁橡胶探伤法的基础上，发明了一种新型的无损检测方法，即 MT-RC 法，它与磁橡胶探伤法的区别在于橡胶内没有混入磁粉，橡胶仅仅用来复制磁粉探伤所显示的缺陷磁痕，且固化时间大为缩短。其工作原理是将要检测的部位处理干净，用常规的磁粉探伤方法磁化，即在有缺陷的部位产生漏磁场，浇注磁悬液后，在漏磁场处，磁粉将被吸附形成磁痕，然后把加有硫化剂的室温硅橡胶注入已磁化的部位上，待橡胶固化后，将铸型取出，此时缺陷的磁痕已镶入橡胶铸型上，可直接用肉眼或放大镜观看缺陷磁痕，对于极小的早期裂纹的磁痕，可用双目立体显微镜观察。MT-RC 法适用于内孔和盲孔等无法目视观察部位的检测，橡胶铸型能展现孔内的全貌和记录全部缺陷，复印的磁痕可作永久性的记录保存。

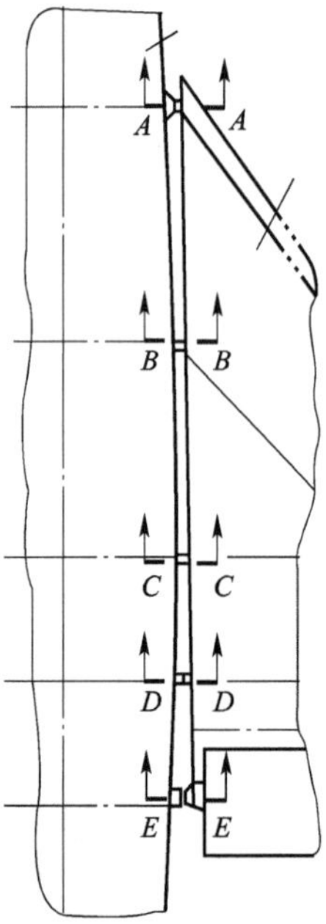

图 8.13　某歼击机机翼在机身上的安装

某歼击机的机翼是用 5 个对接接头悬挂在机身上的（见图 8.13），接头材料为 30CrMnSiA，接头孔为 ϕ30 mm，而接头是承载的主要部位，易产生疲劳裂纹和磨损等缺陷。利用磁粉探伤橡胶铸型法对接头孔的探伤方法如下：

在对接情况下，采用穿棒法通电磁化，下端用橡皮垫密封好，并浇注磁悬液，再将配制好的硫化硅胶注入螺栓孔中，大约 1 h 后橡胶液固化，取出固化的橡胶铸型，即可检出长在 0.05 mm 以上的微裂纹和不同程度的局部磨损。

MT-RC 法可用于检测孔径大于 3 mm 的孔内壁表面。该方法的优点是对比度好、灵敏度高，所采集的缺陷迹痕标本便于长期保存。

8.5　射线检测

射线检测法是德国物理学家伦琴在暗室中做放电试验时发现的，他用黑色硬纸把放电管密封起来，无意中发现放在附近的涂有荧光材料的纸板竟然发出了辉光。伦琴把这种射线称为“X”，X 射线因此得名。为此伦琴获得首届诺贝尔奖，这种射线被称为伦琴射线。在第二次世界大战期间，随着飞机等军事工业的发展，美国、苏联等工业先进国家为了保证战斗机的安全，在飞机和发动机制造过程中开始应用 X、γ 射线对飞机和发动机的重要零部件进行射线探伤，使得这一方法逐步成熟并趋向应用。

8.5.1　射线检测原理

射线检测原理是当其穿过物质时，因被物质吸收和散射，强度会发生衰减。衰减程度与物质的性质和厚度有关，密度或厚度越大，衰减越大。若被检件有孔洞等缺陷，透过缺陷处的射线强度就大，进而使射线胶片相应处的曝光量增多，暗室处理后呈现较黑的缺陷影像，从而达到检验零件内部质量的目的。

8.5.2　射线检测的优点和局限性

1. 优点

(1) 能准确、可靠地显示材料内部缺陷。

(2) 能显示制作材料成分的明显变化。

(3) 可以显示密封组件的内部结构。

(4) 显示结果为永久性记录，以资作为凭证。

2. 局限性

(1) 难检测与射线方向垂直的面型缺陷。

(2) 检测设备投资大，检测费用较贵。

(3) 检测过程较复杂，周期较长。

(4) 需要严格的防护措施。

8.5.3　射线检测的适用范围

射线检测可以进行内部质量检测、厚度检测、零部件内部结构检测、多余物检测。内部质量检测包括铸件、焊件、锻件、复合材料、蜂窝结构的检测；厚度检测包括规则材料的厚度检测和镀层的厚度检测；也可对飞机和发动机的内部多余物进行检测。

8.5.4　射线检测在航空发动机维修中的应用

随着电子技术及计算机技术的发展，基于平板探测器的 X 射线实时成像检测已被应用到航空领域。平板探测器的像元尺寸可小于 0.1 mm，因而其成像质量及分辨率几乎可与胶片照相媲美，同时它还克服了胶片照相中表现出来的缺点，并为图像的计算机处理提供了方便。

以平板探测器实时成像系统获取的航空发动机叶片 X 射线数字图像为研究对象，提出一种缺陷自动提取方法，它基于多幅 X 射线数字图像进行缺陷自动检测，将立体视觉算法引入数字图像处理领域，即在将图像处理算法运用于 X 射线数字图像处理的同时，还充分利用了多幅图像之间的几何关系，使两者很好地结合起来，该方法能正确提取被测试件的缺陷，减小缺陷的误判率。

图 8.14 是某型航空发动机涡轮叶片的 X 射线数字图像，可以看出，该涡轮叶片的数字图像对比度较低，叶片图像本身就占据了较宽的灰度范围，而缺陷部分的灰度级极有可能在此范围之内，因此运用一般的阈值分割方法很难将缺陷部分单独分离出来。

研究者提出了一种基于数学形态学滤波和多视角算法的 X 射线数字图像缺陷提取方法：以从不同视点投影得到的 3 幅发动机叶片图像为研究对象，将 X 射线数字图像的识别过程分为缺陷和缺陷跟踪两步，即先进行缺陷提取得到潜在的缺陷，然后利用真缺陷在不同方向X射线投影间的相互几何关系，运用立体视觉算法跟踪得到真缺陷，并去除伪缺陷，从而提高缺陷检测正确率，降低误判率。

图8.15所示为利用数学形态学滤波的缺陷提取结果，从图8.15看出，①和②为涡轮叶片上的缺陷。

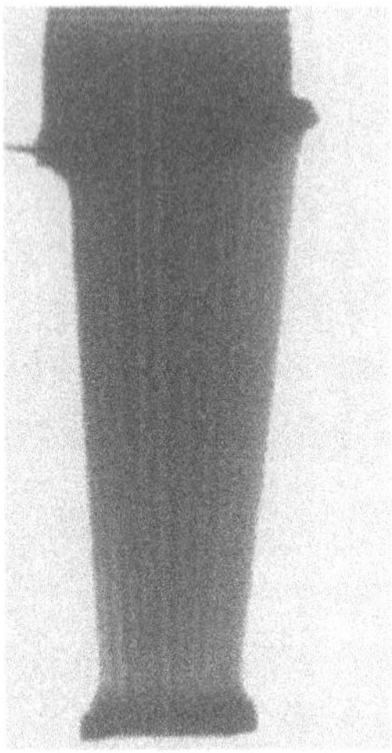

图8.14 某型航空发动机涡轮叶片的X射线数字图像

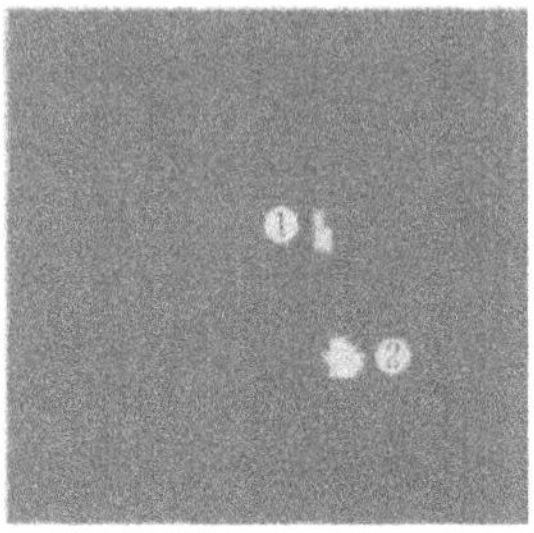

图8.15 基于数学形态学滤波的缺陷提取结果

综上所述，基于数学形态学滤波的潜在缺陷提取方法提高了缺陷处理速度，并能处理任意角度下的航空发动机叶片图像，有效降低X射线检测中的缺陷误判率。

8.6 渗透检测

8.6.1 渗透检测原理

渗透检测习惯上又称为渗透探伤，就是把被检测的构件表面处理干净后，使渗透液与受检件表面接触，由于毛细作用，渗透液将渗透到表面开口的细小缺陷中去。然后去除零件表面残存的渗透液，再用显像剂吸出已渗透到缺陷中去的渗透液，从而在零件表面显出损伤或缺陷的图像。随着航空、航天、船舶等工业的高速发展，渗透检测技术在铝合金、镁合金、高温合金、玻璃钢等非磁性材料中得到了广泛的应用。

渗透检测分为着色法和荧光法，其原理是相同的，着色法是在可见光下观察缺陷，而荧光法是在紫外线灯的照射下观察缺陷，渗透探伤过程如图8.16所示，具体步骤如下：

（1）为一有缺陷试件。

（2）将渗透液喷涂后用毛刷均匀地涂抹于工件表面。

（3）渗透剂和环境温度保持在15 ℃~40 ℃，停留时间最少为15 min，清洗试件上多余的渗透剂。

（4）在试件上涂上显像剂。

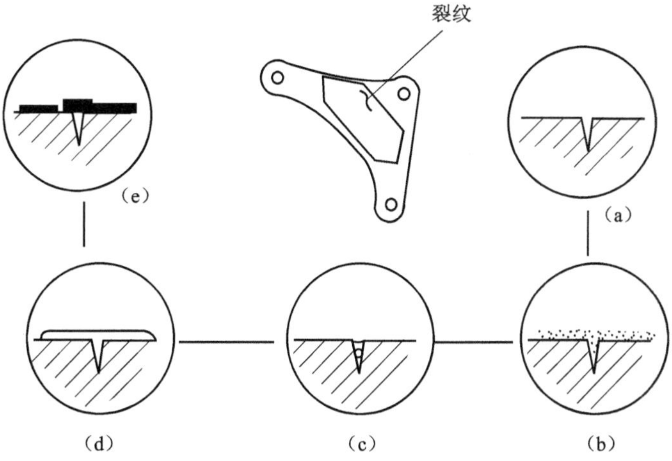

图 8.16　渗透探伤过程

（5）在暗室的黑光灯下检查叶片。

8.6.2　渗透检测的优点和局限性

1. 优点

（1）原理简单、操作容易、方法灵活，适应性强，对于小零件可以采用浸液法，对于大设备可以采用刷涂或喷涂法。

（2）渗透检测对表面裂纹有很高的灵敏度。

（3）用涡流法检查出来的有裂纹的叶片，应再用渗透法验证。

2. 局限性

（1）操作工艺程序要求严格、烦琐。

（2）不能发现非开口表面的皮下和内部缺陷。

（3）检验缺陷的重复性较差。

8.6.3　渗透检测的应用

1. 渗透检测在航空发动机维修中的应用

渗透检测法在航空发动机维修中有着很广泛的应用，凡是用铝合金、镁合金、耐热合金制成的发动机零部件，在大修或检修时，一般都采用荧光法来检测其表面损伤。外场条件下，多用着色法检测发动机上那些不能拆卸的零件。

为了验证超声检测和涡流检测的检测结果，有时采用着色法检测铁磁材料制成的构件，以便让肉眼能看到缺陷及损伤。

铸造叶片的渗透检验步骤如下。

（1）将叶片浸入汽油和煤油中清洗，以去除叶片上的油污、灰尘和金属污染物等，并彻底进行干燥。

（2）将叶片完全浸入到水洗型荧光渗透剂中，所有的受检表面应被渗透剂浸湿和覆盖渗透剂，环境温度保持在 15 ℃～40 ℃，停留时间最少为 15 min。

（3）清洗叶片上多余的渗透剂。

(4) 将叶片放到热空气循环烘干箱中干燥或在室温下自然干燥。

(5) 干燥后的叶片用喷粉柜或手工撒的方法把显像剂施加到叶片的表面，并与全部的叶片表面接触。

(6) 在暗室的黑光灯下，目视检验叶片。

2. 荧光渗透检测在航空发动机研制阶段的应用

航空发动机在研制过程中，存在各种各样的复杂问题和许多尚未为人们所认识的影响因素，而且航空发动机的大量零部件在十分恶劣的环境下工作，承受着高温、高压和高转速的工作负荷，出现各种不同程度的质量问题是难以避免的。且航空发动机内任何一个质量问题的存在，都可能影响其整体性能，甚至造成灾难性的事故。因此加强航空发动机研制过程中的质量控制尤为重要。断裂力学表明，表面裂纹比内部裂纹具有更大的危险性。零件表面上一个很微小的裂纹甚至会造成重大的事故，因此表面缺陷的检查尤为重要。而荧光渗透检测是一种检查零件表面缺陷的好方法，它显示直观，缺陷的大小、形状、方向、位置清楚可见。因此，荧光渗透检测所发现的表面缺陷可根据经验或理论的应力分析来判断，易于得出可靠的验收或拒收的结论，既保证产品质量又降低成本，并为产品设计和工艺改进提供可靠的信息。随着航空工业的发展，高温合金、钛合金、铝合金、镁合金等非磁性材料应用越来越广泛，而荧光渗透检测因不受材料组织和化学成分的限制，在航空发动机研制阶段的应用越来越广泛。

1）对零件质量实现监控

航空发动机研制生产过程中，合理地应用荧光渗透检测，不但可以及早剔除不合格的坯料和工序不合格品，避免徒劳无益的加工，节省加工时间和加工费用，更重要的是还可以防止由此不合格品导致的整个组件不合格，从而大大降低成本，提高劳动生产率。

中段是某型航空发动机上的一个重要零件，结构特别复杂，壁厚相差大，铸造质量不稳定。经荧光渗透检测，报废零件特别多。以单件加工成本 2 500 元计算，半年可节约 55 件中段后续加工成本 13. 75 万元。特别是由此中段组合的最终组件价值二三十万元，所以不合格中段引起的组件损失将是不可估量的，可见在航空发动机研制阶段，通过荧光渗透检测及早剔除废品，降低零件后续加工成本是相当可观的。荧光渗透检测不但能降低成本、提高劳动生产率，而且能提供可靠的信息，改进、完善工艺。

2）在航空发动机性能试验阶段的应用

对航空发动机进行性能试验时，试验进行到一定的时间段如 30 h、60 h、90 h、120 h、150 h 等，需下台全面分解检查，主要采用荧光渗透检测和尺寸精密计量等检查方法，以便了解试验前后航空发动机状态的变化。检查是否有异常，为设计提供可靠的信息，促进设计更改、完善设计。下面以某型发动机燃气涡轮工作叶片裂纹故障为例来说明荧光渗透检测是如何促进设计更改、完善设计的。

某型发动机 012 号机完成了 150 h 持久试车后分解，燃气涡轮工作叶片（Ⅰ类铸件）经荧光渗透检测，发现 3 片叶片榫头有裂纹。配合 012 号机排故，对某型机各台发动机燃气涡轮工作叶片均进行荧光渗透检测，又发现完成了 50 h 试车的 011 号机有 5 片燃气涡轮工作叶片榫头有裂纹，这 5 片叶片裂纹的形貌及位置同 012 号机一样，均起始于排气边叶盆侧第一榫齿上，仅裂纹长度不同。

针对 012 号发动机发现的 3 片叶片榫头裂纹故障，及随后发现的 011 号机 5 片叶片榫头裂纹故障，委托国内相关机构及加拿大 NRC 进行了冶金分析。各单位一致认为该榫头裂纹为疲劳裂纹。

综上所述，011 号机、012 号机出现裂纹的 8 片燃气涡轮工作叶片故障性质为疲劳裂纹。此故障是多因素引起的综合故障。其故障机理是：由于第一榫齿处应力最大，叶片超重，叶片碳含量超标，材料塑性偏低，疲劳抗力降低等原因，在第一榫齿靠叶盆面排气边的损伤处萌生裂纹，在离心应力、热应力及尾流激振的振动应力综合作用下导致裂纹扩展。

排故改进措施如下：

降低第一榫齿应力；控制叶片重量；改进叶片装配、分解工艺，确保叶片榫头无损伤；控制叶片碳含量。

150 h 持久试验验证：贯彻改进措施后的 016 号机，按规定试车谱进行了 150 h 持久试验。完成试验后，按要求对发动机进行了分解检查，燃气涡轮工作叶片经荧光渗透检查未发现裂纹。

8.7　内窥镜测量（孔探）技术

内窥镜检查是指借助专用的光电仪器（工业内窥镜）对肉眼无法直接接近的区域进行检查，属于无损检测中的目视检查方法。在民用航空器维护中，内窥镜检查通常也称为“孔探”，是发动机在翼维护的五大工具之一，其目的是掌握发动机的内部状况。据维护数据统计，大约 90% 的发动机非例行更换都与内窥镜检查结果直接相关。

作为唯一一种在航线维护中能够不分解发动机而了解其内部状况的检查手段，内窥镜检查对于安全和效益两方面均有重要意义和价值。

（1）直观、准确且简单易行，并能够尽早发现发动机内部部件的损伤，极其有利于将安全隐患排除在萌芽阶段。

（2）内窥镜检查避免了分解发动机和相应的发动机拆换、运输等费用以及不必要的飞机停运损失，节省维修成本。

8.7.1　内窥镜的构造及使用

1. 内窥镜的分类

内窥镜检测设备主要包括内窥镜、检测工装、辅助照明设备等。内窥镜主要分为直杆内窥镜、光纤内窥镜、视频内窥镜。

1）直杆内窥镜

图 8.17　直杆内窥镜

直杆内窥镜（见图 8.17）限用于观察者和观察区之间是直通道的场合，探头直径为 1.7～10 mm，可以 360°旋转。观察时将光源和内窥镜相连，直杆插入发动机内部，观察者通过目镜观察发动机内部情况。

2）光纤内窥镜

光纤内窥镜（见图 8.18）限用于观察者和观察区之间并无直通道的场合。观察时将光源和内窥镜相连，光纤插入发动机内部，光纤是柔性的，可以通过一个手柄控制其旋转，观察者通过目镜观察发动机内部情况。

3）视频内窥镜

视频内窥镜形式上取代了直杆内窥镜和光纤内窥镜，其本身为柔性插入管，但如果加上刚性套管则可以当成直杆内窥镜使用。图 8.19 所示为美国韦林公司生产的视频内窥镜，该型视频内窥镜可以对观察到的图像进行储存；可以在储存的图像上添加文字注释；可以测量裂纹的长度；机械手可以取出落在发动机内部的小螺钉等物品。

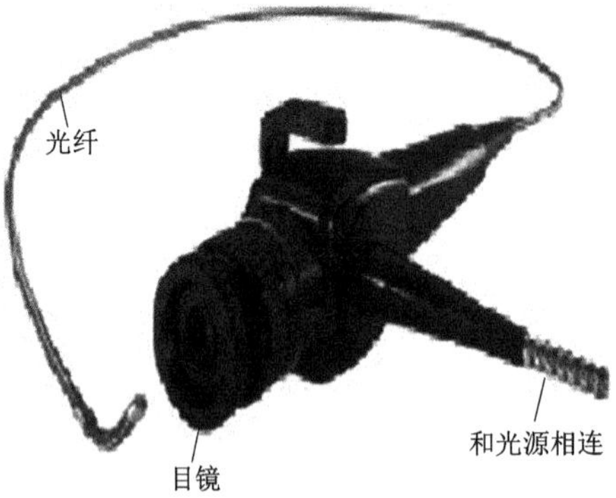

图 8.18　光纤内窥镜

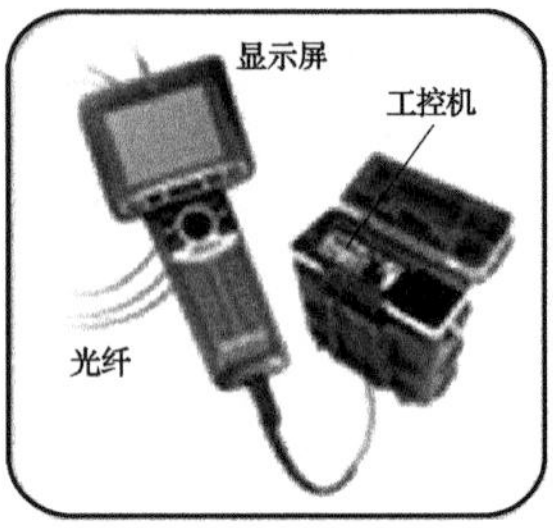

图 8.19　视频内窥镜

2. 内窥镜的正确使用

1）光纤内窥镜的正确使用

由于光纤内窥镜的成像光纤的壁很薄，所以不能在使用中让光纤成太大的弯曲度；否则将会造成光纤折断，出现“黑白点混成灰色”的效应。

2）视频内窥镜的正确使用

（1）内部检测区域的温度必须小于 80 ℃；否则将导致 CCD 探头损坏。

（2）开、关机之间必须间隔 15 s 以上。

（3）开机之前检查确认各接口与主机连接完好；否则将导致系统障碍。

（4）更换主机电源灯泡前必须按导向复位按钮，确保探头恢复到正向前方的初始位置并释放导向钢丝的张力。

（5）长途搬运时必须将主机软驱磁头保护盘插入软驱中；否则将导致主机软驱磁头损坏。

3. 内窥镜检测的主要缺陷图像

（1）多余物。

（2）锈迹、腐蚀。

（3）毛刺翻边。

（4）起皮。

（5）滑痕。

（6）凸起、凹陷。

（7）颜色变化。

（8）裂纹。

（9）涂层脱落。

（10）磨损。

（11）烧蚀。

8.7.2　航空发动机多发故障分析

现代的发动机，装机服役时间已从过去的几百小时延长到现在的几千甚至几万小时，为了保证这些发动机的正常安全工作，就必须了解发动机故障多发的部件、产生原因等，从而进行行之有效的预防与排除工作。

航空发动机工作在高温、高压、高转速的状态下，因此其故障多发部位也多在这三高状态下的高压压气机、燃烧室和高压涡轮之中。

1. 高压压气机

高压压气机主要是受由进气道吸进的外来物的打击、发动机的喘振使叶片受损以及疲劳损伤。如发现进气道前缘被击伤，就一定要检查高压压气机叶片；如果一片叶片断裂，就会打坏后面几级转子叶片，使发动机空中停车。

2. 燃烧室

燃烧室受到的主要损伤是热损伤，如燃烧室烧裂、烧穿、掉块等，损伤部位多集中在点火电嘴附近。其原因在于材料方面、燃料方面、燃油喷射不均匀、停车后积油等。故燃烧室损伤多在六点及十二点位置。同时，燃烧室内积炭太多也影响发动机的正常工作，使发动机功率不足。图 8.20 是用视频内窥镜拍摄的燃烧室裂纹图像。

3. 高压涡轮

高压涡轮受损最严重的是导向器叶片，因为这个区域温度最高，且会受到燃烧不均匀、喷油不均匀的影响，多为前缘烧熔、后缘断裂、变形及掉块等。高压涡轮转子在受到以上损伤危害的同时，还会受到高速旋转而带来的损伤。如燃烧室掉块打伤涡轮转子叶片等，主要表现为前缘卷曲、掉块、烧熔、裂纹、散热孔堵塞、后缘裂纹、掉块、积炭等。图 8.21 是用视频内窥镜拍摄的涡轮导向器掉块图像。

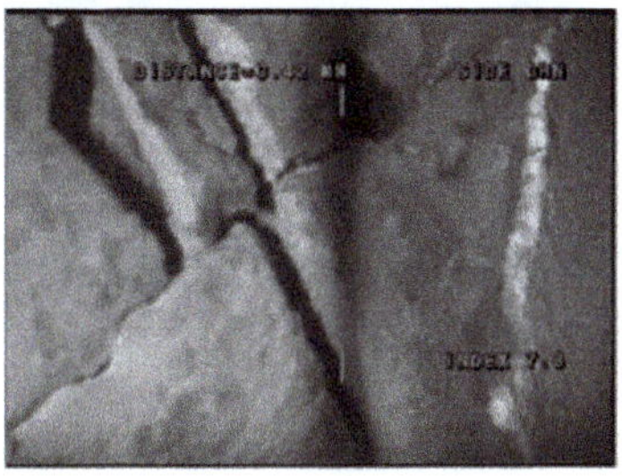

图 8.20　燃烧室裂纹

图 8.21　涡轮导向器掉块

8.7.3　孔探技术在航空发动机维修中的应用

孔探技术多年来一直在航空发动机的维护中发挥着重要的作用，硬式、软式和电子镜的应用都有着不同的范围、不同的方式。孔探在发动机维护中有以下几方面的应用。

1. 定检规定孔探工作

定检工作通常是在无故障的飞机上进行的，工作开始之前应参阅最近一次的孔探报告，并了解发动机的技术状况，然后按照工作单卡规定的区域开始工作。JT8D-200 发动机 1A 定检对发动机低压 1.5 级、6 级压气机叶片进行检查，对高压 7 级、13 级进行检查，对 7 号燃油喷嘴和1级涡轮叶片、2级涡轮叶片进行检查。

（1）西北航空公司维修基地对一架A310飞机做A检孔探工作，在检查高压涡轮转子叶片时发现有相邻两叶片前缘被外来物击伤，有一叶片出现被外来物打穿痕迹（见图8.22），另外一叶片变形且出现裂纹（见图8.23）。根据A310飞机发动机维护标准，并会同技术部门鉴定，确定该发动机已超标，遂进行换发。

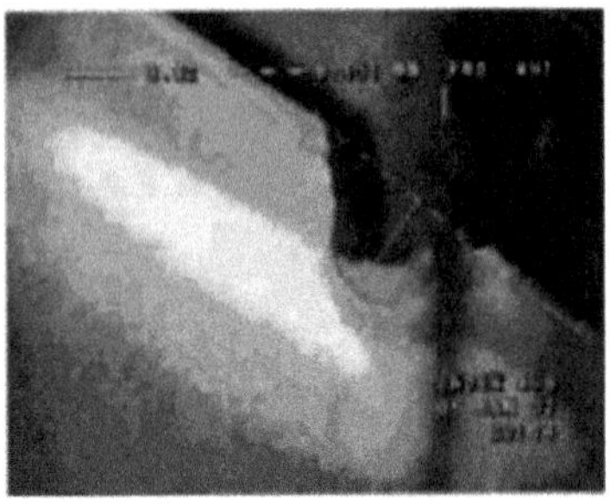

图8.22　涡轮叶片掉块

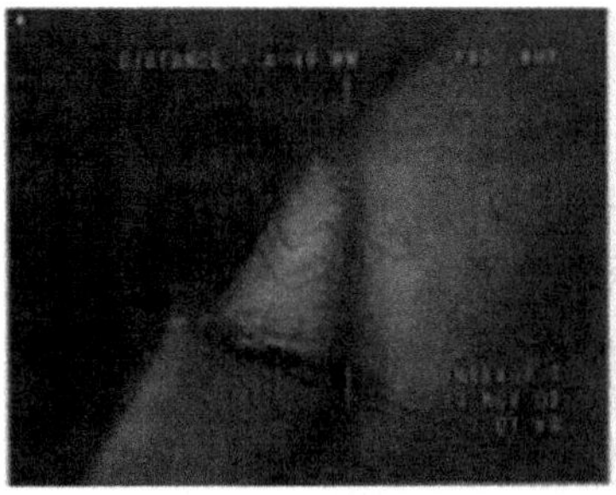

图8.23　涡轮叶片裂纹

（2）一次对一架BAe-146飞机进行孔探检查，检查部位为燃油喷嘴、燃烧室、高压涡轮第一级转子叶片。在检查燃烧室时发现第二散热套环出现多处轴向裂纹（见图8.24），并有一处已形成封闭裂纹，随时有可能发生掉块，会使高压涡轮转子受到严重损伤，从而危及飞行安全。经工程技术部门鉴定，决定更换发动机。

（3）2002年1月5日，MD-82型机2130机A检工作中，对右发一级涡轮叶片内窥检查时发现有一叶片在冠部损伤（见图8.25），当时进行拍摄并测量立即得出准确损伤数据。

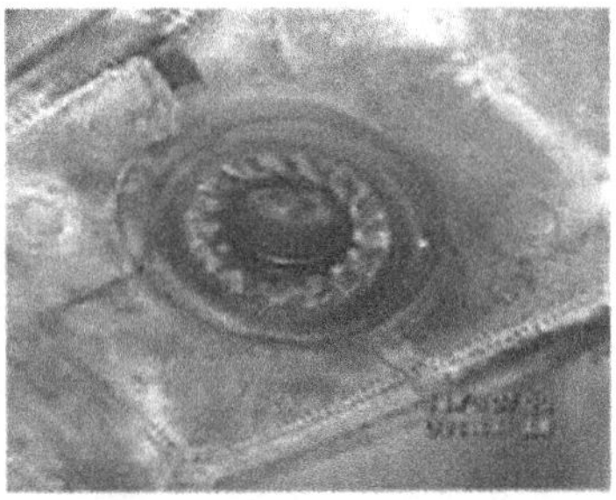

图8.24　燃烧室裂纹

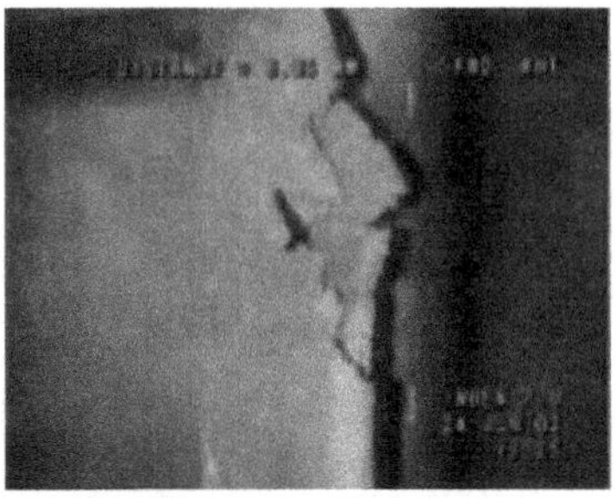

图8.25　叶冠损伤

2. 突发事件后的孔探工作

突发事件是指发动机超温、喘振、发现异物、外来物打击进气道、参数异常等。相应的孔探工作多为针对某一部位进行的检查，工作前应详细了解故障，仔细分析由此而引起的损伤部位，并会同有关技术人员制订工作程序，以确保不漏检因故障损坏的机件。

当发现某一级有叶片损伤（尤其是断裂）后，应立即仔细检查同级其他叶片和前后多级压气机叶片以及发动机的内壁，一般将发现更严重的损伤。因为最前一级的断裂部分将会随气流运动，造成链式反应，最终使多级叶片损伤，有时这种反应甚至会殃及涡轮。

例如，机务人员在一次进行A310飞机地面维护时，发现1号发动机3.5级放气活门金属网内有一金属块，属外来物，遂对该发动机的高压压气机、燃烧室、高压涡轮进行检查，在检查中发现高压压气机第九级转子有一叶片尖部折断，第十级静子叶片前缘被打卷曲，第十级转子叶片多片前缘被打击变形。根据 A310 飞机发动机维护标准，确定该发动机已超标，遂进行换发。

3. 故障监控的孔探工作

此类工作在实际工作中所占比例较高，因为缺陷可分 3 类，即：可忽略的缺陷；缺陷不影响飞行安全，但如缺陷发展就会危及飞行安全；超标需要换发的缺陷。其中以第一类缺陷最常见，但在长期使用的发动机上，第二类缺陷较多，因而需要在换发前定期监控发动机的故障状态，直至超标换发为止。

例如，一次在对 A310 飞机进行 A 检孔探工作时，发现 1 号发动机高压涡轮第一级转子叶片有 3 片部分涂层被烧掉，决定对该发动机每 15 h 结合周检进行监控工作，后该发动机换于另一架飞机 2 号发，并继续实施监控，直至 15 个多月后发现共有 23 片叶片 B 区有不同程度烧蚀，其中一片较为严重。根据 A310 的发动机维护手册规定，该发已超标，故决定吊发。

8.7.4　孔探技术的延伸及发展

近年推广使用的发动机叶片打磨工具，就是利用孔探技术，在发动机内部对缺陷叶片凹坑、打弯、撕裂等进行维修，从而达到继续使用发动机的目的，尽可能延长发动机使用寿命。在发动机的维护工作中，偶尔会遇到小的零件掉到发动机内部，在以前，出现这种情况只有一种解决办法——换发，现在有了发动机孔探设备，就可以确定零件在发动机的位置，从孔探探头中间伸进一个小钢爪，利用内窥镜定位轻而易举就可以抓出小零件，从而避免了换发造成的经济损失。

习　　题

8-1　航空发动机维修最为常用的无损检测方法有哪些?

8-2　简述超声检测的原理及其优点和局限性。

8-3　简述涡流检测的原理及其优点和局限性。

8-4　简述磁粉检测的原理及其优点和局限性。

8-5　简述射线检测的原理及其优点和局限性。

8-6　简述渗透检测的原理及其优点和局限性。

8-7　说明内窥镜的分类和使用方法。

第 9 章
航空发动机使用寿命监控与综合健康管理

航空发动机不同于一般的地面设备，对其使用寿命必须进行严格的监控与管理，既要防止寿命殆尽而危及飞行安全，又要减少寿命损失而造成经济浪费。航空发动机的寿命监控与健康管理是航空发动机状态监控的一个重要方面，目前国内外一些军用飞机和民用飞机上都已不同程度地采用了发动机寿命监控与综合健康管理技术。本章主要介绍航空发动机寿命监控技术与零件寿命管理方法，以及综合健康管理技术。

9.1 航空发动机使用寿命监控

9.1.1 航空发动机使用寿命监控和管理的目的

发动机的使用过程本质上就是一个寿命损耗过程。发动机工作过程中，其零部件所承受的载荷通常都是动载荷或交变载荷。在交变载荷的作用下，零部件将会产生疲劳损伤，而损伤的累积最终将使零部件首先在某些高应力应变区产生裂纹源，进而随着载荷的作用裂纹扩展至断裂，所以，零部件寿命包含着产生裂纹源的寿命和裂纹扩展至断裂的寿命。因此，寿命预测包括预测零部件的总体寿命，或者在使用了一段时间后预测剩余寿命，或者在出现裂纹源后预测裂纹扩展至断裂的寿命。在发动机设计过程中，可以根据设计指标，利用适当的试验项目，如台架持久试车、领先使用等，最终确定发动机主要部件的疲劳寿命。例如，在《GJB-241 涡喷涡扇发动机通用规范》中所列的表 IX，给出了新机种通用的理论谱或预计谱的设计工作循环，作为获得初始寿命的依据，等新机种研制结束投入使用后，再调查、实测其本身的使用载荷，通过修正获得修正后新机的使用寿命。

发动机的寿命一般是以飞行小时数计算的。从理论上讲，如果给出了考虑分散度批生产发动机的使用寿命，就可以根据寿命利用情况做出寿命利用图，从而对发动机的使用和维修进行控制。但是，对于批生产航空发动机的寿命存在两个方面随机因素的影响，其一是发动机零部件在材料、工艺、制造等方面的随机性，该方面的随机性可以通过严格的质量控制和利用数理统计方法来解决；另一个是发动机使用方法和环境的随机性，这种随机性实际上是由许多因素如飞行条件、飞行动作与状态、发动机工作状态等变化引起的。如图 9.1 所示，规范规定的理论任务剖面和实际任务剖面之间具有明显的差异。造成这种差异的原因是多种多样的，如飞行员不同、同一批次发动机的差异、飞机外挂不同、飞机的飞行任务与飞行环境不同等。

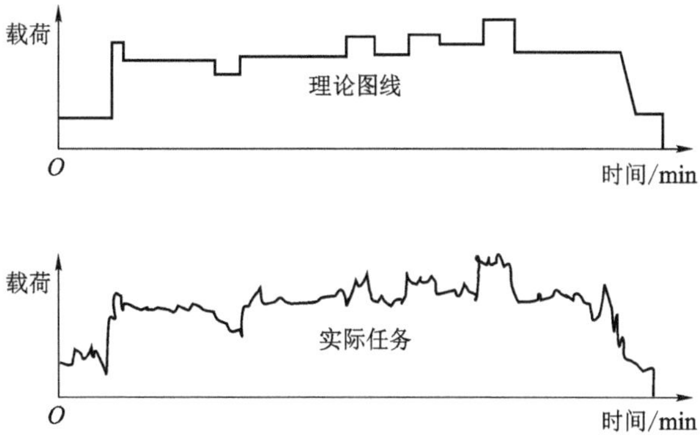

图 9.1　任务剖面

因此，必须借助一定的技术和手段对发动机的寿命和使用进行监控和管理。寿命监控与管理的目的就是利用机载和地面的发动机监控系统，监视和跟踪发动机限制寿命零件的使用情况，充分利用其可用寿命并进行零件寿命的科学管理，从而保证飞行安全并改善经济性。

9.1.2　航空发动机使用寿命监控

发动机的寿命监控，就是针对每一次飞行，对测量参数进行采样和数据实时压缩处理，提取并记录转速（应力）循环数；根据材料性能数据、应力分析和传热分析数据，建立一个合适的反映零部件所受载荷和零部件应力-寿命关系的寿命损耗数学模型，计算出所监视零件的寿命消耗，从而得到每一次飞行的寿命消耗百分数和累计的寿命消耗百分数，保证发动机可靠工作及飞行安全，为发动机视情维修提供重要依据。寿命监控流程图如图 9.2 所示。

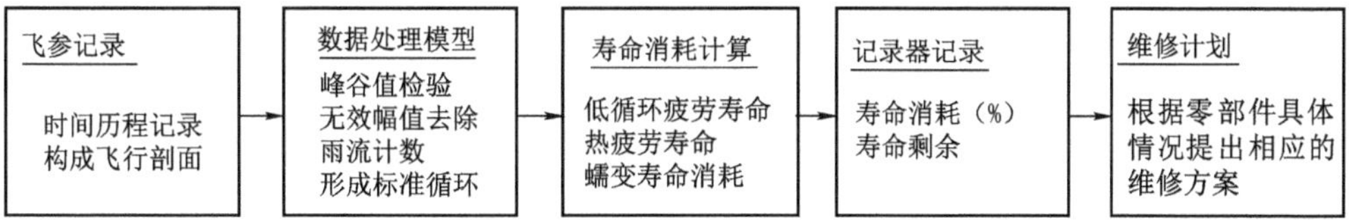

图 9.2　寿命监控流程图

1. 监控内容

根据零件故障对发动机的危害程度和可靠性影响的分析，发动机零件可分为限制寿命的关键件、限制寿命的重要件和不限制寿命的零件。限制寿命的关键件是指其故障会以结构损坏或机组人员伤亡等形式危及飞机安全；限制寿命的重要件是指其故障虽属非灾难性的，却严重影响发动机性能、可靠性或使用成本；不限制寿命的零件是指其故障对发动机仅有较小影响，一旦损坏，修理或更新即可。发动机使用寿命监控主要是监视和跟踪限制寿命零件，特别是限制寿命关键件的寿命消耗。

限制寿命零件的寿命消耗主要由高周疲劳（High Cyclic Fatigue，HCF）、低周疲劳（Low Cyclic Fatigue，LCF）和蠕变所致。其中重点是监视 LCF 和蠕变引起的寿命消耗。发动机热端部件寿命损耗的计算一般考虑低周疲劳寿命损耗、热疲劳寿命损耗和蠕变寿命损耗。

1）低周疲劳（LCF）

针对应力水平或疲劳循环次数的不同，将疲劳分为低周疲劳与高周疲劳，或称为应力疲劳与应变疲劳。HCF 是破坏循环次数大于 $10^4 \sim 10^5$ 的疲劳，其破坏应力低于弹性极限，设计参数为应力；LCF 破坏循环次数小于 $10^4 \sim 10^5$，其破坏应力高于弹性极限，设计参数为应变。

低周疲劳是发动机故障的主要形式，是由离心载荷、扭转载荷、气动载荷以及温度梯度和不均匀膨胀等引起的应力循环。HCF 应力通常由振动引起，零件寿命监测中因难以监测而一般不予考虑。在已知 HCF 影响的情况下，HCF 应力可叠加到 LCF 应力上综合考虑。

2）蠕变

蠕变是零件材料在高温下经受持续载荷所产生的变形。其大小取决于温度、载荷（应力）及其持续时间。

3）超限事件监视

超限事件和某些典型事件的性质、程度、持续时间及次数等均对限制寿命零件的寿命消耗有重要影响，且可能导致发动机某些关键零部件严重损伤。典型的事件包括转子超转、涡轮超温、振动超限、启动超温、扭矩超限、喘振失速、发动机启动及加力燃烧室接通等。

2. 监控系统

发动机寿命监控系统可以是相对独立的监控系统，如机载历程记录仪；也可以是整个发动机状态监控系统的一部分，如发动机使用监控系统。

1）历程记录仪

历程记录仪主要用于机载监视，由硬件和软件系统组成。硬件系统的核心部分为单片机，配置相应的程序存储器和数据存储器以及计数器，用来记录和显示所需监控的使用寿命参数。软件系统应具有数据实时压缩处理功能以及转速（应力）循环及其他监测参数的提取、存储和检索功能。

2）发动机使用监控系统

发动机使用监控系统用于机载和地面监控，充分利用发动机监测系统（EMS）的数据采集、处理、存储能力功能来实现。软件系统通常设计成模块结构，便于修改和扩展，应具有数据有效性检查、传热和应力分析、转速（应力）循环提取、零件寿命消耗计算和评估以及统计分析等功能。同时，应能实现零件寿命管理。

3. 测量和监控参数

1）测量参数

直接表征零件寿命消耗的应力参数不便直接测量，通常利用有关的可测参数进行计算。使用寿命监控中，较普遍采用又直接可测的参数有以下几个。

（1）转速（或油门杆角度）和压气机出口压力。

（2）燃气排气温度。

（3）压力高度。

（4）指示空速。

（5）时间。

2）监控参数

发动机使用寿命监控中，监控和记录的主要参数有以下几个。

（1）飞行小时。

（2）地面运转小时。

（3）飞行和地面运转的循环总次数。

（4）主（全程）和次（部分）转速（或压气机出口压力或油门杆移动）循环的类型、次数以及各类循环持续时间。

（5）发动机大状态工作时间。

（6）加力燃烧室点火次数和使用加力的时间。

（7）超转累计时间和次数。

（8）超温累计时间和次数。

上述监控参数中有关循环的类型和次数是经过采样、数据处理后得到的。如经过机载或地面有关寿命消耗的计算模型计算，还可进一步得到低循环疲劳寿命消耗、蠕变寿命消耗以及蠕变/低循环疲劳交互作用下的寿命消耗等监控参数。

4. 飞行数据实时处理方法

在使用寿命监控中，要求对飞行实测参数进行实时处理，在大量的采样数据中随时留下有用的数据，剔出无用数据，以保证有足够空间容纳多次飞行数据。这些载荷数据常常具有随机性，为随机载荷数据。随机载荷的统计分析主要采用两种方法，即计数法和功率谱法。对于疲劳寿命而言，最主要的是幅值的变化，因为应力（或应变）幅值的变化是累积疲劳损伤法则中的主要因素，所以常用计数法。将应力（或载荷）-时间历程简化为一系列的全循环或半循环的过程叫作“计数法”。国内外已经提出了十几种计数法，这些计数法可分为两大类，即单参数计数法和双参数计数法。单参数计数法只记录应力（或载荷）循环中的一个参数，如范围（相邻的峰值与谷值之差）或峰值，不能给出循环的全部信息，有较大的缺陷。属于这种计数法的有峰值计数法、穿级计数法、范围计数法等；双参数计数法可以记录应力（或载荷）循环中的两个参数。由于变应力循环中只有两个独立变量，因而双参数计数法可以记录应力（或载荷）循环中的全部信息，是比较好的计数法。目前，使用最多的是雨流计数法。对于发动机中的热端部件，其寿命的计算还要考虑疲劳、蠕变的交互作用，也要对热端系数进行计数。

数据实时处理方法包括峰谷值检测、无效幅值去除和实时雨流计数。

1）峰谷值检测和无效幅值去除

对一个飞行历程来说，认为没有变化或变化很小的载荷历程对构件疲劳损伤很小。数据处理时按载荷（转速）数据采样，顺序记录并检测其峰值和谷值，去掉构成次小循环的峰谷值，在检测峰谷值的同时做无效幅值去除处理。

一般采用三点法检测峰谷值，即通过 3 个相邻采样点数值比较来判别峰谷点，如令变量 XP 为第一个当前有效峰谷点。根据转速从零开始的特征，可先预置 0.0；令变量 BX 为第一个采样点，若 BX = XP 则继续采样，直到 BX ≠ XP，则根据 BX 的大小，程序运行产生分支，左侧分支为检测的第一个峰值点；右侧分支为检测的第一个谷值点。检测出的峰谷点即为当前峰谷点，并作为有效峰谷值的候选点存于 TRD 变量中。之后，程序进入边采样、边检测、边进行无效幅值去除处理，最终将有效峰谷值序列记录在数据文件中。

目前所采用的无效幅值物理模型很多，可根据所处理的载荷参数性质和循环模型特点选

用。对于航空发动机这种高均值偏态波形，选用下面的变程阈值公式来定义次小循环，即

$$D_{min}=(PV_{max}-PV_{min})\times\Delta\% \tag{9.1}$$

式中 D_{min}——次小循环幅值阈值；

PV_{max}，PV_{min}——分别为载荷参数最大值和最小值；

$\Delta\%$——经验给定的百分数，可根据不同参数性质和处理精度要求给定。

无效幅值去除采用“最短航道法”进行。如图 9.3 所示，以阈值 D_{min} 为纵向间距，在每个峰谷点处正下方（或正上方）画出一个边界点。过这些边界点的连线为平行原载荷历程的折线，它与原载荷历程折线构成一条曲折的航道，在此航道内寻求一条通过该航道的最短折线。该折线可能出现两类折曲拐点；折线在越过峰谷点前后，发生南北方向变化的为显著拐点，如图 9.3 中的 4、9、10 峰谷点；折线在越过峰谷点前后，不发生南北方向变化的为非显著拐点，如图 9.3 中的 2、3、5、6、7、8 峰谷点。这样，除首尾峰谷点外，发生非显著拐点的峰谷点为无效幅值，予以去除；发生显著拐点的峰谷点为有效幅值，给予保留。

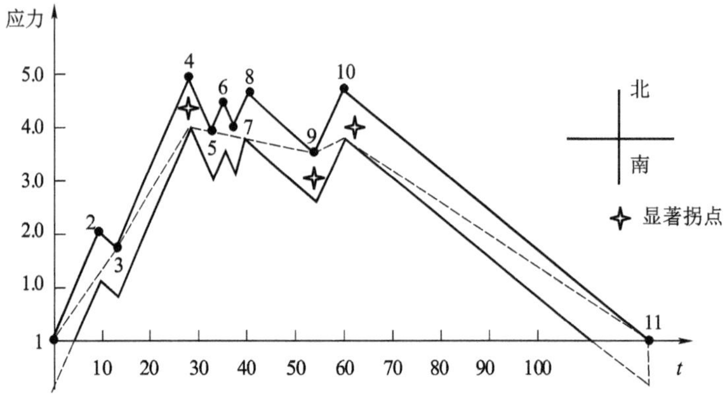

图 9.3 最短航道法

2）雨流计数法

雨流计数法，又称“塔顶法”，是由英国铁道部马特修施（M. Matsuishi）和恩多（T. Endo）两位工程师于 20 世纪 50 年代初首先提出的。该计数法的主要功能是把实测载荷历程简化成若干个载荷循环，供疲劳寿命估算和编制疲劳试验载荷谱使用。雨流计数法取一垂直向下的坐标表示时间，横坐标表示广义上的应力（或载荷），对于发动机而言，可以是转速或温度。这时，应力-时间历程和雨水从宝塔顶向下流动的情况相似，因此得名。

雨流计数法的计数规则如下。

（1）重新安排应力-时间历程，以最高峰值或最低谷值（视二者的绝对值哪一个更大）为起点。

（2）雨流依次从每个峰（或谷）的内侧向下流，在下一个峰（或谷）处落下，直到对面有一个比其起点更高的峰值（或更低的谷值）停止。

（3）当雨流遇到来自上层斜面落下的雨流时，即行停止（即始谷止低谷；始峰止高峰；遇流即止）。

（4）取出所有的全循环，并记录下各自的幅值和均值。

例如，图 9.4（a）所示的应力-时间历程，在进行雨流计数时，由于应力历程的起点不是最高的峰值（或最低的谷值），因此需要将应力-时间历程重新安排。在重新安排应力-时间历程时，由于最高峰值的绝对值大于最低谷值的绝对值，因此以最高峰值点 a 为新应力-时间历程的起点，将 a 以后的应力时间历程移到 c 点的前面。这样就变成了图 9.4（b）所示的应力-时间历程。然后，将图 9.4（b）所示的应力-时间历程顺时针旋转 90°，就变成了图 9.4（c）所示的情况。在图 9.4（c）中，雨流从最高峰值 a 点起始向下流动，到 b 点后落至 b'点，再从 b'点流到 d 点，然后下落。接着，雨流依次（或者说第二个雨流）从 b 点的内侧起始，向下流至 c，到 c 点后落下，由于 d 点的谷值相对于对应起始点 b 的谷值为低，故雨流停止于 d 点的对应处。第三个雨流自 c 点的内侧起始，流到 b'后遇到来自上面的雨流 $abb'd$，故停止在 b'点；bc 与 cb'构成一个全循环 bcb'。第四个雨流自 d 点的内侧起始，向下流到 e 点后下落到 e'点，再流到 i 点下落。第五个雨流自 e 点起始，向下流到 f 点以后，下落到 f'点，再向下流到 h 点下落。第六个雨流自 f 点的内侧起始，向下流到 g 点后下落，由于 h 点的谷值比对应起始点 f 的谷值低，因此停止于 h 点对侧的对应处。第七个雨流自 g 点的内侧起始，向下流到 f'处，遇到雨流 $eff'h$，故停止在 f'点，形成全循环 fgf'。第八个雨流自 h 点的内侧起始，向下流到 e'点后，遇到雨流 $dee'i$，停止于 e'点，形成全循环 $eff'he'$，而 abb'与 $dee'i$ 又组成全循环 $abb'dee'i$，可取 $abb'dee'i$。至此，已将全部应力-时间历程计数，也就是说，整个应力-时间历程的每一段线段都分别划归于某个循环之中，既无哪段没有用到，也无哪段重复使用，从而形成图 9.4（d）所示的 4 个全循环。

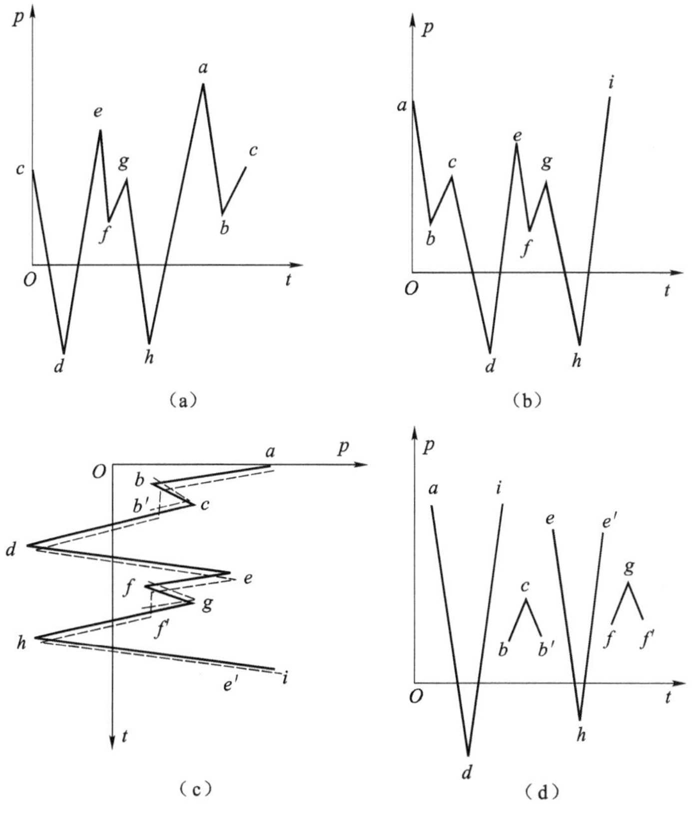

图 9.4　雨流计数法

国外一些试验结果表明，用雨流法计数结果编制的载荷谱所做出的疲劳试验寿命与随机载荷历程所做出的疲劳寿命比较接近，可以较好地保证航空发动机寿命估算和疲劳试验结果更接近于实际情况。

5. 寿命消耗计算

低循环疲劳约占发动机故障总数的28%，对发动机的寿命耗损比较大。对发动机热端部件寿命损耗的计算一般考虑低循环疲劳寿命损耗、热疲劳寿命损耗、蠕变寿命损耗。发动机寿命取决于冷端和热端部件的寿命，并且热端部件寿命只有冷端部件的一半。造成发动机冷端和热端参数变化的根本原因在于发动机转速和温度的变化，因此发动机寿命监控系统必须记录飞行中发动机转速和温度变化数据。

1）LCF 寿命消耗分析

对于主要由离心应力循环引起的机械 LCF，分析思路如下。

（1）对监测零件进行各种飞行状态下的应力和温度分析计算，确定监测部位和各种状态下的工作温度。

（2）采用雨流计数法，对每一次飞行剖面提取转速（应力）循环。

（3）采用局部应力-应变法，对超过屈服极限的峰值应力进行修正。

（4）获取零件材料在工作温度下的应力-寿命关系及所需的材料性能数据。

（5）计算各应力循环寿命。

（6）应用线性累积损伤理论，将各应力循环寿命的倒数乘以相应的循环数，相加即得到一次飞行的寿命消耗百分数。

发动机实际转速（应力）循环通常由一个主（标准）循环和若干次循环组成。主（标准）循环定义为零—最大转速—零。

寿命消耗计算时，需按照修正的 Goodman 图将次循环转换成脉动循环或对称循环。其转换公式为

$$\sigma_{\mathrm{i}}=\frac{\sigma_{\mathrm{imax}}-\sigma_{\mathrm{imin}}}{1-K_0(\sigma_{\mathrm{imin}}/\sigma_{\mathrm{b}})} \tag{9.2}$$

$$\sigma_{-1\mathrm{a}}=\frac{\sigma_{\mathrm{imax}}-\sigma_{\mathrm{imin}}}{2-K_0(\sigma_{\mathrm{imax}}+\sigma_{\mathrm{imin}})/\sigma_{\mathrm{b}}} \tag{9.3}$$

式中 σ_{i} 和 σ_{-1a}——脉动循环幅值和对称循环幅值；

σ_{imax}和 σ_{imin}——次循环的峰值和谷值；

σ_{b}——零件材料拉伸强度极限；

K_0——为零件强度极限分散系数，锻件或机加工件一般取 $K_0=1.1$，铸件或焊接件一般取 $K_0=1.3$。

对于较小的次循环，当其峰值应力 $\sigma_{\mathrm{imax}}<0.3\sigma_{\mathrm{b}}$ 时，实际对零件疲劳损伤影响极小，可忽略不计。

低循环疲劳的特点是其循环作用会产生塑性变形。对于发动机涡轮盘等关键件，在设计时通常只考虑产生局部塑性区，这时可采用局部应力应变法对应力进行修正，修正后的应力状态仍按线弹性问题处理。根据 Neuber 准则及塑性区应力-应变关系，可导出理论峰值弹性应力 σ_{s} 和局部塑性区真应力 S 间的增量 K_{n}，从而对循环应力进行修正。经推导得

$$K_n = \sigma_s - \left(\frac{\sigma_s^2}{E} K'^{\frac{1}{n'}}\right)\frac{n'}{1+n'} \tag{9.4}$$

$$S = \sigma_s - K_n \tag{9.5}$$

式中　S——循环稳定后局部塑性区的真实应力幅值；

σ_s——理论峰值弹性应力；

K_n——S 与 σ_s 间的增量；

K'——循环疲劳强度系数，即产生一次循环所得到的真实应力；

n'——循环应变硬化指数；

E——材料弹性模量。

认为 K' 为常值增量并适应用于任意的次循环。

每一次飞行，发动机的零部件均要经受不同应力水平的多种循环。可应用 Miner 线性累积损伤理论，将材料或结构在各应力水平下的疲劳损伤线性地叠加。如构件在应力幅值为 S_1 时重复作用 N_1 次破坏，则在整个疲劳过程中构件所受的损伤线性地分配给每个循环，即每一个循环构件的损伤为 $D_1 = 1/N_1$。若在 S_1 应力水平下作用 n_1 次，则损伤为 $D_{n1} = n_1/N_1$；同样，在应力幅值为 S_2、S_3，…，S_i 时分别作用 n_2、n_3，…，n_i 次，则其损伤分别为 $D_{n2} = n_2/N_2$、$D_{n3} = n_3/N_3$，…，$D_{n_i} = n_i/N_i$。当构件整个损伤完毕，即构件发生破坏，则

$$\sum_{i=1}^{n} \frac{n_i}{N_i} = 1 \quad (i = 1,2,3,\cdots) \tag{9.6}$$

式中　N_i——给定载荷水平下材料或结构的疲劳寿命（循环数）；

n_i——给定载荷水平下实际消耗掉的循环数。

寿命计算对获取准确的材料性能数据是非常重要的。低循环疲劳寿命计算需要材料在工作温度下的 σ_b、$\sigma_{0.2}$、应力-寿命关系式和低循环疲劳的各项应变疲劳参数。

关于热疲劳寿命消耗分析如下：

要对零件热疲劳进行精确的预估和监视，就必须准确知道稳态和过渡工作状态下零件材料的温度及其分布。通过传热分析计算，发动机台架试验时进行温度测量或飞行时对发动机进行温度监测可以获得所需温度数据。

热疲劳实质上就是一种低循环疲劳（LCF）。故零件因热疲劳引起的寿命消耗测定过程与因机械低循环疲劳（LCF）引起的寿命消耗测定过程完全相似。需要针对几种重复出现并具有破坏性质的热应力循环，分别对每种情况进行寿命预估及使用情况测定。按线性累积损伤理论统计，并由试件试验建立每一种循环的损伤因子。通常，分析零件应力时，离心应力和热应力是综合进行计算的。

2）蠕变寿命分析

蠕变寿命消耗分析思路如下：

（1）对监测零件进行各种飞行状态下的应力、温度场计算和试验分析。

（2）建立监测点处的温度、应力与可测参数之间的联系，以便准确确定监测点处的应力和温度。

（3）获取材料的热强综合参数方程。

（4）计算每一状态的蠕变寿命。

（5）将每一状态蠕变寿命的倒数乘以其持续的时间后相加，得到蠕变寿命消耗百分数。

监测点处的温度往往很难直接测量，这就需要建立监测点与其他可测参数之间的关系，然后通过换算得到。高压涡轮叶片是蠕变寿命监测的关键件。而高压涡轮叶片任一截面的温度很难直接得到。可以通过与飞行速度、飞行高度、发动机进气温度和涡轮排气温度等建立关系。只要实时地测到进、排气温度，就可换算得到监测点的温度。可以说，准确地获得零件监测点处的温度是进行蠕变寿命监控的关键。

金属蠕变、持久强度是表征在恒温、恒载作用下，随时间产生缓慢塑性变形特性或断裂的力学性能。持久方程是表征应力、温度和断裂之间关系的热强参数综合方程。常用的持久方程有多种，如 Larson－Miller（L－M）方程、Ge－Dorn 方程、Manson－Snccop 方程以及 Manson-Hafered 方程等。进行涡轮叶片蠕变/应力断裂寿命监测，推荐采用 L-M 方程。由有关文献和材料数据手册或需补充进行专门的试验，可以得到所监测零件的材料或相近材料的 L-M 曲线的热强参数综合方程。叶片材料典型的 L-M 方程表达式为

$$\lg\sigma = a_0 + a_1 p + a_2 p^2 + a_3 p^3 \tag{9.7}$$

$$p = 0.001 \times T \times (\lg H + 20) \tag{9.8}$$

式中 σ——应力，MPa；

T——温度，K；

H——蠕变寿命，h；

a_0，a_1，a_2，a_3——曲线拟合系数。

寿命监控系统按一定频率（为每秒钟）采样，记录一组包括转速和可测温度数据，应用有关计算公式（如监测部位应力与转速的关系，监测部位温度与可测温度之间的转换关系等）可实时得到监测部位的应力 σ 和温度 T 值。将其代入 L-M 热强度参数综合方程，用数值计算方法可求得该状态下的蠕变寿命，其倒数即是监测零件单位时间（1 s）的寿命消耗。将此监测时间的寿命消耗线性叠加，便得到零件蠕变寿命消耗的百分数。从理论上讲，当寿命消耗百分数达到 100% 时，所监测零件蠕变寿命耗尽，零件断裂。

3）疲劳/蠕变交互作用下的寿命消耗分析

对于发动机中的高温零部件，还要考虑疲劳/蠕变交互作用下的寿命消耗。通常建立一个疲劳/蠕变寿命消耗模型，用热端系数（HSF）表示这种疲劳/蠕变的交互作用。热端系数是通过材料的拉逊-米勒（Larson-Miller）曲线建立起来的，定义为

$$\mathrm{HSF} = \sum [\mathrm{hsf}(\bar{n}_1, T_4^*)\Delta t] \tag{9.9}$$

式中 $\bar{n}_1$——相对转速；

T_4^*——涡轮后温度；

hsf——折算因子；

Δt——在 hsf($\bar{n}_1$，T_4^*）状态下的持续时间。

9.1.3 航空发动机零件寿命管理

1. 管理决策

为保证每台发动机在使用寿命期内的结构完整性和完好的利用率，应对发动机和限制寿

命零件进行管理、分类和寿命跟踪。

零件寿命管理系统应做到将发动机和零件的使用寿命监测与其维修管理相结合，应能及时根据零件寿命消耗或剩余寿命做出管理决策并保障零部件的准备和供应。应该明确规定外场发动机车间、发动机维修基地或翻修厂以及发动机设计、制造部门等各级管理和维修机构的管理权限和维修等级。

2. 数据库管理系统

作为 EPHM（Engine Prognostic and Health Monitoring）系统数据库的一个基本组成部分，零件寿命数据库管理系统软件的设计应对数据的管理和分类进行周密计划、执行，并与维修过程很好地综合。系统软件必须具有充分的适应性，以便处理各类监测系统的输入信息。要求数据处理、数据库结构和数据库管理逻辑具有通用性。

利用寿命消耗数据加上发动机的历史数据、维修资料以及机队使用的平均值，从寿命管理的角度可为以下事项提供信息。

（1）进行机队发动机使用寿命监测。

（2）确定发动机翻修计划。

（3）保障视情维修，包括所需器材的计划安排、适时维修及对更换的预测。

（4）备件的准备和供应。

（5）考查维修历史与飞行剖面和寿命消耗的工作环境之间的关系。

3. 应用实例

在航空发动机使用中，通过记录发动机的转速循环和实测发动机中有关零部件的温度，将飞行应力剖面转换为一定温度下的应力剖面，再通过估算寿命应力循环到转速循环的转换，就可以利用记录转速循环的办法完成低循环寿命的记录。对于高温零部件，疲劳/蠕变的共同作用使零部件的损伤加剧，因而在低循环数记录的过程中，需要同时记录由转速、温度和持续时间共同决定的热端系数，用于计算热端零部件的疲劳寿命。

目前，国内外已为军用发动机使用监控发展了几种系统，有的是专门为使用监控而发展的，也有的为更综合的发动机状态监控而发展的，这些系统的范围从较简单的数据记录器到实时数据处理设备。现有的记录发动机低循环寿命的仪器主要有两类：一类是单纯记录发动机的低循环数，并且将各种次循环按比例折合成主循环进行记录；另一类则将主循环和次循环进行分类记录，并且增加了热端系数的记录。

1）美国 GE 公司 T700 发动机上的历程记录仪

美国 GE 公司的 T700 发动机上，安装有记录发动机低循环寿命的历程记录仪。它显示并记录 4 种数据。

（1）LCF_1 发动机主循环累计次数。

0—最大—0 循环谷值转速为小于 50%，峰值转速为大于 95%，如图 9.5 所示。

（2）LCF_2 发动机次循环累计次数。

巡航—最大—巡航循环谷值转速为小于 85%，峰值转速为大于 95%，如图 9.5 所示。

（3）时间温度指数。

当涡轮后燃气温度达到最大连续功率的 90% 时开始计数，它是时间和温度的函数，如图 9.6 所示，温度越高，单位时间内增加数越大，即单位时间内计数越多。

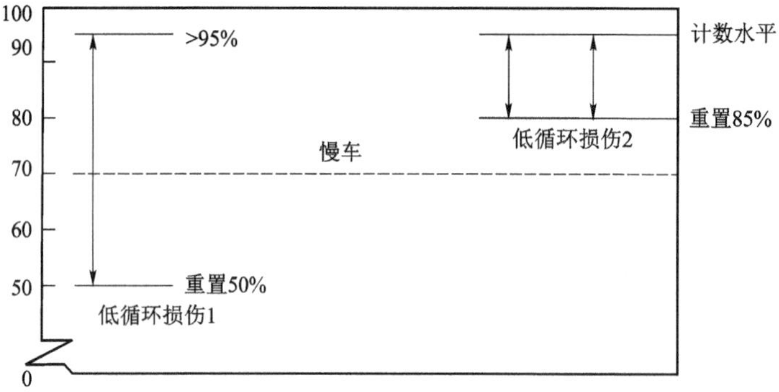

图 9.5　低循环热损伤计数

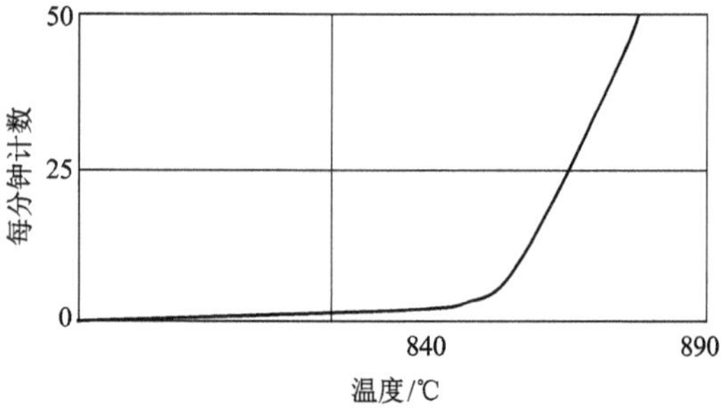

图 9.6　时间-温度指数

（4）小时数指示。

显示发动机实际工作小时数。当发动机转速超过 50% 时开始累计，低于 40% 时停止累计。该历程记录仪为数字电路结构，其显示器是一种 5 位电动机械数码器，所记录的数据通过地面处理后得到低循环寿命。

2）英国某发动机使用监控系统

发动机使用监控系统（Engine Usage Monitoring Systems，EUMS）的主要目的是为了更好地了解发动机在服役期中的使用情况，特别是低周疲劳寿命的使用情况。按照 EUMS 的最初形式，它具有简单而有效的监控能力。

装在大型飞机上的 EUMS 权限很广，包括各种飞行任务在内，可以有效地控制发动机主要零部件寿命，进而提高飞机的飞行安全性。EUMS 的有效使用是建立在几百次甚至几千次的飞行数据基础上的。EUMS 作为一种广泛使用的指示装置，随着计算机技术的发展得到长足发展。

3）国产涡喷-14 发动机的历程记录仪

国产涡喷-14 发动机配有历程记录仪，该历程记录仪同样用记录转速循环的方法来进行低循环寿命记录，同时针对歼击机发动机油门操纵变化频繁的特点，改进了国外低循环计数方法。

（1）数据压缩。

在峰谷值处理中，用“最短航道法”对采集数据进行实时压缩处理。据统计，经这样的实时压缩处理，对发动机的 170 号飞行练习转速剖面，设定无效峰值阈值为 $D_{min} = 5\%$，处理后的有效数据仅为原数据的 3%。

（2）计数方法、转速循环处理。

对压缩后的数据，用雨流计数法进行低循环计数。

将转速循环进行分带压缩处理，其原理是将应力循环等效损伤的古德曼图转化为转速循环等效损伤图，使用少数几个等寿命带合理地覆盖发动机工作循环区，实现低循环疲劳损伤的等效合并。从而把几十种甚至几百种可能的转速循环压缩到一种主循环和 6 种次循环，然后用历程记录仪分别记录主循环和次循环。

（3）高温作用处理。

对于高温零部件，考虑到疲劳/蠕变的交互作用，历程记录设计了一个疲劳/寿命消耗模型，用热端系数（HSF）进行处理。

（4）时间记录。

按照寿命记录要求，同时记录大状态工作时间、超温工作时间和发动机总工作时间。

（5）系统硬件组成。

采用单片机作为中央处理器，使用电擦除可编程只读存储器 E^2PROM。

（6）主要功能。

① 数据自动记录，不需人工干预。

② 有自检功能，仪器本身有故障时能自动发光报警。

③ 需要时能随时显示记录参数。

④ 在一定的控制条件下可以清除数据。

9.2 航空发动机综合健康管理

发动机预测与健康管理（Engine Prognostics and Health Management，EPHM）系统是监视发动机健康状态、预测发动机性能变换趋势、预测发动机部件故障发生时间及剩余使用寿命，并通过优化维修计划等措施缓解发动机的性能衰退、部件故障/失效，减少发动机维修次数与维修成本，最终提高发动机可靠性、维修性与安全性的系统。发动机预测与健康管理是建立在机械工程、测试技术、信号处理、计算机应用技术和人工智能等众多理论基础上的综合性科学技术。目前，国外先进的航空发动机，如 EJ200、M88、F135 和 F136 等 4 代战斗机均采用 EPHM 系统。EPHM 系统在提升发动机性能、降低使用成本、提高发动机可靠性与安全性等方面起到了重要作用。

9.2.1 EPHM 系统的基本构成

EPHM 系统总体结构由在线的机载子系统和离线的地面子系统两部分组成。机载子系统用于收集飞行数据、完成机内测试和飞行中的监视工作，然后将飞行中的数据和报告传到地面系统做进一步分析和决策。这两个系统通过飞机的通信系统保持联系，及时报告发动机健康状态，使维修保障系统有充分的准备时间。

1. 机载子系统的基本结构

EPHM 机载子系统包括用于测量参数的传感器、发动机采集单元、机载计算机及其软件，以及数据存储、显示和传输设备。EPHM 机载子系统的软件主要包括数据管理、健康分析、故障诊断和寿命分析等 4 个主要功能模块，结构框图如图 9.7 所示。数据管理模块的功能是融合数据信息，即对从飞机综合管理系统获得的飞行参数、从监控传感器获得的发动机监控参数、从数控系统电子控制器获得的控制传感器测量的参数和发动机模型计算的数据进行融合，提取特征值。健康分析模块接收数据管理模块的数据信息和特征值，融合后进行发动机长期变化趋势分析。故障诊断模块接收数据管理模块和健康分析模块的数据和信息，进行基于模型的发动机及重要部件的症状检测和性能与机械故障诊断；接收数控系统对自身故障诊断（包括电子控制器硬件电路自检测、软件自检测、传感器与执行机构的故障状态检测等）的结果；并对数控系统故障诊断结果和发动机故障诊断结果进行综合分析，完成故障定位和排序，产生故障诊断报告，发给飞机综合管理系统。同时，寿命分析模块接收数据管理模块和健康分析模块的数据和信息，利用寿命模型进行消耗寿命和剩余寿命估算，与趋势分析数据综合后，产生预测报告，发给飞机综合管理系统。

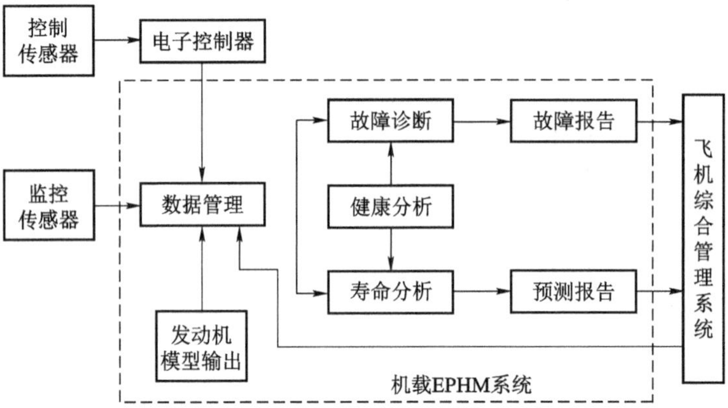

图 9.7　EPHM 机载子系统结构框图

航空发动机健康管理系统的主要参数如表 9.1 所示。其中某些参数既要送往驾驶室中显示，供飞行员了解飞机所处的状态，以操作飞机完成飞行任务；又要送往自动控制系统，以便按预期规律控制发动机工作状态，或自动操纵飞机飞行；还要送往故障检测报警系统中进行记录和相应的分析比较，以便判断是否存在潜在危险。

表 9.1　典型发动机健康管理系统（EMS）参数表

参数	功能					
	热端	机械系统	性能	控制	跟踪	趋势
马赫数			×	×	×	
高度和进口压力	×	×	×		×	×
进口总温			×	×	×	×
EGT(TIT，FTIT，T)	×		×	×	×	
PLA 油门杆角度	×				×	×
N(HR)(N_2) 高压转子转速		×	×	×	×	
N(LR)(N_1) 低压转子转速		×	×	×	×	

续表

参数	功能					
	热端	机械系统	性能	控制	跟踪	趋势
燃油流量			×	×	×	
发动机压比（EPR）或 p 压力			×			
中间级压气机压力		×	×	×		
压气机出口压力			×	×		
中间级压气机温度			×			
压气机出口温度			×			
振动		×				×
滑油消耗量（滑油箱液面）		×				×
滑油温度		×				
滑油压力差		×				
滑油污染		×				×
排气喷口位置			×	×		
不连续		×	×		×	×
用户引气			×			×
静子位置			×			×

2. 离线 EPHM 系统的基本结构

离线 EPHM 系统的功能是接收机载 EPHM 系统记录的发动机运转状况数据和故障诊断报告、故障预测报告等信息，进一步分析发动机健康状况，并给出诊断报告和维修决策。离线 EPHM 系统与机载 EPHM 系统的设计技术不同，离线 EPHM 系统是基于发动机非线性模型专家知识的故障诊断技术，其故障树更详尽，分析诊断方法更复杂。

一个完整的离线 EPHM 系统包括数据回放模块、故障预测诊断和寿命管理模块、维修辅助专家系统模块。数据回放模块可以重现问题发生期间发动机的工作状态，为保障工程师和维修人员深入研究发动机发生的问题提供支持。故障预测诊断和寿命管理模块通过离线的数据处理和信息融合实现部件使用寿命分析和发动机部件健康状况趋势分析，并对在线 EPHM 系统的健康管理结论进行综合、判别和决策，实现基于发动机状态的维修。维修辅助专家系统模块用于帮助维修人员发现发动机难以诊断的复杂故障，并给出维修建议。

在 EPHM 系统中，还有许多用于发动机地面检测的设备，如滑油金属成分光谱分析仪和/或铁谱分析仪、孔探议、涡轮叶片裂纹检测仪、仪表校正仪以及动态信号分析仪等。

9.2.2 EPHM 系统设计要求

1. 功能要求

为了满足涉及材料、结构、气动热力学和控制等多学科的航空发动机复杂系统，EPHM 系统包括以下 5 个功能领域。

(1) 气动性能监测。

(2) 滑油监测。

(3) 振动监测。

(4) 使用寿命监测。

(5) 自检修复与维修保障支持。

气动性能监测、滑油监测、振动监测等功能是发动机的状态监测和故障诊断系统的基本功能。

使用寿命监测是跟踪部件的使用或损伤状况，分析并预测部件（如盘和叶片）剩余寿命并依此做出决策。目前的发展趋势是利用传感器的测量结果并且综合部件设计模型和历史数据对部件的剩余寿命进行比较精确的预测。

自检修复是指 EPHM 系统在空中进行的针对发动机出现的各种异常状态采取的相应监测和主动修复，使发动机各种不利状态产生的影响最小，持续保证飞行安全和飞机的安全降落。它的实施需要建立在对发动机各种异常状态影响评估的基础上，在具体措施执行上需要发动机控制系统的协助。

为了降低发动机的使用成本，提高维修保障效率，EPHM 必须支持维修保障系统。有了 EPHM 支持，可以保持发动机的健康状态与维修保障系统的工作状态同步，提高维修保障系统各个环节的效率，实现备件配置、库存管理的智能化和发动机的“智能保障”，机群管理者可以及时更新发动机及飞机的可用度，做出任务决策。

2. 性能指标要求

EPHM 系统有两个性能指标，即安全性和寿命周期成本。这两个指标通常成反比关系。高的安全性要求，是以牺牲 EPHM 系统的硬件、软件和基础设施的昂贵成本为代价的。故 EPHM 系统设计是要充分考虑各方面因素，使这两个指标达到最优配置。

1) 安全性设计

安全性设计就是合理应用健康管理技术来解决发动机安全问题，使发动机运行和维护具有更高的安全性。在设计 EPHM 系统时，充分利用先进的传感器技术、通信技术及监测、预测和状态管理技术来保证发动机的安全性、可靠性、低成本，并且还要满足购买者、发动机生产者、销售者以及工程领域人员的要求。

EPHM 能查出发动机故障前兆信息，为故障提供早期诊断，需要用失效模式影响和临界分析（Failure Mode Effects and Criticality Analysis，FMECA）文件作为监测向导。另外，EPHM 系统设计的有关安全性考虑是“感知安全”。安全是一个相对的东西，EPHM 系统凭借不断监测发动机的安全状态和定期检查评估发动机健康状况，可较好地解决相应问题。

2）寿命周期成本设计

在 EPHM 系统设计时，有许多方法能使寿命的周期成本和运行维护费用显著减少。首先，可以通过发动机生产商使用 EPHM 技术，减少发动机的生产成本和初始成本。其次，可以通过发动机使用者利用 EPHM 系统的性能来减少运行费用和维修费用。再次，也可以通过快速经营供应商减少成本。在目前成本意识较强的航空环境中，公司提供发动机的快速管理计划（Fast Management Program，FMP），让发动机经营者通过合同建立一个固定成本，以便进行维修和向 FMP 供应商转移风险。另外，还可以通过 EPHM 集成化和采用故障监测、诊断、预测和通信减少生产成本和维护费用。

9.2.3　EPHM 系统设计的关键技术

EPHM 系统设计包含了传感器、数据管理、算法和故障诊断与预测技术、集成化和通信等多种技术。

1. 传感器技术

在 EPHM 设计的第一个阶段，首先确定要监测的发动机子系统；之后，就要选择适用的传感器技术。EPHM 系统必须能够提供全面的发动机信息，寻找解决综合多传感器数据的最佳方案，从而使得在设备最少的情况下获得最多的状态信息，因此就必须正确使用各种传感器，因为发动机的最优控制是通过处理传感器输出信号得出最佳控制结果，进而控制发动机的执行机构动作来实现的。传感器是发动机健康管理系统设计中的关键部件，随着发动机健康管理系统的发展，传感器性能的要求越来越高，如集成化、多功能化、智能化、更有效、更精确等。

1）现代飞机发动机的特殊使用环境及对传感器的影响

现代涡轮发动机使用环境的一个最大特点是高温，其最高温度测量要求约在 2 200 ℃以上。为了进一步改善未来涡轮发动机的效率和性能，将来势必要进一步提高发动机压比和燃烧室温度，不断升高的温度环境对测量发动机参数的各种传感器提出了越来越严格的要求。

其次，发动机传感器还受到内、外部电磁辐射环境的影响。电磁干扰源一方面包括大气闪电或来自信号传输和电机的人为发射源，另一方面来自高能源的干扰（如 EMP）是高效辐射源能量的源头。此外，大气中和重大太阳粒子事件中的宇宙（微）粒子辐射对传感器电子装置的安全也产生不利影响。

2）现代飞机发动机健康管理对传感器的需求

先进的健康管理方案要求大量的可用数据，为此，需要寿命长、体积小、环境适应性强的传感器。如果传感器可靠性低、平均失效时间低于被测系统，维修要求将大大增多。因此，要求用于发动机健康管理系统的所有外场传感器必须具备高可靠性。此外，还要适应发动机恶劣的使用环境。

3）用于美军四代机发动机健康管理系统的先进传感器技术

在 JSF 项目的发动机健康管理系统中，采用了许多先进的传感器技术和检测技术，如用于检测叶片裂纹的涡流叶尖传感器（ECS）、用于检测叶片摩擦和涡轮“热端”降级的静电发动机损伤监视系统（EDMS）等。此外，还采用了新型 MEMS 传感器技术，并引进了其他学科先进的、复杂的和革新的数据分析技术等。具体使用的几种典型传感器技术有：① 在线滑油屑末检测（ODM）传感器技术；② 叶片涡流传感器技术；③ 无线传感器网络技术等。

利用先进传感器技术实施发动机健康管理确保飞机安全飞行和提高作战效能具有重要的意义。目前传感器技术领域的研究工作获得了重大进步，在重量、几何尺寸、费用、准确度、可靠性和健壮性等方面都有所增强和突破。

2. 数据管理技术

EPHM 系统的实施对象可能来自不同部门、不同型号的商用或军用飞机的发动机，系统需求及产生的数据繁多、逻辑结构复杂、诊断和预测数据需求量大，且对数据的实时性和安全性要求高，为了提高 EPHM 系统的通用性和使用效率，降低成本，实现跨平台的 EPHM，对未来不同平台的发动机数据进行管理十分必要。针对 EPHM 的特点采取的数据管理方案如图 9.8 所示，来自不同平台的发动机数据通过数据转换器，按照同一转换规则转换成统一的格式，并以标准数据文件和数据库的形式储存，供各种诊断、预测算法以及可视化等各种处理程序使用。

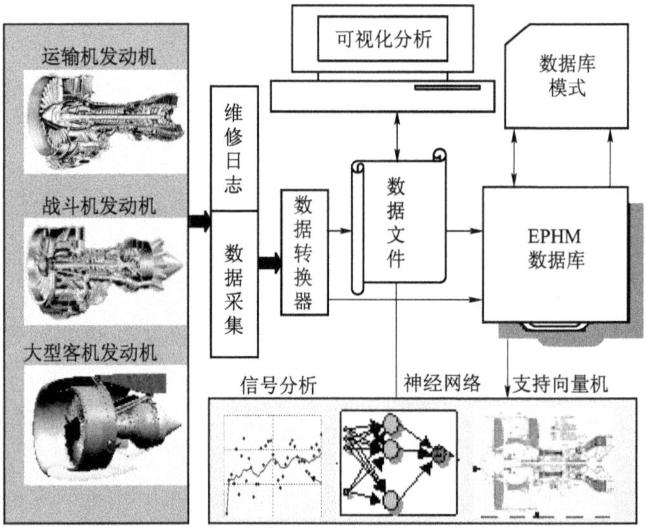

图 9.8　EPHM 数据管理方案

3. 信息融合技术

信息融合是在多层次上对多源信息进行综合处理的过程，其中每个层次反映对原始数据不同级别的抽象。EPHM 中信息融合的目的是提高发动机故障诊断、性能预测及关键部件剩余寿命估计等方面的精确性和可信度；最终目的是通过信息融合最大限度地从不同数据中提取有用信息，从而得到关于发动机健康状态的全面诊断和预测，最终做出最优决策。德莱顿飞行研究中心和普惠公司联合研制的 F117 发动机使用了目前比较成熟的 EPHM 信息融合系统，其结构如图 9.9 所示。该系统采用一个基于组件的、开放的、层次化的体系结构，可以完成信号处理、数据分析、健康评估、故障诊断推理、维修活动建议等内容。

4. 故障诊断与预测技术

典型的故障诊断与预测流程包括数据采集、处理、传输、特征提取、融合、状态监测、故障诊断、故障预测、保障决策等环节，如图 9.10 所示。

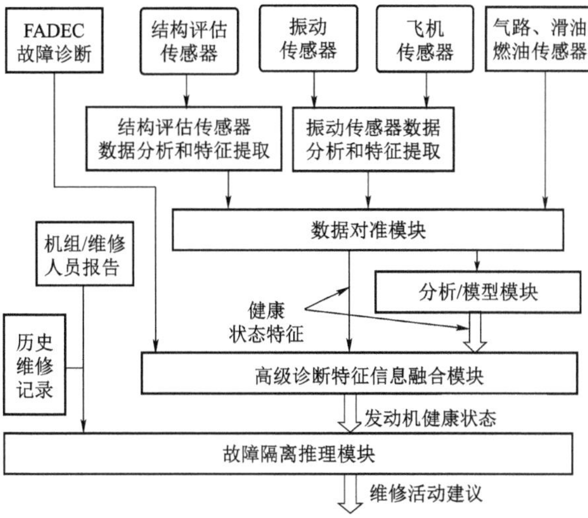

图 9.9　EPHM 信息融合体系结构

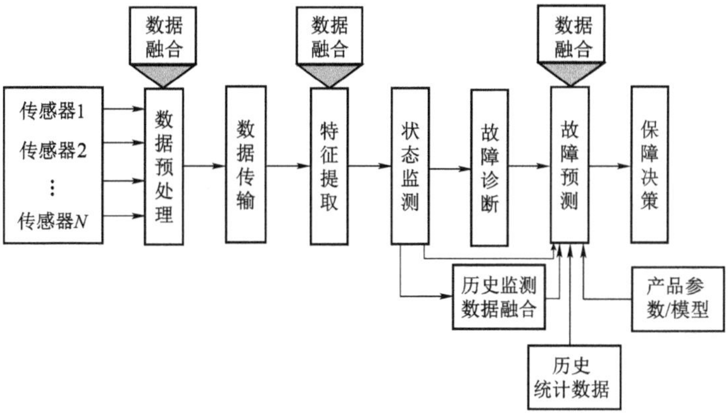

图 9.10　故障诊断与预测流程

故障诊断与预测是 EPHM 系统中最高层次的推理，从本质上讲，可将其分为基于模型、知识和数据的 3 类方法。

基于模型的故障诊断与预测技术要求发动机的数学模型和部件的失效模型能满足实时性，故该部分经常用在机载 EPHM 系统上。由于发动机是一个复杂的系统，难以确定其模型，该技术的发展受到了一定的限制。

基于知识的故障诊断与预测技术是根据发动机各个学科的专家知识和经验来实现的，目前最常用的方法有专家系统和模糊逻辑。专家系统在获取知识方面困难，其发展受到了局限；模糊逻辑还处于研究阶段，有些问题还亟待解决。

基于数据的故障诊断与预测技术的最大优点是不需要精确的发动机数学或物理模型，最典型的代表是神经网络。对于发动机这样的复杂系统，由于诊断与预测研究的困难性，使用单一的方法难以保证其应用效果。采用混合方法能融合各自优点，从而进一步提高故障诊断与预测的综合性能。图 9.11 是基于 3 种方法融合的发动机数据驱动模型。

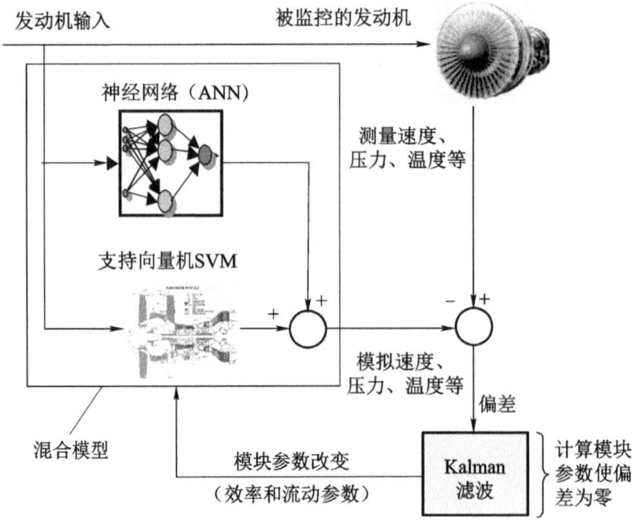

图 9.11　发动机数据驱动模型

5. 集成技术

EPHM 系统是个复杂的信息系统，可以按照一定的规则和要求对自身的不同模块进行集成，不但可以提高 EPHM 系统的开放效率，实现各模块能力共享，还有助于权衡分析系统满足不同功能性要求、不同配置或体系结构，以及为 EPHM 系统满足不同需求提供了一组选择和解决方案。另外，EPHM 系统和发动机控制系统特别是与 FADEC 系统的综合集成成为新一代发动机的重要发展趋势。此外，其他机载系统如座舱显示系统、飞行管理系统、任务管理系统等和 EPHM 系统中的多个环节发生联系。利用数字系统和数据总线，可使 EPHM 系统和其他系统实现一体化设计，从而提高各系统的开放效率，降低成本，减少所占空间和重量。

9.2.4　EPHM 系统与飞机、发动机的交联

航空发动机预测与健康管理系统与发动机控制系统、飞机综合管理系统和地面的离线预测健康管理系统是互相交联的。

1. 国外预测与健康管理系统的交联情况

国外第 4 代航空发动机基本都有独立的数字电子装置完成健康管理功能，如欧洲 EF-2000 战斗机装配的 EJ200 发动机的状态监测系统（ECMS）和 F-22 战斗机装配的 F119 发动机的诊断与健康管理（DHM）系统。每台 EJ200 发动机配装一台数字电子控制器单元（Digital Electronic Control Unit，DECU），一架飞机配一台监控装置（Engine Monitoring Unit，EMU），与左、右发动机的数字电子控制器借助一条 MIL-BUS 1553 总线进行数据通信。图 9.12 所示为 EJ200 发动机监控系统的信号交联情况。

EMU 与飞机系统、地面设备和发动机控制系统的数据交联如图 9.13 所示。EMU 专用于发动机监控功能，DECU 主要用于发动机控制，同时在采集监控数据方面发挥重要作用。DECU 的基本功能是控制发动机不加力和加力燃油流量，喷口面积和可变导向静子叶片以响

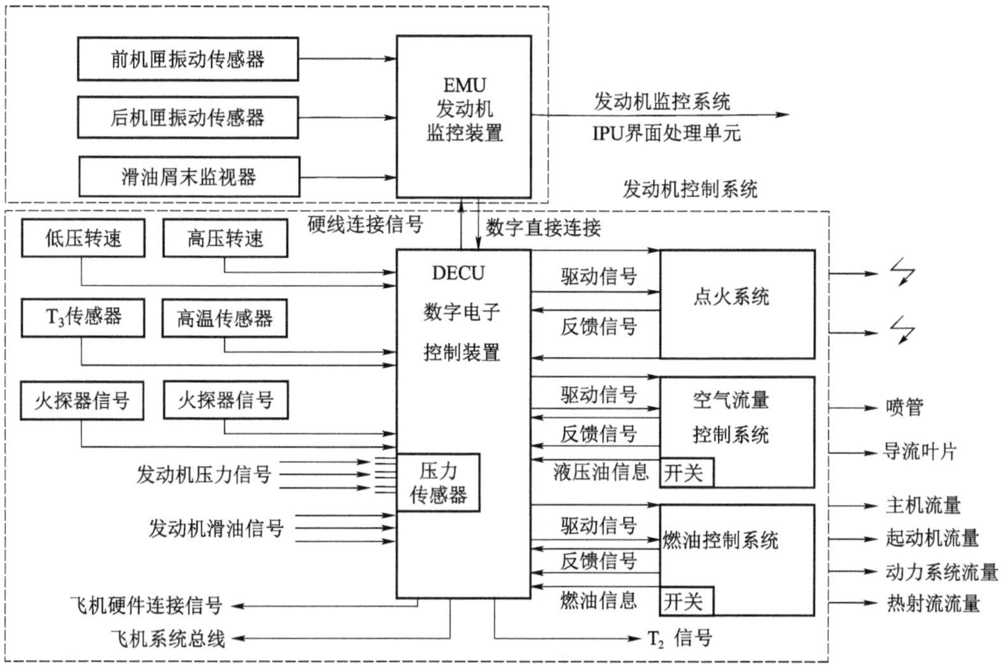

图 9.12　EJ200 发动机监控系统的信号交联

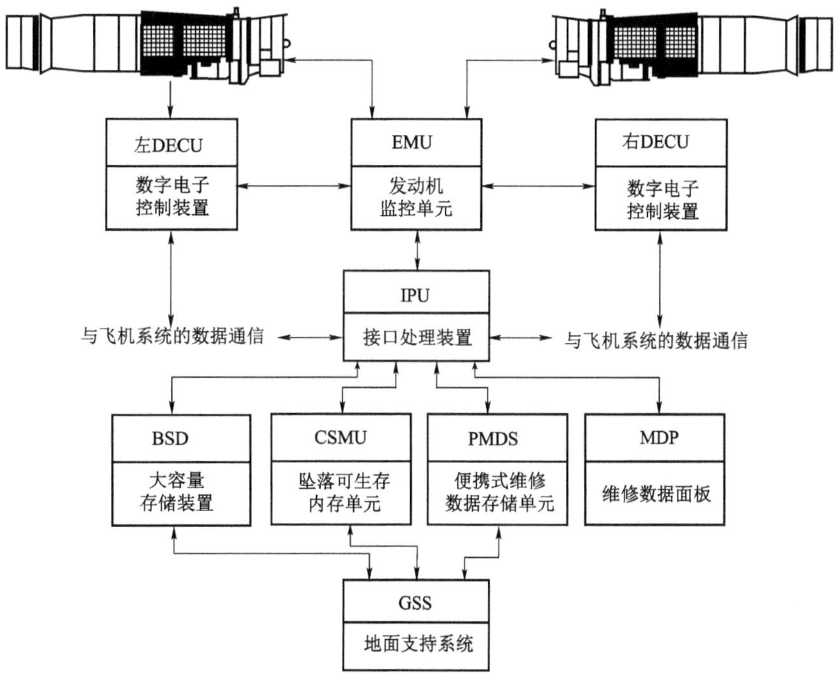

图 9.13　系统的数据交联

应推力需要，确保发动机在整个工作范围的功能始终处于允许的飞行剖面内。此外，DECU 执行机内测试（BIT）功能来确定发动机控制系统健康，并在出现缺陷时可实现功能缓慢降级。

DECU 是驾驶舱警告源，EMU 则是收集和向相应的飞机系统传输所有的数据用于维修和飞行后分析的装置。EMU 专门向飞机接口处理单元（IPU）报告全部事件和故障诊断结果，用于飞机上维修数据面板（MDP）信息显示，并通过便携式维修数据存储器（PDMS）向地面支持系统传达信息。EMU 还通过 IPU 向坠落可生存内存单元（CSMU）和大容量存储装置（BSD）提供数据。DECU 也完成部分监控功能，数字电子控制器软件的 65% 是监控软件，用于故障的判定、定位和容错控制。EMU 和 DECU 一起完成左、右两台发动机的健康管理。

2. 新型航空 EPHM 系统交联设计方案

机载在线 EPHM 系统与飞机、发动机和离线 EPHM 计算机等都有交联，交联设计方案如图 9.14 所示。

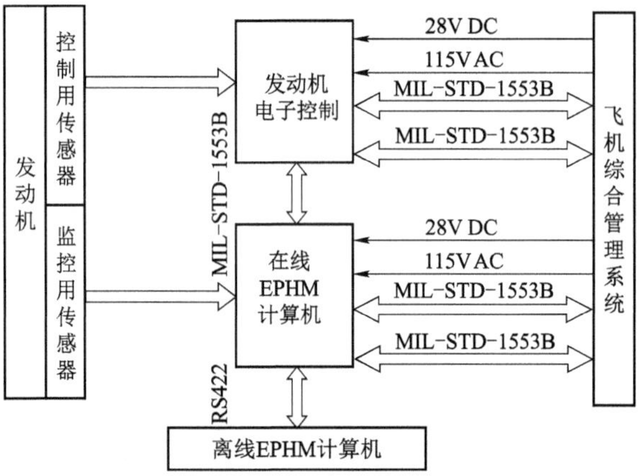

图 9.14　EPHM 系统交联方案

1）机载 EPHM 系统与飞机的交联

机载 EPHM 系统与飞机的硬件交联主要有电源和总线，软件交联主要是数据传输。机载 EPHM 系统由飞机提供电源，主电源为 28 V 直流电源，备份电源为 115 V 交流电源。机载 EPHM 计算机有两个 MIL-STD-1553B 总线接口，与飞机综合管理系统进行数据传输。接收飞机综合管理系统的数据有油门杆角度、飞行高度、飞行马赫数以及攻角与侧滑角等飞机的其他参数；发送给飞机综合管理系统的数据有 3 类，一类为飞机进行健康管理所需的发动机工作状态参数，另一类为发动机健康管理系统诊断的结果，即发动机故障预测报告和发动机故障诊断报告（含维修建议），还有一类是发动机健康管理系统委托飞机海量存储器保存的发动机数据。

2）机载 EPHM 系统与发动机的交联

EPHM 系统与发动机的交联包括与发动机主机的交联和与发动机控制器的交联，主要指传感器交联和数据交联。控制用传感器的信号连接到发动机电子控制器，监控用传感器的信号连接到在线 EPHM 计算机。EPHM 计算机与发动机控制器通过 MIL-STD-1553B 数据总线进行数据传输，从发动机电子控制器获得发动机工作状态参数和控制系统故障诊断信息等数据，从监控用传感器获得发动机监控参数。

3）机载在线 EPHM 系统与离线 EPHM 系统的交联

机载在线 EPHM 系统与离线 EPHM 系统的交联是指机载在线 EPHM 计算机与离线 EPHM 计算机通过通信接口进行数据传输。在发动机停车状态下，离线 EPHM 计算机接收机载在线 EPHM 计算机在发动机运转过程中存储的发动机工作状态参数、发生的事件、故障分析过程中提取的特征值、发动机故障预测报告和发动机故障诊断报告及寿命消耗量与剩余寿命等信息数据，以便进行离线健康管理。

9.2.5　发动机健康管理技术的发展趋势

随着先进战斗机性能要求的日益提高，使发动机的结构日趋复杂，并且在高温、高压、高速旋转和大应力等苛刻条件下工作，因此对发动机进行状态监测与故障诊断是保证飞机飞行安全、降低使用与保障费用的一条有效途径。航空发动机状态监测与故障诊断技术已由过去的“有限监控”（即只监控“健康”状态，大致评估故障的可能位置），发展到现在的“扩展型状态监测”（不但具有状态监控能力，还能检测和隔离故障）。特别是近 10 多年来，为了减少维修人力、增加出动架次率、实现基于状态的维修（Condition Based Maintenance，CBM）和自主式保障，先进战斗机及其发动机由状态监测和故障诊断技术进一步向预测和健康管理技术方向发展，发动机健康管理（EPHM）技术成为美国实现其通用、经济可承受的先进涡轮发动机（VAATE）计划的核心关键技术。

当前发动机健康管理技术主要体现以下发展趋势。

1. 实时化

对于航空发动机而言，其安全性要求极高，工作状态也瞬息万变，因此，对诊断技术的首要要求是实时化。诊断系统达到实时化，必须满足许多严格的要求，实时化不是死板的要求在线实时诊断，而是要提高诊断反应速度，尽量达到实时诊断，从而既提高诊断效率，又为维修策略的制定争取时间。

2. 智能化

智能化的基本要求就是要求发动机具有自诊断、自预测、自优化和任务适应能力，即在缺乏领域专家的情况下，仍然能够准确、迅速而自主地完成诊断任务；更高一步的要求是诊断系统能够在运行过程中，半自主甚至是全自主地学习吸收新的领域专家知识，从而自我完善。诊断的智能化同时也是诊断技术以及诊断系统在工程实践中推广应用的必备条件。

3. 综合化

综合化是发动机近几年最明显的发展趋势。近年来，随着人们对飞机经济可承受性和安全性的重视，为了同时实现增加控制、减轻重量、减少成本、提高飞行安全的目的，人们借助现代信息技术的巨大进步，正在实现发动机控制和飞行控制的一体化，发动机控制与发动机诊断、预测与健康管理的综合化，发动机 PHM 与飞机 PHM 的综合化，乃至发动机健康管理、保障工程、维修与后勤保障的综合化。先进的发动机监控系统（EMS）建立在全权限数字式电子控制（FADEC）基础上，采用 EMS 与 FADEC 系统结构一体化设计，以便充分利用 FADEC 系统资源，降低监控系统研制与使用成本。

4. 网络化

网络化是发动机故障诊断的重要发展方向，由于发动机是一类非常复杂的机械设备，故障及其表现形式也非常复杂，为提高对疑难故障的诊断速度和准确性，充分利用资源从而降低监测和诊断成本，更加有必要发展、应用基于互联网的多智能体（Agent）远程联合诊断技术。基于 Web 的航空发动机故障远程诊断系统是将传统的发动机故障诊断技术与 Web 技术相结合的系统。该系统的建立使航空发动机的监控、诊断和维护技术融入网络环境，可以极大地提高发动机疑难故障诊断的准确性和及时性，体现了故障诊断技术网络化、信息化的发展趋势。同时网络化的状态监测和故障诊断技术与先进的后勤保障技术和维修管理技术相结合，又是降低发动机运行成本，提高经济性的有效手段。

5. 开放性

开放性将成为发动机健康管理系统体系结构的基本要求。开放系统体系结构要求采用模块化设计和公认的接口标准，这样便于随着技术进步能不断引进新技术，防止过时淘汰，同时也提高了发动机健康管理系统的通用性，缩短研制周期和降低寿命周期费用。发动机健康管理技术的发展要想有生命力，就必须采用开放系统体系结构，国外的实践经验已经证明了这一点。

习　　题

9-1　寿命预控要考虑哪几个方面？什么是寿命监控？寿命监控的意义是什么？

9-2　雨流计数法的计数规则是什么？如何进行雨流计数？

9-3　在国产涡喷-14 发动机的历程记录仪上采用什么方法记录低循环寿命？对圈外低循环计数方法做了哪些主要改进？主要功能有哪些？

参 考 文 献

[1] 程礼，陈卫．航空发动机状态监控与故障诊断［D］．空军工程大学工程学院，2002，12.

[2] 邓明，金业状．航空发动机故障诊断［M］．北京：北京航空航天大学出版社，2012.

[3] 陈果，李爱．航空器检测与诊断技术导论［M］．北京：航空工业出版社，2012.

[4] 郭红，艾延廷，盛元生．数据采集与处理［M］．北京：航空工业出版社，1999.

[5] 林基恕．航空燃气涡轮发动机机械系统设计［M］．北京：航空工业出版社，2005.

[6] 张炜，张玉祥．导弹动力系统故障机理分析与诊断技术［M］．西安：西北工业大学出版社，2006.

[7] 龙兵，孙振明，姜兴渭．航天器集成健康管理系统研究［J］，航天控制，2003（2）：56-61.

[8] 李行善，高占宝．航空航天的综合运载器健康管理［J］．电气时代，2003（11）：84-85.

[9] 高占宝，梁旭，李行善．复杂系统综合健康管理［J］．测控技术，2005，14（8）：1-5.

[10] 李爱军，章卫国，谭健．飞行器健康管理综述［J］．电光与控制，2007，14（13）：79-83.

[11] Litt J S，Simon D L，Garg S，et al. A Survery of Intelligent Control and Health Management Technologies for Aircraft Propulsion Systems［R］. NASA-TM-2005-213622，2005.

[12] Clark G J，Vian J L，West M E，et al. Multi-platform Airplane Health Management［C］. IEEE Aerospace conference，2007：1-13.

[13] Keller K，Wieg and D，Swearingen K，et al. An Arxhitecture to Implement Integrated Vehicle Health Management System［C］. IEEE Systems Readiness Technology Conference，2001：2-15.

[14] 徐萍，康锐．预测与状态管理系统（PHM）技术研究［J］．测控技术，2004，23（12）：58-60.

[15] 曾声奎，Pect M G，吴际．故障预测与健康管理（PHM）技术的现状与发展［J］．航空学报，2005，26（5）：626-632.

[16] Kobayashi T，Simon D L. Integration of On-line and Off-line Diagnorithms for aircraft Engine Health Management［R］. NASA-TM-2007-214980，2007.

[17] 胡金海，谢寿生，骆广琪，等．基于支持向量机方法的发动机性能趋势预测［J］．推进技术，2005，26（3）：535-539.

[18] Jaw L C. Recent Advancements in Aircraft Engine Health Management（EHM）Technologies and Recom mendations for the Next Step［R］. ASME GT2005-68625，2005.

[19] 洪杰，张大均，韩继斌．航空发动机关键部件使用寿命监视系统设计［J］．北京航空航天大学学报，2000，26（1）：45-48.
[20] John R，et al. Incorporating Residual Stresse in Life Prediction of Turbine Engine Disks. NATOAV Symposium on Age Mechanism and Control，Manchester，UK，2001.
[21] 王萍．JSF 发动机健康管理系统用先进传感器［J］．2010 年航空试验测试技术峰会暨学术交流会，上海，2010 年 10 月．
[22] 苏清友．航空涡喷、涡扇发动机主要零部件定寿指南［M］．北京：航空工业出版社，2004.
[23] Tu F，Ghosal S，Luo J，et al. PHM Integration with Maintenance and Inventory Management Sytems［C］，2007：1-12.
[24] 王施．计算机辅助装备规划保障工作平台的研究［D］．北京：北京航空航天大学，2007.
[25] 廖明夫，马振国，刘永泉，等．航空发动机中介轴承的故障特征与诊断方法［J］．北京：航空动力学报，2013：28（12）．
[26] 李国华，张永忠．机械故障诊断［M］．北京：化学工业出版社，1999.
[27] 韩捷，张瑞林，等．旋转机械故障机理及诊断技术［M］．北京：机械工业出版社，1997.
[28] 裴峻峰，杨其俊．机械故障诊断技术［M］．东营：石油大学出版社，1997.
[29] 丁康，李巍华，朱小勇．齿轮及齿轮箱故障诊断实用技术［M］．北京：机械工业出版社，2005.
[30] 黄文虎，夏松波，刘瑞岩，等．设备故障诊断原理、技术及应用［M］．北京：科学出版社，1997.
[31] 余洵．机械装备故障诊断与维修［M］．北京：中国轻工业出版社，2000.
[32] Brotherton T，et al. Classification and Novelty Detection Using Linear Models and a Class Dependent - Elliptical Basis Function Neural Network，Proceedings of the International Conference on Neural Nets，Anchorage，May 1998.
[33] Mattern D L，et al. Using Neural Networks for Sensor Validation［J］. The 34Jet Propulsion Conference，Seattle，1998；AIAA98-3547.
[34] Krzyzanowski J. "Application of Preprocessed Classifier Type Neural Network for Searching of Fault Components of Power Cycles in Case of Incomplete Measurement Data；" Proceedings of ASM E Turbo Expo 2002，Amsterdam，The Nether lands.
[35] XU Qi-hua，SHI Jun. Fault Diagnosis for Aero-engine Applying a New multi-class Support vector algorithm［J］. Chinese Journal of Aeronautics，2016，175-182.
[36] 王跃辉．目视检测［M］．北京：机械工业出版社，2006.
[37] 孙金立．无损检测及在航空维修中的应用［M］．北京：国防工业出版社，2004.
[38] 袁英民，孙金立，万钧，等．某航空发动机压气机叶片超声检测信号处理——四种典型小波基的应用比较［J］．无损检测，2004，26（7）．
[39] 江文文，柏逢明．航空发动机涡轮叶片相控阵超声检测研究［J］．长春理工大学学报（自然科学版），2011，34（4）．

[40] 崔福绵，付肃真．某型发动机九级篦齿盘均压孔裂纹及断裂分析［J］．中国第五届航空航天装备失效分析会议论文集，2006.
[41] 田武刚，潘孟春，罗飞路，等．某型航空发动机篦齿盘裂纹的原位涡流检测［J］．测试技术学报，2008，22（3）．
[42] 张维，李坚，许占显．磁粉探伤橡胶铸型法在飞机维修中的应用［J］．无损检测，1999，21（3）．
[43] 周正干，杜圆媛．航空发动机叶片 X 射线数字图像分析的一种新方法［J］．中国机械工程，2006，17（2）．
[44] 戴雪梅，苏清风，朱晓星．荧光渗透检测在航空发动机研制阶段的应用［J］．铸造，2011，60（10）．
[45] 张叔农，康锐．数据挖掘技术在航空发动机 PHM 中的应用［J］．弹箭与制导学报，2008，28（1）．
[46] 韩崇昭，朱洪岩，段战胜．多源信息融合［M］．北京：清华大学出版社，2006.
[47] Volponi A J，Brotherton T，Luppold R. Development of an information fusion system for Eingine Diagnostics and Health Management［R］. AIAA 2004-6461，2004.
[48] 王施，王荣桥，陈志英，等．航空发动机健康管理综述［J］．燃气轮实验与研究，22（1），2009：151-58.
[49] ALLan J. Volponi. Gas Turbine Engine Health Management Past，Present，and Future Trends［J］．Journal of Engineering for Gas and power，May 2014，Vol. 136，0501201-20.
[50] 张宝诚．航空发动机试验与测试技术［M］．北京：北京航空航天大学出版社，2005.
[51] 木志高，胡海峰，胡莺庆．武器装备故障预测及健康管理系统设计［J］．武器装备自动化，1006-1576（2006）03-0020-02.
[52] 林左鸣．战斗机发动机的研制现状和发展趋势［J］．航空发动机，2006，32（1）：128.
[53] 姜彩虹，孙志岩，王曦．航空发动机预测健康管理系统设计的关键技术［J］．航空动力学报，Vol. 24 No. 11，2589-2594.
[54] Brown E N，Chidambaram B，Aaseng G B. Applying health management technology to the NASA exploration system2 of systems［R］. AIAA 2005266241.
[55] Schweikhard K A，Richards W L，Theisen J. Flight dem onstration of X-33 vehicle health management system componens on the F/A218 systems research aircraft［R］. NASA/TM2200122090371.
[56] Holtz C，Smith G，Friend R. Modernizing systems through data integration：avision for EHM in the United States Air Force［R］. AIAA 2004240491.
[57] Roemer M. Testing of a real time health monitoring and diagnostic system for gas turbine engines［R］. AIAA 982 3603，1998，1.
[58] Green A J. The development of engine health monitoring for gas turbine engine health and life management［R］. AIAA 9823544，1998，1.
[59] Creitzer F L，Kangas L J，Terrones K M. Gas turbine engine health monitoring and

prognostics [R] . Las Vegas, Nevada, USA: The International Society of Logistics (SOL E) 1999 Symposium, 1999, 1.

[60] Orsagh R F, Sheldon J, Klenke C J. Prognostics/ diagnostics for gas turbine engine bearings [J] . ASME, International Gas Turbine Institute, Turbo Expo (publication) ICTI, 2003: 159-167.

[61] Suarez E L, Duffy M J, Gamache R N, et al. Jet engine life prediction systems integrated with prognostics health management [C] //2004 IEEE Aerospace Conference Proceedings. [S. l.]: IEEE, 2004: 3596-3602.

[62] Jaw L C. Recent advancements in aircraft engine health management (EHM) technologies and recommendations for the next step [R] . Reno-Tahoe, NV, United States: American Society of Mechanical Engineers, 2005.

[63] Kacprzynski G J, Deshmukh S. Poseidon: the US navyps comprehensive health management software for LM2500 MGTs—Part 1 [C] //Proceedings of ASME Turbo Expo 2003, Georgia.

[64] Volponi A J, Brot herton T, Luppold R. Development of an information fusion system for engine diagnostics and health management [R] . NASA/TM-2004-212924.

[65] Jaw L, Wang Y T, Friend R. ICEMS: Intelligent condition-based engine/equipment system [C] //Proceedings of ASME Turbo Expo 20011, New Orleans, Louisiana, U. S. A: [s. n.], 2001, 1.

[66] Tumer I Y, Bajwa A. A survey of aircraft engine health monitoring systems [R] . AIAA-99-2528, 1998, 1.

[67] Hoerl F, Richter K. Monitoring the EJ200 engine [C] //Proceedings of the 18th Symposium. Stuttgart: [s. n.], 1995, 1.

[68] Barragan J M. Engine vibration monitoring and diagnosis based on on-board captured data [R] . Manchester, U. K. : NATO/ RTA AVT Symposium, 2001, 1.

[69] Budrow S. System analysis and integration of diagnostics and health management for the F119-PW-100 [R] . AIAA-98-3545, 1998, 1.

[70] Smiths Aerospace. Intelligent tools for prognostics health management and it's application to avionics [M] . [S. l.]: Smiths Aerospace Proprietary Information, CALCE, 2004, 1.

[71] Simon D L, Garg S, Semega K J. Sensor needs for control and health management of intelligent aircraft engines [R] . NASA/TM-2004-213202, 2004, 1.

[72] Litt J, Simon D L, Meyer C. NASA aviation safety program aircraft engine health management data mining tools roadmap [R] . NASA/TM-2000-210030, 2000, 1.

[73] Dr. Scheuren W. Safety and military aircraft joint strike fighter prognostics and health management [R] . AIAA-98-3710, 1998, 1.

[74] 钱政，贾果欣．误差理论与数据处理 [M] ．北京：科学出版社，2013.

[75] 邱俊源．FJ44 发动机状态监控关键性能参数趋势分析 [D] ．中国民用航空飞行学院，2011.

[76] 曹惠玲，张卓，曲春刚．SVR 在航空发动机基线挖掘中的应用研究 [J] ．机械科学与

技术，2017，36（01）：152-160.
[77] 龙江，吴瑞，尚泽译，等. Trent700 发动机基线建模［J］. 西安航空学院学报，2015（03）：7-10.
[78] 林兆福，范作民. 发动机基线方程的建立和应用［J］. 中国民航大学学报，1992（4）：20-32.
[79] 陕振勇. 航空发动机气路参数偏差值模型研究与应用［D］. 哈尔滨工业大学，2012.
[80] 彭淑宏. 航空发动机气路故障诊断技术研究［D］. 上海交通大学，2012.
[81] 崔智全. 民航发动机气路参数偏差值挖掘方法及其应用研究［D］. 哈尔滨工业大学，2013.
[82] 张丽. 基于数据的航空发动机气路故障诊断研究［D］. 清华大学，2014.
[83] 廉筱纯. 航空发动机原理［M］. 西安：西北工业大学出版社，2005.
[84] 李应红，尉询楷，等. 航空发动机的智能诊断、建模与预测方法［M］. 北京：科学出版社，2013.
[85] 赵明，邓明，刘长福. 航空发动机结构分析［M］. 西安：西北工业大学出版社，2016.